大学入試

坂田アキラの
化学基礎・化学
[計算問題]
が面白いほどとける本

坂田　アキラ
Akira Sakata

＊　本書には「赤色チェックシート」が付録としてついています。

ドカン!! と **天下無敵** の **新しい** 参考書日本上陸!!

Why? なぜ　無敵なのか…？
そりゃあ，見りゃわかるっしょ!!

理由その① **死角のない問題が ぎっしり♥**

　　　　　1問やれば効果10倍！　いや20倍!!

つまり，つまずくことなく **バリバリ進める**!!

理由その② **前代未聞！　他に類を見ないダイナミックな解説！**

　　　　　詳しい…　詳しすぎる…♪ これぞ完璧なり♥♥

つまり，**実力＆テクニック＆スピード** がつきまくり！
そして，デキまくり!!

理由その③ **かゆ〜いところに手が届く用語説明＆補足説明満載！**

　　　　　届きすぎる！

つまり，「なるほど」の連続! 覚えやすい!! 感激の嵐!!!

てなワケで，本書は，すべてにわたって **最強** であ—る！

本書を **有効に活用** するためにひと言♥

　本書自体，**天下最強** であるため，よほど下手な使い方をしない限り，**絶大な効果** を諸君にもたらすことは言うまでもない！

　しか—し，最高の効果を心地よく得るために…

ヒケツその① **まず比較的キソ的なものから固めていってください！**

レベルで言うなら，キソのキソ 〜 キソ 程度のものを，スラスラで

きるようになるまで，くり返し，くり返し **実際に手を動かして**，演習してくださいませ♥ 同じ問題でよい

ヒケツその ✌ キソを固めてしまったら，ちょっと **レベルを上げて** みましょう！

　そうです．**標準** に手をつけるときがきたワケだ!! このレベルでは，**さまざまなテクニック** が散りばめられております♥ そのあたりを，しっかり，着実に吸収しまくってください！

　もちろん!! **くり返し，くり返し，** 同じ問題でいいから，スラスラできるまで **実際に手を動かして** 演習しまくってくださーーい♥♥ さらに，暗記分野には㊙の特別シートでしっかり暗記してください!!

　これで一般的な化学の計算問題の知識はちゃーーんと身につきます。

ヒケツその ✌ さてさて．**ハイレベルを目指すアナタ** は…

ちょいムズ & **モロ難** から逃れることはできません!!

　でもでも，**キソのキソ** ～ **標準** までをしっかり習得しているワケですから **無理なく進める** はずです。そう，解説が詳しーーく書いてありますからネ♥ これも，くり返しの演習で，『化学基礎・化学の計算問題の ㊙ 完璧受験生』に変身してくださいませませ♥♥

　いろいろ言いたいコトを言いましたが，本書を活用してくださる諸君の **幸運** を願わないワケにはいきません！

Good Luck!!

あっ．言い忘れた…。本書を買わないヤツは **負け組決定** だ!!

さすらいの風来坊講師
坂田アキラ より

も・く・じ

はじめに		2
この本の特長と使い方		6
掟でござる!!		8
Theme1	まずは原子量＆分子量＆式量のお話から…	11
Theme2	大切な大切な物質量（モル数）のお話です!!	24
Theme3	溶液の濃度にもいろいろございまして…	32
Theme4	水和水をもってしもうた	50
Theme5	組成式を決定せよ!!	58
Theme6	化学反応式がからむ計算問題 Part 1	63
Theme7	化学反応式がからむ計算問題 Part 2	76
Theme8	化学 熱化学方程式を操りまくれ!!	96
Theme9	化学 ちょっと考える熱化学の問題です!!	111
Theme10	化学 結合エネルギーがらみの計算問題	122
Theme11	酸と塩基の反応に関する計算問題 前編 pHをメインに…	132
Theme12	酸と塩基の反応に関する計算問題 後編 中和反応をメインに…	150
Theme13	酸化・還元に関する計算問題	179
Theme14	化学 電池に関する計算問題	205
Theme15	化学 電気分解に関する計算問題	222
Theme16	化学 気体の状態方程式を中心に…	244
Theme17	化学 気体を混合したらどうなるの??	254
Theme18	化学 蒸気圧の野郎が顔を出すとややこしくなる!!	260
Theme19	化学 蒸気圧と沸点の関係を押さえろ!!	265
Theme20	固体の溶解度の問題	268
Theme21	化学 気体の溶解度の問題	277
Theme22	化学 凝固点降下と沸点上昇の計算問題	286

Theme23	化学	浸透圧を計算しよう!!	293
Theme24	化学	反応速度と化学平衡の物語	298
Theme25	化学	圧平衡定数の登場です!!	306
Theme26	化学	pHを本格的に計算しましょう!!	313
Theme27	化学	電離平衡と電離定数の物語	318
Theme28	化学	塩の加水分解に関する計算問題	328
Theme29	化学	緩衝溶液に関する計算問題	339
Theme30	化学	沈殿するか？ しないのか？ を判定せよ!!	345
Theme31	化学	結晶格子における計算問題	349
Theme32	化学	有機化合物に関する計算問題	361
Theme33	化学	高分子化合物に関する計算問題	365

問題一覧表 ……………………………………… 381

元素記号表でござる ……………………………… 422

この本の特長と使い方

「化学基礎・化学」の入試によく出るテーマを完全網羅。少し厚いけど，楽しく読めるからすぐ終わる！

＊主に「化学」で学習する項目には 化学 のマークが入っていますが，「化学基礎」で学習した内容も含んでいますので，復習は忘れずに!!

暗記することが多い分野だけど，坂田式ならグングン頭に入ってきます（ゴロ合わせもあり）。

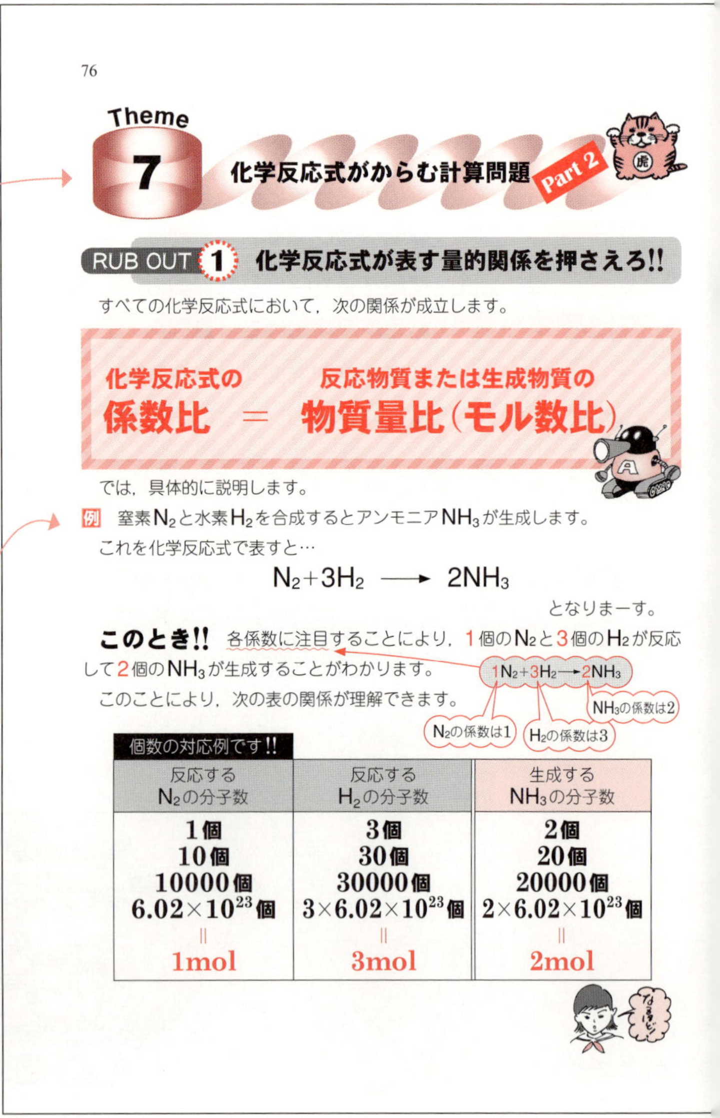

76

Theme 7 化学反応式がからむ計算問題 Part 2

RUB OUT 1 化学反応式が表す量的関係を押さえろ!!

すべての化学反応式において，次の関係が成立します。

化学反応式の 係数比 ＝ 反応物質または生成物質の 物質量比（モル数比）

では，具体的に説明します。

例 窒素 N_2 と水素 H_2 を合成するとアンモニア NH_3 が生成します。
これを化学反応式で表すと…

$$N_2 + 3H_2 \longrightarrow 2NH_3$$

となりまーす。

このとき!! 各係数に注目することにより，1個の N_2 と3個の H_2 が反応して2個の NH_3 が生成することがわかります。

$1N_2 + 3H_2 \longrightarrow 2NH_3$
（N_2の係数は1）（H_2の係数は3）（NH_3の係数は2）

このことにより，次の表の関係が理解できます。

個数の対応例です!!

反応する N_2の分子数	反応する H_2の分子数	生成する NH_3の分子数
1個	3個	2個
10個	30個	20個
10000個	30000個	20000個
6.02×10^{23}個	$3\times6.02\times10^{23}$個	$2\times6.02\times10^{23}$個
‖	‖	‖
1mol	3mol	2mol

この本は,「化学基礎・化学」の"教科書的な基礎知識"を押さえながら,計算問題を解くための"実践的な解法"を楽しく,そして記憶に残るやり方で紹介していく画期的な本です。「数学」でおなじみの「坂田ワールド」は,「化学」でも健在。これでアナタも,坂田のとりこ!

86

RUB OUT ② 過不足がある場合はどうする??

何事もピッタリいくとは限らないぜっ!!

> ときどき出てくるナゾのキャラたち。すべて坂田オリジナル。坂田先生,アナタは天才だ!

とりあえず具体的な例を…

計算問題26 標準

亜鉛に希硫酸を加えると,水素が発生して溶ける。39gの亜鉛を10%の希硫酸490gに溶かしたとき発生する水素は標準状態で何Lであるか。ただし,原子量は $H=1.0$, $O=16$, $S=32$, $Zn=65$ とする。

> 「化学基礎・化学」の入試によく出る問題をガッチリ収録。試験本番は,見たことのある問題だらけになるゾ!

ナイスな導入

10%の希硫酸490g中の硫酸 H_2SO_4 は…

$$490 \times \frac{10}{100} = \mathbf{49}\,(g)$$

10%です!!

ここまでは基本的なお話ですな…

このとき!!

亜鉛 $\mathbf{Zn}$ が
39g

対決!!
vs.

硫酸 $\mathbf{H_2SO_4}$ が
49g

$Zn = 65$ より…
$39 \div 65$
$= \dfrac{39}{65}$
$= \mathbf{0.60\,mol} \cdots ①$

H_2SO_4
$=1.0 \times 2 + 32 + 16 \times 4$
$=98$

$H_2SO_4 = 98$ より…
$49 \div 98$
$= \dfrac{49}{98}$
$= \mathbf{0.50\,mol} \cdots ②$

> 1つの問題に対して,ここまで丁寧な解説があっていいものか…と絶句するほどのわかりやすさ&おもしろさ!

掟でござる!!

化学の計算問題を解くにあたって大切なルールです!!

掟その① 問題文の指示に従うべし!!

例えば,解答が 51.2083 (g) となったとき…

(1) 『整数値で求めよ』と指示があったら…

$$51.2083 ≒ 51 \, (g)$$

ここを四捨五入!!

(2) 『小数第一位までの値で求めよ』と指示があったら…

$$51.2083 ≒ 51.2 \, (g)$$

ここを四捨五入!!

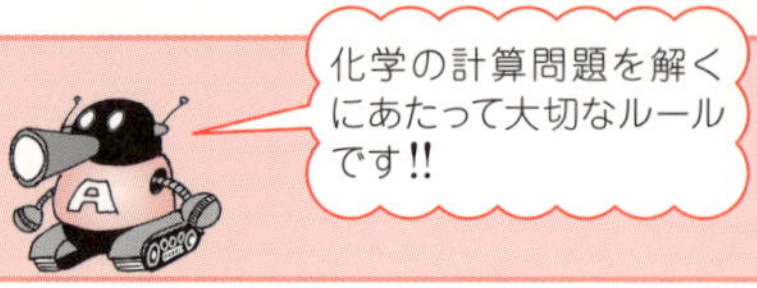

(3) 『有効数字3ケタで求めよ』と指示があったら…

$$51.2083 ≒ 51.2 \, (g)$$

3ケタです!!
ここを四捨五入!!

注 1.203を有効数字3ケタで表すと…

$$1.203 ≒ 1.20$$

この0が大切!!
3ケタ
ここを四捨五入!!

となります!!

1.2 としてしまうと,有効数字が2ケタであることになってしまいます。

2ケタ

掟その✌ 問題文に指示がないとき!!

空気が読めない男はキライよ♥

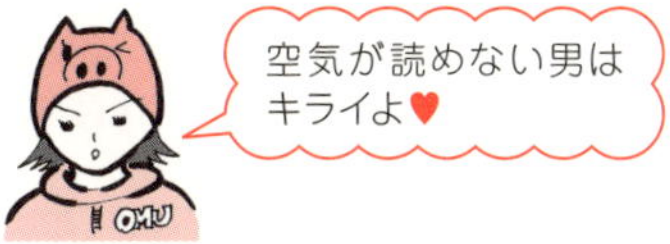

空気をしっかり読んでください!!

(1) 問題文中に

『3.00mol/Lの濃硫酸12.8mLをはかりとり…』
　　3ケタ!!　　　　　　　3ケタ!!

のような表現がある場合…

　問題文に登場する数値がすべて有効数字3ケタであるので，空気を読んで解答も有効数字**3ケタ**にするべし!!

(2) 問題文中に

『3.0gの食塩を125gの水に溶かして，その中の1.0gを…』
　2ケタ!!　　　3ケタ!!　　　　　　　　　　2ケタ!!

のような表現がある場合…

　問題文に登場する数値の有効数字のケタ数が定まっていませんね…

　こんなときは，有効数字のケタ数を少ない方の**2ケタ**にすることが常識になっています。

🈟『1Lの溶液中に食塩が28.5g溶けている…』
　　1ケタ??　　　　　　　3ケタ

　のような表現がある場合は，有効数字3ケタで考えるべし!! 冒頭の1Lは，1.0000…Lという意味で用いられているので，有効数字1ケタという意味ではない。　完璧な1Lです!!

掟その🤟 計算がややこしいとき!!

例えば…

$$2.367892 \times 16.57232$$

という計算において，

『有効数字**3ケタ**で求めよ』

と問題文に指示があったら…

　最終的な解答をはじき出す道具の役割を果たす数字たちは1ケタ多い**4ケタ**にして計算します。

この場合…

$2.367\underline{8}92 \times 16.57\underline{2}32$

ここを四捨五入!!　ここを四捨五入!!

$= 2.368 \times 16.57$

4ケタです!!　4ケタです!!

$= 39.2\underline{3}776$

ここを四捨五入!!

$= 39.2$

3ケタです!!

途中は1ケタ多めに…

最終段階で指示どおり3ケタに…

そろそろいくわよ!

ウニユ〜ッ!

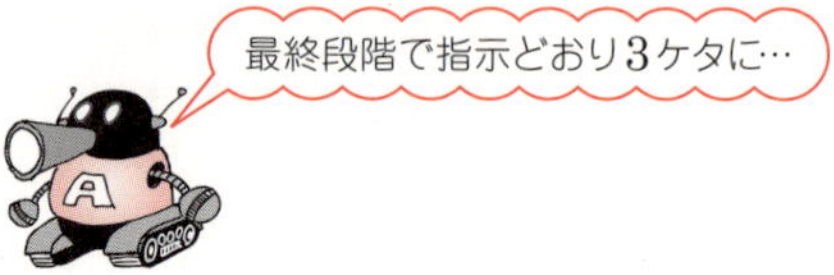

Theme 1 まずは原子量＆分子量＆式量のお話から…

ごっちゃにするなよ!!

RUB OUT 1　原子の構造

原子は物質を構成する最小の粒子である!!

原子には中心に**正に帯電**している(正の電荷をもつ)**原子核**があり，そのまわりに**負に帯電**している(負の電荷をもつ)**電子**がまわっています。

さらに!!　中心にある原子核は，**正に帯電**している(正の電荷をもつ)**陽子**と帯電していない(電荷をもたない)**中性子**からできています。

イメージは…

陽子です!!
プロトンともいいます!!

電子です!!
エレクトロンともいいます!!

中性子です!!
ニュートロンともいいます!!

原子核です!!
中身は陽子と中性子です!!

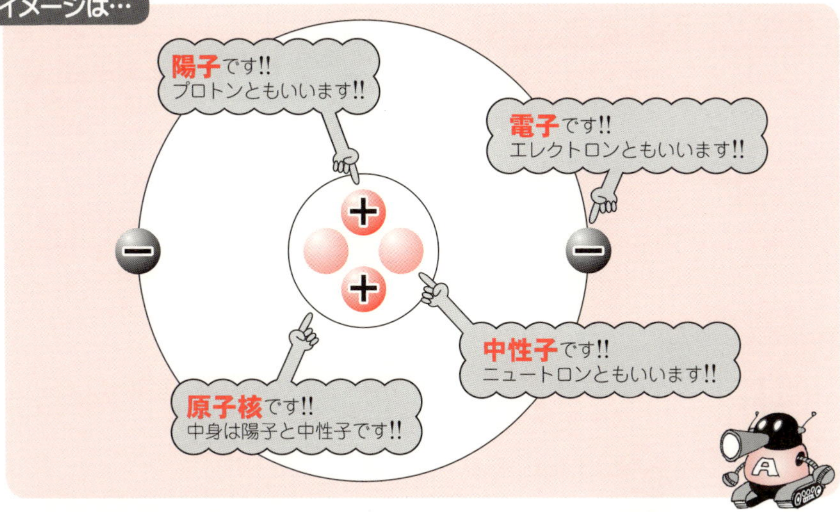

RUB OUT 2　原子番号と質量数

結論からいきなりまいります

イオン化してない条件のもとでは，原子番号＝陽子の数＝**電子の数**となります!!

原子核中の
原子番号＝陽子の数
質 量 数＝陽子の数＋中性子の数

ここで質量数とは，"重さ"をイメージする値です。**陽子**と**中性子**の質量(重さ)がほとんど等しいのに対して，**電子**の質量(重さ)は，陽子と中性子の約$\frac{1}{1840}$しかなく，軽すぎるんです‼ よって，質量数において，電子の数は無視します‼

RUB OUT 3 　表記上のお約束

原子番号11，質量数23のナトリウム原子を例にしましょう。

元素記号の左上に**質量数**をかきます‼

元素記号の左下に**原子番号**をかきます‼

$${}^{23}_{11}\text{Na}$$

このあたりで軽くチェックしようぜ‼

計算問題1　キソのキソ

次の各原子の原子番号，質量数，陽子の数，電子の数，中性子の数をそれぞれ求めよ。

(1) ${}^{19}_{9}\text{F}$　(2) ${}^{27}_{13}\text{Al}$　(3) ${}^{32}_{16}\text{S}$　(4) ${}^{40}_{18}\text{Ar}$

ナイスな導入

(1) ${}^{19}_{9}\text{F}$　質 量 数＝陽子の数＋中性子の数
　　　　　原子番号＝陽子の数＝電子の数

つまり，中性子の数以外は，計算すら必要ありません‼

で‼ 中性子の数は…

$$\begin{array}{r}{}^{19}_{9}\text{F}\\ -)\phantom{{}^{19}_{9}\text{F}}\\\hline 10\end{array}$$

これが中性子の数です‼

中性子の数＝質量数－陽子の数ですよね‼

(2)～(4)も同様です‼
では，Let's try‼

解答でござる

	原子番号	質量数	陽子の数	電子の数	中性子の数
(1)	9	19	9	9	10
(2)	13	27	13	13	14
(3)	16	32	16	16	16
(4)	18	40	18	18	22

(1) $^{19}_{9}\text{F}$　質量数／原子番号＝陽子の数＝電子の数／中性子の数

(2) $^{27}_{13}\text{Al}$　質量数／原子番号＝陽子の数＝電子の数／中性子の数

(3) $^{32}_{16}\text{S}$　質量数／原子番号＝陽子の数＝電子の数／中性子の数

(4) $^{40}_{18}\text{Ar}$　質量数／原子番号＝陽子の数＝電子の数／中性子の数

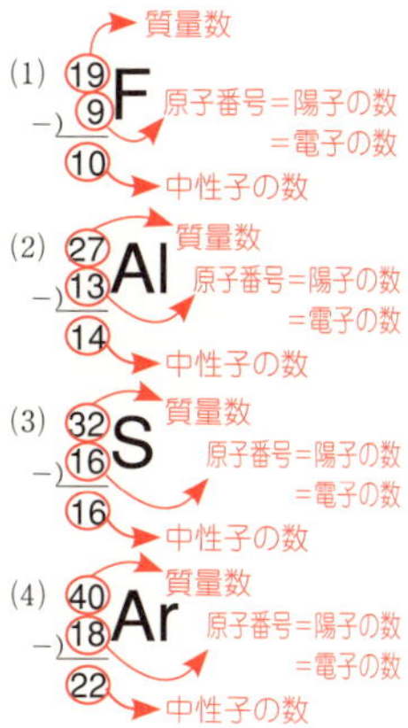

RUB OUT 4　同位体（アイソトープ）

同一元素の原子にもかかわらず，質量数が異なる原子どうしを互いに**同位体**であるといいます。原因は，**中性子の数が異なる**ことによります。

> 同じ元素の原子であれば，**原子番号**は同じです!!
> つまり，**陽子の数も電子の数も同じ**ということです!!
> 異なる可能性があるとすれば**中性子の数**が違うということです!!

で!!　同位体は質量（重さ）が異なるだけで，**化学的性質はほとんど同じ**ということを押さえておいてください。

例　水素原子には，次の3つの同位体が存在します。

$^{1}_{1}\text{H}$　　　$^{2}_{1}\text{H}$　　　$^{3}_{1}\text{H}$

（$^{2}_{1}\text{H}$は重水素と呼ばれます）
（$^{3}_{1}\text{H}$は三重水素と呼ばれます）

参考までに割合は
$^{1}_{1}\text{H}$…99.9885%
$^{2}_{1}\text{H}$…0.0115%
$^{3}_{1}\text{H}$…0.0000001%≒0%

で，自然界において，ほとんどが$^{1}_{1}\text{H}$で，$^{2}_{1}\text{H}$や$^{3}_{1}\text{H}$はかなり珍しい存在なのです。

RUB OUT 5 　原子量とは…??

　各元素の原子の質量(重さ)を表した数値を**原子量**と申します。原子量は質量数12の炭素原子^{12}Cの質量を**12**と決め，これを基準として他の原子の相対的な質量を表した数値です。

とは言うものの…

　天然に存在する単体や化合物を構成する元素の多くは，数種類の**同位体**を含んでいます。

　塩素を例にすると，質量数35の塩素原子(^{35}Cl)が約75.8%，質量数37の塩素原子(^{37}Cl)が約24.2%存在し，それらの相対質量は，$^{12}C=12$を基準として$^{35}Cl ≒ 35$　$^{37}Cl ≒ 37$です。

そこで!!

> 厳密に言うと
> $^{35}Cl = 34.969……$
> $^{37}Cl = 36.966……$
> ですが，各原子の相対質量は**各原子の質量数に等しい**と考えてOKな問題が多いです!!

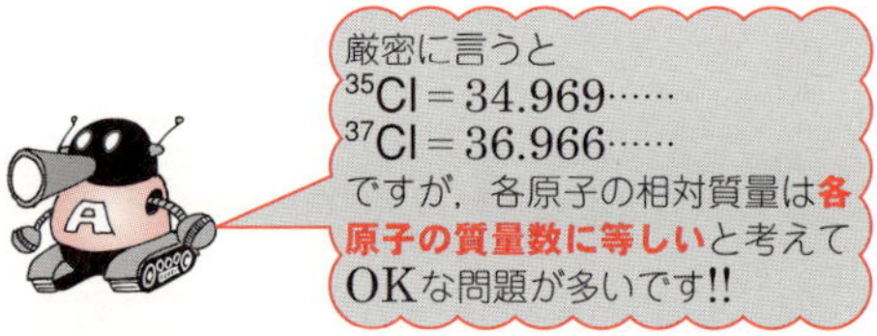

原子量は，これら同位体の相対質量の平均値と考えます。よって，塩素の原子量は…

　　$^{35}Cl ≒ 35$が75.8%，$^{37}Cl ≒ 37$が24.2%より，

$$35 \times \frac{75.8}{100} + 37 \times \frac{24.2}{100} ≒ \mathbf{35.5}$$

　　　　　　　　　　　　　　　　　となりまーす。

え!? 　平均値の求め方がわからないって?? 　やだなぁ…
ちょっと簡単な例を考えましょう!!

懐かしい空気…

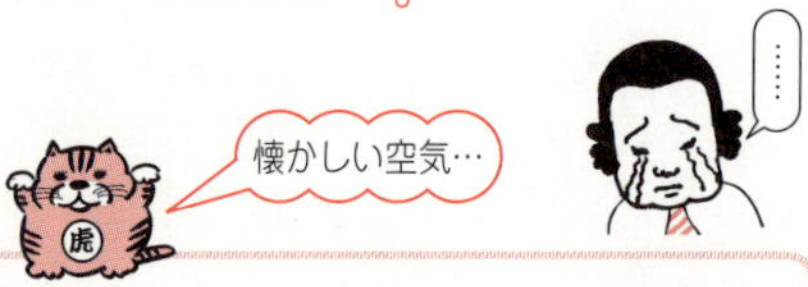

＋ － 算数のお時間 × ÷

　ある100人のクラスであるテストをしたところ，60点の人が25人，40点の人が75人いました。このクラスの平均点を求めましょう。

Theme 1 まずは原子量&分子量&式量のお話から… 15

$$\text{平均点} = \frac{\text{クラスの合計点}}{\text{クラスの人数}}$$ でしたね。

よって，

$$\text{平均点} = \frac{60 \times 25 + 40 \times 75}{100}$$

60点が25人　40点が75人 ← クラスの合計点
← クラスの人数

$$= 60 \times \frac{25}{100} + 40 \times \frac{75}{100}$$

60点の人が25%　40点の人が75%

あえてバラバラにしました!!

先ほど，塩素の原子量を求めたときの式と同じ構造だ!!

$$= \underline{\underline{45点}} \quad \text{答でーす!!}$$

この計算が理解できれば，平均値のお話は大丈夫です。

計算問題2 キソ

ホウ素には，^{10}B と ^{11}B の同位体が存在する。それぞれの存在率を，^{10}B が20%，^{11}B が80%であると仮定したとき，ホウ素の原子量を求めよ。ただし，同位体の相対質量はその質量数と等しいと考えてよい。

解答でござる

$^{10}B = 10$ が20%，$^{11}B = 11$ が80%の存在率であるから，ホウ素の原子量は，

^{10}Bの質量数は10
^{11}Bの質量数は11

$$10 \times \frac{20}{100} + 11 \times \frac{80}{100}$$

平均値の考え方です!!
＋－ 算数のお時間 ×÷ 参照!!

$$= \underline{\underline{10.8}} \quad \cdots (\text{答})$$

答でーす!!

注 問題文中に『同位体の相対質量は，その質量数と等しいと考えてよい』と注意書きがあるので…

$^{10}B = 10$ 　　 $^{11}B = 11$

質量数は10　　質量数は11

実際には，ピッタリと 質量数＝相対質量 とはならず微妙にずれます。この事実を頭のスミに置いておいてください。

RUB OUT 6 　原子と分子のお話です

原子 👉 すべての物質を構成する基本的な粒子です。

> この原子という粒子が集まることによりいろいろな物質ができています。

分子 👉 いくつかの原子が結合して分子となります。

例　酸素原子2個が結合して，酸素分子 O_2
　　酸素原子3個が結合して，オゾン分子 O_3
　　水素原子2個と酸素原子1個が結合して，水分子 H_2O

> 一般的に酸素といったら酸素分子 O_2 のことを指します。同様に水素といったら水素分子 H_2，窒素といったら窒素分子 N_2 を指します。わざわざ"……分子"といわないことが多いので，これからの学習で混乱しないように注意するべし!!

補足コーナー

周期表の一番右の18族(**He**(ヘリウム)，**Ne**(ネオン)，**Ar**(アルゴン)など)は，非常に安定したヤツで，他の原子と結合せず，原子1個だけで分子となります。

つまり，ヘリウム分子は **He**，ネオン分子は **Ne**，アルゴン分子は **Ar** と表され，このような連中を**単原子分子**と呼びます。

分子をつくらない物質　← これは重要だぞ～っ!!

👉 　鉄 **Fe** や銅 **Cu** などの**金属**
　　塩化ナトリウム **NaCl** や水酸化ナトリウム **NaOH** などの**イオン結晶**

金属や**イオン結晶**は，大量の原子が規則正しく結合し，どこからどこまでが1つといった独立したイメージがない!!　つまり，**分子をつくっていない**と考えられます。

Theme 1　まずは原子量&分子量&式量のお話から…　17

RUB OUT 7　分子式と組成式の違いを押さえろ!!

RUB OUT 6 で説明したように，**分子をつくる物質**と**分子をつくらない物質**があります。このことから…

分子式 ☞ **分子をつくる物質**を表現する化学式

例　水 H_2O　　酸素 O_2　　硫酸 H_2SO_4　など

組成式 ☞ **分子をつくらない物質**を表現する化学式
　　　　　　構成する原子の個数比を表している。

例　塩化ナトリウム $NaCl$　　硝酸銀 $AgNO_3$

（Naの個数：Clの個数＝1：1）　（Agの個数：Nの個数：Oの個数＝1：1：3）

で!!　この分子式と組成式の見分け方でーす!!

　周期表にあるすべての元素は，次の表のように**金属元素**と**非金属元素**に分けることができます。

非金属元素と金属元素の分布がこれだ～っ!!

	1	2	3	4	5	6	7	8	9	10	11	12	13	14	15	16	17	18
1	H 1.0																	He 4.0
2	Li 6.9	Be 9.0											B 11	C 12	N 14	O 16	F 19	Ne 20
3	Na 23	Mg 24											Al 27	Si 28	P 31	S 32	Cl 35.5	Ar 40
4	K 39	Ca 40	Sc 45	Ti 48	V 51	Cr 52	Mn 55	Fe 56	Co 59	Ni 59	Cu 63.5	Zn 65.4	Ga 70	Ge 73	As 75	Se 79	Br 80	Kr 84
5	Rb 85.5	Sr 88	Y 89	Zr 91	Nb 93	Mo 96	Tc (99)	Ru 101	Rh 103	Pd 106	Ag 108	Cd 112	In 115	Sn 119	Sb 122	Te 128	I 127	Xe 131
6	Cs 133	Ba 137	57～71 ランタノイド	Hf 178	Ta 181	W 184	Re 186	Os 190	Ir 192	Pt 195	Au 197	Hg 201	Tl 204	Pb 207	Bi 209	Po (210)	At (210)	Rn (222)
7	Fr (223)	Ra (226)	89～103 アクチノイド															

非金属元素　金属元素

⬇ このとき!!

非金属元素のみで表された化学式 ➡ **分子式**
非金属元素と**金属元素**がミックスされて表された化学式 ➡ **組成式**

いずれしっかりとした理由で見分けがつくことですが，これを覚えておけば次のような問題は即解決です。

準備問題でござる

次の(ア)〜(ケ)の化学式の中から，組成式であるものをすべて選べ。

- (ア) 水 H_2O
- (イ) エタノール C_2H_5OH
- (ウ) 硝酸 HNO_3
- (エ) 二酸化炭素 CO_2
- (オ) 塩化マグネシウム $MgCl_2$
- (カ) アンモニア NH_3
- (キ) 硫酸銅 $CuSO_4$
- (ク) 硫化水素 H_2S
- (ケ) 炭酸カルシウム $CaCO_3$

ナイスな導入

- (ア) 水 H_2O ➡ HもOも**非金属**　よって，分子式!!
- (イ) エタノール C_2H_5OH ➡ CもHもOも**非金属**　よって，分子式!!
- (ウ) 硝酸 HNO_3 ➡ HもNもOも**非金属**　よって，分子式!!
- (エ) 二酸化炭素 CO_2 ➡ CもOも**非金属**　よって，分子式!!
- (オ) 塩化マグネシウム $MgCl_2$ ➡ Mgは**金属**，Clは**非金属**　よって，**組成式**!!
- (カ) アンモニア NH_3 ➡ NもHも**非金属**　よって，分子式!!
- (キ) 硫酸銅 $CuSO_4$ ➡ Cuは**金属**，SとOは**非金属**　よって，**組成式**!!
- (ク) 硫化水素 H_2S ➡ HもSも**非金属**　よって，分子式!!
- (ケ) 炭酸カルシウム $CaCO_3$ ➡ Caは**金属**，CとOは**非金属**　よって，**組成式**!!

解答でござる

(オ)，(キ)，(ケ)

計算問題3 　標準

天然に存在する塩素 Cl には，^{35}Cl（相対質量 35）と ^{37}Cl（相対質量 37）の 2 種類が存在し，その原子量は 35.5 である。これについて，次の各問いに答えよ。

(1) ^{35}Cl と ^{37}Cl の存在率は，それぞれ何％か。
(2) 塩素分子 Cl_2 には，質量の異なる分子が何種類存在するか。

ナイスな導入

(1) ^{35}Cl が x（％）存在するとしましょう!!　すると，合計 100％より，^{37}Cl は $100-x$（％）存在することになります!!

　　で!!　p.14 の ＋－算数のお時間 ×÷ の要領で…

$$35 \times \frac{x}{100} + 37 \times \frac{100-x}{100} = 35.5$$

（^{35}Cl＝35 が x（％））（^{37}Cl＝37 が $100-x$（％））　原子量です!!

これを解けば万事解決!!

(2) 塩素分子 Cl_2 は塩素原子 2 個で構成されています。

つまーり!!

この 2 個の塩素原子それぞれは，^{35}Cl と ^{37}Cl のいずれかであります!!

とゆーことは…

そんなことだったのかーっ!!

次の 答でーす!! **3** 種類の塩素分子 Cl_2 が存在することになります。

$^{35}Cl - {}^{35}Cl$　　　$^{35}Cl - {}^{37}Cl$　　　$^{37}Cl - {}^{37}Cl$

（2 つとも ^{35}Cl　相対質量の合計は $35+35=70$）（ミックスタイプ　相対質量の合計は $35+37=72$）（2 つとも ^{37}Cl　相対質量の合計は $37+37=74$）

解答でござる

(1) $^{35}Cl = 35$ が x (%)，$^{37}Cl = 37$ が $100-x$ (%)
存在するとすると，条件より，

$$35 \times \frac{x}{100} + 37 \times \frac{100-x}{100} = 35.5$$

$$35x + 37(100-x) = 3550$$

$$35x + 3700 - 37x = 3550$$

$$-2x = -150$$

$$\therefore\ x = 75$$

以上より，各同位体の存在率は，

^{35}Cl は **75** (%)
^{37}Cl は **25** (%) …(答)

> 式さえ立てれば あとは解くだけ!!
>
> ここでつまずくアナタは，p.14の ＋－算数のお時間 ×÷ を読みなさい!!
>
> 両辺を100倍しました!!
>
> 一丁あがり♥
>
> $100 - x = 100 - 75 = 25$

(2) 塩素原子には $^{35}Cl = 35$ と $^{37}Cl = 37$ の2種類の同位体が存在するから，塩素分子 Cl_2 を構成する塩素原子の組み合わせは，

$^{35}Cl - ^{35}Cl$ $^{35}Cl - ^{37}Cl$ $^{37}Cl - ^{37}Cl$

の3通りである。これらはすべて相対質量の合計(分子量)が異なるので，質量の異なる分子の種類は，

3 種類 …(答)

> $^{35}Cl - ^{35}Cl$ の相対質量の合計(分子量)は $35 + 35 = \underline{70}$
>
> $^{35}Cl - ^{37}Cl$ の相対質量の合計(分子量)は $35 + 37 = \underline{72}$
>
> $^{37}Cl - ^{37}Cl$ の相対質量の合計(分子量)は $37 + 37 = \underline{74}$
>
> よって，質量の異なる分子は **3** 種類となります!!

注 本問も前問と同様!!
$^{35}Cl = 35$ $^{37}Cl = 37$ としてOK!! であるので，計算が楽チン♥

実際は… $^{35}Cl ≒ 34.97$ $^{37}Cl ≒ 36.97$

ごくまれに，このようなイヤな数値を活用させる 悪問 もあるので，気をつけてください!!

RUB OUT 8 分子量とは??

分子の質量(重さ)を表した数値を**分子量**と呼び、分子を構成する原子の**原子量の総和**で求められます。

例 原子量を H = 1.0, O = 16.0 としたとき，

水分子 H_2O の分子量は…

$$H_2O = \underline{1.0 \times 2} + \underline{16.0} = 18.0$$

(H = 1.0 が 2 個) (O = 16.0 が 1 個) 分子量でーす!!

となります。

計算問題 4 キソのキソ

次の各分子の分子量を小数第一位まで求めよ。ただし，原子量は，H = 1.00, C = 12.0, O = 16.0, F = 19.0, S = 32.1, Cl = 35.5 とする。

(1) HF (2) O_3 (3) SO_2
(4) CCl_4 (5) $HClO_3$ (6) H_2SO_4

解答でござる

(1) $HF = 1.00 + 19.0 = \underline{\mathbf{20.0}}$

"小数第一位まで求めよ!!" と問題文中にあるので HF = 20 ではなく，HF = 20.0 とするべし!!

H = 1.00 が 1 個, F = 19.0 が 1 個です!!

(2) $O_3 = 16.0 \times 3 = \underline{\mathbf{48.0}}$

O = 16.0 が 3 個です!!

(3) $SO_2 = 32.1 + 16.0 \times 2 = \underline{\mathbf{64.1}}$

S = 32.1 が 1 個, O = 16.0 が 2 個です!!

(4) $CCl_4 = 12.0 + 35.5 \times 4 = \underline{\mathbf{154.0}}$

C = 12.0 が 1 個, Cl = 35.5 が 4 個です!!

(5) $HClO_3 = 1.00 + 35.5 + 16.0 \times 3 = \underline{\mathbf{84.5}}$

H = 1.00 が 1 個, Cl = 35.5 が 1 個, O = 16.0 が 3 個です!!

(6) $H_2SO_4 = 1.00 \times 2 + 32.1 + 16.0 \times 4 = \underline{\mathbf{98.1}}$

H = 1.00 が 2 個, S = 32.1 が 1 個, O = 16.0 が 4 個です!!

RUB OUT 9 式量と分子量との違い!!

計算方法は同じだぜ!!

世の中の物質には**分子をつくらない**ものもあります。
p.16ですでに解決済み!! 塩化ナトリウム($NaCl$) 硫酸銅($CuSO_4$)などが例です!!
分子をつくらないものに分子量なんて存在しません!!

そこで!! 分子式のかわりに**組成式**(そせいしき)を用いて，この組成式を構成している原子の**原子量の総和**を**式量**(化学式量)と呼びます。 p.17参照!!

さらに，NO_3^-やSO_4^{2-}などのイオン式を構成している原子の原子量の総和を**イオンの式量**と呼びます。

計算問題5 　キソのキソ

次の化学式で表される物質またはイオンの式量を小数第一位まで求めよ。ただし，原子量は，$H=1.00$，$C=12.0$，$N=14.0$，$O=16.0$，$Na=23.0$，$Mg=24.3$，$S=32.1$，$Cl=35.5$，$Cu=63.6$，$Ag=107.9$とする。

(1) $MgCl_2$ 　　(2) $AgNO_3$ 　　(3) $CuSO_4$
(4) Na^+ 　　(5) HCO_3^- 　　(6) NH_4^+

ナイスな導入

イオンの場合，電子のやりとりがあるので，電子の数が変化してしまっている。しかしながら，電子は原子レベルからすると無視できるほど軽いので，イオンの式量を求める際には，原子量をそのまま活用してOK!!

解答でござる

(1) $MgCl_2 = 24.3 + 35.5 \times 2$
　　　　$= \underline{95.3}$

(2) $AgNO_3 = 107.9 + 14.0 + 16.0 \times 3$
　　　　$= \underline{169.9}$

分子量を求めるのと同じ要領です!!

(3) $CuSO_4 = 63.6 + 32.1 + 16.0 \times 4$
$= \underline{159.7}$

(4) $Na^+ = \underline{23.0}$

(5) $HCO_3^- = 1.00 + 12.0 + 16.0 \times 3$
$= \underline{61.0}$

(6) $NH_4^+ = 14.0 + 1.00 \times 4$
$= \underline{18.0}$

> 単なる計算問題だな…
> 楽勝だぜ!!

$Na^+ = Na = 23.0$ です。イオン化して Na^+ になると電子1個分軽くなりますが、これは無視してよい。電子は軽いからねぇ…

―― プロフィール ――
みっちゃん（17才）
究極の癒し系!! あまり勉強は得意ではないようだが、「やればデキる!!」タイプ ♥
「みっちゃん」と一緒に頑張ろうぜ!!
ちなみに豚山さんとはクラスメイトです

Theme 2 大切な大切な物質量（モル数）のお話です!!

> ここでつまずいたらオシマイだぜーっ!!

RUB OUT 1　1mol（モル）って何個??

> 6.02×10^{23}個とは莫大な個数だなぁ…

12個を1ダースというように，

$$6.02 \times 10^{23} 個 = 1\text{mol}（モル）$$

と定義します。

で!! この 6.02×10^{23} という数を**アボガドロ数**と呼びます。

注 アボガドロ定数の単位は1molあたりの個数ということで **個/mol**，または「個」が正式な単位として考えられないので，「個」を省略して **/mol** と表記する場合が多い。

RUB OUT 2　1mol（モル）集まるとどうなるの??

粒子（原子，分子，イオン）が…1mol（6.02×10^{23}個）集まったときの質量（重さ）を**モル質量**と呼びます。**で!!** その値はなんと!! **原子量，分子量，式量**に等しく，単位は **g/mol** となります。

例1 カルシウム原子のモル質量を求めよ!!　ただし，原子量はCa＝40.0です。

　　Ca＝40.0より　Ca原子のモル質量は **40.0（g/mol）** です。

例2 水分子のモル質量を求めよ!!　ただし，原子量はH＝1.00，O＝16.0です。

　　H＝1.00　O＝16.0より　H_2O＝1.00×2＋16.0＝18.0
　　よって，H_2O分子のモル質量は **18.0（g/mol）** です。

例3 塩化ナトリウム（NaCl）のモル質量を求めよ!!　ただし，原子量はNa＝23.0，Cl＝35.5です。

　　Na＝23.0，Cl＝35.5　より　NaCl＝23.0＋35.5＝58.5
　　よって，NaClのモル質量は **58.5（g/mol）** です。

Theme 2 大切な大切な物質量(モル数)のお話です!! 25

注 **例3** の塩化ナトリウム(**NaCl**)は，ご存知のとおり分子になりません。このように分子の存在しない物質については，式量が分子量に相当することから，式量にg/molをつけたものがモル質量となります。

計算問題6 — キソのキソ

次の化学式で表される物質のモル質量を求めよ。ただし，原子量は，
H＝1.00，C＝12.0，N＝14.0，O＝16.0，Na＝23.0，Al＝27.0，
S＝32.0，Cl＝35.5，Ca＝40.0とする。
(1) Al　　　(2) O_2　　　(3) NaOH
(4) $CaCO_3$　(5) SO_4^{2-}　(6) NH_4Cl

ナイスな導入

モル質量とは**原子量**，**分子量**，**式量**に単位として **g/mol** をつけたものです。1mol(＝6.02×10^{23}個)分の質量という意味です。

解答でござる

(1) Al＝27.0　より
　　Alのモル質量は，　**27.0**(g/mol)

　　　　　　　　　　　　　　　　Al原子が1mol(6.02×10^{23}個)集まると27.0gになるという意味です!!

(2) O_2＝16.0×2＝32.0　より
　　O_2のモル質量は，　**32.0**(g/mol)

　　　　　　　　　　　　　　　　O_2分子が1mol(6.02×10^{23}個)集まると32.0gになるという意味です!!

(3) NaOH＝23.0＋16.0＋1.00＝40.0
　　NaOHのモル質量は，　**40.0**(g/mol)

　　　　　　　　　　　　　　　　NaOHは分子にはなりません。これは式量です。

　　　　　　　　　　　　　　　　分子のときと同じように考えます。式量が分子量に相当します!!

(4) $CaCO_3 = 40.0 + 12.0 + 16.0 \times 3 = 100.0$ ← 式量です!!
$CaCO_3$のモル質量は，<u>**100.0**</u> (g/mol)

(5) $SO_4^{2-} = 32.0 + 16.0 \times 4 = 96.0$ ← イオンの式量です!!
(p.22参照!!)
SO_4^{2-}のモル質量は，<u>**96.0**</u> (g/mol)

(6) $NH_4Cl = 14.0 + 1.00 \times 4 + 35.5 = 53.5$ ← NH_4Cl分子が1mol
NH_4Clのモル質量は，<u>**53.5**</u> (g/mol) （6.02×10^{23}個）分集まる
と53.5gになるという意
味です!!

いろいろでき
そうだねぇ…

RUB OUT 3　モル質量さえ求まれば…

モル質量とは，物質1molあたりの質量（重さ）のことでしたね。これを基準にして，物質2molあたりの質量や物質10molあたりの質量を求めることができます。

では，実際にやってみましょう。

計算問題7　キソ

二酸化窒素NO_2について，次の各問いに答えよ。ただし，原子量は，$N = 14.0$，$O = 16.0$とし，アボガドロ定数は，6.02×10^{23} (/mol)とする。

(1) NO_2のモル質量を整数値で求めよ。
(2) NO_2 5molあたりの質量を整数値で求めよ。
(3) 920gのNO_2の物質量は何molか。整数値で求めよ。
　　　　　物質量とはモル数のことです
(4) 920gのNO_2の分子数は何個か。有効数字3ケタで答えよ。
(5) 920gのNO_2に含まれるO原子の個数は何個か。有効数字3ケタで答えよ。

ナイスな導入

$NO_2 = 14.0 + 16.0 \times 2 = 46.0$ 〔NO_2の分子量です!!〕

よって，NO_2のモル質量は 46.0 (g/mol) となります。

つまーり!!

NO_2 分子が 1mol（6.02×10^{23} 個）集まると 46.0g になる!!

というわけです。

これらを踏まえて…

解答でござる

(1) $NO_2 = 14.0 + 16.0 \times 2 = 46.0$
　　よって，NO_2のモル質量は，<u>**46**</u> (g/mol)

〔問題文中に"整数値で求めよ"とあるので，46.0とせずに46とするべし!!〕
〔単位を忘れないように!!〕

(2) $46 \times 5 = \underline{\mathbf{230}}$ (g)

〔1mol分が46gより 5mol分は… $46 \times 5 = 230$g です!!〕

(3) $920 \div 46 = \underline{\mathbf{20}}$ (mol)

〔46gごとに1molであるから，920gの中に46gがいくつあるかを考えればOK!!〕

(4) (3)より 920gの NO_2 は 20mol であるから，

$6.02 \times 10^{23} \times 20 = 6.02 \times 2 \times 10^{23} \times 10$
　　　　　　　　　　　　$= 12.04 \times 10^{24}$
　　　　　　　　　　　　$= 1.204 \times 10^{25}$
　　　　　　　　　　　　$\fallingdotseq \underline{\mathbf{1.20 \times 10^{25}}}$ (個)

注 問題文中に『有効数字3ケタで答えよ』とあるので，
1.204×10^{25} (4ケタ) ではなく，1.20×10^{25} (3ケタ) とするべし!!
つまり，1.2×10^{25} (2ケタ) としてはダメ!!

〔1molの個数は，6.02×10^{23}個。よって，20molの個数は…$6.02 \times 10^{23} \times 20$ (個) です!!〕

〔20を2×10に分ける!!〕

〔$\begin{cases} 6.02 \times 2 = 12.04 \\ 10^{23} \times 10 = 10^{24} \end{cases}$ です!!〕

〔12.04×10^{24}
$= 1.204 \times 10 \times 10^{24}$
$= 1.204 \times 10^{25}$〕

〔$10 \times 10^{24} = 10^{25}$〕

〔1.204の4を四捨五入して1.20です!!〕

さらに!!
$A \times 10^n$ と表現するとき，A は1以上10未満にするのが普通です。

$130 \times 10^6 = 1.3 \times 10^2 \times 10^6 = \underline{1.3 \times 10^8}$
　　　　　　　　　　　　　　　　10未満

（$10^2 \times 10^6$）

$987 \times 10^{25} = 9.87 \times 10^2 \times 10^{25} = \underline{9.87 \times 10^{27}}$
　　　　　　　　　　　　　　　　　　10未満

（$10^2 \times 10^{25}$）

$78.6 \times 10^{43} = 7.86 \times 10 \times 10^{43} = \underline{7.86 \times 10^{44}}$
　　　　　　　　　　　　　　　　　10未満

（10×10^{43}）

(5)　(4)より，920gの NO_2 に含まれる NO_2 の分子の個数は，

$$1.204 \times 10^{25} \text{(個)}$$

である。

さらに，1個の NO_2 分子中に **2** 個の O 原子が含まれるから，求めるべき O 原子の個数は，

$$1.204 \times 10^{25} \times \mathbf{2} = 2.408 \times 10^{25}$$
$$\fallingdotseq \mathbf{2.41 \times 10^{25}} \text{(個)}$$

> より正確な結果を導くために，この段階では
> 1.20×10^{25}（個）
> ではなく，1ケタ多めに
> 1.204×10^{25}（個）
> 　　4ケタ
> としておこう!!

> 有効数字3ケタより
> $2.40\dot{8} = 2.41$
>
> 四捨五入!!

> すでにお気づきかもしれませんが…
> $1.20 \times 10^{25} \times 2 = 2.40 \times 10^{25}$（個）
> (4)の最終的な答え
> あれーっ!!
> としてしまうと3ケタ目が変わってしまいます
> つま〜り!!　答えが有効数字3ケタのときは，途中計算で用いる数値は1ケタ多めに4ケタで!!

> なるほど!

Theme 2 大切な大切な物質量(モル数)のお話です!! 29

RUB OUT ④ 特に気体の場合!!

(液体と固体はダメ!!)

『**気体**は**種類に関係なく**，同温・同圧で**同体積中に同数の分子**を含む。』
これを**アボガドロの法則**と申します。

イメージコーナー

同温・同圧で同体積中に**同数の分子**が!!

社長　　　　　種類によらず同数の分子数!!　　　豚山

種類に関係ないところがスゴイ!! そう思いませんか？

分子…!?

とゆーことは…

逆に，気体分子を同数個集めたとき，同温・同圧であれば，気体の種類に関係なく同じ体積になるはずである。

そこで!!

スゴイ…

次のような事実が…

$0℃$，$1.01 \times 10^5 Pa$(＝$1atm$)において
1molの気体が占める体積は気体の種類によらず
22.4Lである。　分子数6.02×10^{23}個

さらに，温度が$0℃$，圧力が$1.01 \times 10^5 Pa$(＝$1atm$)の状態を**標準状態**と呼びます。

では，問題を通していろいろ考えてみましょう。

標準状態で1molの気体の体積は**22.4L**だ!!

計算問題8 〈キソ〉

次の各問いに答えよ。ただし，原子量は $H=1.0$，$C=12$，$O=16$，$S=32$ とする。

(1) 標準状態で 6.0g の水素が占める体積を求めよ。
(2) 標準状態で 89.6L の体積を占める二酸化炭素の質量を求めよ。
(3) 標準状態で 33.6L の体積を占める硫化水素の分子数を求めよ。ただし，アボガドロ定数は $6.02\times 10^{23}(/\text{mol})$ とする。

ナイスな導入

ポイントはこれだぁーっ!!

気体の種類は無関係だぞ!!

標準状態（0℃，1.01×10^5Pa）で 1molの気体が占める体積は 22.4L

解答でござる

(1) $H_2 = 1.0 \times 2 = 2.0$ ← 水素H_2の分子量です!!
つまり，H_2 のモル質量は 2.0(g/mol) ← H_2 1molの質量は2.0(g)
よって，H_2 6.0(g) の物質量（モル数）は，← 6.0(g)の中に2.0(g)がいくつあるか？
$$6.0 \div 2.0 = 3.0\text{(mol)}$$
以上から，6.0(g)の水素が占める体積は，← 1molの体積は22.4(L)。よって，3molの体積は，22.4×3(L)です!!
$$22.4 \times 3.0 = \underline{67.2}\text{(L)} \quad \cdots\text{(答)}$$

(2) 標準状態で89.6(L)の体積を占めることから，この気体（二酸化炭素）の物質量（モル数）は，← 22.4(L)が1(mol)であるから，89.6(L)の中に22.4(L)がいくつあるか考える!!
$$89.6 \div 22.4 = 4.0\text{(mol)}$$
$CO_2 = 12 + 16 \times 2 = 44$ から求めるべき質量は，← CO_2のモル質量は44(g/mol)
$$44 \times 4.0 = \underline{176}\text{(g)} \quad \cdots\text{(答)}$$
← CO_2 4(mol)分の質量を求めればOK!!

(3) 標準状態で33.6(L)の体積を占めることから，この気体（硫化水素）の物質量（モル数）は，← 22.4(L)ごとに1(mol)。33.6(L)の中に22.4(L)がいくつあるか？ がポイント!!
$$33.6 \div 22.4 = 1.5\text{(mol)}$$
よって，求めるべき分子数は，← 1(mol)の分子数は6.02×10^{23}(個)。本問では硫化水素がH_2Sで表されることはどうでもいい!!
$$6.02 \times 10^{23} \times 1.5 = \underline{9.03 \times 10^{23}}\text{(個)} \quad \cdots\text{(答)}$$

Theme 2 大切な大切な物質量(モル数)のお話です!! 31

別解でござる

ある意味, こちらの解答の方がおすすめです

いちいち物質量(モル数)を考えるより, いきなり比を考えた方が速く解けますよ♥ では, やってみましょう。

(1) 求める体積をx(L)とすると $H_2 = 1.0 \times 2 = 2.0$

つまり, 標準状態でH_2は2.0(g)で22.4(L)となる。

$$2.0 \overset{g}{\,} : 22.4 \overset{L}{\,} = 6.0 \overset{g}{\,} : x \overset{L}{\,}$$
$$2.0x = 22.4 \times 6.0$$
$$\therefore\ x = \underline{67.2}\,(L)\ \cdots(答)$$

- H_2 1molの質量は2.0(g)
- 標準状態で1molの気体の体積は22.4(L)
- 質量(g):体積(L)を考えていまーす!!
- 一般に
  $A : B = C : D$
  $\Leftrightarrow A \times D = B \times C$

(2) $CO_2 = 12 + 16 \times 2 = 44$

つまり, 標準状態でCO_2は44(g)で22.4(L)となるから,

求める質量をx(g)とすると,

$$44 \overset{g}{\,} : 22.4 \overset{L}{\,} = x \overset{g}{\,} : 89.6 \overset{L}{\,}$$
$$22.4 \times x = 44 \times 89.6$$
$$\therefore\ x = \underline{176}\,(g)\ \cdots(答)$$

- CO_2 1molの質量は44(g)
- 標準状態で1molの気体の体積は22.4(L)です!!
- 質量(g):体積(L)を考えていまーす!!
- 一般に
  $A : B = C : D$
  $\Leftrightarrow B \times C = A \times D$

(3) 標準状態で1mol(6.02×10^{23}個)の気体が占める体積は22.4(L)である。

求める個数をx(個)とすると,

$$22.4 \overset{L}{\,} : 6.02 \times 10^{23} \overset{個}{\,} = 33.6 \overset{L}{\,} : x \overset{個}{\,}$$
$$22.4 \times x = 6.02 \times 10^{23} \times 33.6$$
$$x = \underline{9.03 \times 10^{23}}\,(個)\ \cdots(答)$$

- 言いかえると, 標準状態で22.4L中に6.02×10^{23}個の気体分子が存在する!!
- 体積(L):個数(個)を考えていまーす!!
- 一般に
  $A : B = C : D$
  $\Leftrightarrow A \times D = B \times C$

Theme 3 溶液の濃度にもいろいろございまして…

濃度にもいろいろあるよ〜ん♥

まず!! 用語はしっかり押さえよう!!

溶質(ようしつ) ➡ 液体に溶けている物質のことです。
例　食塩水の場合，食塩が溶質です。

溶媒(ようばい) ➡ 溶質を溶かしている液体のことです。
例　食塩水の場合，水が溶媒です。

溶液(ようえき) ➡ 溶媒と溶質により生じた液体混合物のことです。
例　食塩水，アンモニア水，水酸化ナトリウム水溶液

溶液&溶質&溶媒

RUB OUT 1　質量パーセント濃度

皆さんがよく知っているパーセント(%)ですよ!!　果汁(かじゅう)60%のオレンジジュースとか果汁50%のリンゴジュースとかよく聞くでしょ??

$$質量パーセント濃度 = \frac{溶質の質量}{溶液の質量} \times 100 \, (\%)$$

溶液＝溶媒＋溶質

では，中学校の復習も兼ねて…

計算問題9　キソのキソ

次の各問いに答えよ。
(1) 40gの塩化ナトリウムを160gの水に溶かした水溶液の質量パーセント濃度を求めよ。
(2) 3%の水酸化ナトリウム水溶液が200gある。この水溶液中の水酸化ナトリウムの質量を求めよ。

ナイスな導入

(1) 溶液全体の質量は，$160 + 40 = 200g$ であることをお忘れなく!!
   （160 → 溶媒!!　40 → 溶質!!）

(2) これは簡単!!　この問題ができないアナタは消費税の計算もできないということになります。

> **クイズ!!**
> 20000円の買い物をしました。5％の消費税がかかるとして消費税はいくら??
> $$20000 \times \frac{5}{100} = 1000 (円)$$

5％は $\frac{5}{100}$ という意味です

解答でござる

(1) $$\frac{40}{160+40} \times 100$$

$$= \frac{40}{200} \times 100$$

$$= \underline{20} (\%) \quad \cdots (答)$$

→ $\frac{溶質の質量}{溶液の質量} \times 100$

→ 溶液＝溶媒＋溶質ですよ!!

→ 単位はパーセント（％）です!!

(2) $$200 \times \frac{3}{100}$$

$$= \underline{6} (g) \quad \cdots (答)$$

→ 200gの3％です。つまり200gの $\frac{3}{100}$ 倍ですね!! 常識ですよ!!

すごいプレッシャーだ

RUB OUT 2　モル濃度

モル濃度は大切だよ!!　しっかりマスターしてね!!

（溶媒じゃないぞ!!）

溶液 1L 中に含まれている溶質の量を物質量（モル数）で表したものをモル濃度と申しまして，単位は mol/L となっております。

では，問題を通して理解していただきます。

そんなに難しい話じゃないなぁ…

計算問題10 キソ

次の各問いに答えよ。
(1) 1molの塩化ナトリウムを水に溶かして5Lとしたとき，この塩化ナトリウム水溶液のモル濃度を求めよ。
(2) 5molの水酸化バリウムを水に溶かして20Lとしたとき，この水酸化バリウム水溶液のモル濃度を求めよ。
(3) 0.03molの硫酸銅を水に溶かして200mLとしたとき，この硫酸銅水溶液のモル濃度を求めよ。

ナイスな導入

とにかく，**溶液1L**あたりに**何molの溶質**が溶けているか?? を求めればOK!!

解答でござる

(1) 溶液5L中に溶質が1mol
　　よって，求めるべきモル濃度は，
　　$1 \div 5 = \dfrac{1}{5} = \underline{\mathbf{0.2}} \text{(mol/L)}$ …(答)

別解でござる

求めるモル濃度を x(mol/L) として，

$$\underset{\text{L}}{5} : \underset{\text{mol}}{1} = \underset{\text{L}}{1} : \underset{\text{mol}}{x}$$

　　　　$5x = 1 \times 1$
　　∴　$x = \underline{\mathbf{0.2}} \text{(mol/L)}$ …(答)

(2) 溶液20L中に溶質が5mol
　　よって，求めるべきモル濃度は，
　　$5 \div 20 = \dfrac{5}{20} = \underline{\mathbf{0.25}} \text{(mol/L)}$ …(答)

> もともと溶液5Lのお話だから5で割れば溶液1Lのお話になるね♥

> 溶液の体積(L)：溶質のモル数(mol)の関係です!!

> わざわざ比にしなくても…と思いますが…

> もともと溶液20Lのお話だから20で割れば溶液1Lのお話になるね♥

Theme 3 溶液の濃度にもいろいろございまして… 35

別解でござる

求めるモル濃度を $x\,(\mathrm{mol/L})$ として,
$$\overset{\mathrm{L}}{20} : \overset{\mathrm{mol}}{5} = \overset{\mathrm{L}}{1} : \overset{\mathrm{mol}}{x}$$
$$20x = 5 \times 1$$
$$x = \underline{0.25}\,(\mathrm{mol/L}) \quad \cdots(答)$$

> 溶液の体積(L):溶質のモル数(mol)の関係です!!

(3) 溶液 $200\mathrm{mL}\,(=0.2\mathrm{L})$ 中に溶質が $0.03\mathrm{mol}$
よって,求めるモル濃度は,
$$0.03 \times \underline{5} = \underline{0.15}\,(\mathrm{mol/L}) \quad \cdots(答)$$

> 200mLは0.2Lだから5倍すると1Lになるよ♥

> $0.03 \div 0.2 = 0.15$ でもOK!! つうか小学校でサボった人には言わない方がよかったかな!?

別解でござる

$1\mathrm{L} = 1000\mathrm{mL}$ であることに注意して,求めるモル濃度を $x\,(\mathrm{mol/L})$ とすると,
$$\overset{\mathrm{mL}}{200} : \overset{\mathrm{mol}}{0.03} = \overset{\mathrm{mL}}{1000} : \overset{\mathrm{mol}}{x}$$
$$200x = 0.03 \times 1000$$
$$\therefore\ x = \underline{0.15}\,(\mathrm{mol/L}) \quad \cdots(答)$$

> (3)に限って,この **別解でござる** の方がわかりやすいと感じる人も多いと思います

> 単位に注意!! 溶液の体積(mL):溶質のモル数(mol)

ほんの少しだけ,レベルUP!!

計算問題11 — キソ

次の各溶液のモル濃度を求めよ。ただし,原子量は,$H = 1.0$, $N = 14$, $O = 16$, $Na = 23$, $S = 32$ とする。

(1) 水酸化ナトリウム $NaOH$ 80g を水に溶かして 5.0L とした水酸化ナトリウム水溶液

(2) 硝酸 HNO_3 252g を水に溶かして 8.0L とした希硝酸

(3) 硫酸 H_2SO_4 9.8g を水に溶かして 400mL とした希硫酸

ナイスな導入

前問 計算問題10 を少しだけ難しくしたバージョンです。
(1)は **NaOH** (2)は **HNO$_3$** (3)は **H$_2$SO$_4$** これらの物質量(モル数)を求めればほぼ解決!! 仕上げは **溶液1L中に何モルの溶質が溶けているか？** を考えれば，これこそ求めるべき **モル濃度(mol/L)** です。
あと，(2)の希硝酸とか(3)の希硫酸の **希** は，水でうすめたという意味でしたね!! つまり，うすい硝酸水溶液やうすい硫酸水溶液ってことです。

解答でござる

(1) **NaOH** = 23 + 16 + 1.0 = 40 ← NaOHの式量です。つまり1molのNaOHの質量は40g

5.0Lの水酸化ナトリウム水溶液中の溶質である **NaOH** の物質量(モル数)は，

$$80 \div 40 = 2.0 \,(\text{mol})$$

← 40gごとに1molです!! 80gの中に40gがいくつあるか？

以上より，この水酸化ナトリウム水溶液のモル濃度は，

$$2.0 \div 5.0 = \frac{2.0}{5.0} = \underline{\underline{0.40}} \,(\text{mol/L}) \quad \cdots (\text{答})$$

← 5.0L中に2.0molあるから5.0で割れば1L中のモル数になる。

(2) **HNO$_3$** = 1.0 + 14 + 16 × 3 = 63 ← HNO$_3$の分子量です。つまり1molのHNO$_3$の質量は63g

8.0Lの希硝酸中の溶質である **HNO$_3$** の物質量(モル数)は，

$$252 \div 63 = 4.0 \,(\text{mol})$$

← 63gごとに1molです!! 252gの中に63gがいくつあるか？

以上より，この希硝酸のモル濃度は，

$$4.0 \div 8.0 = \frac{4.0}{8.0} = \underline{\underline{0.50}} \,(\text{mol/L}) \quad \cdots (\text{答})$$

← 8.0L中に4.0molあるから8.0で割れば1L中の数になる!!

> **注** 問題文中に有効数字に関する記述はまったくありませんが，問題文中に"8.0L"のような有効数字2ケタの表現があるので，解答もまねをして"0.50(mol/L)"としておこう!!

(3) $H_2SO_4 = 1.0 \times 2 + 32 + 16 \times 4 = 98$ ◀── H_2SO_4の分子量です。つまり1molのH_2SO_4の質量は98g

400mLの希硫酸中の溶質であるH_2SO_4の物質量(モル数)は,

$$9.8 \div 98 = \frac{9.8}{98} = \frac{1}{10} \text{(mol)}$$

$\frac{1}{10} = 0.1$ですが,分数のまんまの方が計算がやりやすいよ!!

以上より,この希硫酸のモル濃度は,

$$\frac{1}{10} \times \frac{1000}{400} = \frac{1}{4} = \underline{\mathbf{0.25}} \text{(mol/L)} \cdots \text{(答)}$$

400mLの話を1L=1000mLの話に変えればよい!! つまり $\frac{1000}{400} = \frac{5}{2}$倍する!!

計算が苦手な人はこっちで!!

別解でござる

400mLの希硫酸中にH_2SO_4が$\frac{1}{10}$ mol存在していることに注意して,求めるモル濃度をx(mol/L)として,

$$\overset{\text{mL}}{400} : \overset{\text{mol}}{\frac{1}{10}} = \overset{\text{mL}}{1000} : \overset{\text{mol}}{x}$$

$$400x = \frac{1}{10} \times 1000$$

$$x = \frac{1}{10} \times \frac{1000}{400}$$

$$\therefore \ x = \underline{\mathbf{0.25}} \text{(mol/L)} \cdots \text{(答)}$$

1L=1000mLです。溶液の体積(mL):溶質のモル数(mol)の関係に注目!!

一般に
$A : B = C : D$
$\Leftrightarrow A \times D = B \times C$

先ほどと同じ式になります!!

さらに,レベルUP!!

計算問題12 標準

次の各問いに答えよ。ただし,原子量は,H=1.0,O=16,S=32,Cl=35.5とする。

(1) 濃度(質量パーセント濃度)16%の希塩酸の密度は1.08g/mLである。この希塩酸のモル濃度を有効数字2ケタで求めよ。

(2) 濃度(質量パーセント濃度)98%の濃硫酸の密度は1.83g/cm³である。この濃硫酸のモル濃度を有効数字2ケタで求めよ。

ナイスな導入

ご存じのとおり，いろいろな種類の溶液があります。しかも，濃度も様々です。よって，同じ体積ではかったとしても，溶液によって質量(重さ)がまったく違います。

そこで!!

溶液**1mLあたり**の質量(重さ)が**何gあるか??** を表した数値を**密度**といいます。単位は**g/mL**(またはg/cm^3)で表されます。

> 1mL = $1cm^3$ ですよ!!

準備問題

ある溶液の密度が1.28g/mLであるとき，この溶液1Lの質量を求めよ。

答

密度が1.28g/mL ➡ 1mLあたりの質量が1.28g

1L = 1000mL より，この溶液1Lあたりの質量は，

$$1.28 \times 1000 = 1280 \text{(g)}$$

> ×1000 〔1mLで1.28gより 1000mLで1.28×1000g〕 ×1000

答でーす!!

さて!! 本題に入りましょう!!

モル濃度(mol/L) = 溶液1L中の溶質のモル数

つまり，溶液1Lに注目することからすべてが始まります。頭の中が整理できるように，3つの手順で示しておきました!!

　その前に塩酸とは，気体である塩化水素HClを水に溶かしたものでしたね!! 本問では希塩酸となっているので濃度が希薄(うすい)ということです。

> 食塩水でいうところの食塩が塩化水素HClに変わっただけです!!

(1) **手順その1　溶液1Lつまり1000mLの質量(重さ)を求める**

この希塩酸の密度は1.08g/mLであるから
この希塩酸1L(1000mL)の質量(重さ)は…

$$1.08 \times 1000 = \mathbf{1080}\,(g)$$

詳しくは 準備問題 参照!!

手順その2　溶液1L中の溶質の質量(重さ)を求める

この希塩酸の質量パーセント濃度は16%であるから…
この希塩酸1Lつまり1080g中の溶質であるHClは…

手順その1で求まりました!!

$$1080 \times \frac{16}{100} = \mathbf{172.8}\,(g)$$

手順その3　手順その2で求めた溶質の質量を物質量(モル数)に直す

HCl = 1.0 + 35.5 = 36.5　より…
HCl 172.8(g)の物質量(モル数)は…

HCl 1molあたりの質量が36.5(g)です!!

$$172.8 \div 36.5 = 4.7342\cdots\cdots$$
$$\fallingdotseq \mathbf{4.7}\,(mol)$$

有効数字2ケタより，上から3ケタ目の「3」を四捨五入!!

以上から…

この希塩酸1L中に4.7molのHClが溶けていることがわかった!!

つまーり!!

この希塩酸のモル濃度は　**4.7 (mol/L)**

(2)　(1)と同様です!!
　　ただし，濃硫酸や希硫酸とは純粋な硫酸H_2SO_4(液体です!!)を水に溶かしたものです。その濃度が濃厚な場合は濃硫酸，希薄な場合は希硫酸と呼びます。

解答でござる

(1) 条件より，この希塩酸 1L (1000mL) あたりの質量は，

$$1.08 \times 1000 = 1080 \text{ (g)}$$

となります。

このうちの 16% が溶質の塩化水素 HCl であるから，この希塩酸 1L 中の HCl の質量は，

$$1080 \times \frac{16}{100} \text{ (g)}$$

となります。

HCl = 1.0 + 35.5 = 36.5 であるから，この希塩酸のモル濃度は，

$$1080 \times \frac{16}{100} \div 36.5$$

$$= 1080 \times \frac{16}{100} \times \frac{1}{36.5}$$

$$= 1080 \times \frac{16}{100} \times \frac{10}{365}$$

$$= 4.7342\cdots\cdots$$

$$\fallingdotseq \underline{4.7} \text{ (mol/L)} \quad \cdots \text{(答)}$$

(2) 条件より，この濃硫酸 1L (1000mL) あたりの質量は，

$$1.83 \times 1000 = 1830 \text{ (g)}$$

となります。

このうちの 98% が溶質の H_2SO_4 であるから，この濃硫酸 1L 中の H_2SO_4 の質量は，

$$1830 \times \frac{98}{100} \text{ (g)}$$

となります。

$H_2SO_4 = 1.0 \times 2 + 32 + 16 \times 3 = 98$ であるから，この濃硫酸のモル濃度は，

手順はしっかりと!!

手順その☝です!!
質量パーセント濃度です!!

手順その✌です!!
1080g のうちの 16% つまり $\frac{16}{100}$ が溶質である塩化水素 HCl です!!
あえて，このまんまにしておきます。細かい計算はあとまわし!!

HCl 1mol の質量は 36.5g
(モル質量のお話です!!)

手順その🖐です!!
$1080 \times \frac{16}{100}$ (g) が何モルか？を計算します!!
$\div 36.5 \Leftrightarrow \times \frac{1}{36.5}$

$1080 \times \frac{16}{100} \times \frac{10}{365}$
$= 108 \times 16 \times \frac{1}{365}$
$= \frac{108 \times 16}{365}$

有効数字2ケタです!!

手順その☝です!!
$1.83 \text{ (g/cm}^3\text{)}$
$= 1.83 \text{ (g/mL)}$ です!!
1mL あたり 1.83g
1000mL あたり 1830g (×1000)

手順その✌です!!
1830g のうちの 98% つまり $\frac{98}{100}$ が溶質である純粋な H_2SO_4 です!!

$$1830 \times \frac{98}{100} \div 98$$
$$= 1830 \times \frac{98}{100} \times \frac{1}{98}$$
$$= 18.3$$
$$\fallingdotseq \underline{18}\,(\text{mol/L}) \quad \cdots (\text{答})$$

手順その✋です!!
$1830 \times \frac{98}{100}$ が何モルか？を計算します!!
$$1830 \times \frac{98}{100} \times \frac{1}{98}$$
$$= \frac{1830}{100}$$
$$= 18.3$$
ラッキー!!

有効数字2ケタです!!

RUB OUT 3　質量モル濃度　化学の範囲です!!

もう1つのモル濃度…

溶媒1kgあたりに溶けている**溶質の物質量**(モル数)

注 溶液じゃないぞーっ!!

危ない，危ない…

では，問題を通して理解していただきます。

計算問題13　キソ

次の各問いに答えよ。

(1) 3.0 molの水酸化ナトリウムを4.0 kgの水にすべて溶かしたとき，この水酸化ナトリウム水溶液の質量モル濃度を求めよ。

(2) 0.20 molの食塩を250 gの水にすべて溶かしたとき，この食塩水の質量モル濃度を求めよ。

(3) 49 gの硫酸を5.0 kgの水にすべて溶かしてできる希硫酸の質量モル濃度を求めよ。ただし，原子量はH = 1.0，O = 16，S = 32とする。

(4) 0.34 gのアンモニアを200 gの水にすべて溶かしてできるアンモニア水の質量モル濃度を求めよ。ただし，原子量はH = 1.0，N = 14とする。

ナイスな導入

とにかく!!
溶媒1kg(1000g)あたりに**溶質が何mol**溶けているか？
を求めればOK!!
それでは，まいりましょう!!

解答でござる

(1) 溶媒4.0kg（水です!!）あたりに溶質3.0mol（水酸化ナトリウムです!!）が溶けているから，溶媒1.0kgあたりには，

$$\frac{3.0}{4.0} = 0.75 \,(\text{mol})$$

の溶質が溶けていることになる。

よって，求めるべき質量モル濃度は，

$$\underline{0.75}\,(\text{mol/kg}) \quad \cdots (\text{答})$$

(2) 溶媒250g（水です!!）あたりに溶質0.20mol（食塩です!!）が溶けているから，溶媒1.0kg（=1000g）あたりには，

$$0.20 \times \frac{1000}{250} = 0.80 \,(\text{mol})$$

の溶質が溶けていることになる。

よって，求めるべき質量モル濃度は，

$$\underline{0.80}\,(\text{mol/kg}) \quad \cdots (\text{答})$$

別解でござる　その

求めるべき質量モル濃度を $x\,(\text{mol/kg})$ として，

$$250 : 0.20 = 1000 : x$$
$$250x = 0.20 \times 1000$$
$$250x = 200$$
$$x = \underline{0.80}\,(\text{mol/kg}) \quad \cdots (\text{答})$$

一般に
$$A : B = C : D$$
のとき
$$A \times D = B \times C$$
となーる!!

基本だよ～!!

Theme 3　溶液の濃度にもいろいろございまして… 43

別解でござる　その✌

$$0.20 \times \frac{1}{250} \times 1000 = 0.80 \,(\text{mol})$$

> 溶媒1.0g中の溶質のモル数
> 1000倍して，溶媒1000gつまり1.0kg中の溶質のモル数になる!!

よって，求めるべき質量モル濃度は，

$$\underline{0.80 \,(\text{mol/kg})} \quad \cdots (\text{答})$$

(3)　$H_2SO_4 = 1.0 \times 2 + 32 + 16 \times 4 = 98$ より

> H_2SO_4 1molの質量(重さ)は98g

硫酸49gの物質量(モル数)は，

$$\frac{49}{98} = 0.50 \,(\text{mol})$$

> 分数の方が計算しやすいので $\frac{1}{2}$ としておくのもよい!!

つまり，溶媒5.0kgあたりに溶質0.50molが溶けていることになる。よって，溶媒1.0kgあたりには，

$$\frac{0.50}{5.0} = 0.10 \,(\text{mol})$$

の溶質が溶けていることになる。

よって，求めるべき質量モル濃度は，

$$\underline{0.10 \,(\text{mol/kg})} \quad \cdots (\text{答})$$

（溶媒5.0kg／溶質0.50mol ÷5.0 → 溶媒1.0kg／溶質? mol）

(4)　$NH_3 = 14 + 1.0 \times 3 = 17$ より

> NH_3 1molの質量(重さ)は17g

アンモニア0.34gの物質量(モル数)は，

$$\frac{0.34}{17} = \frac{34}{1700} = \frac{1}{50} \,(\text{mol})$$

> 今回は，0.020(mol)とするより分数のまんまの方が計算しやすいでしょうね!!

つまり，溶媒200gあたりに溶質 $\frac{1}{50}$ mol が溶けていることになる。

よって，溶媒1.0kg(=1000g)あたりには，

$$\frac{1}{50} \times \frac{1000}{200}$$
$$= \frac{1}{10}$$
$$= 0.10 \,(\text{mol})$$

（溶媒200g／溶質 $\frac{1}{50}$ mol ×$\frac{1000}{200}$ → 溶媒1000g／溶質? mol）

よって，求めるべき質量モル濃度は，

$$0.10 \,(\mathrm{mol/kg}) \quad \cdots(答)$$

別解でござる その☝

求めるべき質量モル濃度を $x\,(\mathrm{mol/kg})$ として，

$$200 : \frac{1}{50} = 1000 : x$$

$$200x = \frac{1}{50} \times 1000$$

$$200x = 20$$

$$x = \frac{20}{200}$$

$$\therefore \; x = 0.10 \,(\mathrm{mol/kg}) \quad \cdots(答)$$

> 別解もあるから気に入った方針でGO!! だよ♥

> 溶媒200g 溶質 $\frac{1}{50}$ mol ： 溶媒1000g 溶質？mol

> 一般に
> $A : B = C : D$
> のとき
> $A \times D = B \times C$
> ですよ!!

別解でござる その✌

$$\frac{1}{50} \times \frac{1}{200} \times 1000 = 0.10 \,(\mathrm{mol})$$

よって，求めるべき質量モル濃度は，

$$0.10 \,(\mathrm{mol/kg}) \quad \cdots(答)$$

> **溶媒1.0g中の溶質のモル数**

> 1000倍して溶媒1000gつまり1.0kg中の溶質のモル数になる!!

> いったん**溶媒1g中**の話にしておいて，あとで1000倍して**溶媒1000g中**の話に持ち込む作戦だよ!!

Theme 3 溶液の濃度にもいろいろございまして… 45

では，まとめの意味を込めて…

(2)は **化学** の範囲ですよ!!

計算問題 14 標準

質量パーセント濃度が 30% の水酸化ナトリウム水溶液の密度は 1.2 g/mL である。これについて，次の各問いに答えよ。ただし，原子量は H = 1.0，O = 16，Na = 23 とする。

(1) この水酸化ナトリウム水溶液のモル濃度を有効数字 2 ケタで求めよ。
(2) この水酸化ナトリウム水溶液の質量モル濃度を有効数字 2 ケタで求めよ。

ナイスな導入

本問では，溶媒が **水**，溶質が **水酸化ナトリウム**（NaOH）です。

(1) **計算問題 12** の復習です。

モル濃度

溶液 1.0 L あたりに溶解している **溶質の物質量**（モル数）

よって…

溶液 1.0 L あたりに溶解している溶質としての **NaOH** のモル数を求めれば OK!!

(2) **計算問題 13** の復習です。

質量モル濃度

溶媒 1.0 kg あたりに溶解している **溶質の物質量**（モル数）

溶媒です!!

よって…

水 1.0 kg あたりに溶解している溶質としての **NaOH** のモル数を求めれば OK!!

バカバカしい公式を丸暗記するのではなく，しっかりと理屈を押さえておいてください!!

解答でござる   **1Lの話からSTART!!**

(1) この水酸化ナトリウム水溶液 $1L(=1000mL)$ の質量は,

$$1.2 \times 1000 = 1200 (g) \quad \cdots ①$$

となる。

　①の中に含まれる溶質としての水酸化ナトリウム (NaOH) は,

$$1200 \times \frac{30}{100} = 360 (g) \quad \cdots ②$$

となる。

　②を物質量(モル数)に直せばよいから NaOH $=40$ より,

$$360 \div 40 = 9.0 (mol) \quad \cdots ③$$

よって, 求めるべき, この水酸化ナトリウム水溶液のモル濃度は,

$$\mathbf{9.0} (mol/L) \quad \cdots (答)$$

(2) (1)より溶液1200g中の30%が溶質のNaOHであるから, 残りの70%が溶媒の水である。よって, 溶媒の質量は,

$$1200 \times \frac{70}{100} = 840 (g) \quad \cdots ④$$

本問は数値が簡単な問題なので ①－②より
$$1200 - 360 = 840 (g)$$
としても速いぜ!!

このとき, 溶媒1kgに溶けている溶質である NaOH の物質量(モル数)を x (mol) とすると, ③, ④から,

$$\underbrace{840(g)}_{④} : \underbrace{9.0(mol)}_{③} = \underbrace{1000(g)}_{\substack{\| \\ 1kg}} : x(mol)$$

右側の注釈:

密度が1.2g/mL
＝
1mLあたりの質量が1.2g
×1000
1000mLあたりの質量は…
$1.2 \times 1000 (g)$

1200gのうちの30%つまり $\frac{30}{100}$ が溶質です!!

モル質量ですよ!!

②をモル質量で割れば, モル数が求まる!!

そもそも1Lの話からSTARTしているから, 溶液1L中に9.0molの溶質が溶けていることになるので, モル濃度は9.0mol/Lとなる。
"有効数字2ケタ"とあるので9.0と表記するべし!!
2ケタ

溶液 $\begin{cases} 溶媒 70\% \\ 溶質 30\% \end{cases}$
つまり…
①の1200g中の70%, すなわち $\frac{70}{100}$ が, 溶媒である水の質量です!!

$\begin{pmatrix} 溶媒の \\ 質量 \end{pmatrix} = \begin{pmatrix} 溶液全体 \\ の質量 \end{pmatrix} - \begin{pmatrix} 溶質の \\ 質量 \end{pmatrix}$

(1)で得られた数値を活用するわけですね♥

この x が質量モル濃度になります!!

$\begin{pmatrix} 溶媒の \\ 質量(g) \end{pmatrix} : \begin{pmatrix} 溶質の \\ 物質量(mol) \end{pmatrix}$

$$840x = 9 \times 1000$$
$$x = \frac{9000}{840}$$
$$x = 10.714\cdots\cdots$$
$$x \fallingdotseq 11 \,(\text{mol})$$

よって，求めるべき，この水酸化ナトリウム水溶液の質量モル濃度は，

$$\underline{11\,(\text{mol/kg})} \quad \cdots\text{(答)}$$

一般に
$$A:B=C:D$$
$$\Leftrightarrow A \times D = B \times C$$

$$\frac{9000}{840} = \frac{900}{84} = \frac{75}{7}$$

あとはモロに割り算!!

有効数字2ケタです!!

xは，溶媒である水1kgに対する溶質の物質量(モル数)であったから，そのまま質量モル濃度の値になります!!

では，もう一発!!

計算問題15 ―標準―

(2)は 化学 の範囲だよ～ん!!

質量パーセント濃度が96%の濃硫酸の密度は1.84g/mLである。このとき，次の各問いに答えよ。ただし，原子量は，H = 1.0, O = 16, S = 32とする。

(1) この濃硫酸のモル濃度を整数値で求めよ。
(2) この濃硫酸の質量モル濃度を整数値で求めよ。

ナイスな導入

もう一度押さえておこう!!

濃硫酸とは，溶媒である**水**に溶質として**硫酸**を溶かしたものである。いわば，濃い硫酸水溶液ということです。

食塩水の場合は　溶媒 ━ 水　溶質 ━ 食塩
同様に…
濃硫酸の場合は　溶媒 ━ 水　溶質 ━ 硫酸

で!!　解き方は **計算問題14** とまったく同様です。では，Let's Try!!

解答でござる   　1Lの話からSTART!!

(1) この濃硫酸 1L(= 1000mL) の質量は，
$$1.84 \times 1000 = 1840 \text{(g)} \quad \cdots ①$$
となる。

①の中に含まれる溶質としての硫酸(H_2SO_4)は，
$$1840 \times \frac{96}{100} \text{(g)} \quad \cdots ②$$
となる。

※今回は数値が簡単でないので，このまま放置して次の段階へ…

②を物質量(モル数)に直せばよいから
$H_2SO_4 = 98$ より，
$$1840 \times \frac{96}{100} \div 98$$
$$= 1840 \times \frac{96}{100} \times \frac{1}{98} \quad \cdots ③$$
$$= 18.024\cdots\cdots$$
$$\fallingdotseq 18 \text{(mol)}$$

よって，求めるべきこの濃硫酸のモル濃度は，
$$\underline{18} \text{(mol/L)} \quad \cdots \text{(答)}$$

(2) (1)より溶液 1840g 中の 96% が溶質の H_2SO_4 であるから，残りの 4% が溶媒の水である。よって，溶媒の質量は，
$$1840 \times \frac{4}{100} \text{(g)} \quad \cdots ④$$

このとき，溶媒 1kg に溶けている溶質である H_2SO_4 の物質量(モル数)を x(mol) とすると，③，④から，
$$\underbrace{1840 \times \frac{4}{100}}_{④} \text{(g)} : \underbrace{1840 \times \frac{96}{100} \times \frac{1}{98}}_{③} \text{(mol)}$$
$$= \underset{\underset{1\text{kg}}{\parallel}}{1000} \text{(g)} : x \text{(mol)}$$

密度が 1.84(g/mL)
‖
1mL あたりの質量が 1.84g
×1000
1000mL あたりの質量は…
1.84×1000 (g)

1840g のうちの 96% つまり $\frac{96}{100}$ が溶質です!!

モル質量です!!
$H_2SO_4 = 1.0 \times 2 + 32 + 16 \times 4 = 98$

②をモル質量で割ればモル数が求まる!!
$\div 98 \Leftrightarrow \times \frac{1}{98}$

「整数値で求めよ」と指示があります!!

溶液 1L あたりに 18mol の溶質が溶けているのでモル濃度は 18mol/L となる!!

溶液 { 溶媒 4%
     { 溶質 96%
つまり…
①の 1840g 中の 4% すなわち $\frac{4}{100}$ が溶媒である水の質量です!!

(1)で得たデータを活用するとはウマイな…

(1)で約 18(mol) と求まっているがより正確な値を出すために概算する前に戻しておく!! しかも分数計算に慣れておくと楽チンだよ♥

(溶媒の質量(g)) : (溶質の物質量(mol))

Theme 3 溶液の濃度にもいろいろございまして… 49

$$1840 \times \frac{4}{100} \times x = 1840 \times \frac{96}{100} \times \frac{1}{98} \times 1000$$

$$1840 \times \frac{\cancel{4}}{\cancel{100}} \times x = 1840 \times \frac{96}{\cancel{100}} \times \frac{1}{98} \times 1000$$

$$4x = \frac{96 \times 1000}{98}$$

$$x = \frac{24 \times 1000}{98}$$

$$x = 244.89\cdots\cdots$$

$$x \fallingdotseq 245 \,(\mathrm{mol})$$

一般に
$$A : B = C : D$$
$$\Leftrightarrow A \times D = B \times C$$

$$4x = \frac{\overset{24}{\cancel{96}} \times 1000}{98}$$

$$x = \frac{\overset{12}{\cancel{24}} \times 1000}{\underset{49}{\cancel{98}}}$$

おっ!!
いっぱい消える!!

あとはモロに計算せよ!!

『整数値で求めよ』と指示があります!!

溶媒である水1kgに対して…
溶質であるH_2SO_4の物質量が245molである!!

よって, 求めるべき, この濃硫酸の質量モル濃度は,

<u>**245**(mol/kg)</u> …(答)

参考

なるほど

もうお気づきだと思いますが…

計算問題14 と 計算問題15 を比べてみてください。

モル濃度と質量モル濃度の値の差は

濃い溶液のときは**差が大きく**なり, 👉 計算問題15 の場合です。

うすい溶液のときは**差が小さく**なります。 👉 計算問題14 の場合です。

プロフィール

オムちゃん(28才)

5匹の猫を飼う謎の女性!
実は未来のみっちゃんです。
高校生時代の自分が心配になってしまい
様子を見にタイムマシーンで……

Theme 4 水和水をもってしもうた

水和水をもった物質の例には…

硫酸銅(Ⅱ)五水和物　$CuSO_4 \cdot 5H_2O$　←超有名人!!
硫酸鉄(Ⅱ)七水和物　$FeSO_4 \cdot 7H_2O$
炭酸ナトリウム十水和物　$Na_2CO_3 \cdot 10H_2O$

右側にへばりついている$5H_2O$や$7H_2O$や$10H_2O$を**水和水**と呼びます。大胆なことを言ってしまえば，結晶に紛れ込んでしまった水分のようなものです。まぁ，細かい話はおいといて，濃度がらみの話にまいりましょう。

計算問題16　標準

次の各問いに答えよ。ただし，原子量は$H=1.0$，$O=16$，$S=32$，$Cu=64$とする。

(1) 硫酸銅(Ⅱ)五水和物 $CuSO_4 \cdot 5H_2O$ $50g$を$200g$の水に溶かしたとき，この硫酸銅(Ⅱ)水溶液の質量パーセント濃度を整数値で求めよ。

(2) 硫酸銅(Ⅱ)五水和物 $CuSO_4 \cdot 5H_2O$ $100g$を水に溶かして$16L$としたとき，この硫酸銅(Ⅱ)水溶液のモル濃度を求めよ。

(3) 硫酸銅(Ⅱ)五水和物 $CuSO_4 \cdot 5H_2O$ $75g$を用いて$3.0mol/L$の硫酸銅(Ⅱ)水溶液をつくったとき，この水溶液の体積は何mLか。

ナイスな導入

硫酸銅(Ⅱ)五水和物 $CuSO_4 \cdot 5H_2O$ がよく出題される理由は，計算しやすいことです。それは式量に秘密が!!

$CuSO_4 = 64 + 32 + 16 \times 4 = 160$　←すげーっ!! キリのいい数!!
$5H_2O = 5 \times (1.0 \times 2 + 16) = 5 \times 18 = 90$　←すげーっ!! キリのいい数!!

とゆーわけで…

$CuSO_4 \cdot 5H_2O = 160 + 90 = 250$　←冗談でしょ!? 話ができすぎーっ!!

すばらしいでしょ!?　キレイな数字だらけでやる気がわいてくるね♥

(1) 式量の配分が…

$$CuSO_4 \cdot 5H_2O$$
$$160 \quad 90$$
合計 250

であることに注意して…

$CuSO_4 \cdot 5H_2O$ 50(g) のうち

　$CuSO_4$ だけの質量… $50 \times \dfrac{160}{250} = 32$(g)　　$CuSO_4 \cdot 5H_2O$ / 160 / 250

　水和水($5H_2O$)だけの質量… $50 \times \dfrac{90}{250} = 18$(g)　　$CuSO_4 \cdot 5H_2O$ / 90 / 250

このとき，水和水の 18(g) は溶媒である水といっしょになってしまいます。
よって，内訳は次のとおり!!

$CuSO_4 \cdot 5H_2O$ 　$CuSO_4$ …… 32(g)　←溶質の質量
　　　　　　　　　$5H_2O$ …… 18(g)　←溶媒の質量
水 …… 200(g)

水どうしいっしょになります!!

このとき!!

結局のところ，溶液(溶媒＋溶質)の質量は…

$$\underset{水}{200} + \underset{CuSO_4 \cdot 5H_2O}{50} = 250 \text{(g)}$$

となります。

つまり，水和水だけの質量 18(g) を求めたことはムダだったんです
そりゃ，そーです!!　質量の合計が溶液全体の質量ですからね。

ムダ…

以上から…

求めるべき質量パーセント濃度は…　$\dfrac{溶質の質量}{溶液の質量} \times 100$

$$\dfrac{32}{250} \times 100 = 12.8$$

小数第一位を四捨五入!!

$$\fallingdotseq \mathbf{13 \text{ (\%)}}$$

答で―す!!

(2), (3) ポイントは，水和水($5H_2O$)はどうせ溶媒の水といっしょになってしまうということです!! これにさえ注意すれば楽勝ですよ♥

詳しくは解答にて…

解答でござる

式量についてまとめると，次のとおり。

$$CuSO_4 = 64 + 32 + 16 \times 4 = 160$$
$$5H_2O = 5 \times (1.0 \times 2 + 16) = 5 \times 18 = 90$$
$$CuSO_4 \cdot 5H_2O = 160 + 90 = 250$$

> 本当に計算しやすい数字だよね…。芸術だぁーっ!!

(1) $CuSO_4 \cdot 5H_2O$ 50g中の$CuSO_4$の質量は，

$$50 \times \frac{160}{250} = 32 \text{(g)}$$

> $CuSO_4 \cdot 5H_2O$
> 160
> 250
> 全体の$\frac{160}{250}$が$CuSO_4$です

一方，水溶液全体の質量は，

$$200 + 50 = 250 \text{(g)}$$

> 普通に合計の質量が溶液全体の質量です。

以上より，この水溶液の質量パーセント濃度は，

$$\frac{32}{250} \times 100$$

> $\frac{溶質の質量}{溶液の質量} \times 100 (\%)$

$$= 12.8$$
$$\fallingdotseq \underline{13}(\%) \quad \cdots \text{(答)}$$

> 問題に"整数値で求めよ"とあるので小数第一位を四捨五入!!

(2) $CuSO_4 \cdot 5H_2O$ 100g中の$CuSO_4$の質量は，

$$100 \times \frac{160}{250} = 64 \text{(g)}$$

> $CuSO_4 \cdot 5H_2O$
> 160
> 250
> 全体の$\frac{160}{250}$が$CuSO_4$です

これを物質量(モル数)に直すと，

$$\frac{64}{160} \text{(mol)}$$

> 注 水和水$5H_2O$は溶媒の水といっしょになってしまうので考える必要なし!!
> $CuSO_4 = 160$より
> $64 \div 160$でモル数となります!!

これが，溶液16(L)中に溶けているから，求めるモル濃度は，

$$\frac{64}{160} \times \frac{1}{16}$$

> 1L中のお話にすればいいので16で割ります!!
> $\frac{64}{160} \div 16$
> $= \frac{64}{160} \times \frac{1}{16}$

$$= \underline{0.025} \text{(mol/L)} \quad \cdots \text{(答)}$$

Theme 4 水和水をもってしもうた 53

(3) $CuSO_4 \cdot 5H_2O$ 75g中の$CuSO_4$の質量は，

$$75 \times \frac{160}{250} = 48 \text{(g)}$$

$CuSO_4 \cdot 5H_2O$
全体の$\frac{160}{250}$が$CuSO_4$です

これを物質量（モル数）に直すと，

$$\frac{48}{160} \text{(mol)}$$

注 水和水$5H_2O$は溶媒の水といっしょになってしまうので考える必要なし!!

水溶液の体積をx(mL)とするとモル濃度が3.0(mol/L)であるから，

溶液1Lつまり1000mL中に溶質が3.0mol溶けている!!

$$\underset{\text{mL}}{1000} : \underset{\text{mol}}{3.0} = \underset{\text{mL}}{x} : \underset{\text{mol}}{\frac{48}{160}}$$

$$3x = 1000 \times \frac{48}{160}$$

$$x = 1000 \times \frac{48}{160} \times \frac{1}{3}$$

$$= \underline{\underline{100}} \text{(mL)} \cdots \text{(答)}$$

溶液の体積(mL)：溶質のモル数(mol)の関係に注目します!!

一般に
$A : B = C : D$
$\Leftrightarrow B \times C = A \times D$

今までの学習の成果を試してみましょう!!

(3)は 化学 の範囲です!!

計算問題17 ちょいムズ

硫酸銅(Ⅱ)五水和物の結晶($CuSO_4 \cdot 5H_2O$)10gを水に溶かして200mLとした水溶液がある。この水溶液の密度を1.2 g/cm^{3}として，次の各問いに答えよ。ただし，原子量は，H = 1.0，O = 16，S = 32，Cu = 64とする。

(1) 質量パーセント濃度を，有効数字2ケタで求めよ。
(2) モル濃度を，有効数字2ケタで求めよ。
(3) 質量モル濃度を，有効数字2ケタで求めよ。

ナイスな導入 H_2Oがひっついている

水和している結晶の場合，H_2Oを除いた状態（本問では$CuSO_4$のみの状態）で各濃度((1)〜(3)すべて)を求めることが常識となっている!!
　このことをしっかり押さえて…

(1) **質量パーセント濃度**

$$\frac{溶質の質量}{溶液の質量} \times 100$$

よって…
① 溶質の質量
(＝溶解している$CuSO_4$だけの質量)
② 溶液全体の質量
の2つの質量を求めればOK!!

(2) **モル濃度**

溶液1.0Lあたりに溶解している溶質の物質量(モル数)

よって…
溶液1.0Lあたりに溶解している$CuSO_4$だけのモル数を求めればOK!!

(3) **質量モル濃度**

溶媒1.0kgあたりに溶解している溶質の物質量(モル数)

よって…
溶媒(水)1.0kgあたりに溶解している$CuSO_4$だけのモル数を求めればOK!!

ただし，$CuSO_4 \cdot 5H_2O$の$5H_2O$が溶媒の水としてはたらくことに注意せよ!!

解答でござる

$CuSO_4 = 64 + 32 + 16 \times 4 = 160$ ← $CuSO_4$ 1molの質量は160g

$5H_2O = 5 \times (1.0 \times 2 + 16) = 5 \times 18 = 90$ ← $5H_2O$ 1molの質量は90g

つまり，$CuSO_4 \cdot 5H_2O = 160 + 90 = 250$ ← 硫酸銅(Ⅱ)五水和物の結晶($CuSO_4 \cdot 5H_2O$) 1molの質量は250g

硫酸銅(Ⅱ)五水和物の結晶($CuSO_4 \cdot 5H_2O$) 10g中の$CuSO_4$の質量は，

$$10 \times \frac{160}{250} = \frac{32}{5} = 6.4 \text{(g)} \quad \cdots ①$$

10gを…$CuSO_4 \cdot 5H_2O$で配分 $\frac{160}{250}$

H_2Oの質量は，← $5H_2O$と書いてもOK!!

$$10 \times \frac{90}{250} = \frac{18}{5} = 3.6 \text{(g)} \quad \cdots ②$$

10gを…$CuSO_4 \cdot 5H_2O$で配分 $\frac{90}{250}$

一方，水溶液200mLの質量は密度が1.2g/cm^3より，

$$1.2 \times 200 = 240 \text{(g)} \quad \cdots ③$$

1.2g/cm^3
＝1cm^3あたり1.2g
＝1mLあたり1.2g
↓×200
200mLあたり240g

Theme 4　水和水をもってしもうた　55

(1) ①，③より，この水溶液の質量パーセント濃度は，

$$\frac{6.4}{240} \times 100$$
$$= \frac{8}{3}$$
$$= 2.666\cdots\cdots$$
$$≒ \mathbf{2.7}(\%) \cdots(答)$$

$\frac{6.4}{240} \times 100$
$= \frac{64}{24}$
$= \frac{8}{3}$

有効数字2ケタです!!

(2) ①より，溶解しているCuSO₄の物質量（モル数）は，

$$\frac{6.4}{160} = \frac{64}{1600} = 0.040(\text{mol}) \cdots④$$

これは，水溶液200mLあたりの値だから，水溶液1.0L(=1000mL)あたりの値で考えると，

$$0.040 \times \frac{1000}{200} = 0.20(\text{mol})$$

つまり，求めるべきモル濃度は，

$$\mathbf{0.20}(\text{mol/L}) \cdots(答)$$

$\frac{1}{25}$(mol)としておいた方が計算しやすいかもね♥

モル濃度は溶液1.0Lあたりの溶質のモル数

溶液200mL
溶質0.040mol
$\times \frac{1000}{200}$
溶液1000mL
溶質？mol

(3) ①，③より，溶媒の質量（水のみの質量）は，

$$\underline{240}_{③} - \underline{6.4}_{①} = 233.6(\text{g})$$

よって，④から溶媒233.6gあたりに溶質（CuSO₄）が0.040mol溶けていることになる。

水です!!

このとき，溶媒1kg(=1000g)に溶けている溶質の物質量（モル数）をx(mol)とすると，

$$233.6(\text{g}) : 0.040(\text{mol}) = \underset{\underset{1\text{kg}}{\parallel}}{1000}(\text{g}) : x(\text{mol})$$

$$233.6x = 0.040 \times 1000$$
$$233.6x = 40$$
$$x = \frac{40}{233.6}$$
$$x = 0.17123\cdots\cdots$$
$$\therefore\ x ≒ 0.17(\text{mol})$$

よって，求めるべき質量モル濃度は，

$$\mathbf{0.17}(\text{mol/kg}) \cdots(答)$$

溶液の質量240gからCuSO₄のみの質量6.4gを除いた値です。もちろん，この中に5H₂Oの重さも含まれます!!

溶媒233.6g
溶質0.040mol
：
溶媒1000g
溶質x mol

1kgです!!

有効数字2ケタです!!
xは溶媒である水1kgに対する溶質の物質量（モル数）であったから，そのまま質量モル濃度の値になります!!

ある意味，前問 計算問題17 の逆バージョンです。

(2)は 化学 の範囲です!!

計算問題18　ちょいムズ

硫酸銅(Ⅱ)五水和物の結晶($CuSO_4 \cdot 5H_2O$) 25gを水100gに溶かすと，密度が1.2g/mLの溶液が得られた。これについて，次の各問いに答えよ。ただし，原子量は，H = 1.0, O = 16, S = 32, Cu = 64とする。
(1) 質量パーセント濃度を，有効数字2ケタで求めよ。
(2) 質量モル濃度を，有効数字2ケタで求めよ。
(3) モル濃度を，有効数字2ケタで求めよ。

解答でござる

基本方針は前問 計算問題17 と変わりません。そんなわけで，さっそく解答へ…

$CuSO_4 = 64 + 32 + 16 \times 4 = 160$ ← $CuSO_4$ 1molの質量は160g

$5H_2O = 5 \times (1.0 \times 2 + 16) = 5 \times 18 = 90$ ← $5H_2O$ 1molの質量は90g

つまり，$CuSO_4 \cdot 5H_2O = 160 + 90 = 250$ ← $CuSO_4 \cdot 5H_2O$ 1molの質量は250g

硫酸銅(Ⅱ)五水和物の結晶($CuSO_4 \cdot 5H_2O$) 25g中の$CuSO_4$の質量は，

$$25 \times \frac{160}{250} = 16 \text{(g)} \quad \cdots ①$$

25gを…$CuSO_4 \cdot 5H_2O$で配分 $\underline{160}\over 250$

H_2Oの質量は，

$$25 \times \frac{90}{250} = 9 \text{(g)} \quad \cdots ②$$

25gを…$CuSO_4 \cdot 5H_2O$で配分 $\underline{90}\over 250$

溶液全体の質量は，

$$100 + 25 = 125 \text{(g)} \quad \cdots ③$$

100gの水に25gの結晶を溶かしたのだからあたりまえのお話!!

溶媒である水の質量は，

$$100 + 9 = 109 \text{(g)} \quad \cdots ④$$

イメージは…
$CuSO_4$ … 16g 溶質 溶液全体
$5H_2O$ … 9g 溶媒
水 … 100g

(1) ①，③より，この水溶液の質量パーセント濃度は，

$$\frac{16}{125} \times 100$$

$$= \frac{16 \times 4}{5}$$

$$= 12.8$$

$$\fallingdotseq \underline{13} (\%) \quad \cdots (答)$$

$\dfrac{溶質の質量}{溶液の質量} \times 100$

$\dfrac{16}{125} \times 100$ (4, 5)

有効数字2ケタです!!

Theme 4 水和水をもってしもうた　57

(2) ①より，溶質である$CuSO_4$の物質量(モル数)は，
$$16 \div 160 = \frac{16}{160} = 0.10 \text{(mol)} \quad \cdots ⑤$$
このとき，溶媒$1kg(=1000g)$に溶けている溶質の物質量(モル数)をx(mol)とすると，④，⑤から，
$$\underset{④}{109\text{(g)}} : \underset{⑤}{0.10\text{(mol)}} = \underset{\underset{1kg}{\parallel}}{1000\text{(g)}} : x\text{(mol)}$$
$$109x = 0.10 \times 1000$$
$$109x = 100$$
$$x = \frac{100}{109}$$
$$x = 0.9174 \cdots\cdots$$
$$\therefore \quad x \fallingdotseq 0.92$$
よって，求めるべき質量モル濃度は，
$$\underline{0.92}\text{(mol/kg)} \quad \cdots \text{(答)}$$

$CuSO_4 = 160$より
$CuSO_4$の1molの質量は160g
これで割ればモル数は求まる!!

$\begin{pmatrix}溶媒の\\質量(g)\end{pmatrix} : \begin{pmatrix}溶質の\\物質量(mol)\end{pmatrix}$

このxの値がそのまま質量モル濃度になります!!

一般に
$A : B = C : D$
$\Leftrightarrow A \times D = B \times C$

有効数字2ケタです!!

xは溶媒である水1kgに対する溶質の物質量(モル数)であったから，そのまま質量モル濃度の値になります!!

(3) ③より，溶液全体の質量は$125g$である。
密度が$1.2g/mL$より，この値を体積に直すと，
$$125 \div 1.2 = \frac{125}{1.2}$$
$$= \frac{1250}{12}$$
$$= \frac{625}{6}\text{(mL)} \quad \cdots ⑥$$
このとき，溶液$1L(=1000mL)$に溶けている溶質の物質量(モル数)をy(mol)とすると，⑤，⑥から，
$$\underset{⑥}{\frac{625}{6}\text{(mL)}} : \underset{⑤}{0.10\text{(mol)}} = 1000\text{(mL)} : y\text{(mol)}$$
$$\frac{625}{6}y = 0.10 \times 1000$$
$$\frac{625}{6}y = 100$$
$$y = 100 \times \frac{6}{625}$$
$$\therefore \quad y = 0.96\text{(mol)}$$
よって，求めるべきモル濃度は，
$$\underline{0.96}\text{(mol/L)} \quad \cdots \text{(答)}$$

$1.2g/mL$
$\Leftrightarrow$1mLの質量が1.2g
つまり…
$1.2g$ごとに$1mL$です!!
よって!!
$1.2g$で割れば何mLか??が求まります!!

割り切れないので，このまま放置!!

この値が，そのまんまモル濃度となります!!

$\begin{pmatrix}溶液の\\体積(mL)\end{pmatrix} : \begin{pmatrix}溶質の\\物質量(mol)\end{pmatrix}$

一般に
$A : B = C : D$
$\Leftrightarrow A \times D = B \times C$

ピッタリ割り切れました!!
ラッキー♥

yは溶液1Lに対する溶質の物質量(モル数)であったから，そのままモル濃度の値となります!!

Theme 5 組成式を決定せよ!!

RUB OUT 1 化学式の決定

では，さっそく問題を通して…

計算問題19　キソ

ある金属元素Mの原子量は27で，その540gは酸素480gと化合して，酸化物となる。この酸化物の組成式は次のどれか。ただし，原子量は，$O = 16$とする。

(ア) MO　　(イ) MO_2　　(ウ) M_2O
(エ) MO_3　　(オ) M_2O_3　　(カ) M_3O_2

ナイスな導入

単純に酸素と化合した物質とお考えください!!
くれぐれも難しく考えないように!!

問題となっているのは，金属元素Mの酸化物M_xO_yのxとyである。

このとき!!

xとyは，化合しているMとOの原子数の比を表しています。

とゆーことは…

a(mol)のMがb(mol)のOと化合したとすると，アボガドロ数をN_Aとして…

1(mol)でN_A(個)
つまりa(mol)で$a \times N_A$(個)です!!

Mの原子数　　$a \times N_A$(個)
Oの原子数　　$b \times N_A$(個)

そこで!!

モルで考えればいいのか…

$$x : y = (a \times N_A) : (b \times N_A) = a : b$$

MとOの**原子数の比**　　　MとOの**物質量(モル数)の比**

Theme 5 組成式を決定せよ!! 59

そこで!! 問題文に書いてあるぞ!!

原子量は **M** = 27 **O** = 16 であるから…
それぞれのモル質量は…

M…27(g/mol)　　**O**…16(g/mol)

1(mol)の質量は27(g)　　1(mol)の質量は16(g)

よって，化合した **M** と **O** の物質量(モル数)は…
問題文より 540(g) の **M** と 480(g) の **O** が化合しているので…

$$\mathbf{M}\cdots \frac{540\,(\text{g})}{27\,(\text{g/mol})} = 20\,(\text{mol})$$ 前ページの a です!!

$$\mathbf{O}\cdots \frac{480\,(\text{g})}{16\,(\text{g/mol})} = 30\,(\text{mol})$$ 前ページの b です!!

つまーり!!

$$x : y = 20 : 30 = 2 : 3$$

よって，組成式 $\mathbf{M}_x\mathbf{O}_y$ は $\mathbf{M}_2\mathbf{O}_3$ となりまーす!!
答でーす!!

解答でござる

この酸化物の組成式を $\mathbf{M}_x\mathbf{O}_y$ とおく。　　M原子とO原子が $x:y$ の割合で結びついているという意味です!!

M と **O** の原子数の比は物質量(モル数)の比に等しいから，

$$x : y = \frac{540\,(\text{g})}{27\,(\text{g/mol})} : \frac{480\,(\text{g})}{16\,(\text{g/mol})}$$ 物質量(モル数)さえ求めれば…

$$\quad\quad\; = 20 : 30$$
$$\quad\quad\; = 2 : 3$$ 最も簡単な整数比で…

よって，この酸化物の組成式は $\mathbf{M}_2\mathbf{O}_3$ となる。　できあがり♥
つまり，　　　　　　　　　　(オ)…(答)

では，類似品を…

計算問題20 — 標準

ある金属Mの酸化物0.99gを還元すると，0.88gの金属が得られた。この酸化物の組成式は次のどれか。ただし，原子量は，M＝64，O＝16とする。

(ア) MO　　(イ) M_2O　　(ウ) MO_2
(エ) MO_3　(オ) M_2O_3　(カ) M_3O_2

ナイスな導入

還元とは酸化の逆です。つまりO原子が取れたと考えてください!!

とゆーわけで…

この金属Mの酸化物中のO原子の質量は…

$$0.99 - 0.88 = 0.11 \text{(g)}$$

Oと化合しているときの質量　　還元されてOが取られたときの質量

単純な話だ…

ここまで理解できれば，あとは前回 **計算問題19** と同様です。

解答でござる

この酸化物の組成式をM_xO_yとおく。

MとOの原子数の比は物質量(モル数)の比に等しいから，

$$x : y = \frac{0.88\text{(g)}}{64\text{(g/mol)}} : \frac{0.99 - 0.88\text{(g)}}{16\text{(g/mol)}}$$

$$= \frac{0.88}{64} : \frac{0.11}{16}$$

$$= \frac{88}{64} : \frac{11}{16}$$

$$= \frac{11}{8} : \frac{11}{16}$$

$$= 2 : 1$$

金属Mだけの質量は問題文より0.88(g)です!!

還元により除去されたO原子の質量は問題文より0.99 − 0.88 = 0.11(g)です!!

小数がイヤなのでともに100倍しました!!

8で約分しました!!

ともに16倍すると…

$\left(\frac{11}{8} \times 16\right) : \left(\frac{11}{16} \times 16\right)$
$= 22 : 11$
$= 2 : 1$

Theme 5 組成式を決定せよ!! 61

よって，この酸化物の組成式はM_2Oとなる。
つまり，　　　　　　　　　　　イ …(答)

計算問題19と同じだニャー!!

ダメ押しです!!

計算問題21 標準

ある金属Mの2種類の酸化物AとBについて，酸化物Aの組成式はMOで，元素Mの質量百分率は77.8%，一方，酸化物Bでは元素Mの質量百分率は72.4%であった。このとき，次の各問いに答えよ。ただし，原子量は$O=16$とする。
(1) Mの原子量を整数値で求めよ。
(2) 酸化物Bの組成式を求めよ。

ナイスな導入

(1) 酸化物A ☞ MO

$\begin{cases} \text{Mの質量百分率が}77.8\% \\ \text{Oの質量百分率が}22.2\% \end{cases}$　$100-77.8=22.2$

頭がカタイあなたは，全体の質量を勝手に$100(g)$にしてみると…

MOが$100(g)$ $\begin{cases} \text{Mが}77.8(g) \\ \text{Oが}22.2(g) \end{cases}$

このとき，Mの原子量をxとおくと，MOの組成式から…

$$\frac{77.8(g)}{x(g/mol)} : \frac{22.2(g)}{16(g/mol)} = 1 : 1$$

$O=16$です!!

MO 1:1

これを解けば解決です!!

(2) 計算問題19 や 計算問題20 と同様です。

> 解答でござる

(1) Mの原子量をxとおくと，条件より，

$$\frac{77.8}{x} : \frac{22.2}{16} = 1 : 1$$

$$\frac{22.2}{16} \times 1 = \frac{77.8}{x} \times 1$$

$$\frac{22.2}{16} x = 77.8$$

$$x = 77.8 \times \frac{16}{22.2}$$

$$x = 56.072\cdots\cdots$$

$$\therefore x \fallingdotseq \underline{56} \cdots(答)$$

$100 - 77.8 = 22.2$

$A : B = C : D$
$\Leftrightarrow B \times C = A \times D$

右辺の分母のxを払う!!

"整数値で求めよ"と指示があります!!

(2) 酸化物Bの組成式をM_xO_yとおくと，条件より，

$$x : y = \frac{72.4}{56} : \frac{27.6}{16}$$

$$\fallingdotseq 1.29 : 1.73$$

$$\fallingdotseq 1 : 1.34$$

$$\fallingdotseq 3 : 4$$

以上より，酸化物Bの組成式は，

$$M_3O_4 \cdots(答)$$

$100 - 72.4 = 27.6$

計算問題19 や 計算問題20 のようにピッタリといかないのでそれぞれ3ケタを目安に計算しました!!

小さい方で大きい方を割る!!

これぞスーパーテクニック!!
$1.73 \div 1.29 \fallingdotseq 1.34$

$1.34 \times 3 \fallingdotseq 4$となることに注目する!!

コツさえ掴めば簡単だぜ!!

Theme 6 化学反応式がからむ計算問題 Part 1

RUB OUT 1 化学反応式のつくり方

例題 1

エタン C_2H_6 を完全燃焼させたときの変化を化学反応式で表せ。

☞ 炭化水素の**完全燃焼**とは，空気中の酸素 O_2 と反応して，二酸化炭素 CO_2 と水 H_2O ができるということです。これから先，よく出てきますから押さえておいてください。

では，化学反応式をつくってみましょう!!

ステップ☞ 反応物質を左辺に，生成物質を右辺にとりあえず書く!!

反応物質は…エタン C_2H_6 と 酸素 O_2
生成物質は…二酸化炭素 CO_2 と 水 H_2O

> 完全燃焼とは O_2 と結びついて CO_2 と H_2O ができることだよ!!

そこで!!

とりあえず，これらを左辺と右辺に書き込む!!

$$C_2H_6 + O_2 \longrightarrow CO_2 + H_2O$$

まだ，係数は書き込んでいません!!

ステップ☞ 両辺にある各原子の数が等しくなるように係数を決める!!

あえてコツを言うとすれば，どれかひとつの物質の係数を勝手に1と決めてしまう!!

① C_2H_6 の係数を **1** とおく!!
② C_2H_6 中の C は 2 個なので，右辺の CO_2 の係数は自動的に **2** と決まる。
C_2H_6 中の H は 6 個なので右辺の H_2O の係数は自動的に **3** と決まる。

> $3H_2O$ とすれば H は $3 \times 2 = 6$ 個になれる!!

❸ 右辺のOの合計は…
$2CO_2 + 3H_2O$　より，$2 \times 2 + 3 \times 1 = 7$個となります。

これと左辺のOの数が一致するべきだから，左辺のO_2の係数は$\frac{7}{2}$と決まります。

> $\frac{7}{2}O_2$とすればOは$\frac{7}{2} \times 2 = 7$個になれる!!

以上から…!!

化学反応式は次のとおり…

$$1C_2H_6 + \frac{7}{2}O_2 \longrightarrow 2CO_2 + 3H_2O$$

> ❶で，C_2H_6の係数は**1**と決めました!!
> 普通はこの"1"を省略します!!

> ❷よりCO_2の係数は**2**，H_2O係数は**3**と決まりました!!

> 最後に❸でO_2の係数は$\frac{7}{2}$と決まりました!!

しかしながら，これではカッコ悪い!!

そーです。O_2の係数が$\frac{7}{2}$と分数になっています👆

ステップ✋ 仕上げです!! すべての係数を簡単な整数にして，見栄えを美しく♥

ステップ✌ で，できた化学反応式の両辺を2倍して…

$$2C_2H_6 + 7O_2 \longrightarrow 4CO_2 + 6H_2O$$

できあがりです!!

例題❷
次の化学反応式の係数を決め，化学反応式を完成せよ。
$Cu + HNO_3 \longrightarrow Cu(NO_3)_2 + NO + H_2O$

解答 今までのように"暗算に近い"方針だと，難しそうでしょ!?
そこで**未定係数法**という方針をとります。

> 数学っぽいな…

ステップ👆 とりあえず，すべての係数を文字でおく!!

$aCu + bHNO_3 \longrightarrow cCu(NO_3)_2 + dNO + eH_2O$

とおきます!!

Theme 6　化学反応式がからむ計算問題　**Part 1**　65

ステップ✌ 両辺の各原子の数が等しくなることに注目して方程式を立てる!!

$$a\text{Cu} + b\text{HNO}_3 \longrightarrow c\text{Cu}(\text{NO}_3)_2 + d\text{NO} + e\text{H}_2\text{O}$$

- Cu…a個
- H…b個 N…b個 O…$3b$個
- Cu…c個 N…$2c$個 O…$6c$個
- N…d個 O…d個
- H…$2e$個 O…e個

左辺のメンバー　　　右辺のメンバー

両辺の各原子の数が等しくなることから，次の方程式が成立する。

Cu について　　👉　$a = c$　　…①
H について　　👉　$b = 2e$　　…②
N について　　👉　$b = 2c + d$　…③
O について　　👉　$3b = 6c + d + e$　…④

ステップ✌ **ステップ✌**で立てた連立方程式を解く!!

えーっ!!

"解く!!"とは言っても，解けません🙅

だって，文字数はa，b，c，d，eの5文字!!　これに対して方程式は①，②，③，④の4つ!!　方程式が1つ足りません!!

そこで，**$a = 1$**と決めてしまいましょう。

$a = 1$とすると…

①から　**$c = 1$**　←$a = c$…①より

これを③，④に代入すると　　←$b = 2c + d$…③，$c = 1$
 $b = 2 + d$…③'
 $3b = 6 + d + e$…④'　←$3b = 6c + d + e$…④，$c = 1$

この③'，④'に②を代入すると，　←$b = 2 + d$…③'，$b = 2e$…②
 $2e = 2 + d$…③''
 $3 \times 2e = 6 + d + e$　←$3b = 6 + d + e$…④'，$b = 2e$…②
 ∴　$d = 5e - 6$…④''

④''を③''に代入して，　←$2e = 2 + d$…③''，$d = 5e - 6$…④''
 $2e = 2 + 5e - 6$
 　$4 = 3e$

∴ $e = \dfrac{4}{3}$

これを④″に代入して，

> $d = 5e - 6 \cdots ④''$
> $e = \dfrac{4}{3}$

$d = 5 \times \dfrac{4}{3} - 6 = \dfrac{2}{3}$

これを③′に代入して，

> $b = 2 + d \cdots ③'$
> $d = \dfrac{2}{3}$

$b = 2 + \dfrac{2}{3} = \dfrac{8}{3}$

まとめると…

$a = 1,\ b = \dfrac{8}{3},\ c = 1,\ d = \dfrac{2}{3},\ e = \dfrac{4}{3}$

よって!!

化学反応式は…

$Cu + \dfrac{8}{3} HNO_3 \longrightarrow Cu(NO_3)_2 + \dfrac{2}{3} NO + \dfrac{4}{3} H_2O$

$a = 1$　$b = \dfrac{8}{3}$　$c = 1$　$d = \dfrac{2}{3}$　$e = \dfrac{4}{3}$

分数の係数はキレイさっぱりとね♥

仕上げです!!

全体を3倍して…

$3Cu + 8HNO_3 \longrightarrow 3Cu(NO_3)_2 + 2NO + 4H_2O$

答でーす!!

Theme 6 化学反応式がからむ計算問題 Part 1

計算問題22 　標準

次の化学反応式の係数を決め，化学反応式を完成せよ。

(1) $C_3H_6 + O_2 \longrightarrow CO_2 + H_2O$
(2) $NH_3 + O_2 \longrightarrow NO + H_2O$
(3) $Cu + H_2SO_4 \longrightarrow CuSO_4 + SO_2 + H_2O$
(4) $KMnO_4 + SO_2 + H_2O \longrightarrow MnSO_4 + K_2SO_4 + H_2SO_4$

ナイスな導入

(1)と(2)は比較的簡単なのでp.63の 例題❶ の方針で!!
(3)と(4)は比較的困難なのでp.64の 例題❷ の方針，つまり未定係数法で!!

解答でござる

(1) **ステップ☝** $C_3H_6 + O_2 \longrightarrow CO_2 + H_2O$ ← 写しただけです!!

ステップ✌

❶ $1C_3H_6 + O_2 \longrightarrow CO_2 + H_2O$ ← 勝手にC_3H_6の係数を**1**と決める!!

❷ 左辺でCの個数が3個となるので，右辺のCO_2の係数は自動的に**3** ← $3CO_2$とすればCの数は3個となります!!

左辺のHの個数が6個となるので，右辺のH_2Oの係数は自動的に**3** ← $3H_2O$とすればHの数は$3×2=6$個となります!!

と決まる。

$C_3H_6 + O_2 \longrightarrow 3CO_2 + 3H_2O$

❸ 右辺でOの個数は

$3×2+3×1=9$(個)となるので， ← Oは…
$3CO_2$中に$3×2=6$個
$3H_2O$中に$3×1=3$個
合計$6+3=9$個です!!

左辺のO_2の係数は$\dfrac{9}{2}$と決まる。

以上から…

$$C_3H_6 + \frac{9}{2}O_2 \longrightarrow 3CO_2 + 3H_2O$$

← 両辺で各原子数は等しくなりました!!

ステップ3 両辺を2倍して… ← 係数に分数が混ざっているとカッコ悪い

$$2C_3H_6 + 9O_2 \longrightarrow 6CO_2 + 6H_2O$$

← できあがり!!

(2) **ステップ1** $NH_3 + O_2 \longrightarrow NO + H_2O$ ← 写しただけです!!

ステップ2

❶ $1NH_3 + O_2 \longrightarrow NO + H_2O$ ← 勝手にNH_3の係数を**1**と決める!!

❷ 左辺でNの個数が1個となるので，
右辺の**NO**の係数は自動的に**1** ← NOの中にNの数は1個です!!
左辺のHの個数が3個となるので，
右辺のH_2Oの係数は自動的に$\frac{3}{2}$と決まる。 ← $\frac{3}{2}H_2O$とすればHの数は3個です!!

$$NH_3 + O_2 \longrightarrow NO + \frac{3}{2}H_2O$$

← 1NOの"1"は省略します!!

❸ 右辺でOの個数は，$1 + \frac{3}{2} \times 1 = \frac{5}{2}$（個）となる ← Oは…
ので，左辺のO_2の係数は$\frac{5}{4}$と決まる。
NOの中に1個，
$\frac{3}{2}H_2O$の中に$\frac{3}{2} \times 1 = \frac{3}{2}$個
合計 $1 + \frac{3}{2} = \frac{5}{2}$個です!!

以上から…

$$NH_3 + \frac{5}{4}O_2 \longrightarrow NO + \frac{3}{2}H_2O$$

← 両辺で各原子数が等しくなりました!!

ステップ3 両辺を4倍して… ← 係数に分数が混ざっているとカッコ悪い

$$4NH_3 + 5O_2 \longrightarrow 4NO + 6H_2O$$

← できあがり!!

Theme 6　化学反応式がからむ計算問題　**Part 1**

(3) **ステップ** 👆

$$a\text{Cu} + b\text{H}_2\text{SO}_4 \longrightarrow c\text{CuSO}_4 + d\text{SO}_2 + e\text{H}_2\text{O}$$

> とりあえずすべての係数を文字でおきます!!

ステップ ✌

各原子の数について方程式を立てると，

Cuについて　　　$a = c$　　　　　　　…①
Hについて　　　$2b = 2e$
　　　　　∴　$b = e$　　　　　　　…②
Sについて　　　$b = c + d$　　　　　…③
Oについて　　　$4b = 4c + 2d + e$　…④

> 方程式を立てる!!
>
> Cuの個数は…
> $a\text{Cu}\cdots a$(個)
> $c\text{CuSO}_4\cdots c$(個)
> Hの個数は…
> $b\text{H}_2\text{SO}_4\cdots b \times 2 = 2b$(個)
> $e\text{H}_2\text{O}\cdots e \times 2 = 2e$(個)
> Sの個数は
> $b\text{H}_2\text{SO}_4\cdots$ $b \times 1 = b$(個)
> $c\text{CuSO}_4\cdots$ $c \times 1 = c$(個)
> $d\text{SO}_2\cdots$ $d \times 1 = d$(個)
> Oの個数は…
> $b\text{H}_2\text{SO}_4\cdots$ $b \times 4 = 4b$(個)
> $c\text{CuSO}_4\cdots$ $c \times 4 = 4c$(個)
> $d\text{SO}_2\cdots$ $d \times 2 = 2d$(個)
> $e\text{H}_2\text{O}\cdots$ $e \times 1 = e$(個)

ステップ 👌

$a = 1$　とおくと，

①より，　$c = 1$
③より，　$b = 1 + d$　　　　　　　…⑤
④より，　$4b = 4 \times 1 + 2d + e$
　　　∴　$4b = 2d + e + 4$　　　　…⑥
②を⑥に用いて，eを消去すると，
　　　　　$4b = 2d + \underline{b} + 4$
　　　∴　$3b = 2d + 4$　　　　　　…⑦
⑤を⑦に代入して，
　　　　　$3(\underline{1 + d}) = 2d + 4$
　　　　　$3 + 3d = 2d + 4$
　　　∴　$d = 1$
よって，⑤より，　$b = 1 + \underline{1} = 2$

> 1つの文字の値を勝手に1と決めて連立方程式を強引に解きます。
> 今回は，**$a = 1$**とします!!

> ②より $b = e$ です!!

> ⑤より $b = 1 + d$ です!!

> $b = 1 + \underline{d}$　…⑤
> $d = 1$ を代入!!

②より，　　$e = 2$　　　　　　　　　　　　　　　$b = e$　…②です!!

以上から，

$Cu + 2H_2SO_4 \longrightarrow CuSO_4 + SO_2 + 2H_2O$

$a = 1$　$b = 2$　　　　$c = 1$　$d = 1$　$e = 2$

> 係数に分数もなく最も簡単な整数で表されているので，このままでOKだぜ!!

(4) ステップ☝

> とりあえず，すべての係数を文字でおくべし!!

$a\text{KMnO}_4 + b\text{SO}_2 + c\text{H}_2\text{O}$
$\longrightarrow d\text{MnSO}_4 + e\text{K}_2\text{SO}_4 + f\text{H}_2\text{SO}_4$

ステップ✌

> 方程式を立てる!!

Kについて　　　$a = 2e$　　　　…①
Mnについて　　$a = d$　　　　　…②
Oについて
　　　　$4a + 2b + c = 4d + 4e + 4f$　…③
Sについて　　　$b = d + e + f$　…④
Hについて　　　$2c = 2f$
　　　　∴　$c = f$　　　　　　　…⑤

Kの個数は…
$a\text{KMnO}_4\cdots a$(個)
$e\text{K}_2\text{SO}_4\cdots 2e$(個)

Mnの個数は…
$a\text{KMnO}_4\cdots a$(個)
$d\text{MnSO}_4\cdots d$(個)

Oの個数は…
$a\text{KMnO}_4\cdots$ | $a \times 4 = 4a$(個) |
$b\text{SO}_2\cdots$ | $b \times 2 = 2b$(個) |
$c\text{H}_2\text{O}\cdots$ | $c \times 1 = c$(個) |
$d\text{MnSO}_4\cdots$ | $d \times 4 = 4d$(個) |
$e\text{K}_2\text{SO}_4\cdots$ | $e \times 4 = 4e$(個) |
$f\text{H}_2\text{SO}_4\cdots$ | $f \times 4 = 4f$(個) |

Sの個数は…
$b\text{SO}_2\cdots$ | $b \times 1 = b$(個) |
$d\text{MnSO}_4\cdots$ | $d \times 1 = d$(個) |
$e\text{K}_2\text{SO}_4\cdots$ | $e \times 1 = e$(個) |
$f\text{H}_2\text{SO}_4\cdots$ | $f \times 1 = f$(個) |

Hの個数は…
$c\text{H}_2\text{O}\cdots$ | $c \times 2 = 2c$(個) |
$f\text{H}_2\text{SO}_4\cdots$ | $f \times 2 = 2f$(個) |

ステップ🖐

> 方程式を強引に解く!!

$e = 1$とおくと，
①より，$a = 2 \times 1 = 2$

> ①で$a = 1$とするより，$e = 1$とした方が分数にならずお得♥

②より，$d = 2$

③より，
$$4 \times 2 + 2b + c = 4 \times 2 + 4 \times 1 + 4f$$
$$8 + 2b + c = 8 + 4 + 4f$$
$$\therefore \quad 2b + c - 4f = 4$$

さらに，⑤より，
$$2b + f - 4f = 4$$
$$2b - 3f = 4 \qquad \cdots ⑥$$

④より，
$$b = 2 + 1 + f$$
$$\therefore \quad b - f = 3 \qquad \cdots ⑦$$

⑥$-2\times$⑦より，
$$-f = -2$$
$$f = 2$$

⑤より，
$$c = 2$$

⑦より，
$$b = f + 3$$
$$= 2 + 3$$
$$= 5$$

以上から，

$2KMnO_4 + 5SO_2 + 2H_2O$
$a=2 \quad b=5 \quad c=2$
$\rightarrow$ **$2MnSO_4 + K_2SO_4 + 2H_2SO_4$**
$d=2 \quad e=1 \quad f=2$

$a = d \quad \cdots ②$
$a = 2$

$4a + 2b + c$
$\underset{a=2}{} = 4d + 4e + 4f \quad \cdots ③$
$d=2 \quad e=1$

$b = d + e + f \quad \cdots ④$
$d=2 \quad e=1$

$2b - 3f = 4 \quad \cdots ⑥$
$\underline{-)\ 2b - 2f = 6 \quad \cdots 2\times⑦}$
$-f = -2$

ラッキー♥

$c = f \quad \cdots ⑤$
$f = 2$

係数に分数もなく最も簡単な整数で表されているので，このままでOK!!

RUB OUT 2　イオン反応式って何??

イオン反応式とはその名のとおり，イオン間での反応に注目した化学反応式のことです（まぁ，そのまんまの話ですが）。

> **例1**　銀イオン Ag^+ と塩化物イオン Cl^- が反応すると塩化銀 $AgCl$ の白い沈殿ができる。これをイオン反応式で示すと…
> $$Ag^+ + Cl^- \longrightarrow AgCl$$

> **例2**　亜鉛 Zn に水素イオン H^+ を加えると，亜鉛がイオン化して Zn^{2+} になり，水素 H_2 が発生する。
> $$Zn + 2H^+ \longrightarrow Zn^{2+} + H_2$$

注意　例1と例2でお気づきかもしれませんが，両辺の各原子数が等しいことはさることながら，両辺の**電荷の和も等しい**ことを押さえておいてください!!

例1では…（Ag^+、Cl^-）
左辺の電荷の和は，$+1-1 = \mathbf{0}$
右辺の電荷の和は，もともと $\mathbf{0}$（$AgCl$）
　⇒ 両辺の電荷の和は等しい!!

例2では…（H^+、H^+が2個）
左辺の電荷の和は，$+1 \times 2 = \mathbf{+2}$
右辺の電荷の和は，$\mathbf{+2}$（Zn^{2+}）
　⇒ 両辺の電荷の和は等しい!!

計算問題23　標準

次のイオン反応式の係数を決め，イオン反応式を完成せよ。

(1)　$Fe + Cu^{2+} \longrightarrow Fe^{3+} + Cu$

(2)　$Al + H^+ \longrightarrow Al^{3+} + H_2$

Theme 6　化学反応式がからむ計算問題　**Part 1**　73

ナイスな導入

単純な反応式に見えますが，両辺の**電荷の和**も等しくしなければならないので，未定係数法でTryします。

解答でござる

(1) **ステップ①**

とりあえずすべての係数を文字でおきます!!

$$a\text{Fe} + b\text{Cu}^{2+} \longrightarrow c\text{Fe}^{3+} + d\text{Cu}$$

ステップ②

方程式を立てます!!

Fe原子について	$a = c$	…①
Cu原子について	$b = d$	…②
電荷について	$2b = 3c$	…③

FeとFe^{3+}は原子数を考えるときは区別しません!!
CuとCu^{2+}は原子数を考えるときは区別しません!!
電荷について…
$b\text{Cu}^{2+}\cdots b\times(+2) = +2b$
$c\text{Fe}^{3+}\cdots c\times(+3) = +3c$

ステップ③

方程式を強引に解く!!

$a = 1$とおくと，

①より，　$c = 1$
③より，　$2b = 3 \times 1$
　　　　∴ $b = \dfrac{3}{2}$
②より，　$d = \dfrac{3}{2}$

$a = c$　…①
　↑$a = 1$
$2b = 3c$　…③
　　↑$c = 1$
$b = d$　…②
　↑$b = \dfrac{3}{2}$

以上から，

$$\underset{a=1}{\text{Fe}} + \underset{b=\frac{3}{2}}{\dfrac{3}{2}\text{Cu}^{2+}} \longrightarrow \underset{c=1}{\text{Fe}^{3+}} + \underset{d=\frac{3}{2}}{\dfrac{3}{2}\text{Cu}}$$

できた，できた〜!!

両辺を2倍して，

$$\underline{\underline{2\text{Fe} + 3\text{Cu}^{2+} \longrightarrow 2\text{Fe}^{3+} + 3\text{Cu}}}$$

(2) **ステップ** ☝

$$a\text{Al} + b\text{H}^+ \longrightarrow c\text{Al}^{3+} + d\text{H}_2$$

> とりあえずすべての係数を文字でおきます!!

ステップ ✌

Al原子について　　$a = c$　　…①
H原子について　　$b = 2d$　　…②
電荷について　　$b = 3c$　　…③

> 方程式を立てます!!
>
> AlとAl³⁺は原子数を考えるときは区別しません!!
>
> HとH⁺は原子数を考えるときは区別しません!!
>
> 電荷について…
> $b\text{H}^+\cdots b \times (+1) = \boxed{+b}$
> $c\text{Al}^{3+}\cdots c \times (+3) = \boxed{+3c}$

ステップ 🖐

$a = 1$とおくと，

①より，　　$c = 1$
③より，　　$b = 3 \times 1$
　　　　∴　$b = 3$
②より，　　$3 = 2d$
　　　　∴　$d = \dfrac{3}{2}$

> 方程式を強引に解く!!
>
> $\underset{a=1}{a} = c$　…①
>
> $b = 3\underset{c=1}{c}$　…③
>
> $\underset{b=3}{b} = 2d$　…②

以上から，

$$\text{Al} + 3\text{H}^+ \longrightarrow \text{Al}^{3+} + \dfrac{3}{2}\text{H}_2$$

両辺を2倍して，

$$2\text{Al} + 6\text{H}^+ \longrightarrow 2\text{Al}^{3+} + 3\text{H}_2$$

プロフィール

クリスティーヌ

おむちゃんを救うべく，遠い未来から現れた教育プランナー。見た感じはロボットのようですが，詳細は不明♥。

虎君はクリスティーヌが大好きのようですが，桃君はクリスティーヌが発言すると，迷惑そうです。

Theme 6 化学反応式がからむ計算問題 Part 1

別解でござる 必見!!

先ほどは律義に未定係数法で解きましたが，"ちょっとしたセンス"があればサラッと解けます♥

(1) **ステップ☝**

$$Fe + 3Cu^{2+} \longrightarrow 2Fe^{3+} + Cu$$
$$\underbrace{3\times(+2)=+6}\quad \underbrace{2\times(+3)=+6}$$

> 整数係数をなるべく活用して両辺の電荷の総和をそろえる!!

> センスは大切だよ♥

> 電荷の総和がそろったぜ!!

ステップ✌

$$2Fe + 3Cu^{2+} \longrightarrow 2Fe^{3+} + 3Cu$$

> 両辺の原子数をそろえる!!

> 速い!!

よって，

$$\underline{2Fe + 3Cu^{2+} \longrightarrow 2Fe^{3+} + 3Cu}$$

← 一丁あがり♥

(2) **ステップ☝**

$$Al + 3H^+ \longrightarrow 1Al^{3+} + H_2$$
$$\underbrace{3\times(+1)=+3}\quad \underbrace{1\times(+3)=+3}$$

> 整数係数をなるべく活用して両辺の電荷の総和をそろえる!!

> 電荷の総和がそろったぜ!!

ステップ✌

$$1Al + 3H^+ \longrightarrow 1Al^{3+} + \frac{3}{2}H_2$$

> 両辺の原子数をそろえる!!

← $\frac{3}{2}H_2$のH原子の数は $\frac{3}{2}\times 2 = 3$個です!!

両辺を2倍して，

$$\underline{2Al + 6H^+ \longrightarrow 2Al^{3+} + 3H_2}$$

← 一丁あがり♥

Theme 7 化学反応式がからむ計算問題 Part 2

RUB OUT 1 化学反応式が表す量的関係を押さえろ!!

すべての化学反応式において，次の関係が成立します。

化学反応式の 係数比 = 反応物質または生成物質の 物質量比（モル数比）

では，具体的に説明します。

例 窒素N_2と水素H_2を合成するとアンモニアNH_3が生成します。
これを化学反応式で表すと…

$$N_2 + 3H_2 \longrightarrow 2NH_3$$

となりまーす。

このとき!! 各係数に注目することにより，1個のN_2と3個のH_2が反応して2個のNH_3が生成することがわかります。

$1N_2 + 3H_2 \longrightarrow 2NH_3$
- N_2の係数は1
- H_2の係数は3
- NH_3の係数は2

このことにより，次の表の関係が理解できます。

個数の対応例です!!

反応するN_2の分子数	反応するH_2の分子数	生成するNH_3の分子数
1個	3個	2個
10個	30個	20個
10000個	30000個	20000個
6.02×10^{23}個	$3 \times 6.02 \times 10^{23}$個	$2 \times 6.02 \times 10^{23}$個
=	=	=
1mol	3mol	2mol

Theme 7 化学反応式がからむ計算問題 Part 2

つまーり!!

この話題をまとめると…

$$1N_2 + 3H_2 \rightarrow 2NH_3$$

	$1N_2$	$3H_2$	$2NH_3$
物質量（モル数）	1mol	3mol	2mol
分子数	6.02×10^{23}個	$3\times6.02\times10^{23}$個	$2\times6.02\times10^{23}$個
標準状態における体積	22.4L	3×22.4L	2×22.4L
質量	28g	3×2g	2×17g

$N_2=14\times2=28$　$H_2=1\times2=2$　$NH_3=14+1\times3=17$

さらに!!

物質量比(モル数比) と **分子数比** と **気体の体積比** の3つは係数比に一致することがわかるから…

$$1N_2 + 3H_2 \rightarrow 2NH_3$$

	$1N_2$		$3H_2$		$2NH_3$
物質量比（モル比）	1	:	3	:	2
分子数比	1	:	3	:	2
同温・同圧における体積比	1	:	3	:	2

同温・同圧において，同じ分子数(同じモル数)の気体分子が占める体積は種類によらず一定です!! つまり，**標準状態**でなくても**同温・同圧**であれば上の比は成立します!!

では，この例を問題にしてしまいます。

計算問題24　キソ

次の化学反応式について次の各問いに答えよ。ただし，原子量は，H＝1.0，N＝14とする。

$$N_2 + 3H_2 \longrightarrow 2NH_3$$

(1) 5molの窒素が反応したとき，生成したアンモニアの物質量を求めよ。

(2) 8molのアンモニアを生成するためには，何molの水素が必要か。

(3) 15molの水素が反応したとき，生成したアンモニアの標準状態における体積を求めよ。

(4) 6Lの窒素が反応したとき，同温・同圧で生成したアンモニアの体積を求めよ。

(5) 50Lのアンモニアを生成するためには，同温・同圧で何Lの水素が必要か。

(6) 18gの水素が反応したとき，生成したアンモニアの質量を求めよ。

(7) 85gのアンモニアを生成するためには，標準状態で何Lの窒素が必要か。

(8) 280gの窒素が反応したとき，生成したアンモニアの分子の個数を求めよ。ただし，アボガドロ定数は6.0×10^{23}(/mol)とする。

ナイスな導入

押さえるべきポイントは，ズバリ!!

$$\begin{matrix}\text{物質量比（モル数比）}\\ \text{気体の体積比}\end{matrix} = \text{係数比}$$

ただし同温・同圧においてです

さらに，加えて…

$$\begin{pmatrix} \text{標準状態における} \\ 1\text{molの気体の体積} \end{pmatrix} = 22.4\text{L}$$

気体の種類によりません!!

$$(1\text{mol}) = 6.0 \times 10^{23} \text{個}$$

アボガドロ定数です!!

では，まいりましょう!!

解答でござる

(1) N_2の物質量(モル数)：NH_3の物質量(モル数) $= 1 : 2$

よって，求めるアンモニアNH_3の物質量をx(mol)とすると，

$$5 : x = 1 : 2$$
$$1 \times x = 5 \times 2$$
$$\therefore \; x = \underline{10}\,(\text{mol}) \;\cdots\text{(答)}$$

係数比です!!
$1N_2 + 3H_2 \longrightarrow 2NH_3$

N_2の物質量：NH_3の物質量

一般に
$A : B = C : D$
$\Leftrightarrow B \times C = A \times D$

問題文参照!! 反応したN_2は5molです!!

(2) H_2の物質量(モル数)：NH_3の物質量(モル数) $= 3 : 2$

よって，求める水素H_2の物質量をx(mol)とすると，

$$x : 8 = 3 : 2$$
$$2x = 8 \times 3$$
$$\therefore \; x = \underline{12}\,(\text{mol}) \;\cdots\text{(答)}$$

係数比です!!
$N_2 + 3H_2 \longrightarrow 2NH_3$

H_2の物質量：NH_3の物質量

問題文参照!! 生成したNH_3は8molです!!

一般に
$A : B = C : D$
$\Leftrightarrow A \times D = B \times C$

(3) H₂の物質量(モル数) : NH₃の物質量(モル数) = **3 : 2**

このとき，生成したアンモニアNH₃の物質量をx(mol)とすると，（問題文参照!! 反応したH₂は15molです）

$$15 : x = 3 : 2$$
$$3x = 15 \times 2$$
$$\therefore x = 10 \text{(mol)}$$

よって，生成したアンモニアNH₃の標準状態における体積は，

$$22.4 \times 10 = \underline{\underline{224}} \text{(L)} \quad \cdots \text{(答)}$$

> 係数比です!!
> N₂ + 3H₂ ⟶ 2NH₃

> まずモル数を求めよう!!

> H₂の物質量 : NH₃の物質量

> 一般に
> $A : B = C : D$
> $\Leftrightarrow B \times C = A \times D$

> モル数さえ求まれば…♥

> 標準状態において，1molの気体が占める体積は気体の種類によらず**22.4L**です!!

(4) N₂の体積 : NH₃の体積 = **1 : 2**

よって，求めるアンモニアNH₃の体積をx(L)とすると，（問題文参照!! 反応したN₂は6Lです）

$$6 : x = 1 : 2$$
$$1 \times x = 6 \times 2$$
$$\therefore x = \underline{\underline{12}} \text{(L)} \quad \cdots \text{(答)}$$

> 係数比です!!
> 1N₂ + 3H₂ ⟶ 2NH₃

> 同温・同圧において…
> N₂の体積 : NH₃の体積

> 一般に
> $A : B = C : D$
> $\Leftrightarrow B \times C = A \times D$

(5) H₂の体積 : NH₃の体積 = **3 : 2**

よって，求める水素H₂の体積をx(L)とすると，

$$x : 50 = 3 : 2$$
$$2x = 50 \times 3$$
$$\therefore x = \underline{\underline{75}} \text{(L)} \quad \cdots \text{(答)}$$

（問題文参照!! 生成するNH₃は50Lです）

> 係数比です!!
> N₂ + 3H₂ ⟶ 2NH₃

> 同温・同圧において…
> H₂の体積 : NH₃の体積

> 一般に
> $A : B = C : D$
> $\Leftrightarrow A \times D = B \times C$

Theme 7　化学反応式がからむ計算問題　Part 2

(6)　H₂の物質量(モル数)：NH₃の物質量(モル数) = **3 : 2**

　　このとき，

　　　　$H_2 = 1.0 \times 2 = \mathbf{2.0}$

　　　　$NH_3 = 14 + 1.0 \times 3 = \mathbf{17}$　であるから，

　　　　H₂の質量：NH₃の質量 = $(3 \times \mathbf{2}) : (2 \times \mathbf{17})$

　　　　　　　　　　　　　　　　= 3 : 17

　　よって，求めるアンモニアNH₃の質量をx(g)とすると，

　　　　　18 : x = 3 : 17

　　　　　　$3x = 18 \times 17$

　　　　∴　$x = \underline{\mathbf{102}}$(g)　…(答)

> 係数比です!!
> N₂ + 3H₂ → 2NH₃

> 分子量です!!
> H₂ 1molの質量は2g
> NH₃ 1molの質量は17g

> 2で割りました!!

> H₂の質量(重さ)：NH₃の質量(重さ)

> 一般に
> $A : B = C : D$
> $\Leftrightarrow B \times C = A \times D$

(7)　$NH_3 = 14 + 1.0 \times 3 = \mathbf{17}$　より，

　　アンモニアNH₃ 85gの物質量(モル数)は，

　　　　$85 \div 17 = 5$(mol)

　　一方，

　　　　N₂の物質量(モル数)：NH₃の物質量(モル数) = **1 : 2**

　　よって，反応する窒素N₂の物質量をx(mol)とすると，

　　　　　x : 5 = 1 : 2

　　　　　　$2x = 5 \times 1$

　　　　∴　$x = 2.5$(mol)

　　つまり，反応した窒素N₂の標準状態における体積は，

　　　　$22.4 \times 2.5 = \underline{\mathbf{56}}$(L)　…(答)

> NH₃の分子量です。つまり，NH₃ 1molの質量は17g

> 本問はいろいろな量がからんでいるので，まず**物質量(モル数)**を求めておこう!!

> 係数比です!!
> 1N₂ + 3H₂ → 2NH₃

> N₂の物質量：NH₃の物質量

> モル数さえ求まれば…♥

> 標準状態において，1molの気体が占める体積は気体の種類によらず**22.4L**です!!

(8) $N_2 = 14 \times 2 = 28$ より，
窒素 N_2 280g の物質量（モル数）は，
$$280 \div 28 = 10 \text{(mol)}$$

> 分子量です!!
> N_2 1mol の質量は 28g です!!

> 本周も，いろいろな量がからんでいるので，まず**物質量（モル数）**を求めておこう!!

一方，
N_2 の物質量（モル数）：NH_3 の物質量（モル数）$= 1 : 2$
よって，生成したアンモニア NH_3 の物質量を x(mol) とすると，
$$10 : x = 1 : 2$$
$$1 \times x = 10 \times 2$$
$$\therefore\ x = 20 \text{(mol)}$$

> 係数比です!!
> $1N_2 + 3H_2 \longrightarrow 2NH_3$

> N_2 の物質量：NH_3 の物質量

> 一般に
> $A : B = C : D$
> $\Leftrightarrow B \times C = A \times D$

つまり，生成したアンモニア NH_3 の分子数は，
$$6.0 \times 10^{23} \times 20$$
$$= 120 \times 10^{23}$$
$$= \underline{\mathbf{1.2 \times 10^{25}}} \text{(個)} \cdots \text{(答)}$$

> 1mol $= 6.0 \times 10^{23}$ 個 です!!

> 20mol分です!!

> $1.2 \times 100 \times 10^{23}$
> $= 1.2 \times 10^2 \times 10^{23}$
> $= 1.2 \times 10^{25}$

プロフィール
チューリーちゃん（6才）
妖精学校「花組」の福を招く少女妖精。
「虫組」ティンカーベルとは大の仲良し!! 妖精界に年齢は関係ないようだ…

Theme 7　化学反応式がからむ計算問題　Part 2　83

計算問題25　標準

　アルミニウムに希塩酸を加えると，水素が発生して溶ける。2.7gのアルミニウムを完全に溶かしたときについて，次の各問いに答えよ。ただし，原子量は$H = 1.0$，$O = 16$，$Al = 27$，$Cl = 35.5$とする。

(1) この反応の化学反応式をかけ。
(2) この反応で発生した水素の体積は標準状態で何Lか。有効数字2ケタで求めよ。
(3) この反応で生成する塩化アルミニウムは何gか。有効数字2ケタで求めよ。

ナイスな導入

(1) 化学反応式をかく上でのヒントは問題文中に満載♥

$$Al + HCl \longrightarrow AlCl_3 + H_2$$

(3)の問題文中に!!

仕上げに係数をつければOK!!　係数の決め方はTheme 6 を参照せよ!!

(2)・(3)　前問 計算問題24 の考え方が理解できていれば，OKのはず!!

解答でござる

(1) ステップ☝

$$Al + HCl \longrightarrow AlCl_3 + H_2$$

ステップ✌

❶　$1Al + HCl \longrightarrow AlCl_3 + H_2$

(1)がダメな人はTheme 6 を復習せよ!!

とりあえず反応物質と生成物質をかき込む!!
勝手にAlの係数を1と決める!!

❷ 左辺でAlの個数が1個となるので,
　右辺のAlCl₃の係数は自動的に **1** と決まる。
　　右辺のClの個数が3個となるので,
　左辺のHClの係数は自動的に **3** と決まる。

$$Al + 3HCl \longrightarrow AlCl_3 + H_2$$

— AlCl₃の中のAlの数は1個

— 3HClとすればClの数は3個

— 1AlCl₃の"1"は省略!!

❸ 左辺でHの個数が3個となるので,
　右辺のH₂の係数は自動的に $\dfrac{3}{2}$ と決まる。

以上から…

$$Al + 3HCl \longrightarrow AlCl_3 + \dfrac{3}{2}H_2$$

— $\dfrac{3}{2}$ H₂とすればHの数は $\dfrac{3}{2} \times 2 = 3$ 個

— 両辺の原子数は等しくなりました!!

ステップ✋ 両辺を2倍して…

— 仕上げです!!

$$\underline{\underline{2Al + 6HCl \longrightarrow 2AlCl_3 + 3H_2}}$$

— できあがり!!

(2) (1)の化学反応式から，反応するAlと発生するH₂の
　　量的関係は…

$$2Al + 6HCl \longrightarrow 2AlCl_3 + 3H_2$$

　[2mol]　　　　　　　　　　　[3mol]
　 ‖　　　　　　　　　　　　　 ‖
　2×27(g)　（Al=27です!!）　3×22.4(L)
　 ‖　　　　　　　　　　　　　 ‖
　54(g)　　　　　　　　　　　 67.2(L)

— 係数に注目せよ!!

係数がポイントだぜ!!

— 標準状態における1molの気体が占める体積は気体の種類によらず22.4Lでしたね!!

　54gのAlが反応すると，標準状態で67.2LのH₂
が発生する。

　2.7gのAlが反応したとき発生するH₂の体積を x
(L)とすると，

$$54(g) : 67.2(L) = 2.7(g) : x(L)$$
$$54x = 67.2 \times 2.7$$

$\begin{pmatrix}反応するAl\\の質量(g)\end{pmatrix} : \begin{pmatrix}発生したH_2\\の体積(L)\end{pmatrix}$

一般に

$\boxed{\begin{array}{l}A:B=C:D\\ \Leftrightarrow A\times D = B\times C\end{array}}$

— 問題文より本問で反応したAlは2.7gです!!

$$x = \frac{67.2 \times 2.7}{54}$$

$$x = 3.36$$

$$\therefore \ x \fallingdotseq \underline{3.4} \, (\mathrm{L}) \ \cdots (答)$$

分子と分母ともに100倍して
$$\frac{672 \times 27}{5400}$$
として次々に約分していけば意外と楽チンです!!
有効数字2ケタです!!

(3) (1)の化学反応式から，反応するAlと生成するAlCl₃の量的関係は…

$$2\mathrm{Al} + 6\mathrm{HCl} \longrightarrow 2\mathrm{AlCl}_3 + 3\mathrm{H}_2$$

同じ!!

Alの係数は2
AlCl₃の係数も2
よって，物質量(モル数)の比は
2:2=1:1
です!!

1mol		1mol
‖		‖
27(g)		133.5(g)

今回は2molで考えるより1molで考えた方が楽です!!

AlCl₃
= 27 + 35.5 × 3
= 27 + 106.5
= 133.5

27gのAlが反応すると，133.5gのAlCl₃が生成する。

2.7gのAlが反応したとき，生成するAlCl₃の質量をy(g)とすると，

$$27 : 133.5 = 2.7 : y$$

$$27y = 133.5 \times 2.7$$

$$y = \frac{133.5 \times 2.7}{27}$$

$$y = 13.35$$

$$\therefore \ y \fallingdotseq \underline{13} \, (\mathrm{g}) \ \cdots (答)$$

問題文より，本問で反応したAlは2.7gです!!

$\begin{pmatrix} 反応するAl \\ の質量(g) \end{pmatrix} : \begin{pmatrix} 生成する \\ AlCl_3 \\ の質量(g) \end{pmatrix}$

一般に
$$\boxed{\begin{array}{c} A:B=C:D \\ \Leftrightarrow A \times D = B \times C \end{array}}$$

分子と分母を100倍して
$$\frac{1335 \times 27}{2700}$$
として約分していくと楽勝!!
有効数字2ケタです!!

RUB OUT 2 過不足がある場合はどうする??

> 何事もピッタリいくとは限らないぜっ!!

とりあえず具体的な例を…

計算問題26 標準

亜鉛に希硫酸を加えると，水素が発生して溶ける。39gの亜鉛を10%の希硫酸490gに溶かしたとき発生する水素は標準状態で何Lであるか。ただし，原子量は$H=1.0$，$O=16$，$S=32$，$Zn=65$とする。

ナイスな導入

10%の希硫酸490g中の硫酸H_2SO_4は…

$$490 \times \frac{10}{100} = 49 \text{(g)}$$

(10%です!!)

(ここまでは基本的なお話ですな…)

このとき!!

亜鉛Znが **39g**　　**対決!! vs.**　　硫酸H_2SO_4が **49g**

$H_2SO_4 = 1.0 \times 2 + 32 + 16 \times 4 = 98$

$Zn = 65$より…

$39 \div 65$
$= \dfrac{39}{65}$
$= \underline{0.60 \text{mol}} \cdots ①$

$H_2SO_4 = 98$より…

$49 \div 98$
$= \dfrac{49}{98}$
$= \underline{0.50 \text{mol}} \cdots ②$

Theme 7 化学反応式がからむ計算問題 Part 2

このとき!! 両者がすべてピッタリと反応するとは限らないのです。
つまり，一方が余分で反応せずに残る可能性があります!!

そこで!!

化学反応式は…

$$Zn + H_2SO_4 \longrightarrow ZnSO_4 + H_2$$

水素が発生!!

係数に注目して…
反応するZnと反応するH_2SO_4と発生するH_2の物質量（モル数）の比は…

$$Zn : H_2SO_4 : H_2 = 1 : 1 : 1 \quad \cdots (*)$$

よって!!

$1Zn + 1H_2SO_4 \longrightarrow ZnSO_4 + 1H_2$
係数がポイントです!!

$$Zn \quad + \quad H_2SO_4 \quad \longrightarrow \quad ZnSO_4 \quad + \quad H_2$$

最初の量	①より… 0.60mol	②より… 0.50mol		
反応する量	0.50mol	0.50mol	発生する水素の量	0.50mol …③

(*)より…

0.10mol 余る!!　すべて反応してしまう!!

少ない方がすべて反応する!! つまり，少ない方を基準にして考えればOK!!

以上から…

よって，発生する水素H_2の標準状態における体積は…

$$22.4 \times 0.50 = 11.2\text{L}$$

答でーす!!

標準状態における気体 1molの体積は22.4L
③より発生するH_2の物質量（モル数）は0.50mol

解答でござる

化学反応式は，
$$Zn + H_2SO_4 \longrightarrow ZnSO_4 + H_2$$
← この反応式をつくるのは簡単!!

よって，反応する Zn と反応する H_2SO_4 と発生する H_2 の物質量(モル数)の比は，
$$Zn : H_2SO_4 : H_2 = 1 : 1 : 1 \quad \cdots (*)$$

← 係数に注目せよ!!
$1Zn + 1H_2SO_4$
$\longrightarrow ZnSO_4 + 1H_2$

一方，反応する前の物質量(モル数)はそれぞれ，Zn が，
$$39 \div 65 = \frac{39}{65} = 0.60 \,(\text{mol}) \quad \cdots ①$$

← $Zn = 65$ です!!
もともとある Zn のモル数

H_2SO_4 が，
$$\boxed{490 \times \frac{10}{100}} \div 98 = 490 \times \frac{10}{100} \times \frac{1}{98}$$
$$= \frac{49}{98}$$
$$= 0.50 \,(\text{mol}) \quad \cdots ②$$

← 490gのうちの10%，つまり $\frac{10}{100}$ が H_2SO_4 です!!

H_2SO_4
$= 1.0 \times 2 + 32 + 16 \times 4$
$= 98$ です!!
もともとある H_2SO_4 のモル数

(*)より実際に反応し合う Zn と H_2SO_4 の物質量(モル数)は等しいから①，②より少ない方の H_2SO_4 がすべて反応する。

← $Zn : H_2SO_4 = 1 : 1$

少ない方を基準に考えよう!!

つまり，発生する H_2 の物質量(モル数)は，H_2SO_4 の物質量(モル数)を基準にして求めればよい。

よって，②と(*)から，発生する H_2 の物質量(モル数)は $0.50\,(\text{mol}) \cdots ③$ である。

以上より，発生する H_2 の標準状態における体積は③から，
$$22.4 \times 0.50 = \mathbf{11.2\,(L)} \quad \cdots (答)$$

← $H_2SO_4 : H_2 = 1 : 1$
反応する H_2SO_4 が 0.50mol であるから…，発生する H_2 も 0.50mol

← 標準状態における気体1molの体積は22.4Lです!!
③より発生する H_2 のモル数は0.50mol

RUB OUT ③ 混合気体の燃焼

この問題はよくあるぜっ!!

では，わかりやすい例題として…

計算問題27 標準

標準状態で$224L$の体積を占めるメタンCH_4とエチレンC_2H_4の混合気体がある。この混合気体に酸素を加えて完全燃焼させた。この反応において，消費した酸素は$768g$であった。

これについて，次の各問いに答えよ。ただし，原子量は$H=1.0$，$C=12$，$O=16$とする。

(1) メタンCH_4が完全燃焼したときの化学反応式をかけ。
(2) エチレンC_2H_4が完全燃焼したときの化学反応式をかけ。
(3) 最初の混合気体中にあったメタンCH_4とエチレンC_2H_4の総物質量(モル数の合計)を，整数値で求めよ。
(4) 消費した酸素の物質量(モル数)を整数値で求めよ。
(5) 最初の混合気体中にあったメタンCH_4の質量は何gか。整数値で求めよ。
(6) 燃焼によって生じた二酸化炭素の体積は，標準状態で何Lか。整数値で求めよ。
(7) 燃焼によって生じた水の質量は何gか。整数値で求めよ。

ナイスな導入

(1), (2)　☞　p.63参照!!　本問では詳しく解説しませんので，あしからず…。

(3), (4)　☞　モル数の基礎が理解できていればできるはず!!

(5), (6), (7)　☞　主役はこの3問!!　最初の混合気体中のメタンCH_4とエチレンC_2H_4の物質量(モル数)をそれぞれx(mol)，y(mol)とおいてみよう!!

　　で!!　計算問題25 のように量的関係を押さえていけば…

解答でござる

(1) $CH_4 + 2O_2 \longrightarrow CO_2 + 2H_2O$

(2) $C_2H_4 + 3O_2 \longrightarrow 2CO_2 + 2H_2O$

(3) 標準状態で最初の混合気体の体積は $224L$ であったから，これを物質量(モル数)に直すと，
$$224 \div 22.4 = \underline{10}\,(mol) \quad \cdots(答)$$

完全燃焼させると CO_2 と H_2O が生じます(p.63参照)。化学反応式のつくり方については **Theme 6** にて!!

標準状態において $1mol$ の気体が占める体積は**気体の種類によらず $22.4L$** です。ですから，混合気体であっても普通に 22.4 で割れば OK!!

(4) 消費した酸素 O_2 は $768g$ であったから，これを物質量(モル数)に直すと，$O_2 = 16 \times 2 = 32$ より，
$$768 \div 32 = \underline{24}\,(mol) \quad \cdots(答)$$

O_2 の分子量は 32 です!! つまり，O_2 $1mol$ の質量は $32g$ です!!

(5) 最初の混合気体中において，

$\begin{cases} \text{メタン} CH_4 \text{の物質量(モル数)を } x\,(mol) & \cdots ㋑ \\ \text{エチレン} C_2H_4 \text{の物質量(モル数)を } y\,(mol) & \cdots ㋺ \end{cases}$

とおく。

具体的に文字でおいてみないとイメージしにくいぜっ!!

このとき，量的関係は次のように表される。

メタン CH_4 x mol の完全燃焼によって，

$\begin{cases} \text{消費される酸素} O_2 & \longrightarrow 2x\,(mol) & \cdots ㋩ \\ \text{生じる二酸化炭素} CO_2 & \longrightarrow x\,(mol) & \cdots ㊁ \\ \text{生じる水} H_2O & \longrightarrow 2x\,(mol) & \cdots ㋭ \end{cases}$

係数に注目だよ♥

$1CH_4 + 2O_2 \rightarrow CO_2 + 2H_2O$
$\quad\quad x \quad\quad 2x$

$1CH_4 + 2O_2 \rightarrow 1CO_2 + 2H_2O$
$\quad\quad x \quad\quad\quad\quad x$

$1CH_4 + 2O_2 \rightarrow CO_2 + 2H_2O$
$\quad\quad x \quad\quad\quad\quad\quad\quad 2x$

エチレン C_2H_4 y mol の完全燃焼によって，

$\begin{cases} \text{消費される酸素} O_2 & \longrightarrow 3y\,(mol) & \cdots ㋬ \\ \text{生じる二酸化炭素} CO_2 & \longrightarrow 2y\,(mol) & \cdots ㋣ \\ \text{生じる水} H_2O & \longrightarrow 2y\,(mol) & \cdots ㋠ \end{cases}$

$1C_2H_4 + 3O_2 \rightarrow 2CO_2 + 2H_2O$
$\quad\quad y \quad\quad 3y$

$1C_2H_4 + 3O_2 \rightarrow 2CO_2 + 2H_2O$
$\quad\quad y \quad\quad\quad\quad 2y$

$1C_2H_4 + 3O_2 \rightarrow 2CO_2 + 2H_2O$
$\quad\quad y \quad\quad\quad\quad\quad\quad 2y$

(3)の結果と㋑，㋺より，
$$x + y = 10 \cdots ①$$

(4)の結果と㋩，㋬より，
$$2x + 3y = 24 \cdots ②$$

最初の混合気体の合計の物質量(モル数)は(3)より，$10mol$ とわかりました!!

消費した酸素の物質量(モル数)は(4)より $24mol$ とわかりました!!

①,②を解いて,
$$x=6, y=4$$
つまり,
最初の混合気体中において,
$$\begin{cases} \text{メタン}CH_4 \text{の物質量(モル数)} \longrightarrow 6.0(\text{mol}) \\ \text{エチレン}C_2H_4 \text{の物質量(モル数)} \longrightarrow 4.0(\text{mol}) \end{cases}$$

よって,求めるべきメタンCH_4の質量は,
$CH_4 = 12 + 1.0 \times 4 = 16$ であるから,
$$16 \times 6.0 = \underline{96}(\text{g}) \quad \cdots (\text{答})$$

(6) 燃焼によって生じた二酸化炭素CO_2の物質量(モル数)は㋐と㋑の合計であるから,
$$x + 2y (\text{mol})$$
で表される。

さらに,(5)で,$x=6$,$y=4$と求まっているから,
$$x + 2y = 6 + 2 \times 4$$
$$= 14 (\text{mol})$$

よって,生じた二酸化炭素CO_2の標準状態における体積は,
$$22.4 \times 14 = 313.6$$
$$\fallingdotseq \underline{314}(\text{L}) \quad \cdots (\text{答})$$

(7) 燃焼によって生じた水H_2Oの物質量(モル数)は,㋭と㋣の合計であるから,
$$2x + 2y (\text{mol})$$
で表される。

さらに,(5)で$x=6$,$y=4$と求まっているから,
$$2x + 2y = 2 \times 6 + 2 \times 4$$
$$= 20 (\text{mol})$$

よって,生じた水H_2Oの質量は,
$H_2O = 1.0 \times 2 + 16 = 18$であるから,
$$18 \times 20 = \underline{360}(\text{g}) \quad \cdots (\text{答})$$

では，類題をおひとつ…

計算問題28 標準

プロパンC_3H_8，水素H_2，窒素N_2からなる混合気体が90mLある。この混合気体に酸素を120mL加えて完全に燃焼させたあと，乾燥させて水分を完全に除去すると，気体の体積の合計は90mLとなった。さらに，十分な水酸化ナトリウム水溶液に通したあと，残った気体を乾燥させ，体積を測ると30mLであった。数値はすべて，同温・同圧で測ったとして，最初の混合気体中のプロパンC_3H_8，水素H_2，窒素N_2の体積をそれぞれ求めよ。

ナイスな導入

まず，完全燃焼の化学反応式は…

プロパンC_3H_8は…

$$C_3H_8 + 5O_2 \longrightarrow 3CO_2 + 4H_2O$$

水素H_2は…

$$2H_2 + O_2 \longrightarrow 2H_2O$$

窒素N_2は…

窒素N_2は燃焼しません!!

この反応式は簡単だよ!! ヤバイ人は Theme 6 を見てね♥

そりゃそうですよ!! 空気中の約80％が窒素N_2です。その窒素がそう簡単に燃焼したら怖くて生きてられませんよ!!

さらに!! 登場する気体の中で，塩基性(アルカリ性)の水酸化ナトリウム水溶液と反応して吸収される気体は…
酸性の気体である

CO_2 のみです。

> CO_2 が水に溶けると…
> $CO_2 + H_2O \longrightarrow H_2CO_3$(炭酸)
> **酸性!!**

乾燥により除去されるのは

H_2O のみです。

> いわゆる水分(湿気)ってヤツです!!

以上から…

> 忘れちゃいかんよ!!

気体において

物質量の比＝体積の比

> モル数です!!

> 同温・同圧のもとで…

であることを忘れないように!!

解答でござる

プロパン C_3H_8 と水素 H_2 の完全燃焼の化学反応式は，

$$C_3H_8 + 5O_2 \longrightarrow 3CO_2 + 4H_2O \cdots ①$$
$$2H_2 + O_2 \longrightarrow 2H_2O \cdots ②$$

> 窒素 N_2 は燃焼しません!!

> ここで生じた CO_2 は，水酸化ナトリウム水溶液に吸収されます!!

> ここで生じた H_2O は乾燥により除去されます。よって**無視!!**

ここで，最初の混合気体中の体積をそれぞれ
$C_3H_8\cdots x(\mathrm{mL})$　$H_2\cdots y(\mathrm{mL})$　$N_2\cdots z(\mathrm{mL})$ とすると，

$$x+y+z=90 \quad \cdots ①$$

㋑において，
燃焼により減少するO_2 $\cdots 5x(\mathrm{mL})$
燃焼により発生するCO_2 $\cdots 3x(\mathrm{mL})$

㋺において，
燃焼により減少するO_2 $\cdots \dfrac{1}{2}y(\mathrm{mL})$

以上より，完全に燃焼したあと，残っている気体の体積は，それぞれ，

$CO_2 \cdots 3x(\mathrm{mL})$

$O_2 \quad \cdots 120-5x-\dfrac{1}{2}y(\mathrm{mL})$

$N_2 \quad \cdots z(\mathrm{mL})$

条件から，

$$\underbrace{3x}_{CO_2}+\underbrace{120-5x-\dfrac{1}{2}y}_{O_2}+\underbrace{z}_{N_2}=90$$

$$-2x-\dfrac{1}{2}y+z=-30$$

$$4x+y-2z=60 \quad \cdots ②$$

さらに，水酸化ナトリウム水溶液に吸収された気体，つまりCO_2の体積が，$90-30=60(\mathrm{mL})$より，

$$3x=60$$

$$\therefore \quad x=20 \quad \cdots ③$$

> 問題文中にかいてあります!!
> $1C_3H_8 + 5O_2 \to 3CO_2 + 4H_2O$
> $1 : 5 : 3$ 無視!!
> $\| \quad \| \quad \|$
> $x \quad 5x \quad 3x$

> $2H_2 + 1O_2 \to 2H_2O$
> $2 : 1$ 無視!!
> $\| \quad \|$
> $y \quad \dfrac{1}{2}y$

㋑の完全燃焼により減少!!
㋺の完全燃焼により減少!!
終始反応せずに残りつづける!!

C_3H_8とH_2は完全燃焼により残ってませんよ!!

両辺を-2倍しました!!

水酸化ナトリウム水溶液に通す前の体積が$90\mathrm{mL}$通した後の体積が$30\mathrm{mL}$

つまり…

水酸化ナトリウム水溶液に吸収されたCO_2の体積は…
$90-30=60\mathrm{mL}$
CO_2の体積は$3x(\mathrm{mL})$です!!

③を①に代入して，
$$20 + y + z = 90$$
$$\therefore\ y + z = 70 \qquad \cdots ④$$

③を②に代入して，
$$4 \times 20 + y - 2z = 60$$
$$\therefore\ y - 2z = -20 \qquad \cdots ⑤$$

④⑤から，
$$y = 40,\ z = 30$$

よって，最初の混合気体中の体積はそれぞれ，

$$\left.\begin{array}{l}プロパン\ C_3H_8 \cdots \mathbf{20}\,(mL) \\ 水素\quad\ \ H_2 \cdots \mathbf{40}\,(mL) \\ 窒素\quad\ \ N_2 \cdots \mathbf{30}\,(mL)\end{array}\right\} \cdots (答)$$

$x + y + z = 90 \quad \cdots ①$
$x = 20$

$4x + y - 2z = 60 \quad \cdots ②$
$x = 20$

$$\begin{array}{r}y + z = 70 \quad \cdots ④ \\ -)\ y - 2z = -20 \quad \cdots ⑤ \\ \hline 3z = 90 \end{array}$$
$$\therefore\ z = 30$$

$\begin{cases} x = 20 \\ y = 40 \\ z = 30 \end{cases}$
ですよ!!

ニャー!!

Theme 8 化学 熱化学方程式を操りまくれ!!

燃えろ!!

RUB OUT 1 熱化学方程式って何??

何かおおげさな名前だなぁ…

百聞は一見にしかず!! いきなり例からまいります。

これが 熱化学方程式 だぁーっ!!

これから登場するこの数字は暗記する必要ないよ!!

例1 $C(固) + O_2(気) = CO_2(気) + 394kJ$

さて，この式(方程式)は何を意味しているのでしょうか??

☞ 1molの炭素Cが完全燃焼して，1molの酸素O_2と結びつくと1molの二酸化炭素CO_2となり，これにともなって**394kJ**(キロジュール)の熱が発生する。

$1C + 1O_2 = 1CO_2 + 394kJ$
係数が物質量(モル数)を表してます。

熱量を表す単位です!!

注 化学式のとなりの(固)や(気)はその物質の状態を表してます。

気体 ⇄ (気)　液体 ⇄ (液)　固体 ⇄ (固)

に対応します。

では，例をもうひとつ!!

マイナスに注意!!

例2 $2C(固) + 2H_2(気) = C_2H_4(気) - 52kJ$

さて，今回の式(方程式)の意味するところは？

☞ 2molの炭素Cと2molの水素H_2の両単体から1molのエチレンC_2H_4を生成させるとき，これにともなって**52kJ**(キロジュール)の熱を吸収する(言いかえると…52kJの熱を外部から奪う!!)

−52kJですから…

$2C + 2H_2 = 1C_2H_4 - 52kJ$　係数が物質量(モル数)を表しています!!

Theme 8　化学　熱化学方程式を操りまくれ!!　97

このとき!!　特に押さえてもらいたいことが!!

ポイント①

例1のように，熱を発生する化学反応を**発熱反応**と呼ぶ。
例2のように，熱を吸収する化学反応を**吸熱反応**と呼ぶ。

ポイント②

例1や例2のように発生または吸収される熱のことを**反応熱**と呼びます。

ポイント③

熱化学方程式の係数は各物質量(モル数)を表します。

ポイント④

熱化学方程式の左辺と右辺は『→』でなく『=』でつなぎます!!

ポイント⑤

熱量の単位は『kJ』で表す。

（キロジュールと読みまっせ!!）
（これが方程式と呼ばれるゆえんか…）

では，慣れてもらうためにちょっとした練習問題を…

計算問題29　キソ

次のプロパン C_3H_8 の燃焼における熱化学方程式をもとにして，次の問いに答えよ。ただし，原子量は $H=1.0$，$C=12$ とする。

$$C_3H_8 + 5O_2 = 3CO_2 + 4H_2O + 2220 kJ$$

(1) 1molのプロパン C_3H_8 を完全燃焼させたときの発熱量を求めよ。
(2) 5molのプロパン C_3H_8 を完全燃焼させたときの発熱量を求めよ。
(3) 88gのプロパン C_3H_8 を完全燃焼させたときの発熱量を求めよ。
(4) 標準状態で67.2Lのプロパン C_3H_8 を完全燃焼させたときの発熱量を求めよ。

ナイスな導入

この熱化学方程式から読み取れる情報は…

1molのプロパン**C₃H₈**を完全燃焼させたときの発熱量は**2220kJ**である。

$1C_3H_8 + 5O_2 = 3CO_2 + 4H_2O + 2220kJ$

このことさえ押さえていれば，万事解決!!

解答でござる

(1) **2220(kJ)** …(答)

> そのまんまです!!
> $1C_3H_8 + 5O_2 = 3CO_2 + 4H_2O + 2220kJ$
>
> 1molのC₃H₈に対して発熱量は2220kJ

(2) $2220 \times 5 = $ **11100(kJ)** …(答)

> 5molのC₃H₈です!!
> つまり発熱量も**5倍**です!!

(3) $C_3H_8 = 12 \times 3 + 1.0 \times 8 = 44$ より，

C₃H₈ 88gの物質量(モル数)は，

$88 \div 44 = 2 \text{(mol)}$

よって，求めるべき発熱量は，

$2220 \times 2 = $ **4440(kJ)** …(答)

> 2molのC₃H₈です!!
> つまり発熱量も**2倍**です!!

(4) 標準状態で67.2LのC₃H₈の物質量(モル数)は，

$67.2 \div 22.4 = 3 \text{(mol)}$

よって，求めるべき発熱量は，

$2220 \times 3 = $ **6660(kJ)** …(答)

> 標準状態で1molの気体が占める体積は気体の種類に関係なく22.4Lです。もう大丈夫ですね!!

> 3molのC₃H₈です!!
> つまり発熱量も**3倍**です!!

Theme 8　化学　熱化学方程式を操りまくれ!!

RUB OUT 2　反応熱いろいろ

> 燃焼熱,生成熱,溶解熱,中和熱,分解熱などいろいろあるぜっ!!

物質の状態つまり気体(気)or液体(液)or固体(固)については,基本的に我々が快適に生活している状態(圧力1.01×10^5Pa,温度20℃くらい),つまりふつうの状態で,その物質が気体なのか,液体なのか,固体なのかを示します。

例えば…　O_2(気)　　ふつう,酸素は気体では!?

　　　　　H_2O(液)　ふつう,水は液体では!?

　　　　　NaCl(固)　　ふつう,塩化ナトリウムは固体です!! 食塩を見ろ!!

このことに注意して,いろいろな反応熱のお話を体感してください♥

燃焼熱

1molの物質が完全燃焼するときに発生する熱量を**燃焼熱**と呼び,単位は**kJ/mol**で表す。

例1　CH_4(気) + $2O_2$(気) = CO_2(気) + $2H_2O$(液) + 890kJ

ここがポイント!! → **1mol**のCH_4を完全燃焼させると890kJの熱を発生する。つまり,CH_4の**燃焼熱**は890kJ/molです。

例2　C_2H_6(気) + $\frac{7}{2}O_2$(気) = $2CO_2$(気) + $3H_2O$(液) + 1560kJ

ここがポイント!! → **1mol**のC_2H_6を完全燃焼させると1560kJの熱を発生する。つまり,C_2H_6の**燃焼熱**は1560kJ/molです。

例2で$2C_2H_6 + 7O_2 = 4CO_2 + 6H_2O + 1560kJ$としてはいけません!!
主役であるC_2H_6の係数が1となるようにしましょう!! そのせいで分数の係数が発生しても"そんなの関係ない!!"

生成熱

1molの物質(化合物)が,その成分元素の**単体**から生成するとき,それにともなって発生または吸収する熱量を**生成熱**と呼び,単位を**kJ/mol**で表す。

両方のバージョンがあります!!

例1　$\frac{1}{2}N_2$(気) + $\frac{3}{2}H_2$(気) = NH_3(気) + 46kJ

これがポイント!! → **1mol**のNH_3を単体N_2と単体H_2から生成させると,

46kJの熱を発生する。つまり，NH_3の**生成熱**は46kJ/molです。

例2 $2C(黒鉛) + 2H_2(気) = C_2H_4(気) - 52kJ$

> これがポイント!!

1molのエチレンC_2H_4を単体C(黒鉛)と単体H_2から生成させると52kJの熱を吸収する。

> マイナスに注意

つまり，C_2H_4の**生成熱**は，$-52kJ/mol$です。

注1 炭素Cの場合，ふつうの状態で固体であることは確かなのですが，黒鉛，ダイヤモンド，フラーレンといった同素体が存在します。このうち，どの炭素Cを用いるかによって，熱量も変化します。そこで!! C(黒鉛)やC(ダイヤモンド)などと，明記する場合が多いです!!
　まぁ，C(黒鉛)と考えるのが通常です。C(ダイヤモンド)は，実験に用いるのはもったいない話です♪

注2 "$CO + \frac{1}{2}O_2 = CO_2 + 283kJ$"で，$CO_2$の生成熱が283kJ/molなどと考えてはいけません!! それは，COが**単体ではない**からです!!

溶解熱

1molの物質が多量の溶媒(水であることが多い!!)に溶けるとき，それにともなって発生または吸収する熱量を**溶解熱**と呼び，単位を**kJ/mol**で表す。

> 両方のバージョンあり!!

例1 $ZnCl_2(固) + aq = ZnCl_2\,aq + 66kJ$

> これがポイント!!

1molの塩化亜鉛$ZnCl_2$を多量の水に溶かすと，それにともなって66kJの熱が発生する。つまり，$ZnCl_2$の**溶解熱**は66kJ/molです。

> アクアと読みます

何だ"aq"って!? と感じている人も多いかと思います。"aq"とは**多量の水**を表す記号です。決して**水と反応するわけではない**ので，H_2Oと表すわけにはいかないのです!!

例2 $NaOH(固) + aq = NaOH\,aq + 46kJ$

> これがポイント!!

1molの水酸化ナトリウムNaOHを多量の水に溶かすと，それにともなって46kJの熱が発生する。つまり，NaOHの**溶解熱**は46kJ/molです。

中和熱

酸(酸性の物質)と塩基(アルカリ性の物質)の各水溶液が**中和**して，**1mol**の水H_2Oが生じるときに発生する熱量を**中和熱**と呼び，単位を**kJ/mol**で表す。

例 $HCl\ aq + NaOH\ aq = NaCl\ aq + H_2O + 56.5kJ$

水溶液ということを表すために"aq"を右どなりに書きます。H_2Oだけは$H_2O\ aq$とはしません!! 水の水溶液ってヘンでしょ!?

塩酸と水酸化ナトリウム水溶液の中和により，**1mol**の水H_2Oが生じるとき，これにともなって56.5kJの熱が発生する。つまり，塩酸と水酸化ナトリウム水溶液の**中和熱**は56.5kJ/molです。

これがポイント!!

そこで!!

水だけに注目すると…

$$H^+ + OH^- = H_2O + 56.5kJ$$

のようにイオン反応式で表すこともあります。

省略したわけか…

分解熱

1molの化合物がその成分元素の**単体**に分解するとき，これにともなって発生または吸収する熱量を**分解熱**と呼び，単位を**kJ/mol**で表す。

例1 $NH_3(気) = \frac{1}{2}N_2(気) + \frac{3}{2}H_2(気) - 46kJ$

ここがポイント!!

1molのNH_3が単体N_2と単体H_2に分解すると，46kJの熱を吸収する。つまり，NH_3の**分解熱**は−46kJ/molです。

−46kJですから…

気づいた人もいると思うけど**分解熱**と**生成熱**は等しくなりまーす。ただし**符号は逆なので注意しよう!!**
p.99参照!! **生成熱 例1** $\frac{1}{2}N_2(気) + \frac{3}{2}H_2(気) = NH_3(気) + 46kJ$ でしたね♥

例2 C_2H_4(気) $= 2C$(黒鉛) $+ 2H_2$(気) $+ 52kJ$

これがポイント!! 　$1mol$のエチレンC_2H_4が，単体C(黒鉛)と単体H_2に分解すると，$52kJ$の熱が発生する。つまり，エチレンC_2H_4の**分解熱**は$52kJ/mol$です。

これも，p.100 生成熱 例2 の逆バージョンです!! **符号が変わった**だけで反応熱は同じになります!!

状態変化にかかわる熱

H_2Oの場合…

加熱すると…

ずいぶんあたりまえの話だなぁ…

H_2O(固) → H_2O(液) → H_2O(気)
　　　　熱を吸収　　　　熱を吸収

氷です!!　　　水です!!　　　水蒸気です!!　と変化します。

逆に，冷却すると…

H_2O(気) → H_2O(液) → H_2O(固)
　　　　熱を放出　　　　熱を放出

水蒸気です!!　熱を放出すれば冷えるでしょ!?　水です!!　熱を放出すれば冷えるよねぇ!!　氷です!!

このように，**状態変化**にも**熱の出入り**がかかわってきます!!

そこで!!

　　　　　気体
　　蒸　凝　　昇
　　発　縮　　華　昇華
　液体　⇄　固体
　　　　融解　凝固

⇒ は吸熱，
⇒ は発熱です

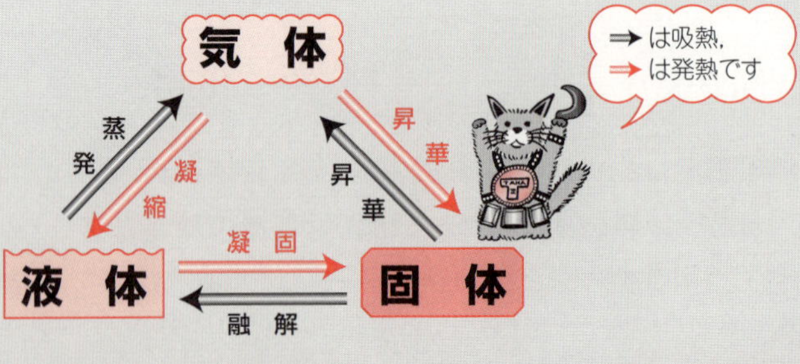

今回は上図のように発熱or吸熱が明らかなため，**反応熱はすべて絶対値**（マイナスは取る）で表します。このことを踏まえていろんな例をご覧くださいませ♥

例1
$\begin{cases} H_2O(気) = H_2O(液) + 44kJ \cdots ⑦ \\ H_2O(液) = H_2O(気) - 44kJ \cdots ⓘ \end{cases}$

このような用語については前ページの図参照!!

⑦は，**1mol**のH_2Oが気体から液体（水蒸気から水）に変化するとき，**44kJ**の熱を放出する。 👉 H_2Oの**凝縮熱**は**44kJ/mol**

ⓘは，**1mol**のH_2Oが液体から気体（水から水蒸気）に変化するとき，**44kJ**の熱を吸収する。 👉 H_2Oの**蒸発熱**は**44kJ/mol**

負であるが絶対値で示す!!

例2
$\begin{cases} H_2O(液) = H_2O(固) + 6.0kJ \cdots ⑧ \\ H_2O(固) = H_2O(液) - 6.0kJ \cdots ⑨ \end{cases}$

⑧は，**1mol**のH_2Oが液体から固体（水から氷）に変化するとき，**6.0kJ**の熱を放出する。 👉 H_2Oの**凝固熱**は**6.0kJ/mol**

⑨は，**1mol**のH_2Oが固体から液体（氷から水）に変化するとき，**6.0kJ**の熱を吸収する。 👉 H_2Oの**融解熱**は**6.0kJ/mol**

例3
$\begin{cases} H_2O(気) = H_2O(固) + 50kJ \cdots ⑩ \\ H_2O(固) = H_2O(気) - 50kJ \cdots ⑪ \end{cases}$

負であるが絶対値で示す!!

⑩は，**1mol**のH_2Oが気体から固体（水蒸気からいきなり氷）に変化するとき，**50kJ**の熱を放出する。 👉 H_2Oの**昇華熱**は**50kJ/mol**

⑪は，**1mol**のH_2Oが固体から気体（氷からいきなり水蒸気）に変化するとき**50kJ**の熱を吸収する。 👉 H_2Oの**昇華熱**は**50kJ/mol**

気体⇄固体ともに**昇華**です

負であるが絶対値で示す!!

では，演習タイムです。

計算問題30 ─ 標準

次の各事項を熱化学方程式で表せ。
(1) メタノールCH_3OHの燃焼熱は$714kJ/mol$である。
(2) 気体の水H_2Oの生成熱は$242kJ/mol$である。
(3) 硫酸H_2SO_4の溶解熱は$95kJ/mol$である。
(4) 希硝酸HNO_3と水酸化カルシウム$Ca(OH)_2$水溶液の中和熱は$56kJ/mol$である。
(5) 液体の水H_2Oの分解熱は$-286kJ/mol$である。
(6) 黒鉛Cが気体になるときの昇華熱は$719kJ/mol$である。

ナイスな導入

(6)のみ発熱反応or吸熱反応を<u>自力</u>で判断する必要があります。つまり $+719kJ$なのか？ $-719kJ$なのか？ をお考えください!!（p.103を参照!!）

(1)〜(5)は，問題文に書いてあります。

あと，「主役の物質がどれか??」 も押さえないといけませんよ。熱化学方程式をつくるときには，主役の物質の係数は必ず**1**にしなければなりません!!

解答でござる

(1) $2CH_3OH + 3O_2 \longrightarrow 2CO_2 + 4H_2O$

CH_3OHの燃焼熱が$714kJ/mol$であるから，

$$CH_3OH(液) + \frac{3}{2}O_2(気) = CO_2(気) + 2H_2O(液) + 714kJ$$

完全燃焼するとO_2と結びついてCO_2とH_2Oが発生します。化学反応式のつくり方についてはp.63参照!! CH_3OH内にOがあることに注意!!

主役はCH_3OHです!! よって，CH_3OHの係数を**1**にするために上の化学反応式の両辺を2で割る!! CH_3OHはアルコールの一種で液体です!!

(2) $2H_2 + O_2 \longrightarrow 2H_2O$

H_2O(気)の生成熱は$242kJ/mol$であるから，

$$H_2(気) + \frac{1}{2}O_2(気) = H_2O(気) + 242kJ$$

単体のH_2と単体のO_2からH_2O(気)が生成。材料は**単体**でないとダメ!!

主役はH_2O(気)です!! よって，H_2O(気)の係数を**1**に設定!!

> **注** (1)でも言えることですが，H_2とO_2は常温・常圧で気体であることは明らかなのでH_2(気)，O_2(気)の(気)を省略する場合もあります。

(3) $$H_2SO_4(液) + aq = H_2SO_4aq + 95kJ$$

水への溶解熱のかき方は楽勝です!! かき方さえ覚えていれば大丈夫です!!
（p.100参照）

> **注** 硫酸H_2SO_4は常温・常圧で液体であることは明らかなのでH_2SO_4(液)の(液)を省略する場合が多い。

(4) $2HNO_3 + Ca(OH)_2 \longrightarrow Ca(NO_3)_2 + 2H_2O$ ← 中和の反応式については Theme 12 で詳しくやります!!
HNO_3 と $Ca(OH)_2$ の中和熱が $56kJ/mol$ より,

$$HNO_3aq + \frac{1}{2}Ca(OH)_2aq = \frac{1}{2}Ca(NO_3)_2aq + H_2O(液) + 56kJ$$

← 中和熱のときは必ず H_2O が主役です!!
よって H_2O の係数を 1 に設定します!!
H_2O 以外に "aq" をつけることを忘れないように!!
(p.101参照!!)

(5) $2H_2O \longrightarrow 2H_2 + O_2$
H_2O(液)の分解熱が $-286kJ/mol$ であるから,

$$H_2O(液) = H_2(気) + \frac{1}{2}O_2(気) - 286kJ$$

← H_2O(液)が主役です!!
よって, H_2O の係数を 1 に設定します!!

> 注 H_2(気)とO_2(気)の(気)を省略する場合,多し!!
> 通常 H_2 と O_2 は気体なのがあたりまえですから…。

(6) 固体から気体に状態変化する反応は,吸熱反応である。

$$C(黒鉛) = C(気) - 719kJ$$

固体から気体に変化する
＝溶けていくイメージ!!
＝熱するということである
＝外部からの熱が必要
＝熱を吸収する

吸熱はマイナスです!!

RUB OUT 3 ヘスの法則を攻略せよ!!

化学変化において,最初の状態と最後の状態が決まれば反応経路が異なっても,その間で出入りする**熱量の総和は一定**である。これを**ヘスの法則**と呼びます。

近道しようが遠回りしようが結局同じってことかい!!

イメージは…
物質Aが物質Bに変化するときの発熱量を Q_1
物質Aが物質Cに変化するときの発熱量を Q_2
物質Cが物質Bに変化するときの発熱量を Q_3 とする。

Ⓐ ―発熱量 Q_1― Ⓑ
Ⓐ ―発熱量 Q_2― Ⓒ ―発熱量 Q_3― Ⓑ

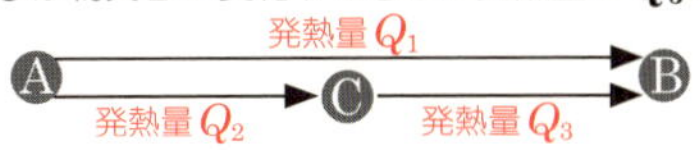

このとき $Q_1 = Q_2 + Q_3$

総和は一定!!

"ヘスの法則"を有効に解説するためには,問題をやるに限る!!

計算問題31　標準

次の熱化学方程式①，②を利用してC(黒鉛)の燃焼熱を求めよ。

$$\begin{cases} C(黒鉛) + \dfrac{1}{2}O_2(気) = CO(気) + 111\text{kJ} & \cdots ① \\ CO(気) + \dfrac{1}{2}O_2(気) = CO_2(気) + 283\text{kJ} & \cdots ② \end{cases}$$

ナイスな導入

C(黒鉛)の燃焼熱を $Q(\text{kJ/mol})$ とおくと，この熱化学方程式は

$$C(黒鉛) + O_2(気) = CO_2(気) + Q\text{kJ} \quad \cdots ③$$

と表される。

（C(黒鉛)が主役なのでC(黒鉛)の係数は**1**に設定します）

ここから先はまさに数学です!!

$$\begin{cases} C(黒鉛) + \dfrac{1}{2}O_2(気) = \mathbf{CO(気)} + 111\text{kJ} & \cdots ① \\ \mathbf{CO(気)} + \dfrac{1}{2}O_2(気) = CO_2(気) + 283\text{kJ} & \cdots ② \end{cases}$$

①②の2式と③を比較すると，**CO(気)** が余分であることがわかる。
①+②より，**CO(気)** を消去すると…

$$\begin{array}{r} C(黒鉛) + \dfrac{1}{2}O_2(気) = \cancel{CO(気)} + 111\text{kJ} \\ +)\ \cancel{CO(気)} + \dfrac{1}{2}O_2(気) = CO_2(気) + 283\text{kJ} \\ \hline C(黒鉛) + O_2(気) = CO_2(気) + \underset{Q}{394\text{kJ}} \end{array}$$

これと③を比較して，$Q = 394$
以上より，C(黒鉛)の燃焼熱は…　**394 kJ/mol**

答でーす!!

Theme 8　化学　熱化学方程式を操りまくれ!!

注　**Q を未知数として**，このようなエネルギー図をかき，Q の値を求める方針もあります!!　この方針も解答にて…。

これを図で表すと…

ヘスの法則が成立していることをエネルギー図で確認しましょう!!

(大) エネルギー (小)
C(黒鉛) + O₂(気)
CO(気) + $\frac{1}{2}$O₂(気)　111kJ
Q 394kJ
283kJ
111+283
CO₂(気)

C(黒鉛) + $\frac{1}{2}$O₂(気) = CO(気) + 111kJ
両辺に $\frac{1}{2}$O₂(気) を加えると…
C(黒鉛) + O₂(気) = CO(気) + $\frac{1}{2}$O₂(気) + 111kJ

図のポイント

ポイント ☝　高エネルギーを上の段に書く。
① 単体は最上段に書きます
② 同じ物質で状態が違う場合
　　気体…上段　　液体…下段　　固体…さらに下段!!

ポイント ✌　発熱の場合は下向きの矢印⬇で，吸熱の場合は上向きの矢印⬆で表現する。

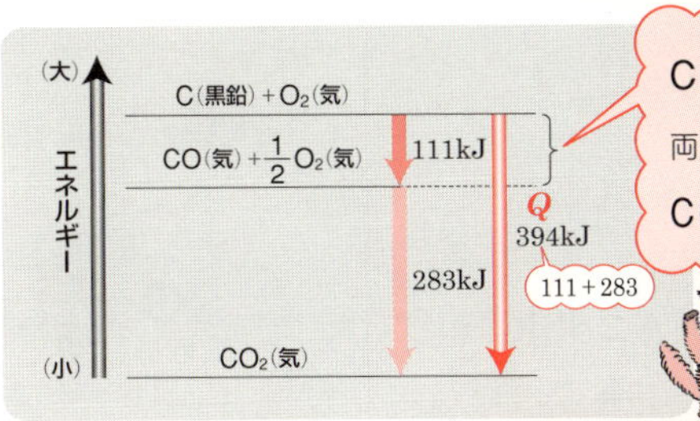

単体は"反応したい!!"という欲望のかたまり。かなりのエネルギーをたくわえてます!!

解答でござる

方針その☝　**連立方程式で考える!!** ◀── ナイスな導入 前半参照!!

$$C(黒鉛) + \frac{1}{2}O_2(気) = CO(気) + 111\text{kJ} \quad \cdots ①$$

$$CO(気) + \frac{1}{2}O_2(気) = CO_2(気) + 283\text{kJ} \quad \cdots ②$$

一方，C(黒鉛)の燃焼熱を Q(kJ/mol) とすると，

$$C(黒鉛) + O_2(気) = CO_2(気) + Q\text{kJ} \quad \cdots ③$$

が成立する。

①+②から，

$$C(黒鉛) + O_2(気) = CO_2(気) + 394kJ$$

これと③を比較して，

$$Q = 394$$

以上より，C(黒鉛)の燃焼熱は，

$$\underline{394}(kJ/mol) \quad \cdots(答)$$

> $C(黒鉛) + \frac{1}{2}O_2(気) = CO(気) + 111kJ$
> $+)\ CO(気) + \frac{1}{2}O_2(気) = CO_2(気) + 283kJ$
> $C(黒鉛) + \ \ \ O_2(気) = CO_2(気) + 394kJ$

まさに数学だよね♥

方針その✌ エネルギー図で考える!!

ナイスな導入 後半参照!!

$$C(黒鉛) + \frac{1}{2}O_2(気) = CO(気) + 111kJ \quad \cdots①$$

$$CO(気) + \frac{1}{2}O_2(気) = CO_2(気) + 283kJ \quad \cdots②$$

$$C(黒鉛) + O_2(気) = CO_2(気) + QkJ \quad \cdots③$$

①②③の3式は方針その☝と同じです!!

①，②，③は次のエネルギー図で表される。

(エネルギー図: 縦軸エネルギー(大→小))
- C(黒鉛) + O₂(気)
- CO(気) + ½O₂(気)　↓111kJ
- CO₂(気)　↓283kJ　↓Q(kJ)

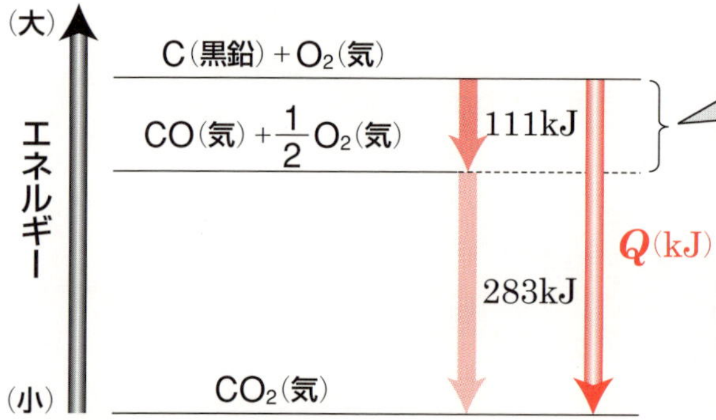

> ①より，もともとは…
> $C(黒鉛) + \frac{1}{2}O_2(気)$ ↓111kJ
> $CO(気)$
> となりますが…
> スタートを
> $\boxed{C(黒鉛) + O_2(気)}$
> としたいので…
> 上段，下段の両方に $\frac{1}{2}O_2(気)$ を加えて…
> $\frac{1}{2}O_2 + \frac{1}{2}O_2 = O_2$
> $C(黒鉛) + O_2(気)$ ↓111kJ
> $CO(気) + \frac{1}{2}O_2(気)$

このエネルギー図から，

$$Q = 111 + 283 = 394kJ$$

以上より，C(黒鉛)の燃焼熱は，

$$\underline{394}(kJ/mol) \quad \cdots(答)$$

Theme 8　化学　熱化学方程式を操りまくれ!!　109

もう少し特訓です。

計算問題32　標準

次の熱化学方程式を利用して，メタンCH_4の生成熱を求めよ。

$$C(黒鉛) + O_2(気) = CO_2(気) + 394kJ \quad \cdots ①$$

$$H_2(気) + \frac{1}{2}O_2(気) = H_2O(液) + 286kJ \quad \cdots ②$$

$$CH_4(気) + 2O_2(気) = CO_2(気) + 2H_2O(液) + 890kJ \quad \cdots ③$$

ナイスな導入

前問 **計算問題31** のパワーアップバージョンです!!　方針は同じですよ!!

しか〜し!!

このように登場人物が多い問題では前問 **計算問題31** の方針その❶のようなエネルギー図を用いた解法はやめた方がいいです。逆にややこしくなりますよ
ですから，連立方程式を解く方針でまいります!!

で!!
連立方程式の解き方には加減法と代入法の2つがあります。
この際，両方とも解説してしまいましょう♥

解答でござる

メタンCH_4の生成熱をQ(kJ/mol)とすると，

$$C(黒鉛) + 2H_2(気) = CH_4(気) + QkJ \quad \cdots ④$$

が成立する。

加減法で解く!!

④より左辺にC(黒鉛)と$2H_2$(気)，右辺にCH_4(気)が必要であるから…

①＋②×2－③より，

$$\begin{aligned}
C(黒鉛) + O_2(気) &= CO_2(気) + 394kJ &\cdots ① \\
2H_2(気) + O_2(気) &= 2H_2O(液) + 2\times 286kJ &\cdots ②\times 2 \\
+) \quad -CH_4(気) - 2O_2(気) &= -CO_2(気) - 2H_2O(液) - 890kJ &\cdots ③\times(-1) \\
\hline
C(黒鉛) + 2H_2(気) - CH_4(気) &= 394kJ + 2\times 286kJ - 890kJ
\end{aligned}$$

反応熱は省略して説明します!!
C(黒鉛)$+O_2$(気)$=CO_2$(気)$\cdots$①
H_2(気)$+\frac{1}{2}O_2$(気)$=H_2O$(液)$\cdots$②
CH_4(気)$+2O_2$(気)
　$=CO_2$(気)$+2H_2O$(気)$\cdots$③

この方程式と…
C(黒鉛)$+2H_2$(気)$=CH_4$(気)$\cdots$④
を比較してみよう!!

よって!!

④で左辺にC(黒鉛)があることから，**①がそのまま**必要です!!
④で左辺に$2H_2$(気)があることから，**②×2**が必要です!!

∴ C(黒鉛) + 2H₂(気) = CH₄(気) + 76kJ

以上より，メタンCH₄の生成熱は，

$$\underline{76}(kJ/mol) \quad \text{…(答)}$$

代入法で解く!!

①より，
$$C(黒鉛) = CO_2(気) - O_2(気) + 394kJ \quad \text{…①'}$$

②より，
$$H_2(気) = H_2O(液) - \frac{1}{2}O_2(気) + 286kJ \quad \text{…②'}$$

③より，
$$CH_4(気) = CO_2(気) + 2H_2O(液) - 2O_2(気) + 890kJ \quad \text{…③'}$$

①'，②'，③'を④に代入して，

$$\underline{CO_2(気) - O_2(気) + 394kJ} + 2\underline{(H_2O(液) - \frac{1}{2}O_2(気) + 286kJ)}$$
　　　　　①'　　　　　　　　　　　②'

$$= \underline{CO_2(気) + 2H_2O(液) - 2O_2(気) + 890kJ} + QkJ$$
　　　　　③'

展開して…

$$CO_2(気) - O_2(気) + 394kJ + 2H_2O(液) - O_2(気) + 2 \times 286kJ$$
$$= CO_2(気) + 2H_2O(液) - 2O_2(気) + 890kJ + QkJ$$

まとめると…

$$Q = 394 + 2 \times 286 - 890$$

∴ $Q = 76$

以上より，メタンCH₄の生成熱は，

$$\underline{76}(kJ/mol) \quad \text{…(答)}$$

④で右辺にCH₄(気)があることから③×(−1)が必要です!!

−CH₄(気)として移項すれば，左辺から右辺に移動できます!!

C(黒鉛) + 2H₂(気)
= CH₄(気) + QkJ …④
この④に登場する…
C(黒鉛)，H₂(気)，
CH₄(気)を踏まえて…
①をC(黒鉛)=…
②をH₂(気)=…
③をCH₄(気)=…
の形へそれぞれ変形する!!

C(黒鉛) + 2H₂(気) = CH₄(気) + QkJ
①'を代入　②'を代入　③'を代入

おーっと!!
熱量以外がすべて消滅!!

代入法は**必ず解ける!!**
というメリットがあります。どっちが好みですか？

Theme 9 化学 ちょっと考える熱化学の問題です!!

考えることは大切だよ♥

RUB OUT 1 比熱とは何ぞや…??

物質 **1g** の温度を **1K**(ケルビン)**上昇**させるのに必要な熱量を **比熱** と呼び，単位は **J/(g·K)** で表されます。

> Kは絶対温度の単位です。p.244参照!!

> 1g・1Kあたりに何J必要か?? ということです!!

このとき…

発熱量 👉 Q (J)   （単位がkJでないことに注意せよ!!）
物質の質量 👉 m (g)
温度変化 👉 Δt (K)
比　熱 👉 C (J/(g·K))

とすると…

$$Q = C \times m \times \Delta t$$

が成立します。

> **注** 単位をチェックしてごらん!! うまくいってるよ♥
> 右辺の単位は…
>
> $C \times m \times \Delta t \quad (J/(g \cdot K)) \times (g) \times (K) = (J)$
>
> というわけで，左辺の単位(J)と一致します。

計算問題33　キソ

あるナゾの物質30gに1500Jの熱量を加えると、温度が5K上昇した。このナゾの物質の比熱を求めよ。

解答でござる

求めるべき比熱を $C(J/(g\cdot K))$ とすると、条件から、

$$1500 = C \times 30 \times 5$$
$$\therefore\ C = \underline{\mathbf{10}}\,(J/(g\cdot K)) \quad \cdots\text{(答)}$$

楽勝だぜ!!

$$Q = C \times m \times \Delta t$$

$\begin{cases} Q = 1500\,(J) \\ m = 30\,(g) \\ \Delta t = 5\,(K) \end{cases}$ です!!

だんだん本格的な問題になりますよ!!

計算問題34　標準

200gの水溶液中で0.20molのHClと0.30molの $Ca(OH)_2$ を中和させたところ、この水溶液の温度が13.3K上昇した。この水溶液の比熱を $4.19J/(g\cdot K)$ として、HClと $Ca(OH)_2$ の中和熱を有効数字2ケタで計算せよ。

ナイスな導入

HClが0.20mol　とゆーことは…　H^+ が0.20mol
$Ca(OH)_2$ が0.30mol　とゆーことは…　OH^- が $0.30 \times 2 = 0.60$ mol

つまーり!!

OH^- よりも H^+ の方が少ないので、**H^+ の物質量（モル数）で考えればよい!!**

OH^- は余ります!!

このとき…

求めるべき中和熱を x (J/mol) とすると…

$$H^+ + OH^- = H_2O + x(J)$$

と表される。

> 本問では
> $HCl + \frac{1}{2}Ca(OH)_2 = \frac{1}{2}CaCl_2 + H_2O + Q(J)$
> と表されるべきですが，必要な部分だけ取り出して
> 中和熱を表す場合，上記のようになります!!

つまり，1molの H^+ が中和で消去されると x (J) の熱量が発生することを意味しているから…

本問の場合，0.20molの H^+ が中和で消去されているから発生する熱量 Q (J) は…

$$Q = 0.20 \times x \text{(J)} \quad \cdots ①$$

となります。

さらに…

問題文から，発生したはずの熱量を計算すると…

$$Q = \underset{C}{4.19} \times \underset{m}{200} \times \underset{\Delta t}{13.3} \text{(J)} \quad \cdots ②$$

以上から…

①と②が一致するから…

$$0.20 \times x = 4.19 \times 200 \times 13.3$$
$$x = 55727$$
$$\therefore x \fallingdotseq 56000 \text{(J/mol)}$$

> 有効数字2ケタです!!

よって!!

56000m=56km と同じことです!!

求めるべき中和熱は…

$56000 (\text{J/mol}) = \underline{56 (\text{kJ/mol})}$

答でーす!!

解答でござる

求めるべき中和熱を $x(\text{J/mol})$ とすると,

$\text{H}^+ + \text{OH}^- = \text{H}_2\text{O} + x(\text{J})$

と表される。

HCl 0.20mol 中の H^+ は 0.20mol
Ca(OH)_2 0.30mol の OH^- は $0.30 \times 2 = 0.60$ mol

H^+ の物質量 $<$ OH^- の物質量

であるから, 中和によりすべて消去される方は H^+ である。発熱量 $Q(\text{J})$ は…

$Q = 0.20 \times x (\text{J})$ …①

さらに, 問題文より発熱量 $Q(\text{J})$ は,

$Q = 4.19 \times 200 \times 13.3 (\text{J})$ …②

①, ②より,

$0.20 \times x = 4.19 \times 200 \times 13.3$

$x = 55727$

$x \fallingdotseq 56000 (\text{J/mol})$

よって, 中和熱は,

$56000 (\text{J/mol}) = \underline{56 (\text{kJ/mol})}$ …(答)

Ca(OH)_2 の中に OH^- は2つ!!
よって, 2倍になります!!

$0.20 (\text{mol}) < 0.60 (\text{mol})$

すべて反応するのは H^+ なので, 反応した H^+ の物質量(モル数)で考えればOK!!

$Q = C \times m \times \Delta t$ です!!
$\begin{cases} C = 4.19 (\text{J/(g·K)}) \\ m = 200 (\text{g}) \\ \Delta t = 13.3 (\text{K}) \end{cases}$

①=②です!!

有効数字2ケタより, 上から3ケタ目を四捨五入!!

$56000 = 5.6 \times 10000$
$\quad\quad\quad = 5.6 \times 10^4$
$\quad\quad\quad\quad (\text{J/mol})$

と解答してもOK!!

よく出題されるグラフです。

計算問題35 ｜ 標準

4.0gの水酸化ナトリウムの結晶を200gの水に溶かし，この水溶液をかき混ぜながら温度を測定したところ以下のグラフが得られた。この水溶液の比熱を4.2J/(g·K)として，次の各問いに答えよ。ただし，原子量は，H = 1.0，O = 16，Na = 23とする。

温度(℃)

28.6
27.3

23.2

0   時間(分)

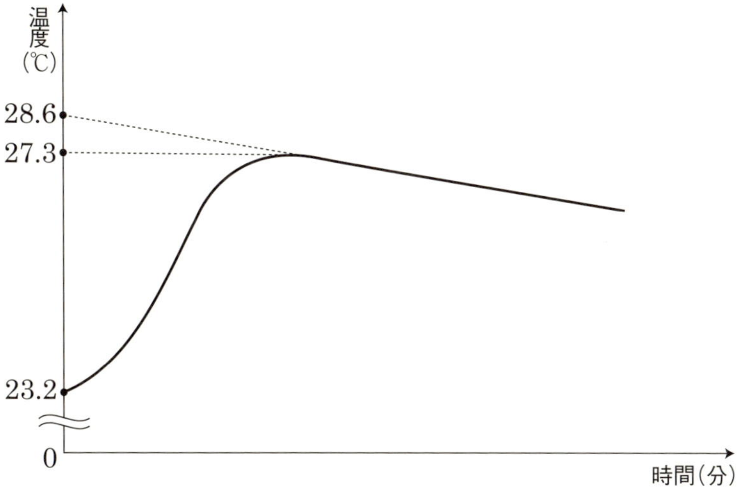

(1) この実験における発熱量は何kJか。有効数字2ケタで求めよ。
(2) この実験において理論上算出される水酸化ナトリウムの溶解熱を求めよ。

ナイスな導入

まず，水酸化ナトリウムの結晶を水に溶かすことにより水溶液の温度が何K(ケルビン)上昇したか??を，このグラフから読み取らなければなりません!!

そこで!!

結論から申し上げますと…

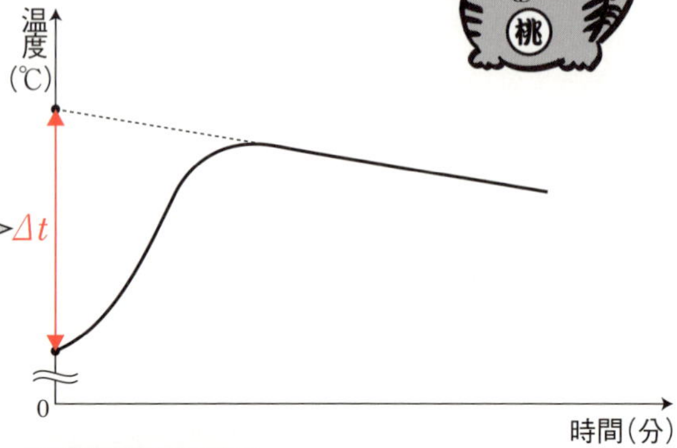

ここを読み取れ!!
右図の Δt こそが溶解により**上昇した温度**です!!

理由は…

本来なら，下のようなグラフになってほしかったんです…。

理想は…

溶解熱により水溶液は一気に温度上昇!!

時間とともに外部に放熱されるので，徐々に温度が下がります!!

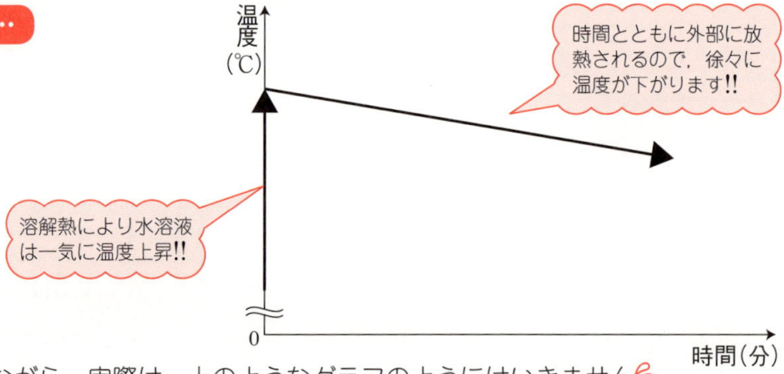

しかしながら，実際は，上のようなグラフのようにはいきません。このあたりが数学と化学の違いと申しましょうか…。

実際は…

溶解熱により水溶液の温度は上昇しますが，同時に外部への放熱も行われています。よって，こんなカーブに…

時間とともに外部に放熱されるので，徐々に温度が下がります!!

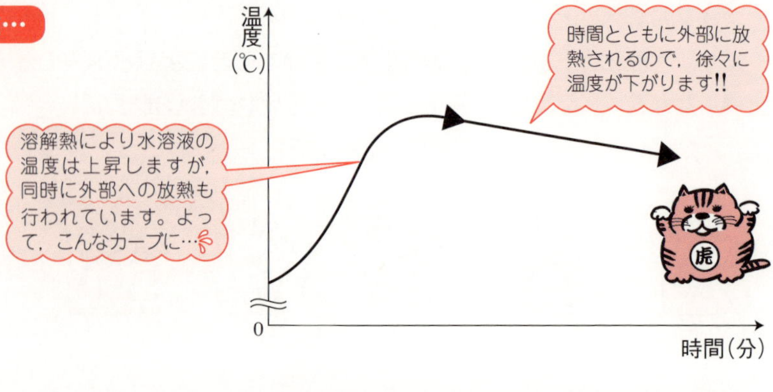

Theme 9 化学 ちょっと考える熱化学の問題です!! 117

そこで!! 実際は…のグラフをもとに 理想は…のグラフを想像すればOKです。

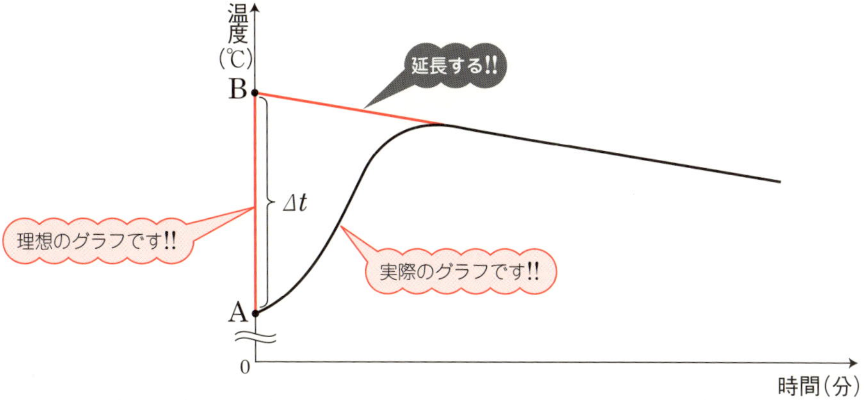

(グラフ：理想のグラフと実際のグラフ、点Bから延長して点Aとの温度差Δtを示す)

よって!! 点Aと点Bの温度差Δtが溶解熱による水溶液の温度上昇を表します。

解答でござる

(1) グラフより溶解熱による温度上昇Δtを読み取ると…

$$\Delta t = 28.6 - 23.2$$
$$= 5.4 \text{ (K)}$$

よって，この実験における発熱量Qは，

$$Q = 4.2 \times 204 \times 5.4$$
$$= 4626.72 \text{ (J)}$$
$$\fallingdotseq 4600 \text{ (J)}$$
$$\fallingdotseq \underline{4.6} \text{ (kJ)} \quad \cdots \text{(答)}$$

p.111参照!!
$Q = C \times m \times \Delta t$

ここで注意!!
水200g
水酸化ナトリウムの結晶4.0g
水溶液の質量は合計204g

有効数字2ケタです!!

単位をkJに!!
4600m = 4.6kmと同じことです!!

ナイスな導入にかいてあるよ!!

(2) $NaOH = 23 + 16 + 1.0 = 40$ より，

この実験で用いられた水酸化ナトリウムの物質量は，

$$4.0 \div 40 = \frac{4}{40} = 0.10 \, (\text{mol})$$

> 4.0gのNaOHの結晶で実験しています!!

これと(1)より，水酸化ナトリウムの溶解熱は，

$$4.6 \times 10 = \underline{46} \, (\text{kJ/mol}) \quad \cdots \text{(答)}$$

> 1molのNaOHが基準です!!

> (1)より
> 0.10molに対して4.6kJ
> （×10）　（×10）
> 1.0molに対して46kJ

> 数値がややこしいときはこっちの方針の方がいいかもしれません。

■参考でござる

水酸化ナトリウムの溶解熱を $x \, (\text{kJ/mol})$ とおくと，条件から，

$$0.10 \, (\text{mol}) : 4.6 \, (\text{kJ}) = 1 \, (\text{mol}) : x \, (\text{kJ})$$
$$0.10 \times x = 4.6 \times 1$$
$$\therefore \, x = 46 \, (\text{kJ/mol})$$

> $\begin{pmatrix} \text{NaOHの} \\ \text{物質量(mol)} \end{pmatrix} : \begin{pmatrix} \text{発熱量} \\ \text{(kJ)} \end{pmatrix}$

> $A : B = C : D$
> $\Leftrightarrow A \times D = B \times C$

> どんどんやる気が湧いてくるぜーっ!!

RUB OUT 2 混合気体の燃焼による熱量

計算問題36 標準

　メタンとエタンの混合気体が標準状態で1120Lあり，酸素を十分に加えて完全燃焼させたところ，67950kJの熱が発生した。メタンの燃焼熱を890kJ/mol，エタンの燃焼熱を1560kJ/molとして，初めの混合気体中のメタンとエタンの物質量を整数値で求めよ。

ナイスな導入

メタンとエタンの物質量（モル数）の合計は…

$$1120 \div 22.4 = 50 \text{(mol)}$$

この1120Lが何molか??を求めたい!!

標準状態における1molの気体が占める体積は気体の種類によらず22.4L

そこで!! 初めの混合気体中の物質量（モル数）を

メタン…x(mol)，エタン…y(mol)

とおくと…

$$x + y = 50 \quad \cdots ①$$

1molのメタンが燃焼すると…890kJの発熱がある!!

一方!!

メタンの燃焼熱が890kJ/mol
エタンの燃焼熱が1560kJ/mol

このとき!!

1molのエタンが燃焼すると…1560kJの発熱がある!!

67950(kJ)の熱が発生したことから…
$$890x + 1560y = 67950 \quad \cdots ②$$

1(mol)で890(kJ) **よって!!** x(mol)で$890x$(kJ)

1(mol)で1560(kJ) **よって!!** y(mol)で$1560y$(kJ)

連立方程式①，②を解けば，万事解決です✌

解答でござる

初めの混合気体中のメタンとエタンの物質量(モル数)をそれぞれx(mol), y(mol)とおくと，条件から，

$$x + y = \frac{1120}{22.4}$$

∴ $x + y = 50 \quad \cdots ①$

さらに，熱量の関係から，

$$890x + 1560y = 67950 \quad \cdots ②$$

②より，

$$89x + 156y = 6795 \quad \cdots ②'$$

①より，$x = 50 - y \quad \cdots ①'$

①′を②′に代入して，

$$89(50 - y) + 156y = 6795$$

標準状態における1(mol)の体積は22.4(L)
よって!!
1120(L)のモル数は…
$1120 \div 22.4 = \dfrac{1120}{22.4}$
$= 50$(mol)

メタン1(mol)で890(kJ)
よって… $\times x \quad \times x$
メタンx(mol)で$890x$(kJ)

エタン1(mol)で1560(kJ)
よって… $\times y \quad \times y$
エタンy(mol)で$1560y$(kJ)

熱量の合計が67950(kJ)

$89x + 156y = 6795 \cdots ②'$
$x = 50 - y \cdots ①'$

$$4450 - 89y + 156y = 6795$$
$$67y = 2345$$
$$\therefore\ y = 35$$

①' より，$x = 50 - 35$
$$\therefore\ x = 15$$

以上より，初めの混合気体中のメタンとエタンの物質量(モル数)は

$\begin{cases} メタン\cdots \mathbf{15}(\mathrm{mol}) \\ エタン\cdots \mathbf{35}(\mathrm{mol}) \end{cases}$ …(答)

ちゃんと整数値で求まりました!!

$x = 50 - y$ …①'
$y = 35$

楽勝じゃん!!

プロフィール
桃太郎
　食べる事が大好きなグルメ猫。基本的に勉強は嫌いなようで、サボリの常習犯♥。垂れた耳がチャームポイントのやさしい猫で、おむちゃんの飼い猫の一匹です♥。

プロフィール
虎次郎
　抜群の運動神経を誇るアスリート猫。肝心な勉強に対しても、前向きで真面目!! もちろん、虎次郎もおむちゃんの飼い猫で、体重は桃太郎の半分の4kgです。

おいおい！　俺が8kgってバレるじゃん☆

Theme 10 化学 結合エネルギーがらみの計算問題

結合だぜーっ!!

RUB OUT 1 結合エネルギーの意味を押さえよ!!

結合エネルギーとは

気体分子中の2原子間の**共有結合1mol**を切断するのに必要なエネルギーを**結合エネルギー**と呼び、単位を**kJ/mol**と表現します。

> 1molあたりの結合を切るのに何kJ必要か？を示す単位でーす♥

例えば… 共有結合

H_2で、H-Hの共有結合1molを切断するのに436kJのエネルギーが必要です。つまり、H-Hの結合エネルギーは436kJ/molということになります。

これを式にすると…

$$H_2 + 436kJ = 2H$$

- H-H 1molに…
- 436kJのエネルギーを加えると…
- すべてバラバラに分かれ、H原子になります!!

> 熱化学方程式にする際は**kJ/mol**とせずに、**kJ**だけで表現します!!

かきかえると…

$$H_2 = 2H - 436kJ$$

- 分子の状態
- 原子の状態
- 必ずマイナスになります!! つまり吸熱反応ですね!!

> 通常、数値は右辺に書くので移項しました!!

このあたりのお話を利用して…

Theme 10 化学 結合エネルギーがらみの計算問題

計算問題37 標準

以下の結合エネルギーを利用して，塩化水素HClの生成熱を求めよ。

結合エネルギー

H − H ： 436 kJ/mol   Cl − Cl ： 243 kJ/mol
H − Cl ： 432 kJ/mol

ナイスな導入

結合エネルギーの情報をすべて熱化学方程式にしましょう!!

$H_2 = 2H - 436$ kJ   …①
$Cl_2 = 2Cl - 243$ kJ   …②
$HCl = H + Cl - 432$ kJ   …③

(左辺はつながってる状態／右辺はバラバラの状態／このマイナスがポイント!!)

で，主役である次の式があります。HClの生成熱を Q(kJ/mol) として…

$$\frac{1}{2}H_2 + \frac{1}{2}Cl_2 = HCl + Q \text{(kJ)} \quad \cdots (*)$$

(HClが主役なので，HClの係数を1にします!!)

①，②，③を(*)に代入すると…

$$\frac{1}{2}H_2 + \frac{1}{2}Cl_2 = HCl + Q\text{(kJ)}$$
　　①　　②　　③

$$\frac{1}{2}(2H - 436\text{kJ}) + \frac{1}{2}(2Cl - 243\text{kJ}) = H + Cl - 432\text{kJ} + Q\text{(kJ)}$$
　　　①　　　　　　　②　　　　　　　③

$$H - 218\text{kJ} + Cl - 121.5\text{kJ} = H + Cl - 432\text{kJ} + Q\text{(kJ)}$$

(消える!!　消える!!)

$$Q\text{(kJ)} = -218\text{kJ} - 121.5\text{kJ} + 432\text{kJ}$$

∴ $Q\text{(kJ)} = 92.5$ kJ

答でーす!!

(まるで数学だ…)

解答でござる

$$\frac{1}{2}H_2 + \frac{1}{2}Cl_2 = HCl + Q(kJ) \quad \cdots (*)$$

与えられた結合エネルギーより，

$$H_2 = 2H - 436kJ \quad \cdots ①$$
$$Cl_2 = 2Cl - 243kJ \quad \cdots ②$$
$$HCl = H + Cl - 432kJ \quad \cdots ③$$

①，②，③を(*)に代入して，

$$\frac{1}{2}(2H - 436kJ) + \frac{1}{2}(2Cl - 243kJ)$$
$$= H + Cl - 432kJ + Q(kJ)$$
$$H - 218kJ + Cl - 121.5kJ$$
$$= H + Cl - 432kJ + Q(kJ)$$
$$Q(kJ) = -218kJ - 121.5kJ + 432kJ$$
$$\therefore Q(kJ) = 92.5kJ$$

つまり，求めるべき塩化水素HClの生成熱は，

$$Q = \mathbf{92.5}(kJ/mol) \quad \cdots (答)$$

すべて気体であることは明らかなので(気)はすべて省略します!!

$$\boxed{結合している状態} = \boxed{バラバラの状態} - Q(kJ)$$

必ずマイナス!!

$H_2 = \boxed{2H - 436kJ} \quad \cdots ①$
$Cl_2 = \boxed{2Cl - 243kJ} \quad \cdots ②$
$HCl = \boxed{H + Cl - 432kJ} \quad \cdots ③$

H，Clを消去しました!!
ハイできあがり♥

問題文に与えられている数値がすべて3ケタなので解答も有効数字3ケタにしました!!

Theme 10 化学 結合エネルギーがらみの計算問題

別解でござる エネルギー図を用いた解法です!!

> エネルギー図といえばp.107あたりでちょこっとやったね♥

エネルギー図をかく上でのポイント

ポイント ☝ 高エネルギーのものを上の段にかく!!

⓪ 原子の状態を最上段にかく ← これが新ルールです!!
（原子の状態とは完全にバラバラの状態を指します）

① 単体の状態を上から2段目にかく!! ← p.107ではこれが最上段でしたが…

② 同じ物質で状態が違う場合
　気体…上段　　液体…下段　　固体…さらに下段!!

ポイント ✌ 発熱の場合は下向きの矢印⬇
**　　　　　　吸熱の場合は上向きの矢印⬆　で表現します。**

では，エネルギー図をかいてみましょうか!!

$H_2 = 2H - 436kJ$ …①　より，　← マイナスだから吸熱です!!

```
_____ 2H     (原子は最上段)
  ↑
436kJ を吸熱!!
  │
_____ H₂     (単体は上から2段目)
```

× $\frac{1}{2}$ →

```
_____ H
  ↑   $\frac{1}{2}$×436kJ を吸熱!
_____ $\frac{1}{2}$H₂
```

$Cl_2 = 2Cl - 243kJ$ …②　より，

```
_____ 2Cl    (原子は最上段)
  ↑
243kJ を吸熱!!
  │
_____ Cl₂    (単体は上から2段目)
```

× $\frac{1}{2}$ →

```
_____ Cl
  ↑   $\frac{1}{2}$×243kJ を吸熱!
_____ $\frac{1}{2}$Cl₂
```

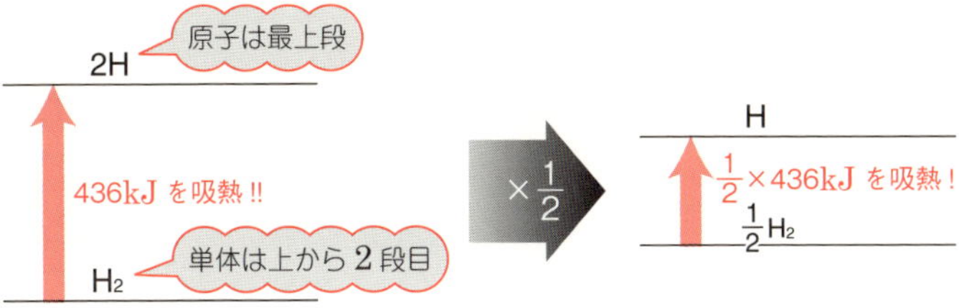

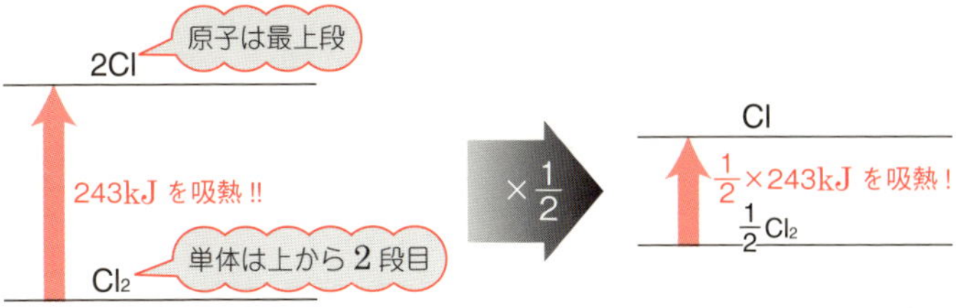

HCl = H + Cl − 432kJ …③ より，

H + Cl　←原子は最上段

432kJ を吸熱!!

HCl　←化合物は下段

HClは原子でも単体でもないので，かなり下の段へ…

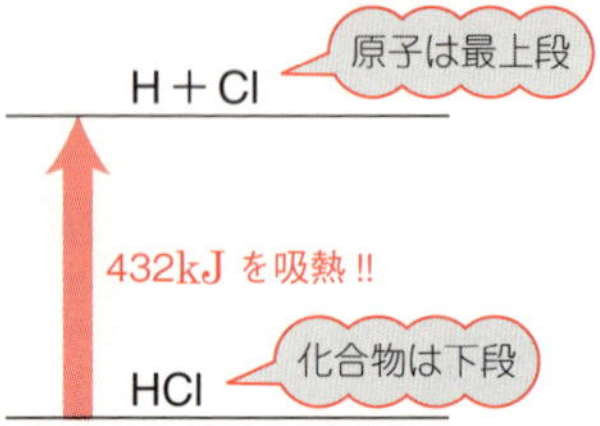

さらに!! HClの生成熱を Q(kJ/mol) とすると…

$\frac{1}{2}$H$_2$ + $\frac{1}{2}$Cl$_2$ = HCl + Q(kJ) …(∗) から…

$\frac{1}{2}$H$_2$ + $\frac{1}{2}$Cl$_2$　←単体は上段

Q(kJ) を発熱!!

HCl　←化合物は下段

これらのエネルギーを合体させると!!

（大）エネルギー（小）

H + Cl

$\frac{1}{2}$H$_2$ + $\frac{1}{2}$Cl$_2$

HCl

$\frac{1}{2} \times 436 + \frac{1}{2} \times 243$ (kJ)

432 (kJ)

Q(kJ)

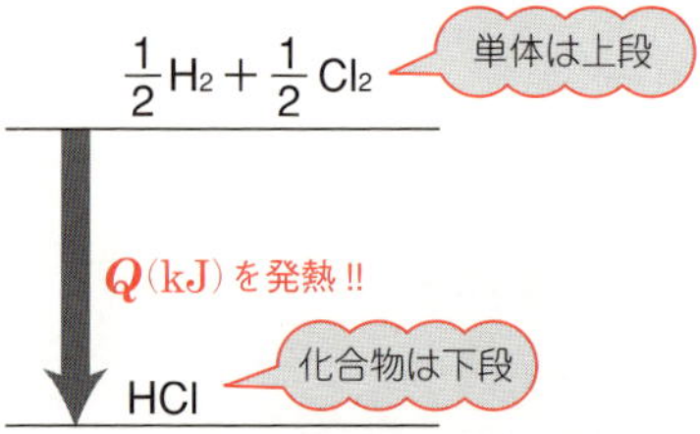

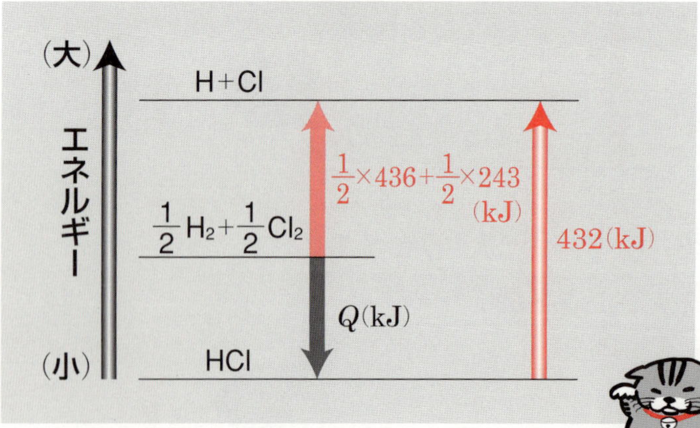

図より,

$$\frac{1}{2} \times 436 + \frac{1}{2} \times 243 + Q = 432$$
$$\therefore Q = 92.5 \text{(kJ/mol)}$$

答でーす!!

このように『**結合エネルギーがからむ問題**』のときはエネルギー図を活用してもよいかもね♥

ワタクシ, 坂田アキラとしてはあんまり好きじゃないけどね…。

少しレベルを上げましょうか♥

計算問題38 ちょいムズ

プロパンC_3H_8の生成熱は106kJ/mol, 結合エネルギーについては, H-Hが432kJ/mol, C-Hが410kJ/mol, C-Cが368kJ/molである。このとき, 黒鉛の昇華熱を整数値で求めよ。

ナイスな導入　　固体です!!

炭素Cが黒鉛のまんまだと原子レベルの結合エネルギーの話ができません!!
よって, ポイントは…

黒鉛を昇華させて気体にする必要あり!!

ここで, 黒鉛の昇華熱をQ(kJ/mol)として…

$$C(黒鉛) = C(気) - Q(kJ) \quad \cdots ①$$

固体 → 気体に変化させる反応は**吸熱反応**です!! つまり**マイナス**!! (p.102参照)

残りの条件もすべて熱化学方程式で表します。

$$H_2(気) = 2H(気) - 432(kJ) \quad \cdots ②$$
$$C_3H_8(気) = 3C(気) + 8H(気) - (2 \times 368 + 8 \times 410)(kJ) \quad \cdots ③$$

プロパンC_3H_8の構造式を考えよう!!

```
    H  H  H
    |  |  |
H - C - C - C - H
    |  |  |
    H  H  H
```

C-C結合が2個
C-H結合が8個
ありますよ!!

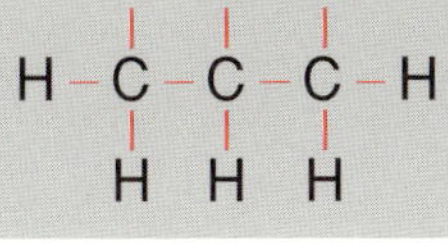

$$3C(黒鉛) + 4H_2(気) = C_3H_8(気) + 106(kJ) \quad \cdots ④$$

生成熱は常温・常圧での状態（普通の状態）で考えます!!（p.99参照!!）

①，②，③，④をいつものように連立すれば解決です。

解答でござる

黒鉛の昇華熱を $Q(kJ)$ とすると…
$$C(黒鉛) = C(気) - Q(kJ) \quad \cdots ①$$
さらに条件から，
$$H_2(気) = 2H(気) - 432 kJ \quad \cdots ②$$
$$C_3H_8(気) = 3C(気) + 8H(気) - (2 \times 368 + 8 \times 410) kJ$$
$$\therefore C_3H_8(気) = 3C(気) + 8H(気) - 4016 kJ \quad \cdots ③$$
$$3C(黒鉛) + 4H_2(気) = C_3H_8(気) + 106 kJ \quad \cdots ④$$

①，②，③を④に代入して，
$$3(C(気) - Q(kJ)) + 4(2H(気) - 432 kJ)$$
$$= 3C(気) + 8H(気) - 4016 kJ + 106 kJ$$

展開して整理すると…
$$-3Q(kJ) - 4 \times 432 kJ = -4016 kJ + 106 kJ$$
$$-3Q(kJ) = -2182 kJ$$
$$\therefore Q(kJ) = 727.33\cdots$$
$$\fallingdotseq 727(kJ)$$

今回はいろいろな状態が登場するので(気)や(黒鉛)を明記しますよ♥

お前喋れんの??

マイナスがポイントでしたね♥
H－Hの結合エネルギーは432kJです!!

プロパン C_3H_8 内に C－C（結合エネルギー368kJ）が2個
C－H（結合エネルギー410kJ）が8個

C_3H_8(気)の生成熱は106kJ/molです!!

$$3C(黒鉛) + 4H_2(気) = C_3H_8(気) + 106(kJ) \quad \cdots ④$$

熱量以外はすべて消滅!!

まとめました!!

以上より，求めるべき黒鉛の昇華熱は，

$$\underline{727(\text{kJ/mol})} \cdots (答)$$

単位に注意!!

参考までにエネルギー図もかいておきます

（大）↑
エネルギー
（小）

3C(気)+8H(気)

H₂は4モル
$3\times Q+4\times 432$ (kJ)
Cは3モル

プロパンC₃H₈内に
C-C結合は2個
C-H結合は8個

$2\times 368+8\times 410$ (kJ)

3C(黒鉛)+4H₂(気)

C₃H₈(気)
106(kJ)

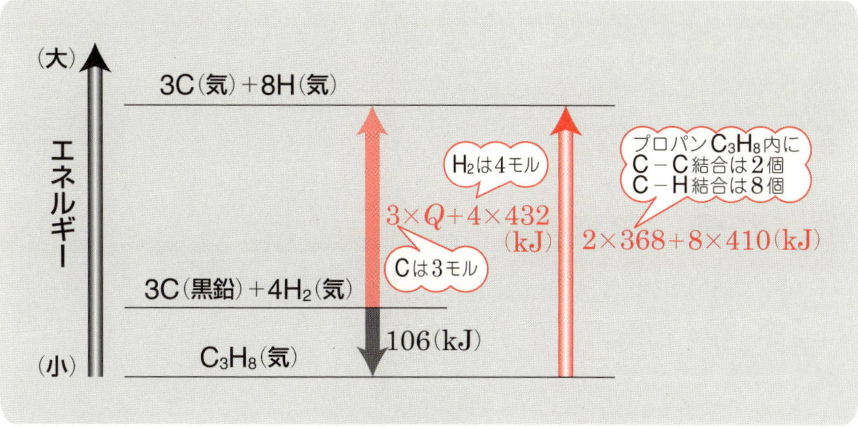

図より，
$$3\times Q+4\times 432+106=2\times 368+8\times 410$$
$$3Q=2182$$
$$\therefore Q \fallingdotseq 727(\text{kJ})$$

答でーす!!

RUB OUT 2 　反応熱と結合エネルギーの関係を押さえろ!!

じつは，次のような公式が成立します。

$$\text{反応熱} = \text{生成物の結合エネルギーの総和} - \text{反応物の結合エネルギーの総和}$$

では，実際にやってみましょう!!

計算問題39 ― 標準

以下の結合エネルギーを利用して，塩化水素HClの生成熱を求めよ。

結合エネルギー

H－H：436kJ/mol 　　　Cl－Cl：243kJ/mol
H－Cl：432kJ/mol

この問題見たことあるなぁ…

解答でござる

さっそくやってみます!!

塩化水素HClの生成熱を Q(kJ/mol) として…

$$\frac{1}{2}H_2 + \frac{1}{2}Cl_2 = HCl + Q \text{(kJ)} \quad \cdots (\ast)$$

生成物の結合エネルギーの総和は…
　432(kJ) ← H－Clのみです!!

反応物の結合エネルギーの総和は…
　$\frac{1}{2} \times 436 + \frac{1}{2} \times 243$ ← H－Hが $\frac{1}{2}$(mol)
　　　　　　　　　　　　　　　Cl－Clも $\frac{1}{2}$(mol)
　= 218 + 121.5
　= 339.5(kJ)

よって，反応熱と結合エネルギーの関係から，

$Q = 432 - 339.5$

∴ $Q = 92.5 \text{(kJ)}$

反応熱 ＝ 生成物の結合エネルギーの総和 － 反応物の結合エネルギーの総和

つまり，求めるべき塩化水素HClの生成熱は，

$\underline{92.5}\text{(kJ/mol)}$ …(答)

もうお気づきかも知れませんが…
本問はp.123の 計算問題37 とまったく同じ問題です!!
同じ答えになったでしょ!?　まあ，このような公式もあることを確認しておいてください!!

―プロフィール―
豚山中納言（16才）
花も恥じらう女子高生
　2m40cmの長身もさることながら
怪力の持ち主!　あらゆる拳法を体得!
無敵である。

Theme 11 酸と塩基の反応に関する計算問題
前編 pHをメインに…

RUB OUT 1 酸と塩基って何!?

アレニウス(アレーニウス)は酸と塩基を次のように定義した。

アレニウスの定義

水溶液中で電離して**水素イオン H^+** を生じる物質 ☞ **酸**

水溶液中で電離して**水酸化物イオン OH^-** を生じる物質 ☞ **塩基**

酸から放出された H^+ は水溶液中で水 H_2O と結合して
$$H^+ + H_2O \longrightarrow H_3O^+$$
のように**オキソニウムイオン** H_3O^+ として存在してます。
とりあえず、この事実だけは暗記しておいてください!!

酸の例

すべて水溶液中でのお話です!!

塩酸 HCl	$\longrightarrow$	H^+	$+$	Cl^-
硝酸 HNO_3	$\longrightarrow$	H^+	$+$	NO_3^-
硫酸 H_2SO_4	$\longrightarrow$	$2H^+$	$+$	SO_4^{2-}
酢酸 CH_3COOH	$\rightleftarrows$	CH_3COO^-	$+$	H^+

H^+ が出てる!!

酢酸は完全には電離しません!!
$CH_3COOH \longrightarrow CH_3COO^- + H^+$ (電離する!!)
$CH_3COOH \longleftarrow CH_3COO^- + H^+$ (もとに戻る!!)
の両方の反応が常に起き、**平衡状態**を保ちます!!

はっきりしないヤツだなぁ…

塩基の例

すべて水溶液中でのお話です!!

水酸化ナトリウム $NaOH$	$\longrightarrow$	Na^+	$+$	OH^-
水酸化カリウム KOH	$\longrightarrow$	K^+	$+$	OH^-
水酸化カルシウム $Ca(OH)_2$	$\longrightarrow$	Ca^{2+}	$+$	$2OH^-$
水酸化バリウム $Ba(OH)_2$	$\longrightarrow$	Ba^{2+}	$+$	$2OH^-$

OH^- が出てる!!

Theme 11　酸と塩基の反応に関する計算問題　前編

で!!　アンモニアNH₃水の場合ですが…

> アンモニア水のお話ですよ!!

$$NH_3 + H_2O \rightleftharpoons NH_4^+ + OH^-$$

水溶液中の水H₂Oを巻き込んで…　アンモニウムイオン　キターッ!!

のようになります。

つまり，OH^- が放出されるので**塩基**ってことになります。例外みたいな感覚で覚えておいてね♥

> 酸性とアルカリ性の話だね…

RUB OUT 2　酸と塩基の性質

酸

には，次のような共通した性質があります。このような性質を**酸性**と申します。

❶ 青色リトマス紙を赤色に変える。　小学校で学習済み!!
❷ BTB溶液(ブロモチモールブルー溶液)を黄色にする。
❸ 酸味がある(すっぱい!!)。　酸味のあるレモン色のイメージ

塩基

には，次のような共通した性質があります。このような性質を**塩基性**(**アルカリ性**)と申します。

> ❶❷ともに青!!

❶ 赤色リトマス紙を青色に変える。　小学校で学習済み!!
❷ BTB溶液(ブロモチモールブルー溶液)を青色にする。

RUB OUT 3　価数のお話

この話は簡単です!!　何個のH^+もしくはOH^-を放出するか？ってことです。

1価の酸 👉 塩酸 HCl，硝酸 HNO₃，酢酸 CH₃COOH

2価の酸 👉 硫酸 H₂SO₄，炭酸 H₂CO₃，硫化水素 H₂S

3価の酸 👉 リン酸 H₃PO₄

1価の塩基 →	水酸化ナトリウム NaOH, 水酸化カリウム KOH
	アンモニア NH_3　　p.133参照!!
2価の塩基 →	水酸化カルシウム $Ca(OH)_2$
	水酸化バリウム $Ba(OH)_2$
	水酸化亜鉛 $Zn(OH)_2$, 水酸化銅(Ⅱ) $Cu(OH)_2$
3価の塩基 →	水酸化アルミニウム $Al(OH)_3$
	水酸化鉄(Ⅲ) $Fe(OH)_3$

ここに挙げた酸＆塩基は覚えておいてください!!

強いのかい？弱いのかい？どっちなんだい!!

RUB OUT 4　電離度と酸・塩基の強弱

電解質（電離する物質）を水に溶かすと，水の中で電離して陽イオンと陰イオンを生じます。ところが，電解質の種類によって，電離する割合が異なる!!（ほとんど電離するヤツもいれば，あんまり電離しないヤツもいる）

そこで!! この電離する割合を示した数値を**電離度**と呼びます。

$$電離度\ \alpha = \frac{実際に電離した電解質の物質量 (\text{mol})}{溶けている電解質の物質量 (\text{mol})}$$

電離度はα(アルファ)で表すことが多い!!

$$= \frac{電離した電解質のモル濃度 (\text{mol/L})}{電解質のモル濃度 (\text{mol/L})}$$

分母と分子の単位は同じです!! よって単位は約分されて消えます。つまり**電解度αに単位はありません!!**

注❶　電離度αは温度や濃度によって変化します（化学でやります!!）。このあたりはあまり深く考えなくてOK!! ただ頭のスミに入れておいてください♥

注❷　電離度αは，$0 \leq \alpha \leq 1$の範囲内の値になります。

Theme 11 酸と塩基の反応に関する計算問題 前編

例えば…

$\alpha = 1$ とゆーことは… 100%電離する!! 完全にバラバラだぁーっ!!

$\alpha \fallingdotseq 1$ とゆーことは… 99.9%電離する!! ほとんどバラバラだぁーっ!!

$\alpha = 0.5$ とゆーことは… 50%電離する!! 半々ってことだね

$\alpha \fallingdotseq 0$ とゆーことは… ほとんど電離しない!! ふざけんなよ!!

$\alpha = 0$ とゆーことは… まったく電離しない!! 0パーセントですかぁーっ!!

この**電離度αの大小**によって酸と塩基の**強弱**が決定します!!

とゆーわけで…

100%近く電離する!!
$\alpha \fallingdotseq 1$ の場合が**強酸・強塩基**に対応!!

あまり電離しない!!
$\alpha \ll 1$ の場合が**弱酸・弱塩基**に対応!!

このいずれかに分類されると考えてください。

まれに中途半端なヤツもありますが，このあたりは突っ込まれないのでご安心を!!

このとき!!

この3つは超有名!!

強酸の代表は…

塩酸 HCl，硝酸 HNO_3，硫酸 H_2SO_4

Ba, Ca, K, Na
馬 鹿 か な と覚えろ!!

強塩基の代表は…

水酸化ナトリウム $NaOH$，水酸化カリウム KOH，
水酸化カルシウム $Ca(OH)_2$，水酸化バリウム $Ba(OH)_2$

とりあえず，これら以外はすべて『**弱い**』とお考えください!!

では，電離度αについての問題を…

計算問題40　キソ

次の各問いに答えよ。

(1) 0.020mol/Lの酢酸CH_3COOH水溶液の水素イオン濃度（水素イオンH^+のモル濃度）が$1.0×10^{-4}$mol/Lであるとき，酢酸の電離度を求めよ。

(2) 0.020mol/Lの酢酸CH_3COOH水溶液の電離度が0.016であるとき，水素イオン濃度（水素イオンH^+のモル濃度）を求めよ。

(3) 0.30mol/LのアンモニアNH_3水溶液の電離度が$5.0×10^{-3}$であるとき，水酸化物イオンOH^-のモル濃度を求めよ。

ナイスな導入

ポイントを整理しておきましょう!!

(1) $CH_3COOH \rightleftarrows CH_3COO^- + H^+$
係数に注目してください。

$1CH_3COOH \rightleftarrows CH_3COO^- + 1H^+$
　　1　：　　1

電離したCH_3COOHのモル濃度＝（生成した）水素イオンH^+のモル濃度

つまり…　　　　　　　　　　　　問題文を見よう!!

電離したCH_3COOHのモル濃度＝$1.0×10^{-4}$(mol/L)となります。

よって，酢酸の電離度αは

$$\alpha = \frac{\text{電離した}CH_3COOH\text{のモル濃度}}{CH_3COOH\text{のモル濃度}}$$

電離度αの定義です!!

$$= \frac{1.0×10^{-4}(\text{mol/L})}{0.020(\text{mol/L})}$$

単位mol/Lは約分によりなくなるぜ!!

$$= \frac{1.0×10^{-4}}{2.0×10^{-2}}$$

$0.020 = \frac{2.0}{100} = \frac{2.0}{10^2} = 2.0×10^{-2}$

$$= \frac{1}{2} \times 10^{-2}$$
$$= 0.5 \times 10^{-2}$$
$$= 5.0 \times 10^{-1} \times 10^{-2}$$
$$= \mathbf{5.0 \times 10^{-3}}$$

一般に $\boxed{\dfrac{a^n}{a^m} = a^{n-m}}$ です!!

例えば，$\dfrac{a^{10}}{a^3} = a^{10-3} = a^7$　これも同じです!!

$\dfrac{10^{-4}}{10^{-2}} = 10^{-4-(-2)} = 10^{-2}$

$0.5 = \dfrac{5.0}{10} = 5.0 \times 10^{-1}$

答でーす!!

0.0050としてもOKです!! でも少しカッコ悪いぞ～っ!! 問題文に登場する数値がすべて2ケタなので，解答も有効数字2ケタで!! 5×10^{-3} としてはNG!!

(2) (1)の応用タイプです。

$$\alpha = \frac{\text{電離した}CH_3COOH\text{のモル濃度}}{CH_3COOH\text{のモル濃度}}$$

分母を払います!!

よって!!

電離したCH_3COOHのモル濃度 = (CH_3COOHのモル濃度) $\times \alpha$

これを活用すれば万事解決!!

水素イオンのモル濃度 = 電離したCH_3COOHのモル濃度

(1)で説明したとおり
電離したCH_3COOHのモル濃度 = 生成した水素イオンH^+のモル濃度です!!

$= 0.020 \times 0.016$

CH_3COOHのモル濃度(mol/L)

電離度 α

$= 2.0 \times 10^{-2} \times 1.6 \times 10^{-2}$

$0.020 = \dfrac{2.0}{10^2} = 2.0 \times 10^{-2}$　　$0.016 = \dfrac{1.6}{10^2} = 1.6 \times 10^{-2}$

$= \mathbf{3.2 \times 10^{-4}} \text{(mol/L)}$

答でーす!!

一般に $\boxed{a^m \times a^n = a^{m+n}}$

例えば…
$a^3 \times a^2 = a^{3+2} = a^5$

今回は…
$10^{-2} \times 10^{-2} = 10^{-2+(-2)} = 10^{-4}$

(3) p.133参照!! アンモニアNH_3水は，OH^-の放出のやり方に特徴が!!

> 水溶液中の水を巻き込む!!

$$NH_3 + H_2O \rightleftarrows NH_4^+ + OH^-$$

係数に注目してください。

> $1NH_3 + H_2O \rightleftarrows NH_4^+ + 1OH^-$
> 　1　　：　　1

電離したNH_3のモル濃度＝（生成した）水酸化物イオンOH^-のモル濃度

> 今回は風変わりな反応式ですが，電離は電離です!!

(2)と同様に…

$$\alpha = \frac{電離したNH_3のモル濃度}{NH_3のモル濃度}$$

（電離度）　　　　　　　　　　（分母を払います!!）

∴　電離したNH_3のモル濃度＝（NH_3のモル濃度）×α

▼ 以上から…

水酸化物イオンOH^-のモル濃度＝電離したNH_3のモル濃度
　　　　　　　　　　　　　　　＝（NH_3のモル濃度）×α
　　　　　　　　　　　　　　　＝$0.30 \times 5.0 \times 10^{-3}$
　　　　　　　　　　　　　　　＝$\mathbf{1.5 \times 10^{-3}}$ **(mol/L)**

答でーす!!

ザ・まとめ

酸または塩基のモル濃度をC(mol/L)として，電離度をαとすると，電離した酸または塩基のモル濃度は$C\alpha$(mol/L)と表される。

> (2)と(3)は，このお話です!!

Theme 11 酸と塩基の反応に関する計算問題 前編

解答でござる

通常，水素イオンH^+のモル濃度を $[H^+]$ mol/L
水酸化物イオンOH^-のモル濃度を $[OH^-]$ mol/L
と表します。このページからこの表現を用います!!

(1) $CH_3COOH \rightleftarrows CH_3COO^- + H^+$

であるから，

$[H^+]$＝電離したCH_3COOHのモル濃度

となる。

さっそくこの表現が登場!!
$[H^+]$＝水素イオンH^+のモル濃度

$1CH_3COOH \rightleftarrows 1CH_3COO^- + 1H^+$
   1   :   1

CH_3COOHの電離度をαとすると，

電離の定義です!!

$\alpha = \dfrac{\text{電離した}CH_3COOH\text{のモル濃度}}{CH_3COOH\text{のモル濃度}}$

$[H^+]$です!!

$= \dfrac{1.0 \times 10^{-4}}{0.020}$

$= \underline{5.0 \times 10^{-3}}$ …(答)

$\left.\begin{array}{l}\dfrac{1.0 \times 10^{-4}}{0.020} \\ = \dfrac{1.0 \times 10^{-4}}{2.0 \times 10^{-2}} \\ = \dfrac{1}{2} \times 10^{-2} \\ = 0.5 \times 10^{-2} \\ = 5.0 \times 10^{-3}\end{array}\right\}$ 詳しくはp.136

(2) $[H^+]$＝電離したCH_3COOHのモル濃度

$= C\alpha \quad \begin{pmatrix} C \cdots CH_3COOH\text{のモル濃度} \\ \alpha \cdots CH_3COOH\text{の電離度} \end{pmatrix}$

(1)と同様

いわば公式のようなもんです!!

$= 0.020 \times 0.016$

$= 2.0 \times 10^{-2} \times 1.6 \times 10^{-2}$

$= \underline{3.2 \times 10^{-4}}$ (mol/L) …(答)

$C = 0.020$ (mol/L),
$\alpha = 0.016$ より

$0.020 = 2.0 \times 10^{-2}$
$0.016 = 1.6 \times 10^{-2}$

詳しい計算はp.137参照!!

(3) $NH_3 + H_2O \rightleftarrows NH_4^+ + OH^-$

であるから，

$[OH^-]$＝電離したNH_3のモル濃度

$= C\alpha \quad \begin{pmatrix} C \cdots NH_3\text{のモル濃度} \\ \alpha \cdots NH_3\text{の電離度} \end{pmatrix}$

$= 0.30 \times 5.0 \times 10^{-3}$

$= \underline{1.5 \times 10^{-3}}$ (mol/L) …(答)

この反応式は覚えておこう!!

$[OH^-]$＝水酸化物イオンOH^-のモル濃度

この表記に慣れておこう!!

$1NH_3 + H_2O \rightleftarrows NH_4^+ + 1OH^-$
   1   :   1

$C = 0.30$ (mol/L),
$\alpha = 5.0 \times 10^{-3}$ より

RUB OUT 5 水のイオン積

何だ，お前は〜っ!!

水はごくわずかではあるが，次のように電離しています。

$$H_2O \rightleftharpoons H^+ + OH^-$$

水中では，水素イオンH^+のモル濃度と水酸化物イオンOH^-のモル濃度との間には，**温度が一定**であれば，次のような関係が成り立ちます。

$$[H^+] \times [OH^-] = K_w \text{ (一定!!)}$$

水素イオンH^+のモル濃度　　水酸化物イオンOH^-のモル濃度

このとき，このK_wを**水のイオン積**と呼びます。

で!! このK_wの値は**25℃のとき** 25℃のときしか出題されません!!

$$K_w = 1.0 \times 10^{-14} \, (\text{mol/L})^2$$

$[H^+]$の単位は mol/L
$[OH^-]$の単位は mol/L
よって!!
$[H^+] \times [OH^-]$の単位は
$(\text{mol/L}) \times (\text{mol/L}) = (\text{mol/L})^2$

このとき!!

特に，**純水**の場合，あたりまえの話ですが**中性**のはずです!!
中性ってことは，$[H^+] = [OH^-]$ となるはずです。

酸性の証であるH^+と塩基性の証であるOH^-の量がつり合っている!!

$[H^+] = [OH^-]$になってる!!

つまり!! 純水 (中性) の場合…

$$[H^+] = 1.0 \times 10^{-7} \, (\text{mol/L}) \quad [OH^-] = 1.0 \times 10^{-7} \, (\text{mol/L})$$

となります。

$[H^+] = 1.0 \times 10^{-7}$ (mol/L)　$[OH^-] = 1.0 \times 10^{-7}$ (mol/L)
であれば　$[H^+] \times [OH^-] = 1.0 \times 10^{-7} \times 1.0 \times 10^{-7} = 1.0 \times 10^{-14}$ (mol/L)^2
ちゃんと$K_w = 1.0 \times 10^{-14}$ (mol/L)^2 を満たしてるね♥

Theme 11 酸と塩基の反応に関する計算問題　前編　141

RUB OUT 6　pHの求め方　Part I

> ピーエイチ…。そのまんまかよ!!

ある溶液の水素イオン濃度（水素イオンのモル濃度）$[H^+]$ が

$$[H^+] = 1.0 \times 10^{-n} \text{(mol/L)}$$

のとき，この n の値をこの溶液の **pH** と呼びます。

例
$[H^+] = 1.0 \times 10^{-2}$ (mol/L)　このとき…　**pH = 2**
$[H^+] = 1.0 \times 10^{-7}$ (mol/L)　このとき…　**pH = 7**
$[H^+] = 1.0 \times 10^{-12}$ (mol/L)　このとき…　**pH = 12**

で!!　前ページの**水のイオン積** K_w の話と組み合わせると…

$$K_w = [H^+] \times [OH^-] = 1.0 \times 10^{-14} \text{(mol/L)}^2$$

このようになりまーす!!

$[H^+] \times [OH^-] = 1.0 \times 10^{-14}$ で一定になるぜ〜っ!!

pH	0	1	2	3	4	5	6	7	8	9	10	11	12	13	14
$[H^+]$ (mol/L)	1.0	1.0×10^{-1}	1.0×10^{-2}	1.0×10^{-3}	1.0×10^{-4}	1.0×10^{-5}	1.0×10^{-6}	1.0×10^{-7}	1.0×10^{-8}	1.0×10^{-9}	1.0×10^{-10}	1.0×10^{-11}	1.0×10^{-12}	1.0×10^{-13}	1.0×10^{-14}
$[OH^-]$ (mol/L)	1.0×10^{-14}	1.0×10^{-13}	1.0×10^{-12}	1.0×10^{-11}	1.0×10^{-10}	1.0×10^{-9}	1.0×10^{-8}	1.0×10^{-7}	1.0×10^{-6}	1.0×10^{-5}	1.0×10^{-4}	1.0×10^{-3}	1.0×10^{-2}	1.0×10^{-1}	1.0

中性!!

よって!!

酸　性	中　性	塩基性
pH < 7	**pH = 7**	**pH > 7**
$[H^+] > 1.0 \times 10^{-7}$ (mol/L)	$[H^+] = 1.0 \times 10^{-7}$ (mol/L)	$[H^+] < 1.0 \times 10^{-7}$ (mol/L)

では，ちょっと練習です。

計算問題41 キソ

次の水溶液のpHを求めよ。ただし，水のイオン積$K_W = 1.0 \times 10^{-14}$とする。

(1) 0.00010mol/Lの希塩酸
(2) 0.00050mol/Lの希硫酸
(3) 0.010mol/Lの酢酸水溶液(酢酸の電離度は0.010とする)
(4) 0.0010mol/Lの水酸化ナトリウム水溶液
(5) 0.010mol/Lアンモニア水(アンモニアの電離度は0.010とする)

ナイスな導入

ポイントは次の2つです‼

❶ $[H^+] = 1.0 \times 10^{-n}$ (mol/L) ☞ $pH = n$

❷ 水のイオン積

$$K_W = [H^+] \times [OH^-] = 1.0 \times 10^{-14} (mol/L)^2$$

つまり‼

ポイント‼ $m + n = 14$

$[H^+] = 1.0 \times 10^{-n}$ (mol/L), $[OH^-] = 1.0 \times 10^{-m}$ (mol/L)

解答でござる

(1) $HCl \longrightarrow H^+ + Cl^-$
$[H^+] = 0.00010$ (mol/L)
$= 1.0 \times 10^{-4}$ (mol/L)
∴ $pH = \underline{4}$ …(答)

― HClは**強酸**なもんで完全に電離すると考えてよし‼
電離度$\alpha = 1$です‼

― もとの希HClのモル濃度と等しくなります‼

0.00010
$= \dfrac{1.0}{10000}$
$= \dfrac{1.0}{10^4}$
$= 1.0 \times 10^{-4}$

Theme 11　酸と塩基の反応に関する計算問題　**前編**　143

(2)　$H_2SO_4 \longrightarrow 2H^+ + SO_4^{2-}$　← 希H_2SO_4も**強酸**です!!

　　　$[H^+] = 2 \times 0.00050 \,(mol/L)$

　　　　　　$= 0.0010 \,(mol/L)$

　　　　　　$= 1.0 \times 10^{-3} \,(mol/L)$　

　$\therefore$　pH = $\underline{3}$　…(答)

$H_2SO_4 \longrightarrow 2H^+ + SO_4^{2-}$
　　1　:　2
H_2SO_4は**2価**です!!

0.0010
$= \dfrac{1.0}{1000}$
$= \dfrac{1.0}{10^3}$
$= 1.0 \times 10^{-3}$

(3)　$CH_3COOH \rightleftarrows CH_3COO^- + H^+$　

電離度0.010の0.010(mol/L)の酢酸水溶液中におけるH^+のモル濃度は，

　　　$[H^+] = 0.010 \times 0.010 \,(mol/L)$

　　　　　　$= 0.00010 \,(mol/L)$

　　　　　　$= 1.0 \times 10^{-4} \,(mol/L)$　

　$\therefore$　pH = $\underline{4}$　…(答)

CH_3COOHは**弱酸**です!!
よって，**電離度**が条件にあります!!

0.00010
$= \dfrac{1.0}{10000}$
$= \dfrac{1.0}{10^4}$
$= 1.0 \times 10^{-4}$

(4)　$NaOH \longrightarrow Na^+ + OH^-$　

　　　$[OH^-] = 0.0010 \,(mol/L)$

　　　　　　　$= 1.0 \times 10^{-3} \,(mol/L)$

　このとき，

　　　$[H^+] \times [OH^-] = 1.0 \times 10^{-14} \,(mol/L)^2$　

　であるから，

　　　$[H^+] = 1.0 \times 10^{-11} \,(mol/L)$　

　$\therefore$　pH = $\underline{11}$　…(答)

NaOHは**強塩基**です!!
電離度$\alpha = 1$と考えてよい!!

もとのNaOH水溶液のモル濃度と等しくなります!!

水のイオン積K_wです!!

$[OH^-] = 1.0 \times 10^{-③}$
　　　　　　和14↙
$[H^+] = 1.0 \times 10^{-⑪}$

(5)　$NH_3 + H_2O \rightleftarrows NH_4^+ + OH^-$　

電離度0.010の0.010(mol/L)のアンモニア水におけるOH^-のモル濃度は，

　　　$[OH^-] = 0.010 \times 0.010 \,(mol/L)$

　　　　　　　$= 0.00010 \,(mol/L)$

　　　　　　　$= 1.0 \times 10^{-4} \,(mol/L)$

　このとき，

　　　$[H^+] \times [OH^-] = 1.0 \times 10^{-14} \,(mol/L)^2$　

　であるから，

　　　$[H^+] = 1.0 \times 10^{-10} \,(mol/L)$　

　$\therefore$　pH = $\underline{10}$　…(答)

NH_3の式は独特でしたね!!
さらにNH_3は**弱塩基**です!!

0.00010
$= \dfrac{1.0}{10000}$
$= \dfrac{1.0}{10^4}$
$= 1.0 \times 10^{-4}$

水のイオン積K_wです!!

$[OH^-] = 1.0 \times 10^{-④}$
　　　　　　和14↙
$[H^+] = 1.0 \times 10^{-⑩}$

希釈することによるpHの変化を楽しみましょう♥

計算問題42　キソ

次の水溶液のpHを整数値で求めよ。

(1) $pH = 3$ の塩酸を水で100倍に希釈した水溶液
(2) $pH = 2$ の塩酸を水で10000倍に希釈した水溶液
(3) $pH = 10$ の水酸化ナトリウム水溶液を水で10倍に希釈した水溶液
(4) $pH = 13$ の水酸化バリウム水溶液を水で1000倍に希釈した水溶液
(5) $pH = 3$ の硫酸(硫酸水溶液)を水で10^8倍に希釈した水溶液
(6) $pH = 12$ の水酸化カリウム水溶液を水で10^8倍に希釈した水溶液

ナイスな導入

(1) $pH = 3$ の塩酸　つまり…　1.0×10^{-3} (mol/L)の塩酸

【これを100倍に希釈すると…】

濃度が $\dfrac{1}{100}$ になるから…

$\dfrac{1}{100} = \dfrac{1}{10^2} = 10^{-2}$

$1.0 \times 10^{-3} \times \dfrac{1}{100} = 1.0 \times 10^{-3} \times 10^{-2} = 1.0 \times 10^{-5}$ (mol/L)

【よって!!】

答えでーす!!

1.0×10^{-5} (mol/L)の塩酸　つまり…　$pH = 5$ の塩酸

答えは出ました!! しか〜し，もう少し突っ込んで考えてみましょう!!

水で希釈するってことは，水に近づくってことです。つまり，中性に近づくわけです。

【とゆーことは…】

水で希釈すると…

pH = 7 に近づく!!

わけです!!

Theme 11 酸と塩基の反応に関する計算問題　前編

(1)の場合…

```
      3   4   5   6   7
──┼───┼───┼───┼───┼───┼──→ pH
              ↑
   1.0×10⁻³(mol/L)  1.0×10⁻⁵(mol/L)  中性!!
                  ×1/100
                  100倍に希釈
```

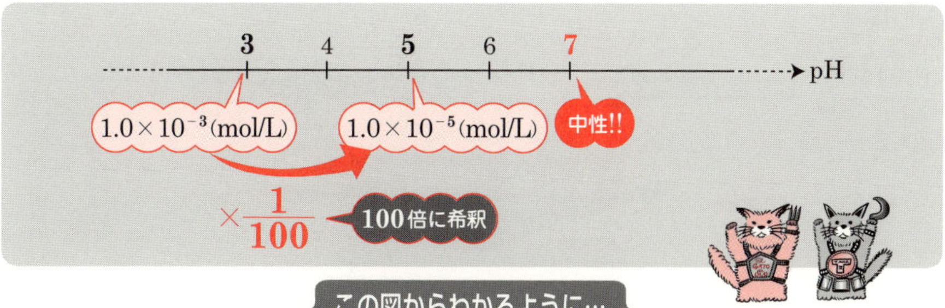

この図からわかるように…

100倍に希釈 とゆーことは… **10² 倍に希釈** とゆーことは… **pHが2だけ pH=7に近づく!!** 中性!!

よって!!

求めるべきpHは…

3 （もとのpHです!!） **+ 2** （2だけ7に近づく!!） **= 5**

答でーす!! はやい…

同じ調子で
(2)の場合…

10000倍に希釈 とゆーことは… **10⁴ 倍に希釈** とゆーことは… **pHが4だけ pH=7に近づく!!**

よって!!

求めるべきpHは…

2 （もとのpHです!!） **+ 4** （4だけ7に近づく!!） **= 6**

答でーす!! はやい…

さらに，同じ調子で!!

(3)の場合…

10倍に希釈 とゆーことは… **10^1倍**に希釈 とゆーことは… pHが**1**だけ pH=**7**に近づく!!

よって!!

求めるべきpHは…

$$10 - 1 = 9$$

もとのpHです!!　1だけ7に近づく!!　答でーす!!

```
     7    8   9   10   11   12
 ----|----|---|---|----|----|---→ pH
```
中性!!　1だけ7に近づく!!　目標はあくまでも**7**だぞ!!

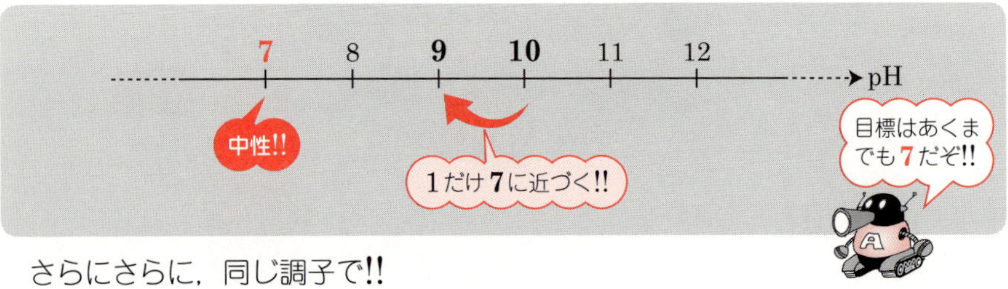

さらにさらに，同じ調子で!!

(4)の場合…

1000倍に希釈 とゆーことは… **10^3倍**に希釈 とゆーことは… pHが**3**だけ pH=**7**に近づく!!

よって!!

求めるべきpHは…

$$13 - 3 = 10$$

もとのpHです!!　3だけ7に近づく!!　pHは希釈すると**7**に近づくんだゼッ!!　答でーす!!

```
     7    8   9   10   11   12   13
 ----|----|---|---|----|----|----|--→ pH
```
中性!!　3だけ7に近づく!!

さらにさらにさらに，同じ調子で…
(5)の場合…　でかっ!!　　　　　　　　　　　　　でかっ!!
　　　　10^8倍に希釈　とゆーことは…　pHが 8 だけ pH = 7 に近づく!!
"同じ調子で…"と，言ってはみたものの，ちょっと"調子"が違いますねぇ…。

```
         3    4    5    6    7    8    9
─────────┼────┼────┼────┼────┼────┼────┼────→ pH
       もとのpH  差は4です!!    中性!!
```

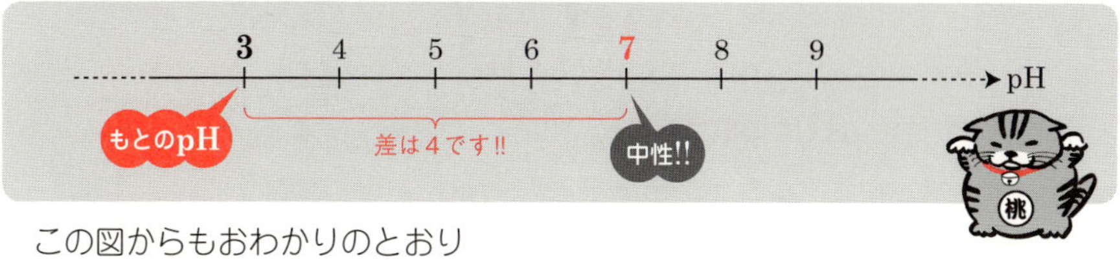

この図からもおわかりのとおり
求めるべきpHを…

$$3 + 8 = 11$$

もとのpHです!!　　8だけ7に近づく!!

えーっ!! 目標の 7 を超えてもうた

なんて求めてしまったら**ダメ!!**

中性!!

pH = 7 に近づかなければならないのですから，その目標である **7** を突き破ってしまっては，まずいです!!

酸性（pH < 7）の水溶液を水でうすめても塩基性（pH > 7）の水溶液になるわけないよね♥

とゆーわけで…

このような場合は…
希釈しすぎてしまっているので，**限りなく水に近い状態**になったと考えられます。

なるほど！

つまり!!

求めるべきpHは，中性に限りなく近い状態であるので…

$$pH ≒ 7$$

> 実際のpHは7よりほんの少し小さい!!

となりまーす。

よって，本問のpHは**整数値**で答えればよいから…

$$pH = 7$$

> いくらうすめても中性の壁は越えられないぜっ!!

としてよいでしょう。

答でーす!!

(6)も同様です!! 詳しくは解答にて…

解答でござる

(1) $pH = 3 + 2 = \underline{5}$ …(答)

2だけ7に近づく!! 　中性
0 1 2 **3** 4 **5** 6 **7** 8 9 10 11 12 13 14

水で$100 = 10^2$倍に希釈

よって!!

pHは**2**だけpH = 7に近づく!!

(2) $pH = 2 + 4 = \underline{6}$ …(答)

4だけ7に近づく!! 　中性
0 1 **2** 3 4 5 **6** **7** 8 9 10 11 12 13 14

水で$10000 = 10^4$倍に希釈

よって!!

pHは**4**だけpH = 7に近づく!!

(3) $pH = 10 - 1 = \underline{9}$ …(答)

中性　1だけ7に近づく!!
0 1 2 3 4 5 6 **7** 8 **9** **10** 11 12 13 14

水で$10 = 10^1$倍に希釈

よって!!

pHは**1**だけpH = 7に近づく!!

Theme 11 酸と塩基の反応に関する計算問題 **前編** 149

(4) $\mathrm{pH} = 13 - 3 = \underline{10}$ …(答)

水で$1000 = 10^3$倍に希釈

よって!!

pHは3だけpH = 7に近づく!!

中性 / 3だけ7に近づく!!

0 1 2 3 4 5 6 7 8 9 10 11 12 13 14

(5) $\mathrm{pH} = \underline{7}$ …(答)

水で10^8倍に希釈
この8の威力は計り知れない🐾

よって!!

希釈しすぎによりほぼ中性に!!

つまり!!

$\mathrm{pH} \fallingdotseq 7$
"整数値で答えよ"と命令があるので
$\mathrm{pH} = 7$

希釈しすぎて中性に… / 中性

0 1 2 3 4 5 6 7 8 9 10 11 12 13 14

(6) $\mathrm{pH} = \underline{7}$ …(答)

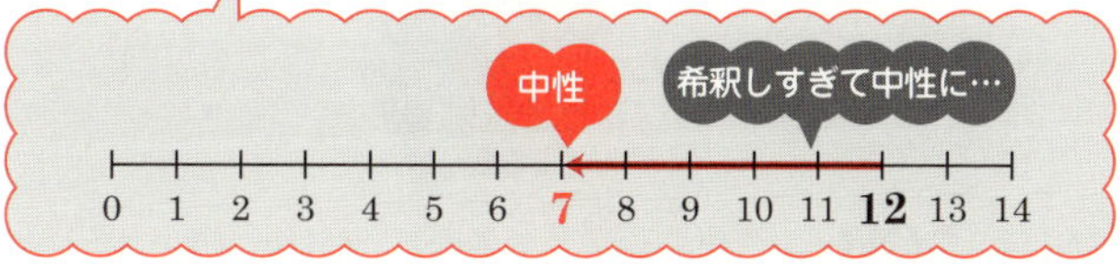

(5)と同様です!!

pH = 7はいくらうすめても越えられない壁だぜ!!

中性 / 希釈しすぎて中性に…

0 1 2 3 4 5 6 7 8 9 10 11 12 13 14

さらに突っ込んだpHの計算については **26** で演習しましょう!!
ニャ〜ッ!!

Theme 12 　酸と塩基の反応に関する計算問題
後編　中和反応をメインに…

RUB OUT 1　中和の計算を攻略せよ!!

そもそも中和反応とは…??

　酸の水溶液と塩基の水溶液を混合すると，酸の性質と塩基の性質がともに失われる。これは酸の H^+ と塩基の OH^- が結びつき水 H_2O になってしまうからです。この反応を**中和反応**と呼びます。

$$H^+ + OH^- \longrightarrow H_2O$$

　　　酸　　　　塩基　　　　　水

注 　中和反応を単に**中和**と呼ぶこともあります。

このとき!!

酸のもつ H^+ の数と塩基のもつ OH^- の数がピッタリ一致しなければ，ちょうど中和することができない!!

―般論コーナー―

❶　モル濃度 c (mol/L)の a 価の酸の水溶液を v (mL)とる。
❷　モル濃度 c' (mol/L)の b 価の塩基の水溶液を v' (mL)とる。

　このとき，❶と❷がちょうど**中和**したとします!!

❶中の酸の物質量(モル数)は…

$$c \times \frac{v}{1000} = \frac{cv}{1000} \text{ (mol)}$$

（1L中のモル数）　　　（v (mL) $= \frac{v}{1000}$ (L)）

よって、❶から出る水素イオンH^+の物質量(モル数)は…

$$\frac{cv}{1000} \times a = \frac{acv}{1000} \text{ (mol)} \cdots ㋐$$

> a価よりa倍になります

一方、❷中の塩基の物質量(モル数)は…

$$c' \times \frac{v'}{1000} = \frac{c'v'}{1000} \text{ (mol)}$$

> 1L中のモル数

> $v'\text{(mL)} = \frac{v'}{1000}\text{(L)}$

よって、❷から出る水酸化物イオンOH^-の物質量(モル数)は…

$$\frac{c'v'}{1000} \times b = \frac{bc'v'}{1000} \text{ (mol)} \cdots ㋑$$

> b価よりb倍になります

㋐=㋑のとき、ちょうど中和するから

$$\frac{acv}{1000} = \frac{bc'v'}{1000}$$

> H^+のモル数＝OH^-のモル数が成立すればちょうど中和する!!

よって…

$$acv = bc'v'$$

> こんなに強調するということは、とても重要だというしるしなのだろう…

では，さっそく，これを活用しましょう。

計算問題43　キソ

次の各問いに答えよ。

(1) 0.10mol/Lの塩酸60mLを中和するのに，0.030mol/Lの水酸化カルシウム水溶液は何mL必要か。

(2) 濃度未知の水酸化アルミニウム水溶液400mLを中和するのに，0.030mol/Lの硫酸が100mL必要であった。この水酸化アルミニウム水溶液のモル濃度を求めよ。

ナイスな導入

登場する酸と塩基の**価数**がわかれば万事解決です!!

仕上げは…

$$acv = bc'v'$$

- 酸の価数: a
- 酸のモル濃度: c
- 酸(水溶液)の体積: v
- 塩基の価数: b
- 塩基のモル濃度: c'
- 塩基(水溶液)の体積: v'

注 vとv'の単位は，そろっていればOK!!　前ページではともにmL(ミリリットル)をL(リットル)に直して解説しましたが，mLのまま計算することもできます。もちろんL(リットル)であっても大丈夫です。まぁ，ほとんどの問題がmL(ミリリットル)ですがね…。

解答でござる

(1) HCl…1価の酸（a）　　Ca(OH)$_2$…2価の塩基（b）　←価数が命です!!

求めるべき水酸化カルシウム水溶液の体積をv'(mL)とすると条件から

$$1 \times 0.10 \times 60 = 2 \times 0.030 \times v'$$
　　a　　c　　v　　b　　c'　　v'

HCl　vs.　Ca(OH)$_2$
1価　　　　2価
×　　　　　×
0.10(mol/L)　0.030(mol/L)
×　　　　　×
60(mL)　　　v'(mL)

Theme 12　酸と塩基の反応に関する計算問題　後編　153

$$6 = 0.06 \times v'$$
$$\therefore \quad v' = \mathbf{100\,(mL)} \quad \cdots (答)$$

問題文に指示はありませんが，有効数字2ケタを強調して，
$1.0 \times 10^2\,(mL)$
と答えた方がよいかも…

(2) H_2SO_4…2価の酸　$Al(OH)_3$…3価の塩基
求めるべき水酸化アルミニウム水溶液のモル濃度を $c'\,(mol/L)$ とすると条件から，
$$2 \times 0.030 \times 100 = 3 \times c' \times 400$$
$$0.060 = 12c'$$
$$\therefore \quad c' = \mathbf{0.0050\,(mol/L)} \quad \cdots (答)$$

H_2SO_4	vs.	$Al(OH)_3$
2価		3価
×		×
$0.030\,(mol/L)$		$c'\,(mol/L)$
×		×
$100\,(mL)$		$400\,(mL)$

両辺を100で割りました!!
とりあえず問題文に登場する数値を参考にして有効数字2ケタで…

RUB OUT ❷　中和滴定とは？？

計算問題43 (2)のように酸や塩基の水溶液の濃度は計算により求めることができます。例えば，濃度がわかっている酸の体積をはかり，これに濃度が未知の塩基の水溶液を少しずつ加えて，ちょうど中和するのに必要な体積を求めれば計算により塩基の水溶液の濃度を求めることができます。この操作のことを**中和滴定**と申します。
　しかしながら，実際は実験によって中和滴定を行うしかありません!!

そこで!!　次の3点に注意する必要があります!!

その❶
　濃度がわかっている酸または塩基の水溶液を自分でつくる!!　そーです!!　売ってないですから!!　自分でやるしかありませーん!!　このような操作を**調製**と呼び，できあがった濃度がわかっている水溶液を**標準溶液**と呼びます。

補足 その❶ 参照!!

その❷
中和点(中和した瞬間!!)を正確に知る!! 補足 その❹参照!!
これが大変なんですよーっ✌ だれも教えてくれませんから…。

その❸
中和する酸＆塩基の水溶液の正確な体積を知る!! 補足 その❸参照!!
これは大変な作業です✌ はたしてどんな方法で…??

補足 その❸ 中和滴定に必要な実験器具

メスフラスコ＆ホールピペット＆ビュレット＆コニカルビーカー

次の**4つ**の実験器具がカギを握ります。

一つ目 メスフラスコ

標線→

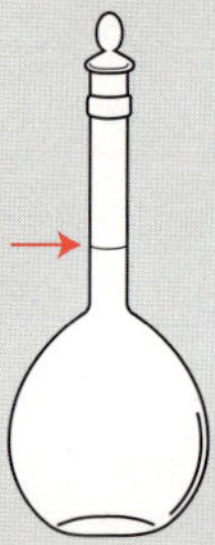

☞用途は… **標準水溶液の調製**や，**溶液を正確にうすめるとき**に使用します。

例えば…

水酸化ナトリウム$NaOH$ 2.0g(＝0.050mol)をてんびんで正確にはかりとり，これを蒸留水(純水)に溶かして1L用のメスフラスコに入れ，その後メスフラスコの**標線**(ひょうせん)

> メスフラスコには1本の標線しかないので，1通りの体積しかはかることができません!! そのため，いろいろな大きさのメスフラスコがあります。200mL用や500mL用や1L用，などなど…

まで，蒸留水(純水)を入れると0.050mol/Lの水酸化ナトリウム水溶液のできあがりです♥

Theme 12　酸と塩基の反応に関する計算問題　**後編**　155

二つ目　ホールピペット

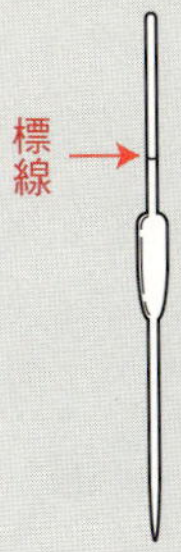

👉 用途は…

一定体積の溶液を**正確にはかりとる**ときに使用‼　まさかと思われる人も多いと思いますが，溶液を**標線**まで吸い上げて，一定体積をはかりとります。　慎重に吸い上げないとヤバイことになるぜっ‼

このホールピペットも1本の標線しかないので，1通りの体積しかはかりとることはできません‼

よって，いろいろな大きさのホールピペットが存在します。

注　**スポイト**のようないい加減な器具は使いません‼

←標線

三つ目　ビュレット

👉 用途は…

溶液を**滴下する**（上から少しずつ滴らす）ときに使用‼　溶液を滴下する前と後の液面の目盛りの差で滴下した体積がわかります。図に示す活栓が水道の蛇口のような役目を果たし，滴下する勢いを調節することができます。

←活栓

ビュレット
コニカルビーカー

実験風景のイメージはこんな感じだぜーっ‼

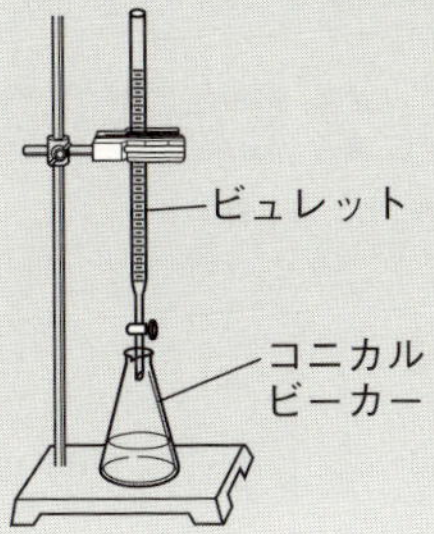

四つ目　コニカルビーカー または 三角フラスコ

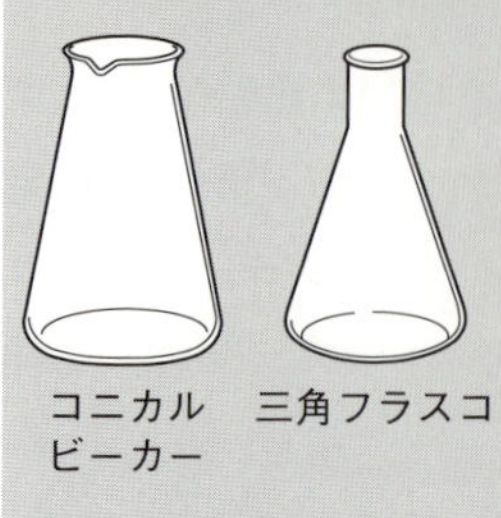

用途は…

ホールピペットで一定体積をはかりとった水溶液を入れておく容器が必要となります。この容器こそ，前ページの図にもさり気なく登場している**コニカルビーカー**です。**三角フラスコ**を使用する場合もあります。いずれも安定感ある形をしているので，ふつうのビーカーよりも安全です。

コニカルビーカー　三角フラスコ

補足その② 指示薬とは…??

　中和した瞬間を知るために**指示薬**を活用します。指示薬はpHの変化により色が変わる薬品で，中和の際にpHが急激に変化した瞬間を見逃しません!!　つまり，この指示薬を混ぜておくと色の変化により中和点を知らせてくれます♥
　色が変わるpHの値の範囲を**変色域**と呼びます。

　では，代表的な指示薬を紹介しましょう!!

① フェノールフタレイン

- pH 14 〜 9.8：赤色
- 9.8 〜 8.0：変色域
- 8.0 〜 0：無色

② メチルオレンジ

- pH 14 〜 4.4：黄色
- 4.4 〜 3.1：変色域
- 3.1 〜 0：赤色

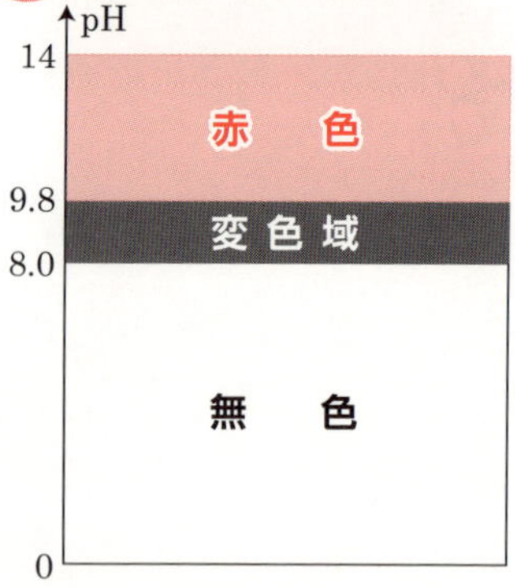

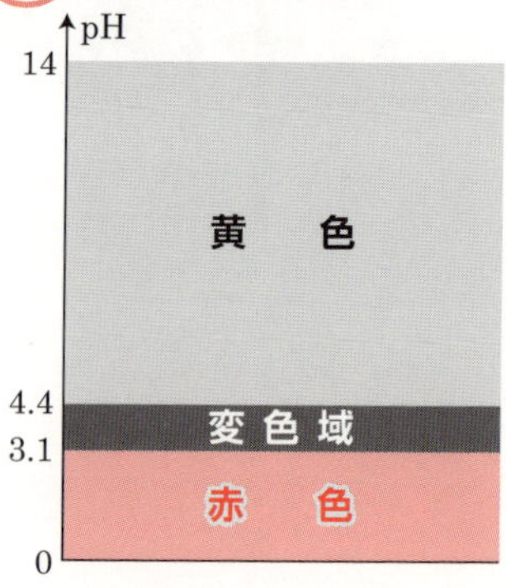

この2つの指示薬が2トップです!! フェノールフタレインの変色域は上の方で，メチルオレンジの変色域は下の方です。変色域の正確な値は覚えなくてもOKです。あと色はしっかり押さえておいてください。

あと，あまり出題されませんが参考までに…

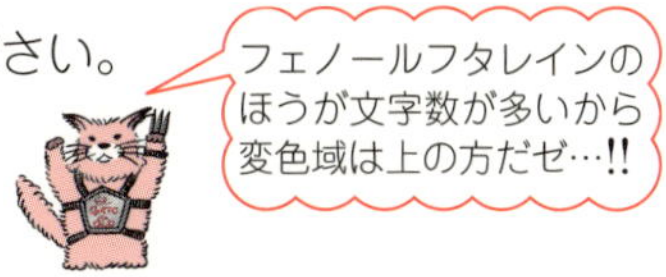

> フェノールフタレインのほうが文字数が多いから変色域は上の方だぜ…!!

③ ブロモチモールブルー（BTB）
- pH 14
- 青色
- 7.6
- 変色域
- 6.0
- 黄色
- 0

④ メチルレッド
- pH 14
- 黄色
- 6.2
- 変色域
- 4.2
- 赤色
- 0

⑤ リトマス
- pH 14
- 青色
- 8.3
- 変色域
- 4.5
- 赤色
- 0

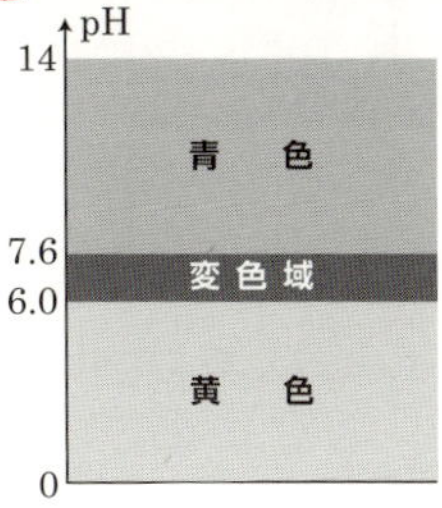

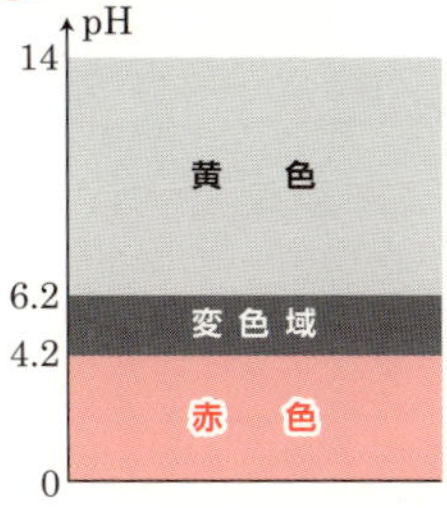

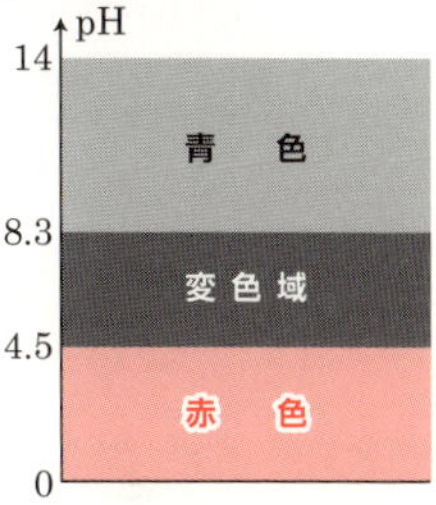

注 リトマスは変色域が広いので，鋭敏な変色をしません。よって，指示薬としてはちょっとダメ!! あと，メチルオレンジとメチルレッドの性質は非常に似ています。

> とうとうここまで来たか…

補足その✌ 滴定曲線って??

中和滴定において，加えた酸または塩基の水溶液の体積と，混合溶液のpHとの関係をグラフで表したものを**滴定曲線**と呼ぶ。

加えた酸または塩基の水溶液の体積は?? → 横軸に!!
混合した溶液のpHは?? → 縦軸に!!
⎫
⎬ グラフに!!
⎭

では，滴定曲線の例を指示薬（フェノールフタレインとメチルオレンジのみ）のお話も交えて…

例1 0.1mol/Lの塩酸(pH = 1) 10mLを0.1mol/Lの水酸化ナトリウム水溶液で滴定する場合

例2 0.1mol/Lの酢酸10mLを0.1mol/Lの水酸化ナトリウム水溶液で滴定する場合

酢酸は弱酸なのでpHは1より大きくなる!!

例3 0.1mol/Lの塩酸(pH = 1) 10mLを0.1mol/Lのアンモニア水で滴定する場合

アンモニアは弱塩基なのでpHは伸び悩む

例4 0.1mol/Lの酢酸10mLを0.1mol/Lのアンモニア水で滴定する場合

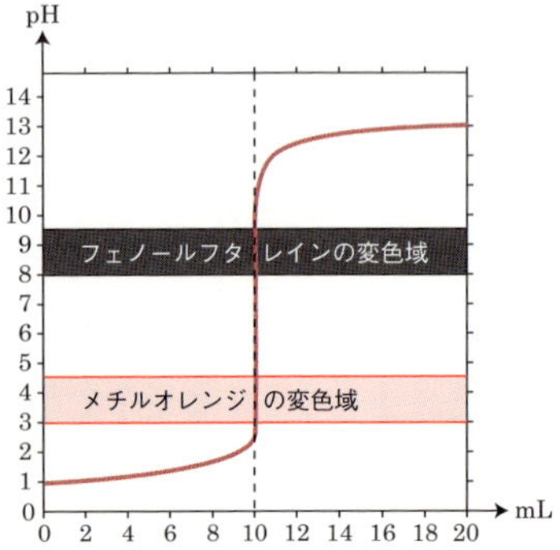

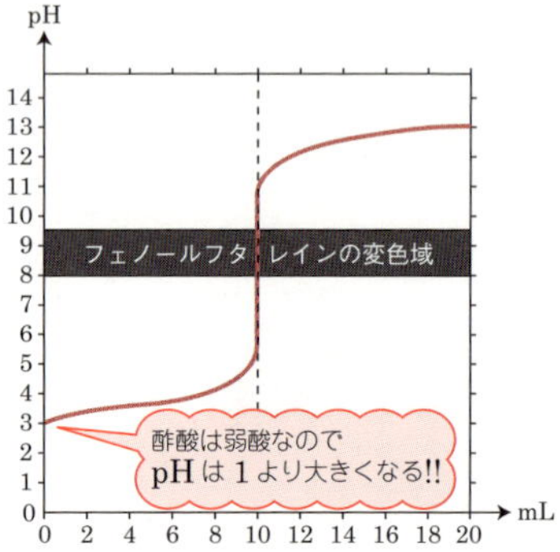

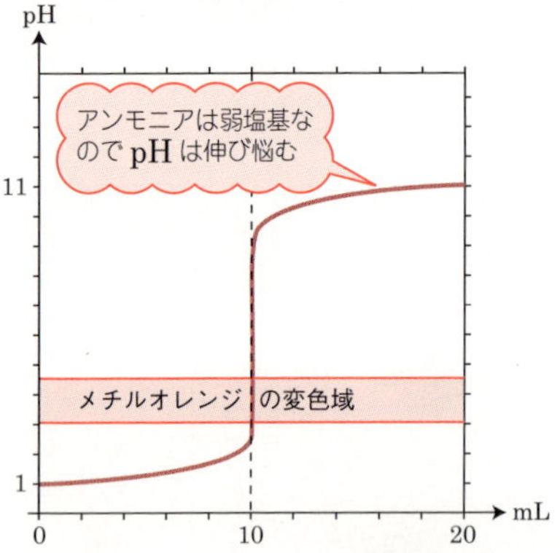

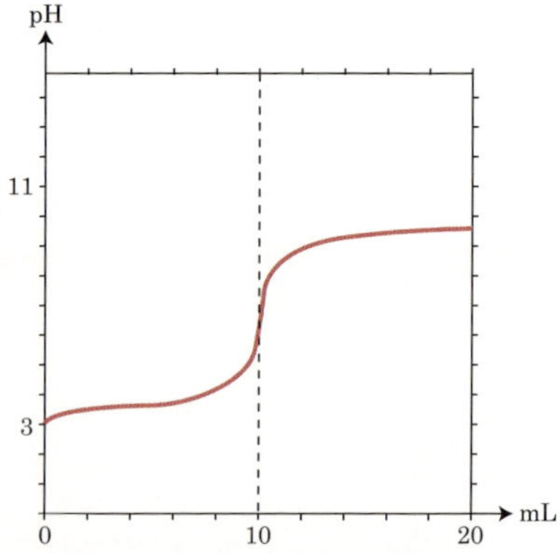

逆に塩基の水溶液を酸の水溶液で滴定する場合，右図のように滴定曲線は右下がりとなります。

右下がり!!

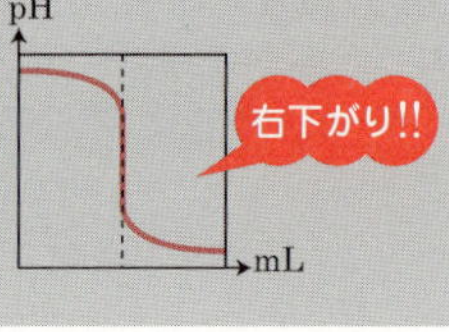

これらの滴定曲線からもわかるように使用すべき指示薬は…

❶ **強酸**と**強塩基** 👉 フェノールフタレイン＆メチルオレンジの**両方使える**。

❷ **強酸**と**弱塩基** 👉 **メチルオレンジ**のみ使える。
　　　　　　　　　　　例3 参照!!

❸ **弱酸**と**強塩基** 👉 **フェノールフタレイン**のみ使える。
　　　　　　　　　　　例2 参照!!

❹ **弱酸**と**弱塩基** 👉 両方ダメ!!　よって試験に出ない!!

計算問題44　標準

　濃度が未知の希塩酸20mLを**ホールピペット**を用いて正確にはかりとり，**メスフラスコ**に入れ，蒸留水を加えて100mLとし，試料溶液をつくった。この試料溶液から10mLを**ホールピペット**を用いて正確にはかりとり，**コニカルビーカー**に入れ，さらに指示薬として**フェノールフタレイン**を加えた。次にこれを**ビュレット**に入れた0.010mol/Lの水酸化ナトリウム水溶液で滴定したところ，滴下量28.3mLで溶液の**無色**から**赤色**への変色があった。

　このとき，次の各問いに答えよ。

(1) 試料溶液の塩酸のモル濃度を有効数字2ケタで求めよ。

(2) もとの希塩酸のモル濃度を有効数字2ケタで求めよ。

ナイスな導入

問題文の**赤字**の部分も答えられるようにしておいてください!!
本書は計算問題がメインなので，空欄にして穴埋め問題にするところをあえて**赤字**にしておきました。詳しくはp.154〜p.158の 補足 その👆〜 補足 その✌ をご覧あれ!!

では，本題へ入りましょう!!

(1) 塩酸 HCl…**1**価の酸
水酸化ナトリウム NaOH…**1**価の塩基
であるから，求めるべき試料溶液の塩酸 HCl のモル濃度を c (mol/L) とすると…

> v と v' の単位がそろってないとダメだよ!!

p.151の公式

$$acv = bc'v'$$

- a 酸の価数
- c 酸のモル濃度
- v 酸(水溶液)の体積
- b 塩基の価数
- c' 塩基のモル濃度
- v' 塩基(水溶液)の体積

問題文から…

$$1 \times c \times 10 = 1 \times 0.010 \times 28.3$$

> ⚠ 100mL の試料溶液をつくりましたが，そのうち 10mL だけをはかりとって使用しています。問題文はよく読みましょう!!

$$c = 0.0283$$
$$\therefore c ≒ 0.028 \, (\text{mol/L}) \quad \text{答でーす!!}$$

> 有効数字2ケタです!!

↑ 5倍!! ↓

(2) もともとの希塩酸 **20**mL に蒸留水を加えて全体の量を **100**mL として，試料溶液をつくったわけだから…

$$\text{もとの希塩酸のモル濃度} \times \frac{1}{5} = \text{試料溶液の塩酸のモル濃度}$$

> 5倍にうすめた!!

よって，(1)の解答×**5**＝(2)の解答
　　　　試料溶液の塩　　もとの希塩酸
　　　　酸のモル濃度　　のモル濃度
となります。

解答でござる

(1) 試料溶液の塩酸のモル濃度を c (mol/L) とおくと，条件から，

$$1 \times c \times 10 = 1 \times 0.010 \times 28.3$$
$$c = 0.0283$$
$$\therefore \; c \fallingdotseq \underline{\mathbf{0.028}} \, (\text{mol/L}) \quad \cdots (答)$$

(2) (1)より，もとの希塩酸のモル濃度は，

$$0.0283 \times 5 = 0.1415$$
$$\fallingdotseq \underline{\mathbf{0.14}} \, (\text{mol/L}) \quad \cdots (答)$$

HCl…1価の酸
NaOH…1価の塩基

$acv = bc'v'$

- 酸の価数
- 酸のモル濃度
- 酸(水溶液)の体積
- 塩基の価数
- 塩基(水溶液)の体積
- 塩基のモル濃度

有効数字2ケタです!!

問題文より試料溶液はもとの希塩酸を $\dfrac{100}{20} = 5$ 倍にうすめたものだから，(1)の濃度を5倍すればもとの希塩酸の濃度が求まる!!

途中計算ではなるべく詳しい数値を!! 0.028でなく，0.0283を用います!!

RUB OUT 3 逆滴定って何??

(酸性の気体です) (塩基性の気体です)
CO_2 や NH_3 などの気体が何 mol あるか？を知りたいとき，**逆滴定**という方法により定量します。

（何molあるか？を求めることです!!）

（別に知りたくないかも〜っ）

逆滴定のイメージ

(i) **ある酸性の気体を定量する場合**

❶ まず，この酸性の気体を**十分な量**の濃度がわかっている**塩基性**の水溶液に吸収させます。

☞ このとき，酸性の気体は中和反応によりすべて消滅しますが，水溶液中の**塩基**は余分に加えてあるため**残っています**。

❷ 次に，残った**塩基**を濃度がわかっている**酸**を加えて滴定します。この行為を**逆滴定**と申します。

つまーり!!

$$\begin{pmatrix}\text{ある酸性の気体が放} \\ \text{出する}H^+\text{の物質量}\end{pmatrix} + \begin{pmatrix}\text{逆滴定で加えた酸が} \\ \text{放出する}H^+\text{の物質量}\end{pmatrix} = \begin{pmatrix}\text{十分な量の塩基が放出} \\ \text{する}OH^-\text{の物質量}\end{pmatrix}$$

(ii) **ある塩基性の気体を定量する場合**

❶ まず，この塩基性の気体を**十分な量**の濃度がわかっている**酸性**の水溶液に吸収させます。

☞ このとき，塩基性の気体は中和反応によりすべて消滅しますが，水溶液中の**酸**は余分に加えてあるため**残っています**。

❷ 次に，残った**酸**を濃度がわかっている**塩基**を加えて滴定します。この行為も，先ほど述べたとおり**逆滴定**と申します。

つまーり!!

$$\begin{pmatrix}\text{ある塩基性の気体が放} \\ \text{出する}OH^-\text{の物質量}\end{pmatrix} + \begin{pmatrix}\text{逆滴定で加えた塩基が放} \\ \text{出する}OH^-\text{の物質量}\end{pmatrix} = \begin{pmatrix}\text{十分な量の酸が放} \\ \text{出する}H^+\text{の物質量}\end{pmatrix}$$

Theme 12 酸と塩基の反応に関する計算問題　163

では，具体的な問題を通して演習しましょう!!

計算問題45　ちょいムズ

標準状態で20Lの空気を0.010mol/Lの水酸化バリウム$Ba(OH)_2$水溶液100mLに吹き込み，生じた沈殿をろ過したあと，残った溶液にフェノールフタレインを加えて0.050mol/Lの塩酸で滴定したところ，25.6mL必要であった。このとき，空気中に含まれる二酸化炭素CO_2の体積百分率を有効数字2ケタで求めよ。

ナイスな導入

二酸化炭素CO_2は水に溶けると…

$$CO_2 + H_2O \longrightarrow H_2CO_3$$ 炭酸です!!

となるので，**2価の酸**として活躍します。

さらに，

逆滴定で用いた塩酸HCl　👉　**1価の酸**
水酸化バリウム$Ba(OH)_2$　👉　**2価の塩基**

であることもお忘れなく!!

解法のポイントは…

$$\left(\begin{array}{c}CO_2(つまりH_2CO_3)\\が放出するH^+の物質量\end{array}\right) + \left(\begin{array}{c}逆滴定で加えたHClが\\放出するH^+の物質量\end{array}\right) = \left(\begin{array}{c}Ba(OH)_2が放出\\するOH^-の物質量\end{array}\right)$$

↑ H^+の物質量の総和です!!

で!! 問題を解くうえで無関係な部分は…

● 生じた沈殿　👉　$BaCO_3$（炭酸バリウム）（白い沈殿物）です。

$H_2CO_3 + Ba(OH)_2 \longrightarrow BaCO_3 + 2H_2O$
$(CO_2 + Ba(OH)_2 \longrightarrow BaCO_3 + H_2O$ とかいてもOK!!)

$BaCO_3$ は H_2CO_3 と $Ba(OH)_2$ の中和反応により，水 H_2O とともに生じた物質（一般に塩と呼びます）です。計算にはまったく無関係です。

● フェノールフタレイン 👉 指示薬です（p.156 補足 その👍 と 補足 その👍 を参照!!）。

よって，計算にはまったく無関係です。
これらを踏まえてLet's Try!!

解答でござる

標準状態で20Lの空気中に含まれる二酸化炭素 CO_2 の物質量（モル数）を x (mol) とする。

CO_2（つまり H_2CO_3）から放出される H^+ の物質量は，

$$2x \text{(mol)} \cdots ①$$

逆滴定より加えられた HCl から放出される H^+ の物質量は，

$$0.050 \times \frac{25.6}{1000} \text{(mol)} \cdots ②$$

$Ba(OH)_2$ から放出される OH^- の物質量は，

$$2 \times 0.010 \times \frac{100}{1000} \text{(mol)} \cdots ③$$

①＋②＝③であるから，

$$\underbrace{2x}_{①} + \underbrace{0.050 \times \frac{25.6}{1000}}_{②} = \underbrace{2 \times 0.010 \times \frac{100}{1000}}_{③}$$

$$2x + \frac{1.28}{1000} = \frac{2}{1000}$$

$$2x = \frac{0.72}{1000}$$

$$x = \frac{0.36}{1000}$$

$$\therefore \ x = 3.6 \times 10^{-4} \text{(mol)}$$

CO_2 は水に溶けて
$CO_2 + H_2O \longrightarrow H_2CO_3$
となります。つまり，
CO_2 のモル数＝ H_2CO_3 のモル数

H_2CO_3 は2価の酸です!!
HClは1価の酸です!!
つまりHClのモル数＝ H^+ のモル数
0.050(mol/L)です!!
$25.6\text{(mL)} = \frac{25.6}{1000}$ (L)
単位には注意しよう!!
$Ba(OH)_2$ は2価の塩基です!!
0.010(mol/L)です!!
$100\text{(mL)} = \frac{100}{1000}$ (L)
H^+ のモル数＝ OH^- のモル数

結局は単なる中和のお話なんだね!!

$$\frac{0.36}{1000} = \frac{3.6}{10000}$$
$$= \frac{3.6}{10^4}$$
$$= 3.6 \times 10^{-4}$$

よって，標準状態におけるこの二酸化炭素CO_2の体積は，

$$3.6 \times 10^{-4} \times 22.4 \text{ (L)}$$

標準状態における1molの気体が占める体積は気体の種類によらず22.4L

以上より，空気20L中に含まれる二酸化炭素CO_2の体積百分率は，

$$\frac{3.6 \times 10^{-4} \times 22.4}{20} \times 100$$

$$= 3.6 \times 10^{-4} \times 22.4 \times 5$$

$$= 403.2 \times 10^{-4}$$

$$= 4.032 \times 10^{-2}$$

$$\fallingdotseq \underline{4.0 \times 10^{-2}} \text{ (%)} \cdots \text{(答)}$$

$\dfrac{CO_2 \text{の体積}}{\text{空気の体積}} \times 100 \text{(%)}$

$\dfrac{3.6 \times 10^{-4} \times 22.4}{\cancel{20}} \times \cancel{100}^{\,5}$

403.2×10^{-4}
$= 4.032 \times 10^2 \times 10^{-4}$
$= 4.032 \times 10^{-2}$
$2 + (-4) = -2$

一般に…

$\boxed{10^a \times 10^b = 10^{a+b}}$ です!!

有効数字2ケタです!!

プロフィール

玉三郎

虎次郎と仲良しの小型猫。品種は美声で名高いソマリで毛はフサフサ。少し気まぐれな性格ですが、気になることはとことん追求する性分です!! 玉三郎もおむちゃんの飼い猫です。

類題をもう一発!!

計算問題46　ちょいムズ

塩化アンモニウム NH_4Cl に水酸化カルシウム $Ca(OH)_2$ を加えて加熱すると次の反応によりアンモニア NH_3 が得られる。

$$2NH_4Cl + Ca(OH)_2 \longrightarrow 2NH_3 + CaCl_2 + 2H_2O$$

ある量の塩化アンモニウムと水酸化カルシウムの混合物を加熱して得られたアンモニアを $0.050\,mol/L$ の希硫酸 $100\,mL$ に完全に吸収させてから、$0.10\,mol/L$ の水酸化ナトリウム水溶液で滴定したところ、中和させるのに $20\,mL$ を要した。このとき、反応したはずの水酸化カルシウム $Ca(OH)_2$ の質量を有効数字2ケタで求めよ。ただし、原子量は $H=1.0$, $O=16$, $Ca=40$ とする。

ナイスな導入

与えられた反応式より…

$$2NH_4Cl + \mathbf{1}Ca(OH)_2 \longrightarrow \mathbf{2}NH_3 + CaCl_2 + 2H_2O$$

であるから、係数に注目して…

$$\begin{pmatrix} 反応した Ca(OH)_2 \\ の物質量(モル数) \end{pmatrix} : \begin{pmatrix} 発生した NH_3 の \\ 物質量(モル数) \end{pmatrix} = 1 : 2$$

つまーり!!

ポイント

$$\begin{pmatrix} 反応した Ca(OH)_2 \\ の物質量(モル数) \end{pmatrix} = \frac{1}{2} \times \begin{pmatrix} 発生した NH_3 の \\ 物質量(モル数) \end{pmatrix}$$

さらに、アンモニア NH_3 は…

$$NH_3 + H_2O \longrightarrow NH_4^+ + OH^-$$

となるので、**1価の塩基**として活躍します。

さらに…

逆滴定で用いた水酸化ナトリウム NaOH → 1価の塩基
硫酸 H₂SO₄ → 2価の酸

であることもお忘れなく‼

やはり，今回も解法のカギとなるのは…

ポイント ✌

$$\begin{pmatrix} NH_3 がもとで生じる \\ OH^- の物質量 \end{pmatrix} + \begin{pmatrix} 逆滴定で加えた NaOH \\ が放出する OH^- の物質量 \end{pmatrix} = \begin{pmatrix} H_2SO_4 が放出する \\ H^+ の物質量 \end{pmatrix}$$

OH^- の物質量の総和です‼

ポイント✌と**ポイント**✌をしっかり押さえれば楽勝ですよ♥

解答でござる

発生したアンモニア NH_3 の物質量（モル数）を $x\,(\mathrm{mol})$ とする。

NH_3 がもとで生じる OH^- の物質量は，

$$x\,(\mathrm{mol}) \quad \cdots ①$$

> $1NH_3 + H_2O \rightarrow NH_4^+ + 1OH^-$
> 係数に注目してください‼
> NH_3 のモル数＝OH^- のモル数
> です‼

逆滴定により加えられた $NaOH$ から放出された OH^- の物質量は，

$$0.10 \times \frac{20}{1000}\,(\mathrm{mol}) \quad \cdots ②$$

> NaOH は1価の塩基です‼
> $20\,(\mathrm{mL}) = \frac{20}{1000}\,(\mathrm{L})$
> 単位には注意しよう‼

H_2SO_4 から放出された H^+ の物質量は，

$$2 \times 0.050 \times \frac{100}{1000}\,(\mathrm{mol}) \cdots ③$$

> H_2SO_4 は2価の酸です‼
> $100\,(\mathrm{mL}) = \frac{100}{1000}\,(\mathrm{L})$
> OH^- のモル数＝H^+ のモル数

①＋②＝③ であるから，

> **ポイント**✌ですよ‼

$$x + 0.10 \times \frac{20}{1000} = 2 \times 0.050 \times \frac{100}{1000}$$

$$x + \frac{2}{1000} = \frac{10}{1000}$$

$$\therefore \ x = \frac{8}{1000} \ (\text{mol})$$

$\frac{8}{1000} = \frac{8}{10^3}$
$= 8 \times 10^{-3}$
と表しても**OK**ですが，今回はこのままの方が計算しやすいです!!

反応したはずの$Ca(OH)_2$の物質量(モル数)は，

$$\frac{1}{2} \times \frac{8}{1000}$$

$$= \frac{4}{1000} \ (\text{mol}) \cdots ④$$

ポイントです!!

$\left(\begin{array}{c}\text{反応した}\\ Ca(OH)_2\\ \text{のモル数}\end{array}\right) = \frac{1}{2} \times \left(\begin{array}{c}\text{発生した}\\ NH_3\\ \text{のモル数}\end{array}\right)$

p.166を参照せよ!!

$Ca(OH)_2 = 40 + 2 \times (16 + 1.0) = 74$

であるから，④を質量に直すと，

$$\frac{4}{1000} \times 74$$

$$= \frac{296}{1000}$$

$$= 0.296$$

$$\fallingdotseq \underline{\mathbf{0.30}} \ (\text{g}) \ \cdots (答)$$

1(mol)の質量が74(g)

$Ca(OH)_2 \ \frac{4}{1000}$ (mol)
の質量を求めれば解決!!

有効数字2ケタです!!

プロフィール

金四郎

　桃太郎🐱を兄貴と慕う大型猫。少し乱暴な性格なので虎次郎🐱には嫌われてます。品種はノルウェージャンフォレットキャットで超剛毛!!　夏はかなり暑そうです🎐もちろんおむちゃんの飼い猫です。

Theme 12 酸と塩基の反応に関する計算問題

準備コーナー 塩の水溶液の性質

次の RUB OUT 4 への準備だ!! 準備だぁーっ!!

本題に入る前に…

$$HCl + NaOH \longrightarrow NaCl + H_2O$$

中和反応では、酸のH^+と塩基のOH^-が結びついて水H_2Oになります。

同時に!! 酸の陰イオンCl^-と塩基の陽イオンNa^+も結びついて$NaCl$（塩化ナトリウム）ができます!!

このように中和反応の際、水H_2Oと一緒に生成する**酸の陰イオンと塩基の陽イオンが結合した化合物**を総称して**塩**と呼びます。

このとき、この塩の水溶液が「酸性、中性、塩基性のどれを示すか??」を考えてみましょう。

あんまり考えたくないな〜

押さえておこう!!

Ba Ca K Na（バカカナ）

強塩基から出る陽イオン

$$Na^+ \quad K^+ \quad Ca^{2+} \quad Ba^{2+}$$

- $NaOH$から…
- KOHから…
- $Ca(OH)_2$から…
- $Ba(OH)_2$から…

強酸から出る陰イオン

$$Cl^- \quad NO_3^- \quad SO_4^{2-}$$

- HClから…
- HNO_3から…
- H_2SO_4から…

余力のある人はI^-も覚えておいてくれ!!

では、例をあげて説明します。

例1 NaCl

Na^+ 👉 **強塩基**から出る陽イオン
Cl^- 👉 **強酸**から出る陰イオン

"強い"ものどうしで互角です‼

よって，水溶液はほぼ**中性**を示しまーす。

（強いものどうし…）

例2 Na_2CO_3

Na^+ 👉 **強塩基**から出る陽イオン
CO_3^{2-} 👉 **弱酸**から出る陰イオン

"強塩基 vs. 弱酸"により塩基の勝ちです‼

よって，水溶液は**塩基性**を示しまーす。

例3 NH_4Cl

（NH_3です‼）

NH_4^+ 👉 **弱塩基**から出る陽イオン
Cl^- 👉 **強酸**から出る陰イオン

"弱塩基 vs. 強酸"により酸の勝ちです‼

よって，水溶液は**酸性**を示しまーす。

例4 $KHSO_4$

K^+ 👉 **強塩基**から出る陽イオン
SO_4^{2-} 👉 **強酸**から出る陰イオン

"強い"ものどうしで互角と言いたいところですが…

$KHSO_4$内に酸性を示す**H**が残っています‼　こいつのせいで水溶液は**酸性**を示しまーす。

例5 $NaHCO_3$

Na^+ 👉 **強塩基**から出る陽イオン
CO_3^{2-} 👉 **弱酸**から出る陰イオン

"強塩基 vs. 弱酸"により塩基の勝ちです‼

$NaHCO_3$内に酸性を示す**H**が残ってますが，このような場合は焼け石に水でムダな抵抗ということになります

よって，水溶液は**塩基性**を示しまーす。

Theme 12　酸と塩基の反応に関する計算問題

RUB OUT 4　Na₂CO₃と言えば二段階中和

前ページの 例2 でも述べたように…

Na₂CO₃の水溶液は **塩基性** を示します。

とゆうことは…**酸性**の物質と中和反応をします!!

> 中和反応といえば…
> $H^+ + OH^- \longrightarrow H_2O$
> のように水H_2Oが生成するイメージです。しかしながら，今回は，OH^-が登場しないので塩基がH^+を受け取るところに注目して，中和反応であると考えてください!!

> 2段階なんてナマイキだぜ!!

> 酸と反応するものと言えば塩基だと言いたいのか…

このとき，Na₂CO₃のCO_3^{2-}が酸のH^+を受け取るわけですが，一気に受け取ることをせず，次の2つの行程①，②に分けて受け取ります。

$$CO_3^{2-} + H^+ \longrightarrow HCO_3^- \quad \cdots ①$$
$$HCO_3^- + H^+ \longrightarrow H_2CO_3 \quad \cdots ②$$
$$(H_2O + CO_2)$$

これが**二段階中和**と呼ばれる理由です。

ここで注目するべきなのは①と②が同時進行しないことです。それはCO_3^{2-}の方がHCO_3^-よりもH^+を受け取る力が強いからです。

▽ つまーり!!

①の反応が完全に終わってから，②の反応が始まります!!

▽ そこで!!

炭酸ナトリウムNa₂CO₃を塩酸HClで滴定する場合，滴定曲線は次のようになります。

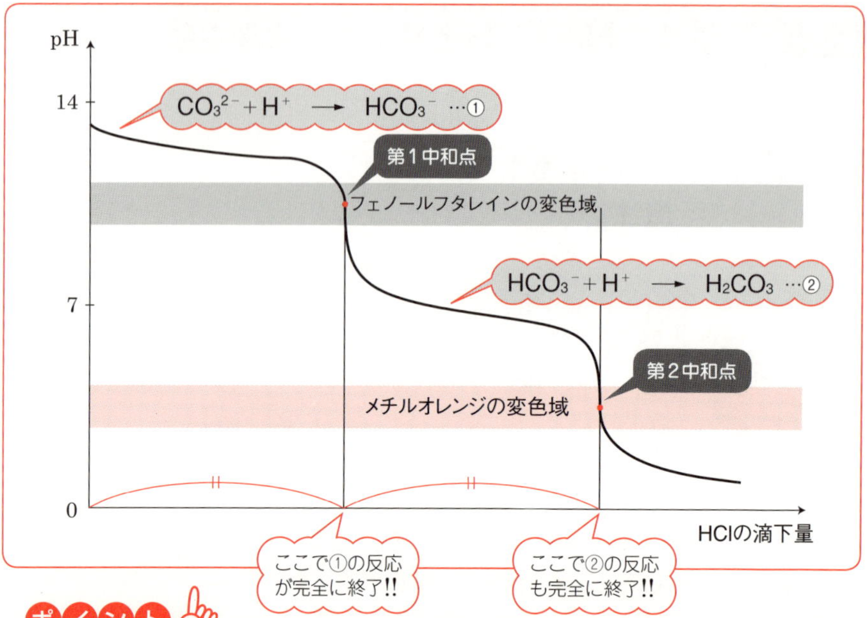

グラフ中の吹き出し:
- $CO_3^{2-} + H^+ \longrightarrow HCO_3^-$ …①
- 第1中和点
- フェノールフタレインの変色域
- $HCO_3^- + H^+ \longrightarrow H_2CO_3$ …②
- 第2中和点
- メチルオレンジの変色域
- HClの滴下量
- ここで①の反応が完全に終了!!
- ここで②の反応も完全に終了!!

ポイント☝

第1中和点はフェノールフタレインの変色(**赤色→無色**)により,第2中和点はメチルオレンジの変色(**黄色→赤色**)によりわかります。

指示薬の色についてはp.156の補足その✌を読んでね♥

ポイント✌

$1CO_3^{2-} + H^+ \longrightarrow 1HCO_3^-$ …①

係数に注目して…

$\begin{pmatrix} 反応する \\ CO_3^{2-}のモル数 \end{pmatrix} = \begin{pmatrix} 生成する \\ HCO_3^-のモル数 \end{pmatrix}$

さらに,生成したHCO_3^-に対して

$HCO_3^- + H^+ \longrightarrow H_2CO_3$ …②

の反応が起こるので,

①で必要なH^+のモル数=②で必要なH^+のモル数

となる。

(右側グラフ: 等しい / HClの滴下量)

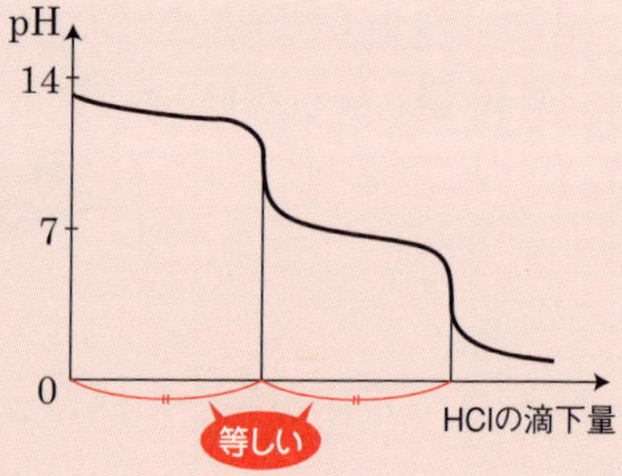

Theme 12　酸と塩基の反応に関する計算問題　　173

それでは，実践してみましょう!!

計算問題47　標準

2.12gの炭酸ナトリウムNa_2CO_3を水に溶かし，0.10mol/Lの塩酸で滴定した。このとき，次の各問いに答えよ。ただし，原子量は，$H = 1.0$，$C = 12$，$O = 16$，$Na = 23$とする。

(1) フェノールフタレインの変色点まで中和するのに，0.10mol/Lの塩酸は何mL要するか。

(2) メチルオレンジの変色点まで中和するのに，0.10mol/Lの塩酸は何mL要するか。

解答でござる　いきなり，まいります!!

まず$Na_2CO_3 = 23 \times 2 + 12 + 16 \times 3 = 106$より
2.12(g)のNa_2CO_3の物質量は…

$$2.12 \div 106 = \frac{2.12}{106} = 0.020 \text{(mol)}$$

よって，CO_3^{2-}の物質量も0.020(mol)

$$CO_3^{2-} + H^+ \longrightarrow HCO_3^- \quad \cdots ①$$
$$HCO_3^- + H^+ \longrightarrow H_2CO_3 \quad \cdots ②$$
$$(H_2O + CO_2)$$

(1) フェノールフタレインの変色点まで中和
　⟺　第1中和点まで中和

つまり，①の反応が完全に終了するまでに必要な0.10(mol/L)の塩酸の体積v(mL)を求めればよい。

$$0.10 \times \frac{v}{1000} = 0.020$$

$$\therefore \ v = \underline{\mathbf{200}} \text{(mL)} \cdots \text{(答)}$$

1(mol)のNa_2CO_3の質量は106(g)
$\frac{2.12}{106} = \frac{212}{10600} = \frac{2}{100}$

$1Na_2CO_3 \rightarrow 2Na^+ + 1CO_3^{2-}$
係数に注目して…

Na_2CO_3のモル数=CO_3^{2-}のモル数

①の反応が完全に終了してから，②の反応が始まります!!

塩酸HClは1価の酸です!!
$HCl \rightarrow H^+ + Cl^-$
つまり
HClのモル数=H^+のモル数

H^+のモル数=CO_3^{2-}のモル数

問題文に登場する数値から有効数字2ケタと考えるのであれば　2.0×10^2(mL)と解答するべきですね。まあ，ピッタリ割り切れたんでこのまんまにしましたが…

(2) メチルオレンジの変色点まで中和
　⟺　第2中和点まで中和

　つまり，①の反応が完全に終了するまでと，さらに②の反応が完全に終了するまでに必要な $0.10\,(\mathrm{mol/L})$ の塩酸の体積を求めればよい。

　　　①の反応で必要な H^+ の物質量（モル数）
　　＝②の反応で必要な H^+ の物質量（モル数）

であるから，

　　　①の反応で必要な $0.10\,(\mathrm{mol/L})$ の塩酸の体積
　　＝②の反応で必要な $0.10\,(\mathrm{mol/L})$ の塩酸の体積

となる。

　以上から求める塩酸の体積は，

$$v + v = 2v$$
$$= 2 \times 200$$
$$= \underline{400\,(\mathrm{mL})} \quad \cdots (答)$$

（反応①に対して　反応②に対して）

---

p.172の ポイント です!!

$1\mathrm{CO_3^{2-}} + \mathrm{H}^+ \to 1\mathrm{HCO_3^-} \cdots ①$
係数に注目して…

| 反応する | 生成する |
| $\mathrm{CO_3^{2-}}$ のモル数 ＝ $\mathrm{HCO_3^-}$ のモル数 |

さらに，生成した $\mathrm{HCO_3^-}$ に対して
$\mathrm{HCO_3^-} + \mathrm{H}^+ \to \mathrm{H_2CO_3} \cdots ②$
の反応が起こるので

| ①で必要な H^+ のモル数 ＝ ②で必要な H^+ のモル数 |

となる。

上図参照!!
(1)で求めた値です!!

$4.0 \times 10^2\,(\mathrm{mL})$ としてもOK。つうか，その方がよいかもね♥

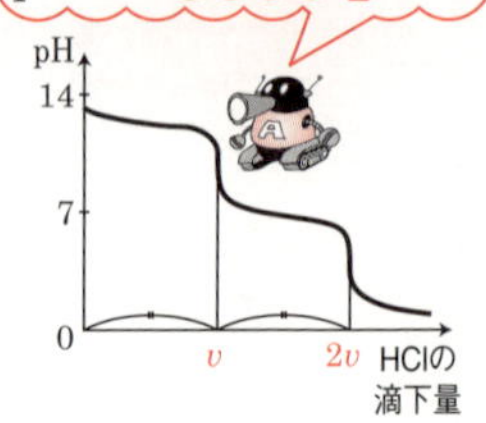

Theme 12　酸と塩基の反応に関する計算問題　175

仕上げです!!

モロ難とは言うものの，慣れてしまえば簡単さ!!

計算問題48　モロ難

水酸化ナトリウム NaOH と炭酸ナトリウム Na_2CO_3 の混合物を水に溶かして 200mL とした。この水溶液から 50mL をはかりとり，フェノールフタレイン溶液を数滴加えて 0.10mol/L の塩酸 HCl で滴定すると，40mL 加えたところで溶液の色が急変した。ここでメチルオレンジ溶液を数滴加えて，同じ塩酸で滴定を続けたところ，さらに 15mL 加えたところで溶液の色が急変した。この混合物中に含まれる水酸化ナトリウムと炭酸ナトリウムの質量をそれぞれ有効数字2ケタで求めよ。ただし，原子量は，H = 1.0, C = 12, O = 16, Na = 23 とする。

ナイスな導入

NaOH と Na_2CO_3 の塩基が2種類登場します!!

これは普通の中和反応だね!!

NaOH について…

$$OH^- + H^+ \longrightarrow H_2O \quad \cdots ㋑$$
$$(NaOH + HCl \longrightarrow NaCl + H_2O)$$

Na_2CO_3 について…

もはやおなじみ!!　二段階中和をします。
Na_2CO_3 の CO_3^{2-} が二段階で H^+ を受け取るところに注目して…

$$CO_3^{2-} + H^+ \longrightarrow HCO_3^- \quad \cdots ㋺$$
$$HCO_3^- + H^+ \longrightarrow H_2CO_3 \quad \cdots ㋩$$
$$(H_2O + CO_2)$$

p.171を参照だ!!

$$\begin{pmatrix}\text{第1中和点までに加}\\\text{えた}H^+\text{（つまりHCl）}\\\text{のモル数}\end{pmatrix} = \begin{pmatrix}OH^-\text{（つまり}\\NaOH\text{）のモル数}\end{pmatrix} + \begin{pmatrix}CO_3^{2-}\text{（つまり}\\Na_2CO_3\text{）のモル数}\end{pmatrix} \cdots ①$$

NaOHより発生!!　Na$_2$CO$_3$より発生!!

$$\begin{pmatrix}\text{第1中和点から第2中和点までに}\\\text{加えた}H^+\text{（つまりHCl）のモル数}\end{pmatrix} = \begin{pmatrix}HCO_3^-\text{（つまり}\\Na_2CO_3\text{）のモル数}\end{pmatrix} \cdots ②$$

この①，②の2式を連立すれば万事解決です!!
もうご存じだと思いますが…

忘れちゃいかん!!

Na$_2$CO$_3$のモル数 ＝ CO$_3^{2-}$のモル数 ＝ HCO$_3^-$のモル数

$1Na_2CO_3 \longrightarrow 2Na^+ + 1CO_3^{2-}$

$1CO_3^{2-} + H^+ \longrightarrow 1HCO_3^-$

であることもお忘れなく!!

解答でござる

式量を求めておくと，
$\begin{cases} NaOH = 23 + 16 + 1.0 = 40 \\ Na_2CO_3 = 2 \times 23 + 12 + 3 \times 16 = 106 \end{cases}$

1molのNaOHの質量は40g
1molのNa$_2$CO$_3$の質量は106g

関係のある中和反応をイオン式で表すと，

$OH^- + H^+ \longrightarrow H_2O$ ⋯㋑　　NaOH vs. HCl

$CO_3^{2-} + H^+ \longrightarrow HCO_3^-$ ⋯㋺　　CO_3^{2-} vs. HCl

$HCO_3^- + H^+ \longrightarrow H_2CO_3$ ⋯㋩　　HCO_3^- vs. HCl
$ (H_2O + CO_2)$

Theme 12 酸と塩基の反応に関する計算問題　177

知ってのとおり，NaOHは強塩基であるので，NaOHのOH^-がH^+を受け取ろうとする力はハンパじゃないです

さらに，p.171でも述べたように，CO_3^{2-}の方がHCO_3^-よりもH^+を受け取る力は強かったですね。

力こそすべてよ!!

よって!!

イとロの反応が完全に終了してから，ハの反応が始まります。

注　イとロにも多少の優先順位がありますが，そこはスルーしてください。

そこで!!　次のような滴定曲線が得られます。

$OH^- + H^+ \longrightarrow H_2O$　…イ
$CO_3^{2-} + H^+ \longrightarrow HCO_3^-$　…ロ

第1中和点
フェノールフタレインの変色域

$HCO_3^- + H^+ \longrightarrow H_2CO_3$　…ハ

第2中和点
メチルオレンジの変色域

HClの滴下量

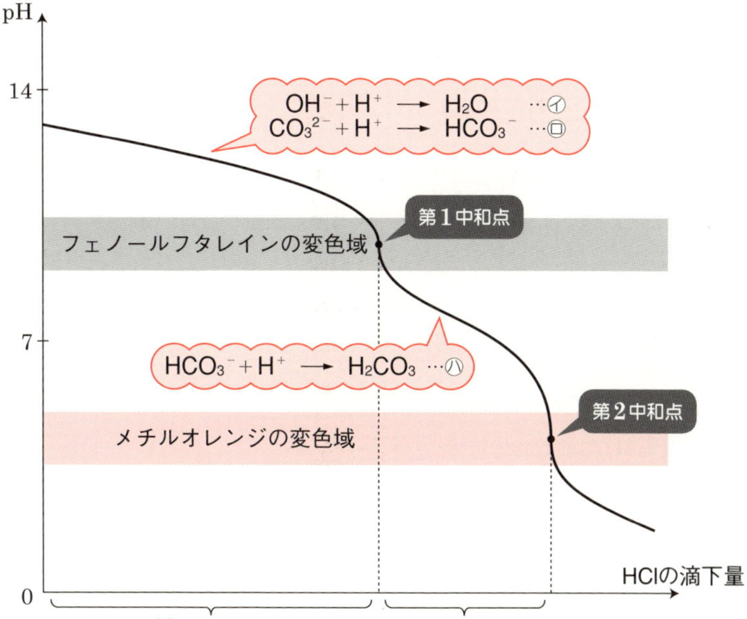

加えたH^+のモル数
=
OH^-のモル数 + CO_3^{2-}のモル数

反応イ　　反応ロ

加えたH^+のモル数
=
HCO_3^-のモル数

同じモル数!!　反応ハ

これが解法のカギか…

混合物中の $NaOH$ と Na_2CO_3 の物質量（モル数）をそれぞれ x(mol)，y(mol) とすると，フェノールフタレイン溶液の変色までに㋑，㋺の反応が完全に終了したと考えられるから，

$$\frac{50}{200} \times (x+y) = 0.10 \times \frac{40}{1000}$$

$$\frac{1}{4}(x+y) = \frac{4}{1000}$$

$$x+y = \frac{16}{1000}$$

$$\therefore \quad x+y = 0.016 \quad \cdots ①$$

さらに，メチルオレンジの変色までに㋩の反応が完全に終了したと考えられるから，

$$\frac{50}{200} \times y = 0.10 \times \frac{15}{1000}$$

$$\frac{1}{4}y = \frac{1.5}{1000}$$

$$y = \frac{6}{1000}$$

$$\therefore \quad y = 0.0060 \quad \cdots ②$$

②を①に代入して，

$$x + 0.0060 = 0.016$$

$$\therefore \quad x = 0.010$$

以上より，混合物中の物質量はそれぞれ，
　$NaOH \cdots 0.010$ (mol)
　$Na_2CO_3 \cdots 0.0060$ (mol)

よって，混合物中の質量は，
　$NaOH \cdots 0.010 \times 40 = 0.40$ (g)
　$Na_2CO_3 \cdots 0.0060 \times 106 = 0.636$
　　　　　　　　　　　　　　　 $\fallingdotseq 0.64$ (g)

まとめて，
$$\begin{cases} NaOH \cdots \mathbf{0.40}(g) \\ Na_2CO_3 \cdots \mathbf{0.64}(g) \end{cases} \quad \cdots (答)$$

詳しい内容は **ナイスな導入** を読んでくださいね♥

200mLのうち50mLだけを取り出したことを忘れるな!!
　$NaOH$ のモル数＝OH^- のモル数
　Na_2CO_3 のモル数＝CO_3^{2-} のモル数
0.10mol/LのHClを40mL $\left(=\frac{40}{1000}\text{L}\right)$加えました!!
さらに，HClのモル数＝H^+のモル数

Na_2CO_3のモル数
　＝CO_3^{2-}のモル数
　＝HCO_3^-のモル数

ナイスな導入 を参照せよ!!

0.10mol/LのHClを15mL $\left(=\frac{15}{1000}\text{L}\right)$加えました!!

分数のままの方が計算しやすいかも…

$x + y = 0.016 \cdots ①$
$\quad y = 0.0060$

xです!!
yです!!

$NaOH = 40$です!!
$Na_2CO_3 = 106$です!!

有効数字2ケタです!!

Theme 13 酸化・還元に関する計算問題

RUB OUT 1 酸化数の求め方

ここでつまずいたら先に進めないぜっ!!

酸化数なるナゾの数字がありまして，ある原子に注目したとき，
- その原子の**酸化数が増加していれば**，その原子は**酸化**されたことになり，
- その原子の**酸化数が減少していれば**，その原子は**還元**されたことになる。

じつに便利な数字です!! では，この酸化数はどのように決められるのでしょうか?? そこで!!

酸化数の決め方

大切だぞーっ♥

その1 単体の原子の酸化数は**0**（ゼロ）とする

例 O_2のOの酸化数は0，N_2のNの酸化数は0，Cl_2のClの酸化数は0，Naの酸化数は0，Alの酸化数は0，Cuの酸化数は0 などなど…

その2 化合物中の水素原子の酸化数は**＋1**とする

例 H_2O，HCl，H_2SO_4，NH_3中のHの酸化数はすべて＋1

その3 化合物中の酸素原子の酸化数は**−2**とする

例 H_2O，CO_2，H_2SO_4，CuO中のOの酸化数はすべて−2

その4 単原子イオンの酸化数はその価数に等しい

例 Na^+のNaの酸化数は＋1，Ca^{2+}のCaの酸化数は＋2
Cl^-のClの酸化数は−1，I^-のIの酸化数は−1

その5 化合物中の各原子の酸化数の総和は**0**

（その2）（その3）

例 H_2Oの場合…Hの酸化数は＋1，Oの酸化数は−2です。
合計は$(+1) \times 2 + (-2) = 0$
Hは2つ!!

掟その6 多原子イオン中の各原子の酸化数の総和は，その多原子イオンの価数に等しい

例 H_3O^+ の場合…Hの酸化数は$+1$，Oの酸化数は-2です。
合計は $(+1) \times 3 + (-2) = +1$ ←一致!!
（掟その2，掟その3）

これらを組み合わせることにより，酸化数が未知である原子の酸化数を求めることができます。実際にやってみましょう!!

計算問題49 — キソ

次のイオン，単体，化合物の下線の原子の酸化数を求めよ。

(1) $\underline{O}_3$ 　(2) $\underline{Mg}^{2+}$ 　(3) $H\underline{N}O_3$ 　(4) $\underline{S}O_4^{2-}$ 　(5) $\underline{Cu}_2O$
(6) $\underline{P}O_4^{3-}$ 　(7) $Ca\underline{C}_2$ 　(8) $HC\underline{l}O_3$ 　(9) $\underline{N}H_4^+$ 　(10) $H_2\underline{O}_2$

ナイスな導入

かいつまんで解説します。

(3) Nの酸化数を x とする。Hの酸化数が $+1$，Oの酸化数が -2（掟その2，掟その3）
化合物中の各原子の酸化数の総和は 0 (ゼロ) であるから（掟その5）

$$(+1) + x + (-2) \times 3 = 0$$

$$\therefore \ x = +5$$ 答でーす!!

（$H\underset{x}{N}O_3$，掟その3）

(4) Sの酸化数を x とする。Oの酸化数が -2，多原子イオン中の各原子の酸化数の総和は，その多原子イオンの価数に等しいから（掟その6）

$$x + (-2) \times 4 = -2$$

$$\therefore \ x = +6$$ 答でーす!!

（$\underset{x}{S}\underset{-2}{O_4^{2-}}$ 合計）

他もすべて同様です。ではLet's Try!!

1つだけワナがあるぜ!!

解答でござる

(1) $\underline{0}$ …(答)

その**1**
単体の原子の酸化数は$\underset{\text{ゼロ}}{0}$

(2) $\underline{+2}$ …(答)

その**4**
単原子イオンの酸化数はその価数に等しい

ナイスな導入 参照!!

(3) $\underline{+5}$ …(答)

ナイスな導入 参照!!

(4) $\underline{+6}$ …(答)

その**5**

$\underline{Cu_2O}$
$x\ -2$
$2x+(-2)=0$

その**3**

(5) Cuの酸化数をxとする。
$\qquad 2x+(-2)=0$
$\qquad\qquad \therefore\ x=\underline{+1}$ …(答)

その**6**

$\underline{PO_4^{3-}}$
$x\ -2\quad$合計
$x+(-2)\times 4=-3$

その**3**

(6) Pの酸化数をxとする。
$\qquad x+(-2)\times 4=-3$
$\qquad\qquad \therefore\ x=\underline{+5}$ …(答)

化合物中にHやOが存在しないときは，有名なイオンを優先する!!

(7) Cの酸化数をxとする。
Caはイオン化するとCa^{2+}となるから，
$\qquad (+2)+2x=0$
$\qquad\qquad \therefore\ x=\underline{-1}$ …(答)

その**5**

$\underline{CaC_2}$
$+2x$
$(+2)+2x=0$

その**4**の応用

(8) Clの酸化数をxとする。

$$(+1) + x + (-2) \times 3 = 0$$
$$\therefore \quad x = \underline{+5} \quad \cdots (答)$$

秘その3

$H\,Cl\,O_3$
$\underline{+1}\ \underline{x}\ \underline{-2}$
$(+1) + x + (-2) \times 3 = 0$

秘その2

秘その5

(9) Nの酸化数をxとする。

$$x + (+1) \times 4 = +1$$
$$\therefore \quad x = \underline{-3} \quad \cdots (答)$$

秘その6

$NH_4^{\oplus}$
$\underline{x}\ \underline{+1}$　合計
$x + (+1) \times 4 = +1$

秘その2

(10) 有名な例外です!! H_2O_2（過酸化水素）の場合，Oの酸化数は-2ではありません

そこで，Oの酸化数をxとする。

$$(+1) \times 2 + 2x = 0$$
$$\therefore \quad x = \underline{-1} \quad \cdots (答)$$

例外のないルールはない…。ほかにも
Na_2O_2のOは-1
LiHのHは-1
があります!! いずれもマニアックな例ですが…

秘その5

H_2O_2
$\underline{+1}\ \underline{x}$
$(+1) \times 2 + 2x = 0$

秘その2

次の問題で，酸化されたか，還元されたか？ を判断してみましょう!!

計算問題50 ― キソ

次の(1)～(6)の変化において，下線の原子は，酸化されたか，還元されたかを答えよ。

(1) $\underline{Cu} \longrightarrow \underline{Cu}SO_4$　　(2) $\underline{Cl}_2 \longrightarrow H\underline{Cl}$
(3) $\underline{S}O_2 \longrightarrow H_2\underline{S}$　　(4) $\underline{Mn}O_2 \longrightarrow \underline{Mn}O_4^-$
(5) $\underline{Sn}Cl_2 \longrightarrow \underline{Sn}Cl_4$　　(6) $\underline{Cr}_2O_7^{2-} \longrightarrow \underline{Cr}O_4^{2-}$

ナイスな導入

酸化数が増える　すなわち…　**酸化**

酸化数が減る　すなわち…　**還元**

じつに単純な話だ…

解答でござる

(1) $0 \longrightarrow +2$

酸化数が増加しているので，**酸化された** …(答)

SO_4^{2-}が有名!!

$CuSO_4 \rightarrow x+(-2)=0$
$\underline{x\ -2}$　　∴ $x=+2$

その**6**の応用!!

(2) $0 \longrightarrow -1$

酸化数が減少しているので，**還元された** …(答)

(3) $+4 \longrightarrow -2$

酸化数が減少しているので，**還元された** …(答)

$SO_2 \rightarrow x+(-2)\times 2=0$
$\underline{x\ -2}$　　∴ $x=+4$

$H_2S \rightarrow (+1)\times 2+x=0$
$\underline{+1\ x}$　　∴ $x=-2$

(4) $+4 \longrightarrow +7$

酸化数が増加しているので，**酸化された** …(答)

$MnO_2 \rightarrow x+(-2)\times 2=0$
$\underline{x\ -2}$　　∴ $x=+4$

$MnO_4^- \rightarrow x+(-2)\times 4=-1$
$\underline{x\ -2}$　　∴ $x=+7$

(5) $+2 \longrightarrow +4$

酸化数が増加しているので，**酸化された** …(答)

$SnCl_2 \rightarrow x+(-1)\times 2=0$
$\underline{x\ -1}$　　∴ $x=+2$

$SnCl_4 \rightarrow x+(-1)\times 4=0$
$\underline{x\ -1}$　　∴ $x=+4$

(6) $+6 \longrightarrow +6$

酸化数が変化していないので，**どちらでもない** …(答)

$Cr_2O_7^{2-} \rightarrow 2x+(-2)\times 7=-2$
$\underline{x\ -2}$　　∴ $x=+6$

$CrO_4^{2-} \rightarrow x+(-2)\times 4=-2$
$\underline{x\ -2}$　　∴ $x=+6$

えーっ!!　ずるい!!

> 🦶 **補足です!!**
>
> 酸化と還元には酸化数の変化以外に別の定義があることをお忘れなく!!
>
> **酸化** ｛
> ① 酸化数が増加する
> ② 酸素原子と結びつく
> ③ 水素原子を失う
> ④ 電子を放出する
>
> **還元** ｛
> ① 酸化数が減少する
> ② 酸素原子を失う
> ③ 水素原子と結びつく
> ④ 電子を受け取る

RUB OUT 2　酸化剤と還元剤の意味を押さえよ!!

> **酸化剤**とは…
> 　自分が**還元される**ことと引きかえに，相手を**酸化する**はたらきをもつ物質のことです。
>
> **還元剤**とは…
> 　自分が**酸化される**ことと引きかえに，相手を**還元する**はたらきをもつ物質のことです。

Theme 13 酸化・還元に関する計算問題

例題として…

計算問題51　キソ

次の反応で酸化剤として作用している物質と，還元剤として作用している物質を答えよ。

$$K_2Cr_2O_7 + 4H_2SO_4 + 3(COOH)_2 \longrightarrow Cr_2(SO_4)_3 + 7H_2O + 6CO_2 + K_2SO_4$$

ナイスな導入

すべての物質について，酸化数を確認していきましょう。

① $\underset{+1\ \ x\ -2}{K_2Cr_2O_7}$ → 化合物中のKの酸化数は+1，Oの酸化数は-2，Crの酸化数はわからないのでxとおきます。

$$(+1) \times 2 + 2x + (-2) \times 7 = 0$$
$$\therefore \quad x = +6$$

② $\underset{+1\ \ x\ -2}{H_2SO_4}$ → 化合物中のHの酸化数は+1，Oの酸化数は-2，Sの酸化数はわからないのでxとおきます。

$$(+1) \times 2 + x + (-2) \times 4 = 0$$
$$\therefore \quad x = +6$$

③ $(\underset{x\ -2\ +1}{CO\ O\ H})_2$ → 化合物中のHの酸化数は+1，Oの酸化数は-2，Cの酸化数はわからないのでxとおきます。

$$\{x + (-2) \times 2 + (+1)\} \times 2 = 0 \quad \div 2$$
$$x - 4 + 1 = 0$$
$$\therefore \quad x = +3$$

④ $\underset{x\ \ -2}{Cr_2(SO_4)_3}$ → SO_4^{2-}（硫酸イオン）は有名!! よって，SO_4の部分をかたまりで考えた酸化数は-2となります。Crの酸化数はわからないのでxとおきます。

$$2x + (-2) \times 3 = 0$$
$$\therefore \quad x = +3$$

⑤ $\underset{+1\ -2}{H_2O}$ → 化合物中のHの酸化数は+1，Oの酸化数は-2。ちゃんと合計が0になりますよ!! $(+1) \times 2 + (-2) = 0$

⑥ $\underset{x\ -2}{CO_2}$ → 化合物中の O の酸化数は -2，C の酸化数はわからないので x とおきます。

$$x + (-2) \times 2 = 0$$
$$\therefore \quad x = +4$$

⑦ $\underset{+1\ -2}{K_2SO_4}$ → 化合物中の K の酸化数は $+1$，SO_4^{2-} は有名!! よって，SO_4 の部分をかたまりで考えた酸化数は -2 となります。ちゃんと合計は 0 になります!!

$$(+1) \times 2 + (-2) = 0$$

以上より…

酸化数に変化があったところは…

酸化されている!!

$$K_2\underset{+6}{Cr_2}O_7 + 4H_2SO_4 + 3(\underset{+3}{COOH})_2$$
$$\longrightarrow \underset{+3}{Cr_2}(SO_4)_3 + 7H_2O + 6\underset{+4}{C}O_2 + K_2SO_4$$

還元されている!!

よって!!

この反応において…

自分が**還元される**ことと引きかえに，相手を**酸化する**はたらきをもつ物質，

つまり，**酸化剤**は ☞ **$K_2Cr_2O_7$**

- 自分は還元されるところがポイント!!
- 還元されている原子 Cr を含む物質

自分が**酸化される**ことと引きかえに，相手を**還元する**はたらきをもつ物質，

つまり，**還元剤**は ☞ **$(COOH)_2$**

- 自分は酸化されるところがポイント!!
- 酸化されている原子 C を含む物質

Theme 13 酸化・還元に関する計算問題 187

> 再度，念を押しておきます!!
> 化学反応において…
> **酸化と還元は同時に起こります!!**

> 酸化または還元の一方のみが起こる化学反応はありません!! もちろん，両方とも起こらないことはあります!!

解答でござる 酸化剤…$K_2Cr_2O_7$ 還元剤…$(COOH)_2$

ちなみに名称は**ニクロム酸カリウム**です!!

ちなみに名称は**シュウ酸**です!!

RUB OUT 3 覚えるべき酸化剤と還元剤

(1) **酸化剤としてはたらくヤツ**

p.184の **補足です!!** 参照!!

どれも**還元される**ことにより電子e^-を受け取り，酸化数が減っています!!

❶	ハロゲン	Cl_2	$Cl_2 + 2e^- \longrightarrow 2Cl^-$
		Br_2	$Br_2 + 2e^- \longrightarrow 2Br^-$
		I_2	$I_2 + 2e^- \longrightarrow 2I^-$
❷	硝酸 ｛濃硝酸		$HNO_3 + H^+ + e^- \longrightarrow NO_2 + H_2O$
	希硝酸		$HNO_3 + 3H^+ + 3e^- \longrightarrow NO + 2H_2O$
❸	熱濃硫酸		$H_2SO_4 + 2H^+ + 2e^- \longrightarrow SO_2 + 2H_2O$
❹	過マンガン酸カリウム		$MnO_4^- + 8H^+ + 5e^- \longrightarrow Mn^{2+} + 4H_2O$
❺	酸化マンガン(Ⅳ)		$MnO_2 + 4H^+ + 2e^- \longrightarrow Mn^{2+} + 2H_2O$
❻	二クロム酸カリウム		$Cr_2O_7^{2-} + 14H^+ + 6e^- \longrightarrow 2Cr^{3+} + 7H_2O$

赤字のところに注目して酸化数を求めてみよう!! 例えば，❺では…

$MnO_2 \longrightarrow Mn^{2+}$
　+4　　　　+2

酸化数が減っている **つまり** 還元されている!!

つまり，自分は**還元**されて，相手を**酸化**するはたらきをもつ**酸化剤**ということだね♥

(2) 還元剤としてはたらくヤツ

> どれも**酸化される**ことにより電子e^-を失い，酸化数が増えています!!

❶ 水素		$H_2 \longrightarrow 2H^+ + 2e^-$
❷ イオン化傾向 (p.205参照!!) が大きい金属	例1 Na	$Na \longrightarrow Na^+ + e^-$
	例2 Mg	$Mg \longrightarrow Mg^{2+} + 2e^-$
❸ 硫化水素		$H_2S \longrightarrow S + 2H^+ + 2e^-$
❹ 塩化スズ(Ⅱ)		$Sn^{2+} \longrightarrow Sn^{4+} + 2e^-$
❺ 硫酸鉄(Ⅱ)		$Fe^{2+} \longrightarrow Fe^{3+} + e^-$
❻ シュウ酸		$(COOH)_2 \longrightarrow 2CO_2 + 2H^+ + 2e^-$
❼ チオ硫酸ナトリウム($Na_2S_2O_3$)		$2S_2O_3^{2-} \longrightarrow S_4O_6^{2-} + 2e^-$
❽ ヨウ化カリウム(KI)		$2I^- \longrightarrow I_2 + 2e^-$

> 赤字のところに注目して酸化数を求めてみよう!! 例えば，❸では…
> $H_2\underline{S} \longrightarrow \underline{S}$
> $-2 \quad\quad 0$
> 酸化数が増えてる つまり➡ 酸化されている!!
> つまり，自分は**酸化**されて，相手を**還元**するはたらきをもつ**還元剤**ということだね♥

(3) 酸化剤と還元剤の二役を演じる芸達者なヤツ

❶ 過酸化水素	酸化剤のとき	$H_2O_2 + 2H^+ + 2e^- \longrightarrow 2H_2O$
	還元剤のとき	$H_2O_2 \longrightarrow O_2 + 2H^+ + 2e^-$
❷ 二酸化硫黄	酸化剤のとき	$SO_2 + 4H^+ + 4e^- \longrightarrow S + 2H_2O$
	還元剤のとき	$SO_2 + 2H_2O \longrightarrow SO_4^{2-} + 4H^+ + 2e^-$

> これらのような電子e^-を含む化学反応式のことを**半反応式**と呼びます。あと，誠に申し訳ありませんが，表の**赤字のところはすべて暗記**してください!! 色もセットで覚えておこう!!

RUB OUT 4　半反応式のつくり方

p.187の(1)❹過マンガン酸カリウムの場合を例にしましょう!!

Step 1　RUB OUT ❸の赤字の部分を書く!!

$$MnO_4^- \longrightarrow Mn^{2+}$$

これを暗記してください!!

Step 2　両辺のOの数が等しくなるようにH_2Oを加える!!

$$MnO_4^- \longrightarrow Mn^{2+} + 4H_2O$$

Oが4つ!!

Step 3　両辺のHの数が等しくなるようにH^+を加える!!

$$MnO_4^- + 8H^+ \longrightarrow Mn^{2+} + 4H_2O$$

Hが4×2=8つ!!

Step 4　両辺の電荷の総和が等しくなるようにe^-を加える!!

$$MnO_4^- + 8H^+ + 5e^- \longrightarrow Mn^{2+} + 4H_2O$$

(−1)　8×(+1)　　　　　　+2　　0
合計+7　　　　　　　　　合計+2

左辺の方が+5だけ余分です!!
よって−5の意味をもつ$5e^-$を左辺に加える!!

完成している!!

計算問題52　標準

次の(1)～(4)が酸化剤または還元剤としてはたらくときの半反応式をかけ。
(1) 酸化マンガン(IV)
(2) 二クロム酸カリウム(二クロム酸イオン)
(3) 硫化水素
(4) 二酸化硫黄

ナイスな導入

RUB OUT ❸ の表の赤字の部分は暗記しなきゃダメーっ!!
(4)は2通りの半反応式が存在するぞ!!

解答でござる

(1) **Step 1**
$MnO_2 \longrightarrow Mn^{2+}$ ← 覚えてなければできません

Step 2
$MnO_2 \longrightarrow Mn^{2+} + 2H_2O$ ← 両辺のOの数が等しくなるようにH_2Oを加える!!

Step 3
$MnO_2 + 4H^+ \longrightarrow Mn^{2+} + 2H_2O$ ← 両辺のHの数が等しくなるようにH^+を加える!!

Step 4
$MnO_2 + 4H^+ + 2e^- \longrightarrow Mn^{2+} + 2H_2O$ ← 両辺の電荷の総和が等しくなるようにe^-を加える!!

以上より，半反応式は，

$$MnO_2 + 4H^+ + 2e^- \longrightarrow Mn^{2+} + 2H_2O$$

(2) **Step 1**
$Cr_2O_7^{2-} \longrightarrow 2Cr^{3+}$ ← 覚えておくべし!!

Step 2
$Cr_2O_7^{2-} \longrightarrow 2Cr^{3+} + 7H_2O$ ← 両辺のOの数が等しくなるようにH_2Oを加える!!

Step 3
$Cr_2O_7^{2-} + 14H^+ \longrightarrow 2Cr^{3+} + 7H_2O$ ← 両辺のHの数が等しくなるようにH^+を加える!!

Step 4
$Cr_2O_7^{2-} + 14H^+ + 6e^- \longrightarrow 2Cr^{3+} + 7H_2O$ ← 両辺の電荷の総和が等しくなるようにe^-を加える!!

　　　　 −2　 +14　　　　　　　　+6　　0
　　　　　合計+12　　　　　　　　合計+6

以上より，半反応式は，

$$Cr_2O_7^{2-} + 14H^+ + 6e^- \longrightarrow 2Cr^{3+} + 7H_2O$$

(3) **Step 1**
$H_2S \rightarrow S$ ← 覚える!!

Step 2
$H_2S \rightarrow S$ ← 両辺にOはありません!! よって何もする必要なし。

Step 3
$H_2S \rightarrow S + 2H^+$ ← 両辺のHの数が等しくなるようにH$^+$を加える!!

Step 4
$H_2S \rightarrow S + 2H^+ + 2e^-$ ← 両辺の電荷の総和が等しくなるようにe$^-$を加える!!

以上より, 半反応式は,

$$H_2S \rightarrow S + 2H^+ + 2e^-$$

(4) SO_2は酸化剤としてもはたらくし, 還元剤としてもはたらきます。

H_2O_2とSO_2は必殺二刀流!!

i) SO_2が酸化剤としてはたらくとき,

Step 1
$SO_2 \rightarrow S$ ← 覚える!!

Step 2
$SO_2 \rightarrow S + 2H_2O$ ← 両辺のOの数が等しくなるようにH$_2$Oを加える!!

Step 3
$SO_2 + 4H^+ \rightarrow S + 2H_2O$ ← 両辺のHの数が等しくなるようにH$^+$を加える!!

Step 4
$SO_2 + 4H^+ + 4e^- \rightarrow S + 2H_2O$ ← 両辺の電荷の総和が等しくなるようにe$^-$を加える!!

ii) SO_2が還元剤としてはたらくとき,

Step 1
$SO_2 \rightarrow SO_4^{2-}$ ← 覚える!!

Step 2
$SO_2 + 2H_2O \rightarrow SO_4^{2-}$ ← 両辺のOの数が等しくなるようにH$_2$Oを加える!!

Step 3
$SO_2 + 2H_2O \rightarrow SO_4^{2-} + 4H^+$ ← 両辺のHの数が等しくなるようにH$^+$を加える!!

Step 4
$SO_2 + 2H_2O \rightarrow SO_4^{2-} + 4H^+ + 2e^-$ ← 両辺の電荷の総和が等しくなるようにe$^-$を加える!!

以上より，半反応式は，

$$SO_2 + 4H^+ + 4e^- \longrightarrow S + 2H_2O$$
$$SO_2 + 2H_2O \longrightarrow SO_4^{2-} + 4H^+ + 2e^-$$

RUB OUT 5 電子e⁻を消去すればナゾが解ける!!

いきなり問題に入ります!!

計算問題53 標準

次の各問いに答えよ。
(1) 2molの二クロム酸カリウム$K_2Cr_2O_7$に対して何molの硫化水素H_2Sが反応するか。
(2) 6molの過マンガン酸カリウム$KMnO_4$に対して何molの過酸化水素H_2O_2が反応するか。

ナイスな導入

(1) $K_2Cr_2O_7$…有名な酸化剤です(p.187(1)参照!!)。
半反応式は… （半反応式のつくり方は RUB OUT 4 参照!!）

$$Cr_2O_7^{2-} + 14H^+ + 6e^- \longrightarrow 2Cr^{3+} + 7H_2O \quad \cdots ①$$

H_2S…有名な還元剤です(p.188(2)参照!!)。
半反応式は…

$$H_2S \longrightarrow S + 2H^+ + 2e^- \quad \cdots ②$$

そこで!!

①，②から，　電子e⁻を消去しまーす!!

すなわち…
①+②×3から…

$$Cr_2O_7^{2-} + 14H^+ + 6e^- \longrightarrow 2Cr^{3+} + 7H_2O \quad \cdots ①$$
$$+\underline{)\ 3H_2S \longrightarrow 3S + 6H^+ + 6e^- \quad \cdots ② \times 3}$$
$$Cr_2O_7^{2-} + 3H_2S + 14H^+ \longrightarrow 2Cr^{3+} + 3S + 7H_2O + 6H^+$$

両辺にH^+があるので，こいつをまとめて…

$$\underset{1}{Cr_2O_7^{2-}} + \underset{3}{3H_2S} + 8H^+ \longrightarrow 2Cr^{3+} + 3S + 7H_2O$$

よって!!

係数に注目して…

$$\begin{pmatrix} 反応するCr_2O_7^{2-} \\ (つまり，K_2Cr_2O_7) \\ のモル数 \end{pmatrix} : \begin{pmatrix} 反応する \\ H_2S \\ のモル数 \end{pmatrix} = 1 : 3$$

ということになります。

そこで!!

$K_2Cr_2O_7$が2(mol)より，反応するH_2Sのモル数をx(mol)とおくと…

$2 : x = 1 : 3$ 〔$A : B = C : D \Leftrightarrow B \times C = A \times D$〕
$x \times 1 = 2 \times 3$
$\therefore\ x = \mathbf{6}$(mol) 答でーす!!

(2) $KMnO_4$…有名な酸化剤です(p.187(1)参照!!)。

H_2O_2…酸化剤にも還元剤にもなります(p.188(3)参照!!)。しかしながら$KMnO_4$が酸化剤なもんで，H_2O_2は空気を読んで還元剤としてはたらきます。

あとは(1)と同じ方針で解決でっせ♥

解答でござる

(1) $K_2Cr_2O_7$ が酸化剤としてはたらくときの半反応式は，
$$Cr_2O_7^{2-} + 14H^+ + 6e^- \longrightarrow 2Cr^{3+} + 7H_2O \cdots ①$$
じつは 計算問題52 (2)です!!

H_2S が還元剤としてはたらくときの半反応式は
$$H_2S \longrightarrow S + 2H^+ + 2e^- \cdots ②$$
じつは 計算問題52 (3)です!!

①+②×3より，
e^- を消します!!

$$Cr_2O_7^{2-} + 14H^+ + 6e^- \longrightarrow 2Cr^{3+} + 7H_2O \cdots ①$$
$$+)\ 3H_2S \longrightarrow 3S + 6H^+ + 6e^- \cdots ② \times 3$$
$$Cr_2O_7^{2-} + 3H_2S + 14H^+ \longrightarrow 2Cr^{3+} + 3S + 7H_2O + 6H^+$$

両辺の e^- が消滅!!
両辺の H^+ をまとめよう!!

まとめて，
$$Cr_2O_7^{2-} + 3H_2S + 8H^+ \longrightarrow 2Cr^{3+} + 3S + 7H_2O$$

$Cr_2O_7^{2-} : H_2S = 1 : 3$

係数に注目して，

$Cr_2O_7^{2-}$ のモル数 ＝ $K_2Cr_2O_7$ のモル数

$$\begin{pmatrix} 反応する \\ K_2Cr_2O_7 \\ のモル数 \end{pmatrix} : \begin{pmatrix} 反応する \\ H_2S \\ のモル数 \end{pmatrix} = 1 : 3$$

これさえ求まれば楽勝モードだ!!

であるから，反応する H_2S のモル数を $x \,(\text{mol})$ として，

$K_2Cr_2O_7$ のモル数は問題文より $2 \,(\text{mol})$ です!!

$$2 : x = 1 : 3$$
$$x \times 1 = 2 \times 3$$
$$\therefore\ x = \underline{6} \,(\text{mol}) \cdots (答)$$

$A : B = C : D$
$\Leftrightarrow B \times C = A \times D$

半反応式①②の作り方は RUB OUT 4 を見てくれ!!

(2) $KMnO_4$ が酸化剤としてはたらくときの半反応式は，
$$MnO_4^- + 8H^+ + 5e^- \longrightarrow Mn^{2+} + 4H_2O \cdots ①$$

H_2O_2 が還元剤としてはたらくときの半反応式は，
$$H_2O_2 \longrightarrow 2H^+ + O_2 + 2e^- \cdots ②$$

①×2+②×5より，

e^- を消去

$$2MnO_4^- + 16H^+ + 10e^- \longrightarrow 2Mn^{2+} + 8H_2O \quad \cdots ① \times 2$$
$$+\ )\ 5H_2O_2 \longrightarrow 10H^+ + 5O_2 + 10e^- \quad \cdots ② \times 5$$
$$2MnO_4^- + 5H_2O_2 + 16H^+ \longrightarrow 2Mn^{2+} + 8H_2O + 10H^+ + 5O_2$$

← 両辺の e^- が消滅!!
← 両辺の H^+ をまとめよう!!

まとめて,
$$2MnO_4^- + 5H_2O_2 + 6H^+ \longrightarrow 2Mn^{2+} 8H_2O + 5O_2$$

← MnO_4^- : $H_2O_2 = 2 : 5$

係数に注目して,

$$\begin{pmatrix} 反応する \\ KMnO_4 \\ のモル数 \end{pmatrix} : \begin{pmatrix} 反応する \\ H_2O_2 \\ のモル数 \end{pmatrix} = 2 : 5$$

MnO_4^- のモル数＝
$KMnO_4$ のモル数

これさえ求まれば
楽勝モードです!!

であるから, 反応する H_2O_2 のモル数を x (mol) として,
$$6 : x = 2 : 5$$
$$2x = 6 \times 5$$
$$\therefore\ x = \underline{15}\ (\text{mol}) \quad \cdots (答)$$

$KMnO_4$ のモル数は問題
文より 6 (mol) です!!

$A : B = C : D$
$\Leftrightarrow B \times C = A \times D$

RUB OUT 6 　超有名酸化剤 $KMnO_4$ による還元剤の定量

過マンガン酸カリウム $KMnO_4$ は強力な酸化剤として有名です。しかーし!!
もっと有名なことがぁーっ!!

それは… 　色でーす!!

$KMnO_4$ が酸化剤としてはたらくときの色の変化は…

$$MnO_4^- + 8H^+ + 5e^- \longrightarrow Mn^{2+} + 4H_2O$$
（赤紫色）　　　　　　　　　　　　（無色）

この色に注目して, 還元剤の定量ができます。さて, 方法は…

　濃度未知の, とある還元剤の水溶液があったとします。この水溶液に $KMnO_4$ 水溶液を滴下すると, 次々と滴下される MnO_4^- （赤紫色）は Mn^{2+} （無色）へと変化し続けるので, MnO_4^- の色は消えることになります。
　が!!　酸化還元反応が終了したあとで滴下される MnO_4^- （赤紫色）はそのままとなるので, 赤紫色が消えずに残ります。

溶液の色が

赤紫色をおびる＝酸化還元反応が終了した

ことを表します。

イメージコーナー

過マンガン酸カリウム水溶液（赤紫色）

濃度未知の還元剤の水溶液

滴下量

この瞬間を見逃すな!!

MnO_4^- のまま赤紫色が消えなくなった!!

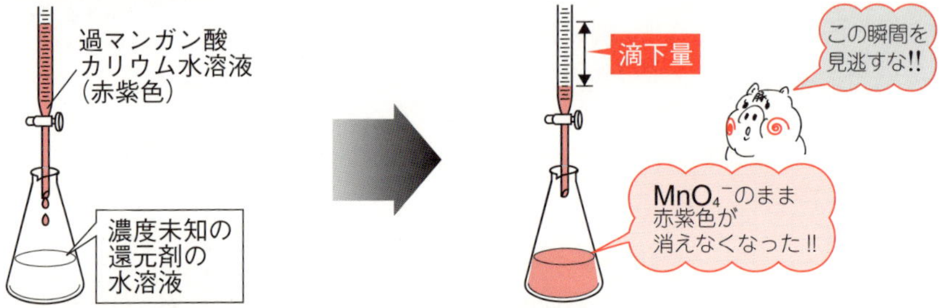

では，例題として…

計算問題54 ちょいムズ

濃度が未知のシュウ酸 $(COOH)_2$ 水溶液 15.0mL に硫酸酸性にした 0.030mol/L の過マンガン酸カリウム $KMnO_4$ 水溶液を滴下したところ，18.6mL 加えたところで無色の水溶液が赤紫色に変化した。このとき，シュウ酸水溶液のモル濃度を有効数字2ケタで求めよ。

ナイスな導入

半反応式については RUB OUT ③ と RUB OUT ④ を参照してください!!

酸化剤 $KMnO_4$ の半反応式は…

$MnO_4^- + 8H^+ + 5e^- \longrightarrow Mn^{2+} + 4H_2O$ …①

還元剤 $(COOH)_2$ の半反応式は…

$(COOH)_2 \longrightarrow 2CO_2 + 2H^+ + 2e^-$ …②

①×2＋②×5より，

RUB OUT ⑤ 参照!! e^- を消去します!!

$$2MnO_4^- + 16H^+ + 10e^- \longrightarrow 2Mn^{2+} + 8H_2O \quad \cdots ① \times 2$$
$$+\underline{)\ 5(COOH)_2 \longrightarrow 10CO_2 + 10H^+ + 10e^- \cdots ② \times 5}$$
$$2MnO_4^- + 5(COOH)_2 + 16H^+ \longrightarrow 2Mn^{2+} + 8H_2O + 10CO_2 + 10H^+$$
$$\therefore\ \ 2MnO_4^- + 5(COOH)_2 + 6H^+ \longrightarrow 2Mn^{2+} + 8H_2O + 10CO_2$$

2 : 5

よって!!

$$\begin{pmatrix} \text{反応する}MnO_4^- \\ (\text{つまり},\ KMnO_4) \\ \text{のモル数} \end{pmatrix} : \begin{pmatrix} \text{反応する} \\ (COOH)_2 \\ \text{のモル数} \end{pmatrix} = 2 : 5$$

これで解決です!!

確認事項です!!

❶ 『無色の水溶液が赤紫色に変化した』とは，この色の変化が$KMnO_4$と$(COOH)_2$との酸化還元反応の終了を意味します。

　　　　忘れちゃった人はp.195を再確認してちょんまげ!!

❷ 『硫酸酸性にした0.030mol/Lの過マンガン酸カリウム$KMnO_4$水溶液』とは，$KMnO_4$を硫酸酸性にすることにより強力な酸化剤となることを意味します。これは知識の問題で，計算にはまったく関与しないので無視してください。

解答でござる

$KMnO_4$が酸化剤としてはたらくときの半反応式は，
$$MnO_4^- + 8H^+ + 5e^- \longrightarrow Mn^{2+} + 4H_2O \quad \cdots ①$$
$(COOH)_2$が還元剤としてはたらくときの半反応式は，
$$(COOH)_2 \longrightarrow 2CO_2 + 2H^+ + 2e^- \quad \cdots ②$$

半反応式については RUB OUT ❸ と RUB OUT ❹ を見ておくれ♥

①×2+②×5で，e^- が消去できるから，

$$\begin{pmatrix} 反応する \\ KMnO_4 \\ のモル数 \end{pmatrix} : \begin{pmatrix} 反応する \\ (COOH)_2 \\ のモル数 \end{pmatrix} = 2 : 5$$

> 実は①×**2**+②×**5**により e^- が消去できることさえわかれば，$KMnO_4 : (COOH)_2 = $**2 : 5** で反応することがわかります。これぞ早ワザです!!

となる。

このとき $(COOH)_2$ 水溶液のモル濃度を $x\,(mol/L)$ とおくと，

$KMnO_4$ のモル数＝MnO_4^- のモル数

$0.030\,(mol/L)\,KMnO_4$ 水溶液が $18.6\,(mL)$ です!!

$$\left(0.030 \times \frac{18.6}{1000}\right) : \left(x \times \frac{15.0}{1000}\right) = 2 : 5$$

$x\,(mol/L)$ の $(COOH)_2$ 水溶液が $15.0\,(mL)$ です!!

$$x \times \frac{15.0}{1000} \times 2 = 0.030 \times \frac{18.6}{1000} \times 5$$

$$\therefore\ x = \underline{0.093}\,(mol/L) \quad \cdots (答)$$

有効数字2ケタです。(ちょうど割り切れましたが…)

別解でござる

もう一つのアプローチ方法??

結局は同じことなんですが，アプローチの方法がもうひとつあります。

$$(COOH)_2 \longrightarrow 2CO_2 + 2H^+ + \mathbf{2e^-} \quad \cdots ①$$

①より **1mol** の $(COOH)_2$ が還元剤としてはたらくと，**2mol** の電子を放出する。

このことを…

"**2価** の還元剤である" と申します。

一方…

$$MnO_4^- + 8H^+ + \mathbf{5e^-} \longrightarrow Mn^{2+} + 4H_2O \quad \cdots ②$$

②より，**1mol** の MnO_4^- (つまり $KMnO_4$) が酸化剤としてはたらくと，**5mol** の電子 e^- を受け取る。

このことを…

"**5価** の酸化剤である" と申します。

そこで!! 酸化還元反応において電子e⁻の受け渡しはピッタリといくはずです。そこで…

$$\begin{pmatrix} (COOH)_2 が \\ 放出するe^- \\ のモル数 \end{pmatrix} = \begin{pmatrix} MnO_4^- が \\ 受け取るe^- \\ のモル数 \end{pmatrix}$$

が成立するはずなので…

中和滴定の考えに似てるなぁ…

よって!!

(COOH)₂は**2価**の還元剤

KMnO₄は**5価**の酸化剤

$$2 \times x \times \frac{15.0}{1000} = 5 \times 0.030 \times \frac{18.6}{1000}$$

(COOH)₂水溶液のモル濃度です

$15.0(mL) = \frac{15.0}{1000}(L)$

KMnO₄水溶液のモル濃度です。

$18.6(mL) = \frac{18.6}{1000}(L)$

反応する(COOH)₂のモル数 　　　反応するKMnO₄のモル数

(COOH)₂が放出するe⁻のモル数 ＝ KMnO₄が受け取るe⁻のモル数

等しい!!

これを解けば…

$x = \underline{0.093}\,(mol/L)$ 　解答です!!

が先ほどと同様に得られます。

珍獣!! チオ硫酸ナトリウム $Na_2S_2O_3$ が登場することで有名!!

RUB OUT 7 ヨウ素 I_2 による酸化剤の定量

ヨウ素 I_2 は途中で登場します。スタートはヨウ化カリウム KI です!! 大まかな流れを解説しましょう!!

1 濃度が未知である**酸化剤**を，還元剤の**ヨウ化カリウム KI** 水溶液の中に入れるとヨウ化カリウム KI 中の I^- が…

$$2I^- \longrightarrow I_2 + 2e^- \quad \cdots ①$$

p.188 RUB OUT 3 (2)⑧参照!!

により**ヨウ素 I_2** が生じます。

p.187 RUB OUT 3 (1)❶参照!!

そして!!

2 **1** で発生したヨウ素 I_2 は酸化剤なので，還元剤である**チオ硫酸ナトリウム $Na_2S_2O_3$** 水溶液で滴定することにより，発生したヨウ素 I_2 の量を知ることができる。このときの反応は…

$$\begin{cases} I_2 + 2e^- \longrightarrow 2I^- & \cdots ② \\ 2S_2O_3^{2-} \longrightarrow S_4O_6^{2-} + 2e^- & \cdots ③ \end{cases}$$

p.188 RUB OUT 3 (2)⑦参照!!

②+③により e^- を消去すると…

$$\begin{array}{r} I_2 + 2e^- \longrightarrow 2I^- \quad \cdots ② \\ +)\ 2S_2O_3^{2-} \longrightarrow S_4O_6^{2-} + 2e^- \quad \cdots ③ \\ \hline I_2 + 2S_2O_3^{2-} \longrightarrow 2I^- + S_4O_6^{2-} \\ \underline{1\ :\ 2} \end{array}$$

$$\begin{pmatrix} 発生した \\ I_2 \\ のモル数 \end{pmatrix} : \begin{pmatrix} 反応する S_2O_3^{2-} \\ (つまり，Na_2S_2O_3) \\ のモル数 \end{pmatrix} = 1 : 2$$

この関係式により，I_2 のモル数がわかる!!

そして!!

❸ ❷でI_2のモル数がわかれば，❶より濃度が未知の酸化剤のモル数も求めることができる!!

> 注 ❷で，指示薬に**デンプン溶液**を用いることをお忘れなく!!　小学校で習った有名なヨウ素デンプン反応により，ヨウ素I_2があるときは溶液の色が青紫色であるが，ヨウ素I_2が完全になくなった段階で，青紫色が消えて無色になります!!　つまーり，無色になったら反応終了です!!

小学生のときにジャガイモで実験しませんでしたか??

では，実際にやってみましょう!!

計算問題55　モロ難

濃度未知の過酸化水素水⑦10.0mLに十分な量のヨウ化カリウム水溶液を加えたら，⑨ヨウ素が生じた。この水溶液にデンプン水溶液を指示薬として加え0.050mol/Lのチオ硫酸ナトリウム水溶液で滴定したところ，12.4mL加えたところで溶液の青紫色が消失した。このとき，次の各問いに答えよ。
(1) 下線部⑨で生じたヨウ素の物質量(モル数)を有効数字2ケタで求めよ。
(2) 下線部⑦の過酸化水素水のモル濃度を有効数字2ケタで求めよ。

ナイスな導入

p.188 RUB OUT ❸ (3)❶参照!!

過酸化水素H_2O_2は酸化剤にも還元剤にもなることで有名!!
しかしながら，ヨウ化カリウムKIが還元剤であるから，H_2O_2には酸化剤としてはたらいてもらわないとダメです。

そこで!!

酸化剤H_2O_2の半反応式は…

$$H_2O_2 + 2H^+ + 2e^- \longrightarrow 2H_2O \quad \cdots ①$$

半反応式については RUB OUT ❸ と RUB OUT ❹ を参照せよ!!

還元剤KIの半反応式は…

$$2I^- \longrightarrow I_2 + 2e^- \quad \cdots ②$$

①+②より，e^-を消去すると…

$$H_2O_2 + 2H^+ + \cancel{2e^-} \longrightarrow 2H_2O \quad \cdots ①$$
$$+)\ 2I^- \longrightarrow I_2 + \cancel{2e^-} \quad \cdots ②$$
$$\overline{H_2O_2 + 2I^- + 2H^+ \longrightarrow 2H_2O + I_2}$$

$$\underset{1\ :\ 2}{}$$

よって!!

ポイント

$$\begin{pmatrix} 反応する \\ H_2O_2 \\ のモル数 \end{pmatrix} : \begin{pmatrix} 反応するI^- \\ (つまり，KI) \\ のモル数 \end{pmatrix} = 1 : 2$$

が成立します。

一方，ヨウ素I_2が生じたあとの反応について…

酸化剤I_2の半反応式は…

$$I_2 + 2e^- \longrightarrow 2I^- \quad \cdots ③$$

還元剤$Na_2S_2O_3$の半反応式は…

$$2S_2O_3^{2-} \longrightarrow S_4O_6^{2-} + 2e^- \quad \cdots ④$$

③+④よりe^-を消去すると…

$$I_2 + \cancel{2e^-} \longrightarrow 2I^- \quad \cdots ③$$
$$+)\ 2S_2O_3^{2-} \longrightarrow S_4O_6^{2-} + \cancel{2e^-} \quad \cdots ④$$
$$\overline{I_2 + 2S_2O_3^{2-} \longrightarrow 2I^- + S_4O_6^{2-}}$$

$$\underset{1\ :\ 2}{}$$

よって!!

ポイント

$$\begin{pmatrix} 反応する \\ I_2 \\ のモル数 \end{pmatrix} : \begin{pmatrix} 反応するS_2O_3^{2-} \\ (つまり，Na_2S_2O_3) \\ のモル数 \end{pmatrix} = 1 : 2$$

以上の ポイント✌ と ポイント✌ が理解できていれば，万事解決です。

確認事項です!!

❶ 過酸化水素水とは，過酸化水素 H_2O_2 の水溶液という意味です。まぁ，アンモニア水と同じタイプのネーミングです。

❷ 指示薬であるデンプン水溶液は，ヨウ素 I_2 の存在下では**ヨウ素デンプン反応**により青紫色に呈色しているが，ヨウ素 I_2 が反応して完全になくなると，この青紫色が消滅する。

👉 ポイント✌での滴定の終点を知ることができる!!

解答でござる

(1) $\begin{pmatrix} 反応する \\ I_2 \\ のモル数 \end{pmatrix} : \begin{pmatrix} 反応する \\ Na_2S_2O_3 \\ のモル数 \end{pmatrix} = 1 : 2$

ポイント✌です!!
詳しい内容は **ナイスな導入** を見てね!!

であるから，I_2 の物質量を $x\,(\text{mol})$ として，

$$x : 0.050 \times \frac{12.4}{1000} = 1 : 2$$

$$2x = 1 \times 0.050 \times \frac{12.4}{1000}$$

$$x = \frac{0.31}{1000}$$

$$\therefore\ x = \underline{3.1 \times 10^{-4}}\,(\text{mol}) \quad \cdots\text{(答)}$$

$Na_2S_2O_3$ 水溶液は $0.050\,(\text{mol/L})$ です!!
$12.4\,(\text{mL}) = \dfrac{12.4}{1000}\,(\text{L})$
$A : B = C : D$
$\Leftrightarrow A \times D = B \times C$

$\dfrac{0.31}{1000} = \dfrac{3.1}{10000}$
$= \dfrac{3.1}{10^4}$
$= 3.1 \times 10^{-4}$

(2) $\underset{2}{2I^-} \longrightarrow \underset{1}{I_2} + 2e^-$

反応した KI の物質量は，生じた I_2 の物質量の 2 倍であるから，

$$\underline{2x\,(\text{mol})}$$

$2\,\text{mol}$ の KI から $1\,\text{mol}$ の I_2 が生じる!!

(1)の答です!!
$2 \times x$

さらに，

$$\begin{pmatrix} 反応する \\ H_2O_2 \\ のモル数 \end{pmatrix} : \begin{pmatrix} 反応する \\ KI \\ のモル数 \end{pmatrix} = 1 : 2$$

であるから，もとの過酸化水素水のモル濃度を y (mol/L) とおくと，

$$\left(y \times \frac{10.0}{1000} \right) : 2x = 1 : 2$$

$$y \times \frac{10.0}{1000} \times 2 = 2x \times 1$$

$$\frac{2}{100} y = 2x$$

$$y = 100x$$

(1)より，$x = 3.1 \times 10^{-4}$ であるから，

$$y = 100 \times 3.1 \times 10^{-4}$$

$$y = 310 \times 10^{-4}$$

$$y = 0.031$$

∴ $y = \mathbf{3.1 \times 10^{-2}}$ (mol/L) …(答)

ポイント

詳しい内容は
ナイスな導入
を見てね!!

H$_2$O$_2$水のモル濃度

$10.0 \text{(mL)} = \frac{10.0}{1000} \text{(L)}$

$A : B = C : D$
$\Leftrightarrow A \times D = B \times C$

とりあえず x のまんまで計算します!!

(1)の答です!!

$100 \times 3.1 \times \frac{1}{10^4}$
$= 310 \times \frac{1}{10000}$
$= 0.031$

有効数字2ケタです!!

Theme 14 化学 電池に関する計算問題

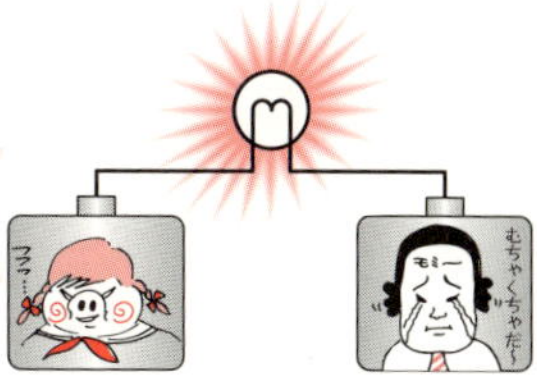

まずイオン化列を覚えろ!!

金属が水溶液中で電子を放って陽イオンになろうとする性質を金属の**イオン化傾向**と呼ぶ。

で!! 数ある金属のうち主なものをピックアップして（さらに水素（H_2）も加えて），イオン化傾向の大きいものから順に並べたものを金属の**イオン化列**と呼びます。このイオン化列は次のとおり!!（『化学基礎』で学習します）

金属のイオン化列

リッチに	借りようか	な	ま	あ	あ	て	に	すん	な	ひ	ど	す	ぎる	借	金
Li	K Ca	Na	Mg	Al	Zn	Fe	Ni	Sn	Pb	（H_2）	Cu	Hg	Ag	Pt	Au

大 ← ──── イオン化傾向 ──── → 小

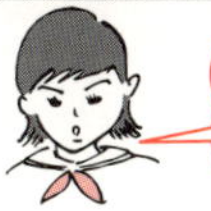

> このゴロあわせは有名だよ♥ 水素 H_2 は金属じゃないけど，陽イオンになるから基準として入れてあるんだね!!

RUB OUT 1 ボルタ電池

> このボルタ電池の原理をしっかり理解しよう!!

亜鉛板と銅板を希硫酸に浸し，導線でつなぐと**亜鉛板が負極**，**銅板が正極**となって電流が流れる。

つまり，電池ができたわけです。この電池を**ボルタ電池**と呼び，次のような式で表されます。

ボルタ電池の式

$$(-)\ Zn\ |\ H_2SO_4\ aq\ |\ Cu\ (+)$$

亜鉛板　　希硫酸＝うすい硫酸水溶液　　銅板

Why? なぜ電流が流れるのーっ??

❶ ZnとCuをつなぐとイオン化の対決が始まる!!

不思議…

対決!?

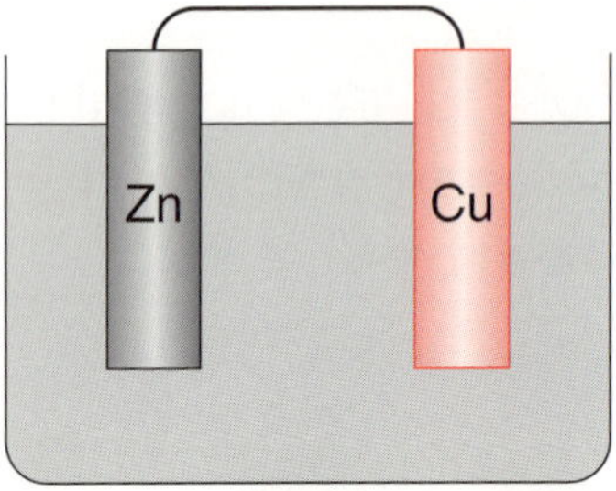

❷ Znの方がCuよりイオン化傾向が大きいので、Znがe^-を放ってZn^{2+}となり、水溶液中に溶け出す。このときe^-は、e^-が通りやすい導線へ…

$$Zn \rightarrow Zn^{2+} + 2e^-$$

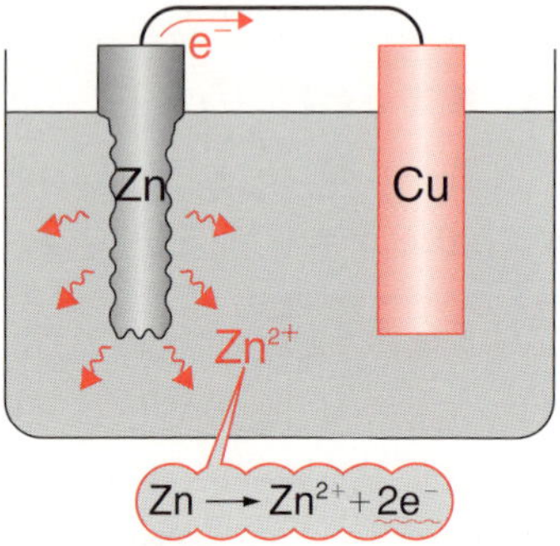

❸ 導線を伝わりCu側にやってくるe^-は、水溶液中のH^+が責任をもってキャッチする!!

e^-をキャッチ!!　運命的な出会い♥

水溶液中のH_2SO_4が
$H_2SO_4 \rightarrow 2H^+ + SO_4^{2-}$
と電離しているから、H^+はいっぱいある!!

❹ Cu側では$2H^+ + 2e^- \rightarrow H_2$により**水素が発生**!!

ボコボコッ
H_2の泡が!!

つまり、Cu自体は変化しません!!
Znにやる気を起こさせる応援団のようなもんです。

Cuのせいで Zn はイオン化したのか…

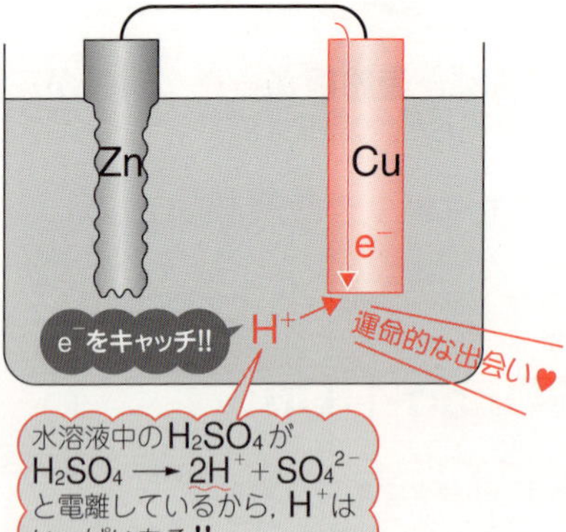

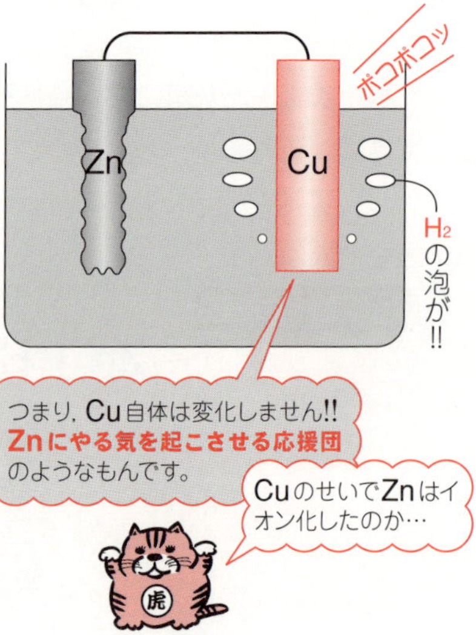

この❶〜❹が連続的に起こることにより，Zn板からCu板へと電子が流れつづける。つまり，**電流はCu板からZn板へと流れる!!**

中学校で習ったよね!!
電流の流れる方向は電子の流れる方向の逆!!

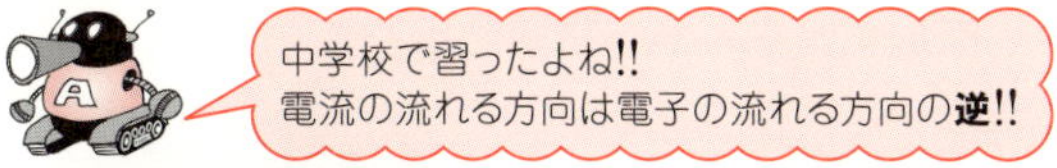

よって!!

Zn板が負極，Cu極が正極となります!!

電流は**正極から負極**へと流れる!!
これも中学校で習ったよ!!

忘れてたよーっ

ボルタ電池の問題点

Cu板に発生するH_2の泡が，Cu板の表面に付着し，電池のシステムを阻害します（☞　専門用語を使うと"起電力が低下する"と表現します）。
この現象を電池の**分極**と呼び，この分極を防ぐために二クロム酸カリウムなどの**酸化剤**を加えておきます。そうすればH_2が酸化されてH^+にもどるのでH_2の泡が消えていきます。　酸化数 0　　　　酸化数 1
このような役目を果たす酸化剤のことを**減極剤**（**消極剤**）と呼びます。

ぶっちゃけ!!　すべての電池では…

考えればわかることですよ!!

イオン化傾向の大きい方　➡　負極
イオン化傾向の小さい方　➡　正極

ということになります。

ニャー!!

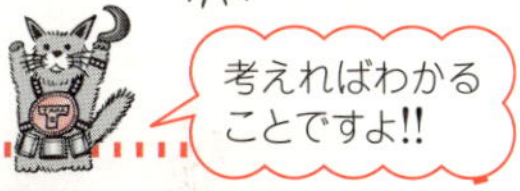

ボルタ電池に関する計算問題をおひとつ…

計算問題56 — 標準

下図はボルタ電池の構造を示している。これについて，次の各問いに答えよ。

(1) 正極の金属を元素記号で答えよ。

(2) 標準状態で112mLの気体が発生したとすれば，理論上，亜鉛板と銅板の質量は何g変化するか。有効数字2ケタで求めよ。ただし，原子量は，$Zn = 66$，$Cu = 64$とする。

（図：ボルタ電池の構造 — 電球、亜鉛、銅、希硫酸）

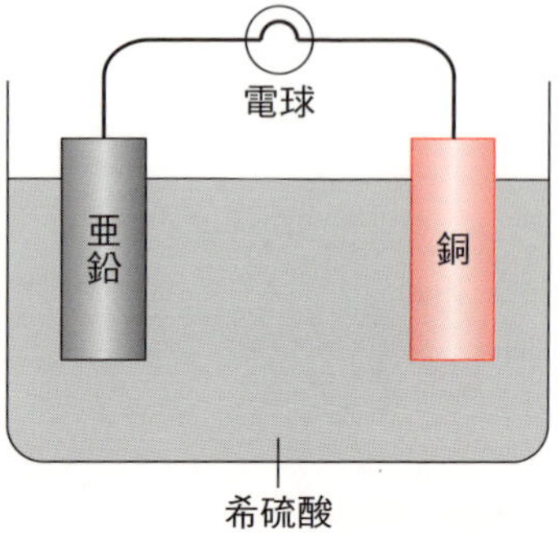

ナイスな導入

(1) イオン化傾向が小さい方が正極となります!!（p.207参照!!）
ZnとCuでイオン化傾向が小さい方なので，正極はCuです!!
答でーす!!

(2) ボルタ電池において…

負極でのイオン反応式は…

$$Zn \longrightarrow Zn^{2+} + 2e^- \quad \cdots ①$$

ZnはCuよりイオン化傾向が大きいのでZnがイオン化しまっせーっ!!

同じ!!

正極でのイオン反応式は…

$$2H^+ + 2e^- \longrightarrow H_2 \quad \cdots ②$$

$2H^+$は希硫酸から生まれる!! $H_2SO_4 \longrightarrow 2H^+ + SO_4^{2-}$

①+②より，

$$
\begin{array}{rl}
& Zn \longrightarrow Zn^{2+} + 2e^- \quad \cdots ① \\
+) & 2H^+ + 2e^- \longrightarrow H_2 \quad \cdots ② \\ \hline
& Zn + 2H^+ \longrightarrow Zn^{2+} + H_2
\end{array}
$$

よって…

負極で消費されるZnのモル数＝正極で発生するH₂のモル数

これにより亜鉛板の質量が減少　　　これが発生する気体です!!

解答でござる

(1) イオン化傾向が小さい方の金属が正極となります。
よって，正極は，**Cu** …(答)

イオン化傾向については p.205を見てください!!

(2) 正極で発生した水素H₂の物質量(モル数)は，

$$112 \div 22400$$
$$= \frac{112}{22400}$$
$$= \frac{1}{200} \text{(mol)}$$

標準状態における気体1molの体積は種類によらず22.4(L)です!!
22.4(L)
＝22.4×1000(mL)
＝22400(mL)
とりあえず分数のままで…

よって，負極で消費された亜鉛Znの物質量(モル数)は，

$$\frac{1}{200} \text{(mol)}$$

ナイスな導入 参照!!
負極で消費されるZnのモル数＝正極で発生するH₂のモル数

これを質量に直すと，Zn＝66より，

$$66 \times \frac{1}{200} = \frac{33}{100}$$
$$= 0.33 \text{(g)}$$

ちゃんと有効数字2ケタになってます!!

以上より，

増加or減少もしっかり書くように!!

｛亜鉛板…**0.33(g)減少する**
｛銅板…**変化しない**　　…(答)

Cuは反応しません!! 発生した水素の一部が泡となり銅板に付着しますが，これは無視してOKです。すごーく軽いですから…

実際のボルタ電池の実験にしては，設定の数値が大きすぎます。まあ，計算練習として割り切ってください。巨大なボルタ電池も作ろうと思えば作れますから…

RUB OUT 2　ダニエル電池

うすい硫酸亜鉛水溶液に亜鉛板を入れたものと，濃い硫酸銅(Ⅱ)水溶液に銅板を入れたものとの間を素焼き板などで仕切った電池を**ダニエル電池**と呼ぶ。ボルタ電池同様，**亜鉛板が負極**，**銅板が正極**となる。

これが電池式の書き方！

ダニエル電池の式

$$(-)\text{Zn} \mid \text{ZnSO}_4\ \text{aq} \parallel \text{CuSO}_4\ \text{aq} \mid \text{Cu}(+)$$

亜鉛板　　硫酸亜鉛水溶液　　硫酸銅(Ⅱ)水溶液　　銅板

ダニエル電池のシステム

❶ ZnとCuをつなぐとイオン化の対決が始まる!!

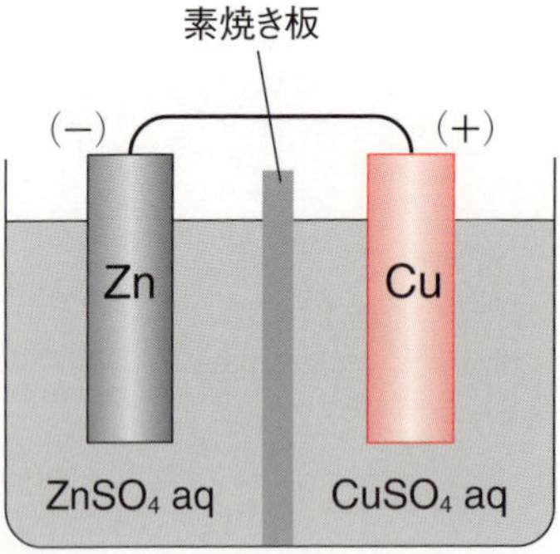

❷ Znの方がCuよりイオン化傾向が大きいので，Znがe^-を放ちZn^{2+}となり，水溶液中に溶け出す。このときe^-はe^-が通りやすい導線へ…

素焼き板

$Zn \longrightarrow Zn^{2+} + 2e^-$

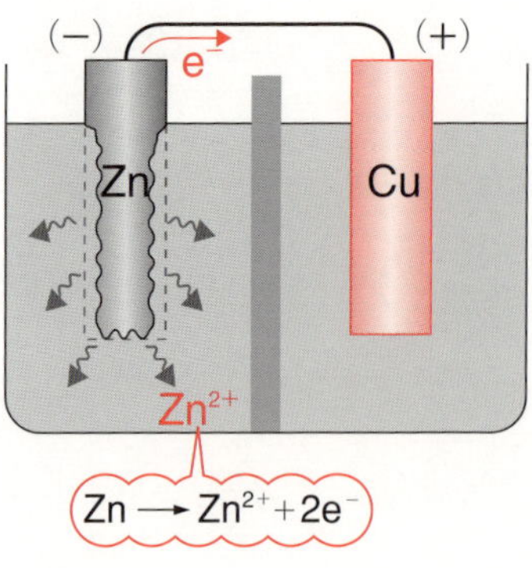

❸ 導線を伝わりCu側にやって来るe^-は水溶液中のCu^{2+}が責任をもってキャッチ!!

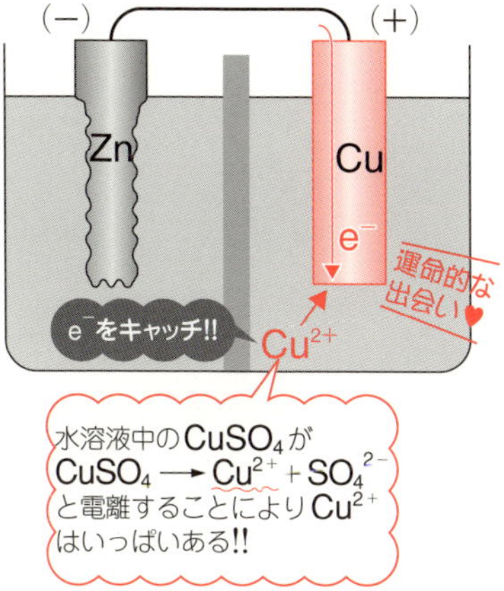

❹ Cu板側では…
$$Cu^{2+} + 2e^- \longrightarrow Cu$$
により**Cuが析出**!!

水溶液中の$CuSO_4$が
$CuSO_4 \longrightarrow Cu^{2+} + SO_4^{2-}$
と電離することによりCu^{2+}はいっぱいある!!

e^-をキャッチ!!　運命的な出会い♡

今回ももとのCu板自体は変化しません。やはり、**Znにやる気を起こさせる応援団**だったんですね!!

Cuが付着!!

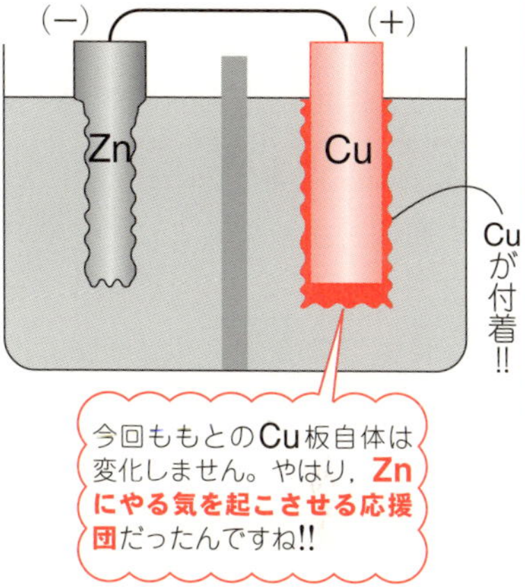

この❶～❹が連続的に起こることにより，Zn板からCu板へと電子が流れつづける。つまり，**電流はCu板からZn板へと流れる!!**

補足事項

☞ ダニエル電池はボルタ電池と違って，Cu板側にH_2の泡が生じません。よって，電池の**分極は起こらない!!**

☞ 素焼き板などでつくった仕切りは，イオンを通すことができます。Zn板側では，Zn^{2+}が水溶液中に溶け出して，Zn^{2+}が増加し，Cu板側ではSO_4^{2-}がとり残されていくのでSO_4^{2-}が増加します。

$CuSO_4 \longrightarrow Cu^{2+} + SO_4^{2-}$
余る!!

$Cu^{2+} + 2e^- \longrightarrow Cu$
によりCu^{2+}はCuになるのでなくなっていく!!

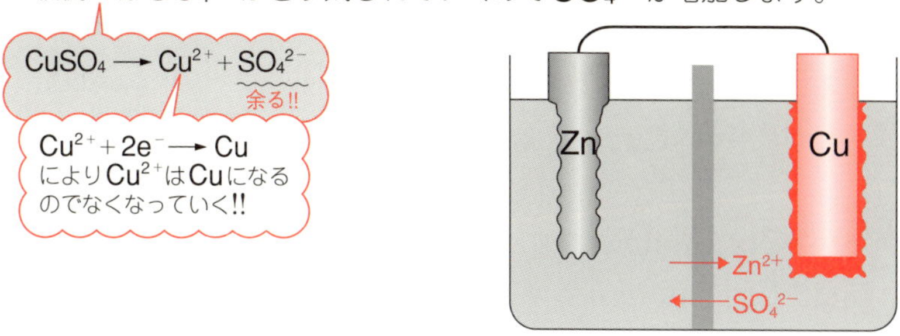

このZn^{2+}とSO$_4^{2-}$は，自由に仕切りを通過できるので，溶液内の電気的なバランスがかたよることはない。

☞　ちなみに，ダニエル電池の起電力は約$1.1\overset{\text{ボルト}}{\text{V}}$である。

ダニエル電池に関する計算問題をおひとつ…

計算問題57 ─ 標準

下図はダニエル電池の構造を示している。これについて，次の各問いに答えよ。

(1) 負極での変化をイオン反応式で表せ。

(2) 正極での変化をイオン反応式で表せ。

(3) 負極での質量の変化が0.033gだとすると，正極での質量は何g変化するかを有効数字2ケタで求めよ。ただし，原子量はZn＝66，Cu＝64とする。

電球／素焼き板／亜鉛／銅／硫酸亜鉛水溶液／硫酸銅(II)水溶液

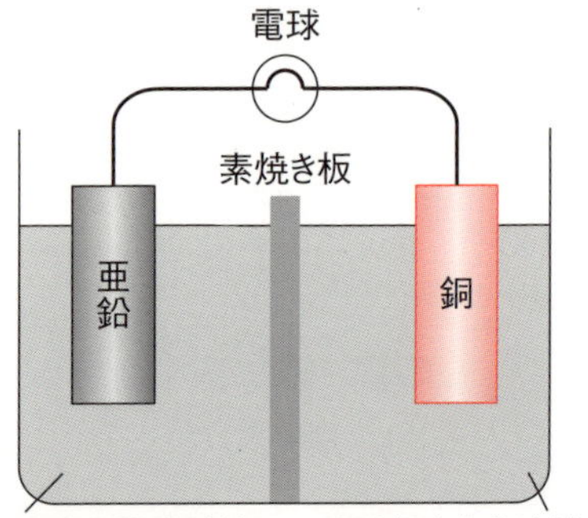

解答でござる

(1) $Zn \longrightarrow Zn^{2+} + 2e^-$

(2) $Cu^{2+} + 2e^- \longrightarrow Cu$

(3) 負極で消費されるZnのモル数
　　＝正極で析出するCuのモル数
　　　　　⇕
　　負極でZn 1mol分，つまり66(g)減少すれば，
　　正極でCu 1mol分，つまり64(g)増加する。

詳しいことはp.210，211を見てください!!

イオン化傾向が大きいZnが負極となります!!
水溶液中のCu^{2+}が電子e$^-$を受け取って銅Cuが析出します!!

$Zn \longrightarrow Zn^{2+} + 2e^-$ …①
$+)Cu^{2+} + 2e^- \longrightarrow Cu$ …②
$Zn + Cu^{2+} \longrightarrow Zn^{2+} + Cu$
　1　　　　　　　　　　　　1

Zn＝66です!!
Cu＝64です!!

このとき，負極でZnの質量が0.033(g)減少したから正極でCuの質量がx(g)増加したとして，

$$0.033 : x = 66 : 64$$
$$66x = 0.033 \times 64$$
$$x = \frac{0.033 \times 64}{66}$$
$$\therefore\ x = 0.032$$

> 問題文参照!!
> 負極での質量の変化は0.033gです!!
> 質量が増えたか減ったかについて一切触れていないところが問題の持ち味!!
>
> （負極で減少したZnの質量）:（正極で増加したCuの質量）
>
> $\dfrac{0.033 \times 64}{66} = 0.001 \times 32 = 0.032$

よって，正極での質量は，

0.032(g)増加する …(答)

> 増加or減少はしっかりと書いておこう!!
> 有効数字は2ケタです!!

RUB OUT 3 鉛蓄電池

鉛蓄電池の式

$$(-)\ \text{Pb}\ |\ \text{H}_2\text{SO}_4\text{aq}\ |\ \text{PbO}_2\ (+)$$

この鉛蓄電池は**二次電池**と呼ばれ，充電が可能です。つまり，くり返し使用することができます。今まで登場した電池や乾電池などは，充電ができない使い切りタイプで，**一次電池**と呼ばれます。

ポイントはこれだ!!

放電の際…　（Pb^{2+}）

PbとPbO$_2$は，ともにPbSO$_4$となる!!

このときの反応式は書けないとダメ!! しかし，丸暗記することはありませんよ!!

負極のイオン反応式

$Pb \rightarrow Pb^{2+}$ 酸化数が増えています。
$\underset{0}{Pb} \rightarrow \underset{+2}{Pb^{2+}}$
つまり，酸化が起こる ➡ **負極です!!**

$$Pb \rightarrow Pb^{2+}$$

これは覚える!!

電荷の差があるだけなので e^- で補正する。

$$Pb \rightarrow Pb^{2+} + 2e^-$$

これで両辺の電荷がつり合いました!!

右辺に $PbSO_4$ がほしいから，両辺に SO_4^{2-} を加える。

電子を放出していることからも負極ということになる!!

$$Pb + SO_4^{2-} \rightarrow PbSO_4 + 2e^- \quad \cdots ①$$

完成!!

正極のイオン反応式

$PbO_2 \rightarrow Pb^{2+}$ 酸化数が減っています。
$\underset{+4}{PbO_2} \rightarrow \underset{+2}{Pb^{2+}}$
つまり，還元が起こる ➡ **正極です!!**

$$PbO_2 \rightarrow Pb^{2+}$$

これは覚える!!

この作業については Theme 13 RUB OUT 4 を参照!!

両辺の O の数が等しくなるように H_2O を加える。

$$PbO_2 \rightarrow Pb^{2+} + 2H_2O$$

両辺の H の数が等しくなるように H^+ を加える。

$$PbO_2 + 4H^+ \rightarrow Pb^{2+} + 2H_2O$$

両辺の電荷の総和が等しくなるように e^- を加える。

$$PbO_2 + 4H^+ + 2e^- \rightarrow Pb^{2+} + 2H_2O$$

右辺に $PbSO_4$ がほしいから両辺に SO_4^{2-} を加える。

電子を受け取っていることからも正極ということになる!!

$$PbO_2 + 4H^+ + SO_4^{2-} + 2e^- \rightarrow PbSO_4 + 2H_2O \quad \cdots ②$$

完成した!!

このとき，①＋②として e^- を消去すると，鉛蓄電池の放電の全反応を表すことができます。

$$Pb + SO_4^{2-} \longrightarrow PbSO_4 + 2e^- \quad \cdots ①$$
$$+)\ PbO_2 + 4H^+ + SO_4^{2-} + 2e^- \longrightarrow PbSO_4 + 2H_2O \quad \cdots ②$$
$$\overline{Pb + PbO_2 + 4H^+ + 2SO_4^{2-} \longrightarrow 2PbSO_4 + 2H_2O}$$

まとめられます‼
$2H_2SO_4$

$$Pb + PbO_2 + 2H_2SO_4 \longrightarrow 2PbSO_4 + 2H_2O$$

これが放電の反応式です。充電の反応式は矢印を逆にすればOK‼

よって‼

鉛蓄電池全体としての化学反応式

$$Pb + PbO_2 + 2H_2SO_4 \underset{充電}{\overset{放電}{\rightleftarrows}} 2PbSO_4 + 2H_2O$$

では，鉛蓄電池に関する計算問題をおひとつ…

計算問題58 ちょいムズ

鉛蓄電池である一定時間の放電により負極の質量が0.030g増加した。これについて，次の各問いに答えよ。ただし原子量は H＝1.0, O＝16, S＝32, Pb＝207 とする。
(1) 放電により正極の質量は何g変化するか。有効数字2ケタで求めよ。
(2) 放電により何molの電子が流れたことになるか。有効数字2ケタで求めよ。
(3) 放電により発生する水は何gか。有効数字2ケタで求めよ。
(4) 放電により消費される硫酸は何gか。有効数字2ケタで求めよ。

ナイスな導入

詳しい話はp.213〜215を見てね。

鉛蓄電池が放電するとき…
負極では…

$$Pb + SO_4^{2-} \longrightarrow PbSO_4 + \underline{2e^-} \quad \cdots ①$$

正極では…

$$PbO_2 + 4H^+ + SO_4^{2-} + \underline{2e^-} \longrightarrow PbSO_4 + 2H_2O \quad \cdots ②$$

①＋②より，

$$Pb + PbO_2 + \mathbf{2H_2SO_4} \longrightarrow 2PbSO_4 + \mathbf{2H_2O}$$

ポイント

2molのe⁻ が流れると…
負極 1molの Pb が1molの $PbSO_4$ に変化する
正極 1molの PbO_2 が1molの $PbSO_4$ に変化する
このとき 2molの H_2SO_4 が消費される
　　　　 2molの H_2O が生じる

解答でござる

式量を求めておきます

$PbO_2\ \ = 207 + 16 \times 2 = 239$
$PbSO_4 = 207 + 32 + 16 \times 4 = 303$
$H_2O\ \ \ \ = 1.0 \times 2 + 16 = 18$
$H_2SO_4 = 1.0 \times 2 + 32 + 16 \times 4 = 98$

登場する式量はすべて求めておいたぜーっ!!

鉛蓄電池が放電するときの量的関係

$2\,(\text{mol})$ のe⁻ が流れた場合…　← 電子e⁻ は $2\,(\text{mol})$ であることを忘れるな!!

負極での変化は…

$$Pb \longrightarrow PbSO_4$$
$$207 \qquad\ \ 303$$
$$+96\,(g)$$

← $2\,(\text{mol})$ のe⁻ が流れると負極は $96\,(g)$ 増加する!!

正極での変化は…

$$PbO_2 \longrightarrow PbSO_4$$
$$239 \qquad\ \ \ 303$$
$$+64\,(g)$$

← $2\,(\text{mol})$ のe⁻ が流れると正極は $64\,(g)$ 増加する!!

さらに…
$2\,(\text{mol})$ の H_2SO_4 が消費される。
$2\,(\text{mol})$ の H_2O が生じる。

Theme 14 化学 電池に関する計算問題 217

(1) 負極が **96**(g) 増加したとき，正極は **64**(g) 増加する ← 前ページの量的関係を考えて‼

負極が **0.030**(g) 増加したとき，正極が x(g) 増加したとすると…

$$0.030 : x = 96 : 64$$ ← $\binom{\text{負極で増加}}{\text{する質量}} : \binom{\text{正極で増加}}{\text{する質量}}$

$$96x = 0.030 \times 64$$ ← $A : B = C : D$
$\Leftrightarrow B \times C = A \times D$

$$x = \frac{0.030 \times 64}{96}$$

"やらせ"のような見事な約分‼

$$\therefore \quad x = 0.020$$

$\dfrac{0.030 \times 64^{\,2}}{96_{\,3}}$

よって，正極の質量は，

$= 0.010 \times 2$
$= 0.020$

0.020(g)**増加する** …(答)

(2) 電子 e⁻ が **2**(mol) 流れたとき，負極は **96**(g) 増加する ← 前ページの量的関係参照‼

このとき，電子 e⁻ が y(mol) 流れたとき，負極が **0.030**(g) 増加したとすると…

$$y : 0.030 = 2 : 96$$ ← $\binom{\text{流れた e}^-}{\text{のモル数}} : \binom{\text{負極で増加}}{\text{する質量}}$

$$96y = 0.030 \times 2$$ ← $A : B = C : D$
$\Leftrightarrow A \times D = B \times C$

$$y = \frac{0.030 \times 2}{96}$$

$\dfrac{0.030 \times 2}{96}$

$$y = 6.25 \times 10^{-4}$$

$= \dfrac{3 \times 2}{96 \times 100}$

$\therefore \quad y \fallingdotseq \mathbf{6.3 \times 10^{-4}}$ (mol) …(答)

$= \dfrac{1}{16 \times 100}$

$= \dfrac{100}{16 \times 100 \times 100}$

(3) 負極が **96**(g) 増加したとき，**2**(mol) の水 H_2O が生じる
$\underset{\shortparallel}{\mathbf{36}}$(g)

$= \dfrac{100}{16} \times \dfrac{1}{10^4}$

$= 6.25 \times 10^{-4}$

負極が **0.030**(g) 増加したとき，z(g) の水 H_2O が生じたとすると…

← 前ページの量的関係参照‼

$2H_2O = 2 \times 18 = 36$

$$0.030 : z = 96 : 36$$ ← $\binom{\text{負極で増加}}{\text{する質量}} : \binom{\text{生じた H}_2\text{O}}{\text{の質量}}$

$$96z = 0.030 \times 36$$ ← $A : B = C : D$
$\Leftrightarrow B \times C = A \times D$

$$z = \frac{0.030 \times 36}{96}$$

$$z = 0.01125$$

$$\therefore\ z \fallingdotseq \underline{\mathbf{0.011}}\,(\text{g}) \quad \cdots(\text{答})$$

$\dfrac{0.030 \times 36}{96}$

$= \dfrac{3 \times \overset{3}{\cancel{36}}}{\underset{8}{\cancel{96}} \times 100}$

$= \dfrac{1.125}{100}$

$\boxed{1.1 \times 10^{-2}(\text{g})}$

としてもOK!!

(4) 負極が **96**(g) 増加したとき, **2**(mol)の硫酸 H_2SO_4 が消費される

→ p.216の量的関係を参照!!

196(g)

$2H_2SO_4 = 2 \times 98 = 196$

負極が **0.030**(g) 増加したとき, w(g) の硫酸 H_2SO_4 が消費されたとすると…

$0.030 : w = 96 : 196$

(負極で増加する質量) : (消費される H_2SO_4 の質量)

$96w = 0.030 \times 196$

$w = \dfrac{0.030 \times 196}{96}$

$w = 0.06125$

$\therefore\ w \fallingdotseq \underline{\mathbf{0.061}}\,(\text{g}) \quad \cdots(\text{答})$

$\dfrac{0.030 \times 196}{96}$

$= \dfrac{3 \times \overset{49}{\cancel{196}}}{\underset{8}{\cancel{96}} \times 100}$

$= \dfrac{6.125}{100}$

$\boxed{6.1 \times 10^{-2}(\text{g})}$

としてもOK!!

プロフィール

浜畑直次郎（ハマハタ ナオ ジロウ）（43才）

生真面目なサラリーマン。郊外の庭付きマイホームから長距離出勤の毎日。並外れたモミアゲのボリュームから, 人呼んで『モミー』

RUB OUT 4 燃料電池

水素H_2を燃焼させると次の反応が起こる。

$$2H_2 + O_2 \longrightarrow 2H_2O \quad \cdots (*)$$

このとき生じる熱エネルギーを装置を使って電気エネルギーに変えて，電流を取り出す電池を**燃料電池**と申します。

イメージコーナー

燃料電池にもいろいろあります。その中でも最も有名なリン酸型燃料電池について簡単にまとめておきます。

水素を入れる!!　　　　　　　　　　　　　　　　酸素を入れる!!
($-$) e^-が出る!!　　　　　　　　　e^-が入る!! ($+$)
$H_2 \rightarrow$　　　H_3PO_4水溶液　　　$\leftarrow O_2$
　　　　e^-　　　　　　　　　　　e^-
　　　　　　　　$\rightarrow H^+ \rightarrow$　　　　　$\rightarrow H_2O$
　　　　　　　　　　　　　　　　　　　　水を放出!!

負極では… 電子が出る!!
$2H_2 \longrightarrow 4H^+ + 4e^- \quad \cdots ①$

正極では… 電子が入る!!
$O_2 + 4H^+ + 4e^- \longrightarrow 2H_2O \quad \cdots ②$

流れる電子は $4e^-$

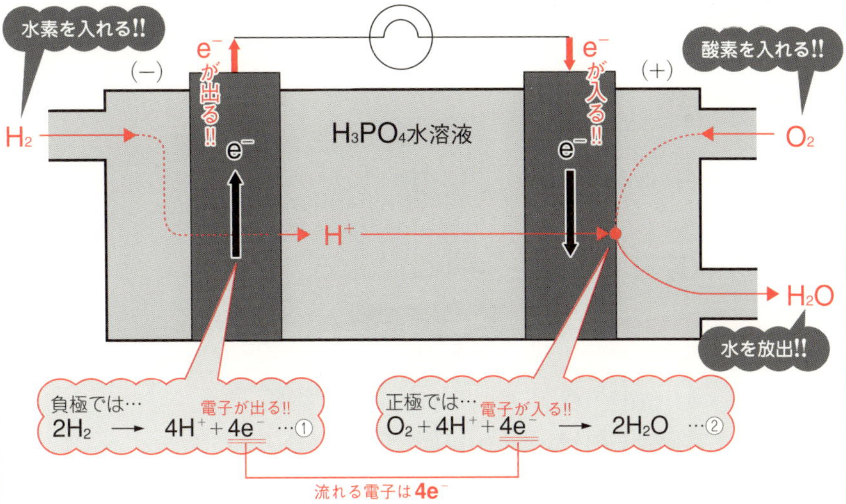

このとき，①＋②より，

$$\begin{array}{r}
2H_2 \longrightarrow 4\cancel{H^+} + \cancel{4e^-} \quad \cdots ① \\
+)\ O_2 + \cancel{4H^+} + \cancel{4e^-} \longrightarrow 2H_2O \quad \cdots ② \\ \hline
2H_2 + O_2 \longrightarrow 2H_2O \quad \cdots (*)
\end{array}$$

結局のところ($*$)の式になるわけだ!!

イメージコーナー からもおわかりのように，外部に放出される物質は水 H_2O のみなので，まさにエコですね♥

そんなわけで，次世代のエネルギー源として，ますます注目されています。
あと，リン酸 H_3PO_4 の役割は深く突っ込まなくてOK!!

エコなんてクソくらえ!!

計算問題59 ｜標準

燃料電池を用いて，0.10molの電子の分だけの電気量を得たいとき，必要となる水素と酸素の標準状態における体積を有効数字2ケタで求めよ。

ナイスな導入

負極では…
$$2H_2 \longrightarrow 4H^+ + 4e^- \quad \cdots ①$$

正極では…
$$O_2 + 4H^+ + 4e^- \longrightarrow 2H_2O \quad \cdots ②$$

①+②より，
$$2H_2 + O_2 \longrightarrow 2H_2O \quad \cdots (*)$$

まとめると…

ここがポイント!!　　　これだけ押さえればOK!!

4(mol)の e^- に対して…
2(mol)の H_2 と1(mol)の O_2 が必要である!!

解答でござる

4(mol)の e^- に対して，2(mol)の H_2 が必要である。
　　　　　　　　　　　　　　∥
　　　　　　　　　　　$2 \times 22.4 (L)$ ← 標準状態で!!

0.10(mol)の e^- に対して，標準状態で x(L)の H_2 が必要であるとすると…

流れる e^- のモル数 : 必要な H_2 の標準状態における体積

$$0.10 : x = 4 : (2 \times 22.4)$$
$$4x = 0.10 \times 2 \times 22.4$$
$$x = 1.12$$
$$\therefore \quad x ≒ \underline{1.1}(L)$$

ナイスな導入 参照!!

$A : B = C : D$
$\Leftrightarrow B \times C = A \times D$

有効数字2ケタです!!

$4\,(\text{mol})$ の e^- に対して，$1\,(\text{mol})$ の O_2 が必要である。
$$\parallel$$
$$22.4\,(\text{L})$$

$0.10\,(\text{mol})$ の e^- に対して，標準状態で $y\,(\text{L})$ の O_2 が必要であるとすると…

$$0.10 : y = 4 : 22.4$$
$$4y = 0.10 \times 22.4$$
$$y = \underline{\mathbf{0.56}}\,(\text{L}) \quad \cdots (答)$$

ナイスな導入 参照!!

標準状態で!!

$\begin{pmatrix}流れる\,e^-\\のモル数\end{pmatrix}$: $\begin{pmatrix}必要な\,O_2\,の\\標準状態に\\おける体積\end{pmatrix}$

$A : B = C : D$
$\Leftrightarrow B \times C = A \times D$

有効数字2ケタです!!

Theme 15 化学 電気分解に関する計算問題

RUB OUT 1 電気量の計算

1(A)〔アンペア〕の電流が 1秒間 流れたときの電気量が 1(C)〔クーロン〕です。

これを踏まえて…

i(A)の電流が t(秒)流れたときの電気量を Q(C)とすると…

$$Q = it$$

となりまーす。

計算法のチェック

6(A)の電流を5分間流したときの電気量は？

5分 = 5×60 = 300秒
よって，流れた電気量 Q は，
$Q = 6 \times 300 = $ **1800 (C)** 答でーす!!

（$Q = it$）

（これがわからない人は小学校からやり直し!!）

RUB OUT 2 ファラデー定数

1個の電子(e^-)がもつ電気量は，かなり小さい値です。
よって，今回も1molで考えます!!

1(mol)の電子がもつ電気量 = 96500(C)

（この値は覚える!!）

Theme 15 化学 電気分解に関する計算問題

> **注** 電子(e⁻)の電荷はマイナスですが，電気量なので絶対値で考えます!!

計算法のチェック

15(A)の電流を5時間21分40秒間流したときの電気量は電子(e⁻)何mol分に相当するか？

5時間21分40秒 = $5 \times 60^2 + 21 \times 60 + 40 = 19300$ 秒

よって，流れた電気量 Q は （$Q = it$）

$Q = 15 \times 19300 = 289500$ (C)

1(mol)の電子がもつ電気量は96500(C)であるから，

$\dfrac{289500}{96500} = $ **3.0 (mol)**   答でーす!!

とゆーわけで，この役に立つ96500(C)を**ファラデー定数**と呼び，電子(e⁻)1mol分の電気量であることを強調して単位を(C/mol)とします。

ファラデー定数

（電子(e⁻)1mol分の電気量）

$$F = 96500 \text{ (C/mol)}$$

通常 F で表します

計算法のチェック

10(A)の電流を38600秒間流したときの電気量を F で表せ。

流れた電気量 Q は （$Q = it$）

$Q = 10 \times 38600 = 386000$ (C)

このとき，$F = 96500$ (C/mol)であるから

$\dfrac{386000}{96500} = 4F$ 答でーす!!

電子4mol分の電気量という意味だぜ!!

RUB OUT ③ 電気分解のしくみ

勘違いすんなよ!!

これから登場する図は電池のときの図と似ていますが，まったく違うお話です。

電　　池 👉 自発的に酸化還元反応が起こり，外部に電流を供給するシステムをつくる!!

電気分解 👉 外部から(電池などから)得る電気エネルギーによって自発的には起こらない酸化還元反応を強引に起こさせる!!

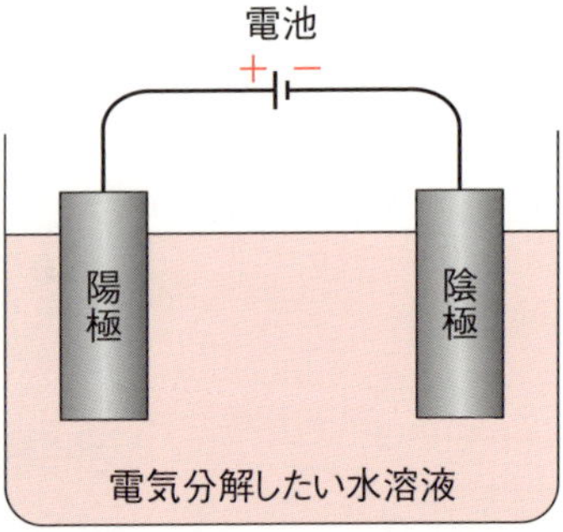

左図が電気分解の装置の略図です。ここで押さえていただきたいのは…

陽極 👉 電池の正極とつないだ電極

陰極 👉 電池の負極とつないだ電極

と，新たな用語が登場します。電池のときの正極＆負極から呼び方が変わりまっせ!!

そこで!!

電気分解が行われることにより陽極側では**電子を放出する**反応，つまり，**酸化反応**が起こり，陰極側では**電子を受け取る**反応，つまり，**還元反応**が起こります。これによって，左図のように電子がうまく循環します。

酸化反応により電子を放出!!
還元反応により電子を受け取る!!

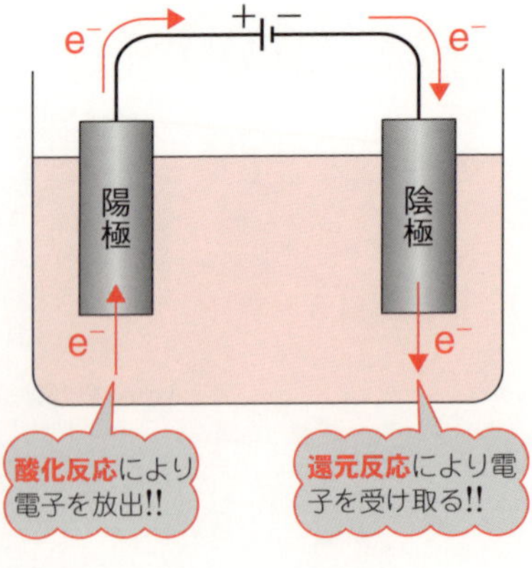

では具体的にどのような反応が？？

ザ・まとめ

> 陽極には陰イオンが陰極には陽イオンが引き寄せられるよ♥

陽極での変化

(i) ふつう，電極には **Pt** または **C** を使用します。この場合…

❶ 水溶液中の陰イオンがハロゲン化物イオン（Cl^-，Br^-，I^- など）のときは，ハロゲン単体（Cl_2，Br_2，I_2）が発生します。

$$\text{例}\quad 2Cl^- \longrightarrow Cl_2\uparrow + 2e^-$$

- ハロゲン化物イオン
- ハロゲン単体
- 電子を放出!!

> 気体が発生する場合，$Cl_2\uparrow$ のように表現することが多いです!!

❷ 溶液中の陰イオンが水酸化物イオン OH^-，硫酸イオン SO_4^{2-}，硝酸イオン NO_3^- のときは，O_2 が発生します。このときのイオン反応式は2種類あります。

塩基性溶液の場合

$$4OH^- \longrightarrow 2H_2O + O_2\uparrow + \boxed{4e^-} \quad \text{重要!!}$$

> 水溶液中の水が犠牲に!!

中性または酸性溶液の場合

$$2H_2O \longrightarrow O_2\uparrow + 4H^+ + \boxed{4e^-} \quad \text{重要!!}$$

注 どちらの反応式も電子が $4e^-$ であることを押さえておいてください!!

(ii) 例外的なタイプですが…。電極が **Ag**，**Cu**，**Zn** など（金，白金以外）の場合，水溶液中の陰イオンは関与せず，電極の金属がイオンとなって溶け出す。

$$\text{例}\quad Ag \longrightarrow Ag^+ + e^-$$

- 電子を放出!!

陰極での変化

電極に使われる金属は特に制限はない!!（Ptの場合が多いですが…）

① 水溶液中の陽イオンが Li^+, K^+, Ca^{2+}, Na^+, Mg^{2+}, Al^{3+} のときは，H_2 が発生します。

このときのイオン反応式は2種類あり…

酸性溶液の場合

重要!!
$$2H^+ + \boxed{2e^-} \longrightarrow H_2\uparrow$$

> イオン化列のBEST6です!!
> Li K Ca Na Mg Al
> 実は Ba^{2+} もなんですが…
> マニアックな話ですね!!

> 水溶液中の水が犠牲に!!

中性または塩基性溶液の場合

重要!!
$$2H_2O + \boxed{2e^-} \longrightarrow H_2\uparrow + 2OH^-$$

注 どちらの反応式も電子が $2e^-$ であることを押さえておいて!!

② 水溶液中の陽イオンが①以外の金属イオンのときは，その金属イオンが電子 e^- を得て**金属単体となって析出**します。

例 $Zn^{2+} + 2e^- \longrightarrow Zn$

金属イオン　電子を受け取る!!　金属単体

では，問題を通して知識の安定化をはかりましょう!!

計算問題60 　標準　　計算問題とは言えませんが…

次の(1)〜(6)の電気分解において，陽極，陰極で起こる変化をイオン反応式で表せ。

(1) Pt / Pt ， $CuCl_2$ aq

(2) Pt / Pt ， NaOH aq

(3) Pt / Pt ， $Ca(NO_3)_2$ aq

(4) Pt / Cu ， H_2SO_4 aq

(5) Cu / Pt ， $CuSO_4$ aq

(6) Ag / Ag ， $AgNO_3$ aq

ナイスな導入

RUB OUT ❸ にすべてのルールがかいてあります!!
ただ H_2 が発生する場合と，O_2 が発生する場合のイオン反応式がちょっとウザかったですね

コツさえつかめば簡単だよっ!!

ウゼェ!!

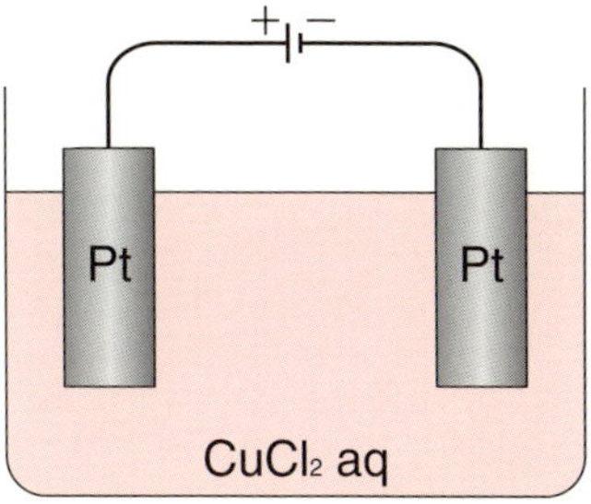

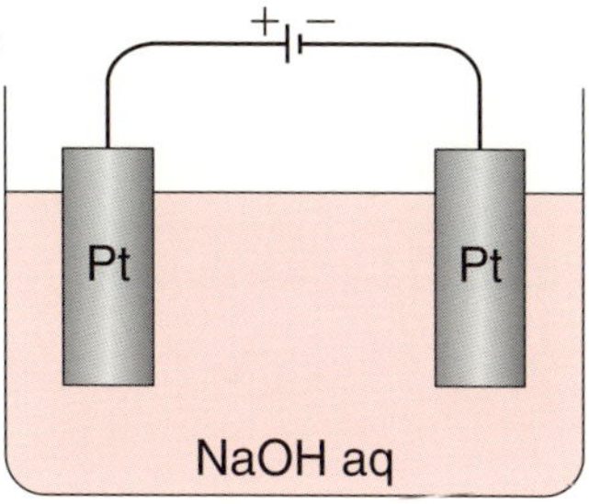

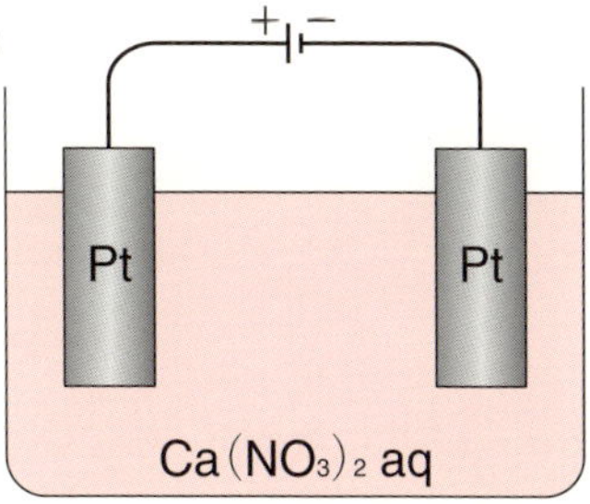

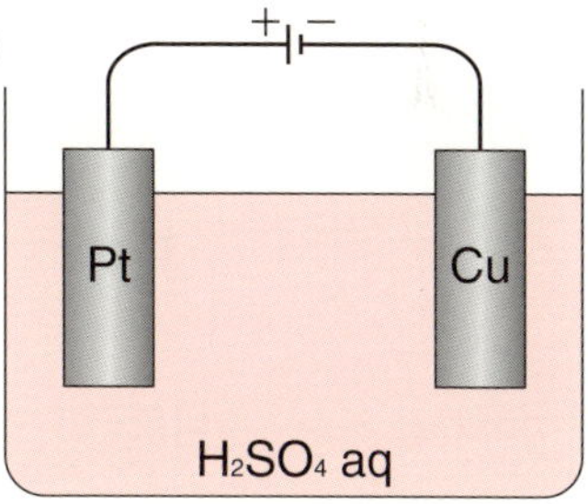

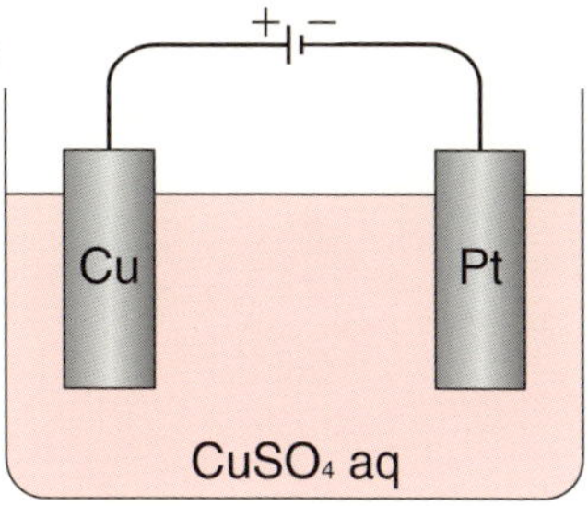

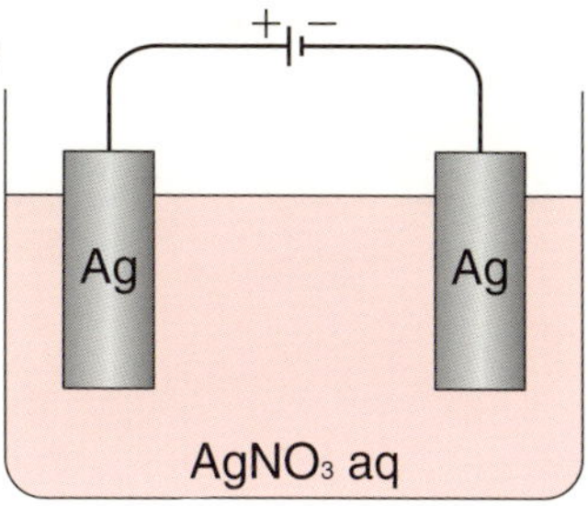

☞ 陽極でO_2が発生するときのイオン反応式は…

塩基性溶液の場合

$$4OH^- \longrightarrow 2H_2O + O_2\uparrow + 4e^-$$
塩基性より

誠に申し訳ありませんが，このイオン反応式は**丸暗記してください!!**

左辺の塩基性を表す$4OH^-$を消すために両辺に$4H^+$を加えると，中性or酸性溶液の場合のイオン反応式が得られる!!

中性or酸性溶液の場合

$$2H_2O \longrightarrow O_2\uparrow + 4H^+ + 4e^-$$

$$\begin{array}{l} 4OH^- \rightarrow 2H_2O + O_2 + 4e^- \\ +)\ 4H^+ \qquad\qquad 4H^+ \\ \hline 4H_2O \rightarrow 2H_2O + O_2 + 4H^+ + 4e^- \\ \text{両辺の}H_2O\text{をまとめると…} \\ \therefore\ 2H_2O \rightarrow O_2 + 4H^+ + 4e^- \end{array}$$

☞ 陰極でH_2が発生するときのイオン反応式は…

酸性溶液の場合

$$2H^+ + 2e^- \longrightarrow H_2\uparrow$$
酸性より

この式をベースに…

左辺の酸性を表す$2H^+$を消すために，両辺に$2OH^-$を加えると，中性or塩基性溶液の場合のイオン反応式が得られる!!

中性or塩基性溶液の場合

$$2H_2O + 2e^- \longrightarrow H_2\uparrow + 2OH^-$$

$$\begin{array}{l} 2H^+ + 2e^- \rightarrow H_2 \\ +)\ 2OH^- \qquad\quad 2OH^- \\ \hline 2H_2O + 2e^- \rightarrow H_2 + 2OH^- \end{array}$$

なるほど…

補足事項はこのくらいにして，解答へとまいりましょう!!

解答でござる

(1) 陽極 $2Cl^- \longrightarrow Cl_2\uparrow + 2e^-$
　　陰極 $Cu^{2+} + 2e^- \longrightarrow Cu$

(1) 溶液中のイオンは
　　{ 陽イオン…Cu^{2+} ← 陰極へ…
　　　陰イオン…Cl^- ← 陽極へ…

ルールどおりだね!!

Theme 15 化学 電気分解に関する計算問題　229

(2) 陽極　$4OH^- \longrightarrow 2H_2O + O_2\uparrow + 4e^-$
　　陰極　$2H_2O + 2e^- \longrightarrow H_2\uparrow + 2OH^-$

> これらのイオン反応式のつくり方については ナイスな導入 を見てね♥

(2) 溶液中のイオンは
　$\begin{cases} 陽イオン \cdots Na^+ \\ 陰イオン \cdots OH^- \end{cases}$
　ともに問題あり!!
　$Na^+ \cdots H_2O$が身代わりになり
　　H_2が発生!!
　$OH^- \cdots O_2$が発生!!
　NaOH aq ➡ 塩基性水溶液であることに注意せよ!!

(3) 陽極　$2H_2O \longrightarrow O_2\uparrow + 4H^+ + 4e^-$
　　陰極　$2H_2O + 2e^- \longrightarrow H_2\uparrow + 2OH^-$

> 液性がほぼ中性だから左辺にH^+やOH^-が存在したらおかしいよ!!　よって左辺にはH_2Oがあるね♥

(3) 溶液中のイオンは
　$\begin{cases} 陽イオン \cdots Ca^{2+} \\ 陰イオン \cdots NO_3^- \end{cases}$
　ともに問題あり!!
　$Ca^{2+} \cdots H_2O$が身代わりになり
　　H_2が発生!!
　$NO_3^- \cdots H_2O$が身代わりになり
　　O_2が発生!!
　p.225参照
　$Ca(NO_3)_2$ aq ➡ ほぼ中性であることに注意せよ!!

(4) 陽極　$2H_2O \longrightarrow O_2\uparrow + 4H^+ + 4e^-$
　　陰極　$2H^+ + 2e^- \longrightarrow H_2\uparrow$

> 本問では**陰極がCu**です!!　しかし…陰極の金属はどうでもいいです。ルールを思い出そう!!

(4) 溶液中のイオンは
　$\begin{cases} 陽イオン \cdots H^+ \quad 陰極へ \\ 陰イオン \cdots SO_4^{2-} \end{cases}$
　$SO_4^{2-} \cdots H_2O$が身代わりになり
　　O_2が発生!!
　H_2SO_4 aq ➡ 酸性水溶液であることに注意せよ!!

(5) 陽極　$Cu \longrightarrow Cu^{2+} + 2e^-$
　　陰極　$Cu^{2+} + 2e^- \longrightarrow Cu$

> 陽極が**Ag, Cu, Zn**の場合は電極の金属自体がイオン化して溶け出します!!

(5) **電極に問題あり!!**
　陽極がCuです!!
　よって…
　$\begin{cases} 陽イオン \cdots Cu^{2+} \quad 陰極へ \\ 陰イオン \cdots SO_4^{2-} \end{cases}$
　陽極がCuなので無関係!!

(6) 陽極　$Ag \longrightarrow Ag^+ + e^-$
　　陰極　$Ag^+ + e^- \longrightarrow Ag$

> 本問では陰極もAgになっているけど、陰極に関しては変わったことがあってもスルーしてOKだよ♥

(6) **電極に問題あり!!**
　陽極がAgです!!
　よって…
　$\begin{cases} 陽イオン \cdots Ag^+ \quad 陰極へ \\ 陰イオン \cdots NO_3^- \end{cases}$
　陽極がAgなので無関係!!

ではでは，オーソドックスな計算問題を!!

計算問題61 標準

0.050mol/Lの硫酸銅(Ⅱ)水溶液3.0Lを，両極の電極にPtを用いて，0.20Aで5790秒間電気分解を行った。これについて，次の各問いに答えよ。ただし，原子量はCu = 63.5とし，ファラデー定数を$F = 96500$(C/mol)とする。また，溶質の質量が変わっても，水溶液の体積は変化しないものとする。

(1) 両極での変化をイオン反応式で表せ。
(2) 電気分解中に流れた電子は何molか。
(3) 両極での質量の変化を有効数字2ケタでそれぞれ計算せよ。
(4) 電気分解後の硫酸銅(Ⅱ)水溶液のモル濃度を有効数字2ケタで求めよ。

ナイスな導入

RUB OUT ❷ のお話がついに登場します!!

1molの電子がもつ電気量 ☞ **96500**(C)

さらに…

ファラデー定数 $F = $ **96500**(C/mol) です。

1mol分のe⁻がもつ電気量はF(C)です!!

計算のコツ

例えば…

$$Cu^{2+} + 2e^- \longrightarrow Cu$$

このイオン反応式からもわかるとおり

1molのCuが析出するためには…，**2molのe⁻**が必要です。

つまーり!!

1molのCuが析出するためには…**2Fの電気量**が必要です。

これらをヒントにLet's Try!!

解答でござる

(1) 陽極　$2H_2O \longrightarrow O_2\uparrow + 4H^+ + 4e^-$
　　陰極　$Cu^{2+} + 2e^- \longrightarrow Cu$

> $CuSO_4$ aqの液性は酸性です!!(p.225参照!)このイオン反応式についての話は前問 計算問題60 と同様!!
>
> p.222参照!!

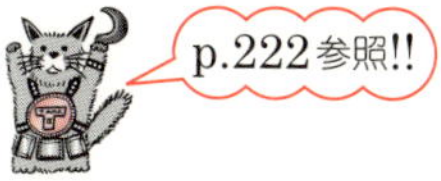

(2) 流れた電気量Qは，
$$Q = 0.20 \times 5790$$
$$= 1158 (C)$$
このとき，$F = 96500 (C/mol)$ より，
流れた電子の物質量(モル数)は，
$$\frac{Q}{F} = \frac{1158(C)}{96500(C/mol)} = \mathbf{0.012 (mol)}$$

> $Q = it$
>
> 1(mol)の電子がもつ電気量が96500(C)
>
> 電気量Qをファラデー定数Fで割れば電子何mol分の電気量か? が求まる!!

(3) 陽極　質量は**変化しない**　…(答)
　　陰極について…
　　2(mol)の電子e^-が流れるとCuは1(mol) = 63.5 (g)析出するから析出するCuの質量をx(g)とすると，
(1)より…　　　　　(2)から…
$$2 : 63.5 = 0.012 : x$$
　　　(g)　　　　　　(g)
$$2x = 63.5 \times 0.012$$
$$\therefore x = 0.381$$
$$\fallingdotseq 0.38 (g)$$
よって，陰極の質量は**0.38(g)増加する**　…(答)

> 陽極で発生する物質O_2は**気体**なので，電極の質量には関与しない!!
>
> 原子量Cu = 63.5
>
> 電子(mol):Cuの質量(g)の関係です!!
>
> 一般に
> $A : B = C : D$
> $\Leftrightarrow A \times D = B \times C$
>
> 有効数字2ケタと問題文にあります!!
> $0.381 \fallingdotseq 0.38$
> 　　　↑ 2ケタ!!
> 四捨五入!!
>
> 増加するor減少するも書くべし!!

(4) 2(mol)の電子が流れると…
水溶液中の1(mol)のCu^{2+}が消費される。

$Cu^{2+} + 2e^- \rightarrow Cu$
1 : 2

つまり、水溶液中で1(mol)の$CuSO_4$が消費される。

$CuSO_4 \rightarrow Cu^{2+} + SO_4^{2-}$
消費!!

よって、0.012(mol)の電子が流れたとき水溶液中で消費されるCu^{2+}(つまり$CuSO_4$)の物質量(モル数)は、

$$0.012 \times \frac{1}{2} = 0.0060 \text{(mol)} \quad \cdots ①$$

$\begin{pmatrix} 消費される \\ CuSO_4 \\ のモル数 \end{pmatrix} = \begin{pmatrix} 流れる \\ e^- \\ のモル数 \end{pmatrix} \times \frac{1}{2}$

もともと存在していた$CuSO_4$の物質量(モル数)は、

$$0.050 \times 3.0 = 0.15 \text{(mol)} \quad \cdots ②$$

0.050(mol/L)
3.0(L)分です!!
(mL)ではありませんよ!!

①,②より電気分解後に残っている$CuSO_4$の物質量は、

$$0.15 - 0.0060 = 0.144 \text{(mol)} \quad \cdots ③$$

②−①です!!

③で求めた物質量は、水溶液3.0(L)中で存在しているから、求めるべき電気分解後の$CuSO_4$のモル濃度は、

$$0.144 \div 3 = \underline{\mathbf{0.048}} \text{(mol/L)} \quad \cdots \text{(答)}$$

3.0(L)に0.144(mol)
÷3　　　÷3
1.0(L)に0.048(mol)

Theme 15 化学 電気分解に関する計算問題

さて，次の場合は…??

計算問題62　標準

0.20mol/Lの硝酸銀水溶液500mLを陽極にAg，陰極にPtを用いて，0.30Aで7720秒間電気分解を行った。これについて，次の各問いに答えよ。ただし，原子量はAg＝108とし，ファラデー定数を$F=96500$(C/mol)とする。

(1) 両極での変化をイオン反応式で表せ。
(2) 電気分解中に流れた電子は何molか。
(3) 両極での質量の変化を有効数字2ケタでそれぞれ求めよ。
(4) 電気分解後の硝酸銀水溶液のモル濃度を求めよ。ただし，溶液の体積は変化しなかったと考えてよい。

ナイスな導入

陽極がAgでーす!!

陰極であれば問題はないのですが…。陽極ですから

とゆーわけで…

陽極のAgがイオン化して溶け出す!!

このことさえ注意すれば，前問 計算問題61 と同じでーす。

解答でござる

(1) 陽極　$Ag \longrightarrow Ag^+ + e^-$ ← 陽極がAgですから，例外パターンです!!（p.225参照!!）
　　陰極　$Ag^+ + e^- \longrightarrow Ag$ ← こちらは通常ルールで!!

(2) 流れた電気量Qは，
$$Q = 0.30 \times 7720$$
$$= 2316(C)$$

このとき，$F=96500$(C/mol)より，

Q = it
p.222参照!!

1(mol)の電子がもつ電気量が96500(C)です!!

流れた電子の物質量(モル数)は，

$$\frac{Q}{F} = \frac{2316 (C)}{96500 (C/mol)} = \underline{0.024} (mol) \quad \cdots (答)$$

電気量Qをファラデー定数Fで割れば電子何mol分の電気量か？が求まる!!

(3) 1(mol)の電子e^-が流れると，Ag 1(mol) = 108(g)がイオン化したり析出したりする。

$\begin{cases} Ag \longrightarrow Ag^+ + e^- \\ Ag^+ + e^- \longrightarrow Ag \end{cases}$

1(mol)のAgに対して1(mol)のe^-が対応!!

陽極でイオン化して溶け出すAgの質量
＝陰極で析出するAgの質量

ポイント
陽極と陰極に関与する**電気量は等しい!!** よって，陽極と陰極の**Agの変化量も等しくなる!!**

であることから，これらをx(g)として，
(2)より…

$$1 : 108 = 0.024 : x$$
$$\text{(mol) \ (g) \quad (mol) \ (g)}$$
$$1 \times x = 108 \times 0.024$$
$$x = 2.592$$
$$\therefore \ x ≒ 2.6 (g)$$

e^-のモル数：Agの質量(g)

$A : B = C : D$
$\Leftrightarrow A \times D = B \times C$

有効数字2ケタです!!

よって，

陽極 質量は2.6(g)減少する。
陰極 質量は2.6(g)増加する。

Agが溶解!!
Agが析出!!

(4) 陰極で水溶液中のAg^+が消費されるが，これと同量のAg^+が陽極から溶け出してきます。よって，水溶液中のAg^+の量は変化しないことになります。つまり，$AgNO_3$水溶液の濃度は変化しません。
　よって，モル濃度は最初の状態の，

$$\underline{0.20} (mol/L) \quad \cdots (答)$$

(4) Ag^+が変化しないし，NO_3^-も変化しないので，$AgNO_3$全体としても変化しないということになります!!

Theme 15 化学 電気分解に関する計算問題 235

RUB OUT 4 直列回路の電気分解

　直列だーっ!!

具体的な問題で体験するに限ります。

計算問題63　ちょいムズ

回路図：
- 電池（＋—）に接続
- 左槽：電極Ⓐ(Pt)・Ⓑ(Pt)、AgNO₃ aq
- 中央槽：電極Ⓒ(C)・Ⓓ(Fe)、NaCl aq
- 右槽：電極Ⓔ(Cu)・Ⓕ(Pt)、CuSO₄ aq

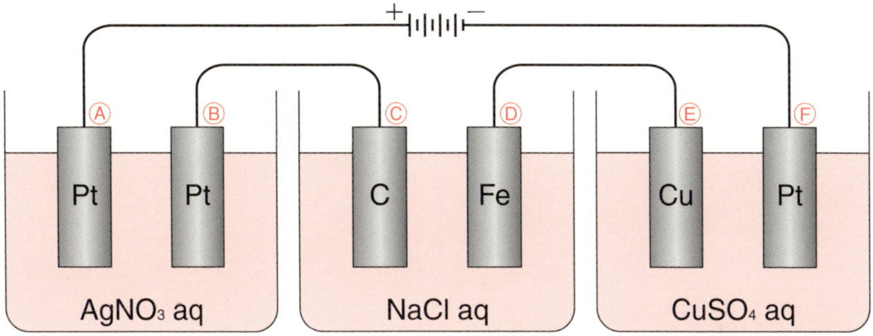

　上図のような回路を組んで電気分解したところ，電極Ⓐから気体が標準状態で672mL発生した。原子量を $Cu = 63.5$，$Ag = 108$ として，次の各問いに答えよ。

(1) 電極Ⓐ〜Ⓕでの変化をそれぞれイオン反応式で表せ。

(2) 電極Ⓐ以外の気体が発生する電極について，発生する気体の標準状態における体積を有効数字2ケタでそれぞれ求めよ。

(3) 電極Ⓐ〜Ⓕのうち，電極の質量が変化するものがある場合，その電極の質量の変化を有効数字2ケタでそれぞれ求めよ。

ナイスな導入

すべての電極に流れる電気量は等しい!!

とゆーわけで…

計算のコツ

① $Ag^+ + e^- \longrightarrow Ag$
② $Cu^{2+} + 2e^- \longrightarrow Cu$
③ $2H_2O \longrightarrow O_2\uparrow + 4H^+ + 4e^-$

①, ②, ③を比較してください!! e^-の数が違いますね…。流れる電気量が等しい　つまり…　　　e^-の数をそろえる!!

そこで!!

①はそのまま…

$Ag^+ + e^- \longrightarrow \mathbf{Ag}$

②は両辺を2で割る!!

$\frac{1}{2}Cu^{2+} + e^- \longrightarrow \frac{1}{2}\mathbf{Cu}$

③は両辺を4で割る!!

$\frac{1}{2}H_2O \longrightarrow \frac{1}{4}O_2 + H^+ + e^-$

よって!!

（係数に注目してくれ!!）

1(mol)のe^-に対して,

Ag…1mol　　Cu…$\frac{1}{2}$(mol)　　O_2…$\frac{1}{4}$(mol)

が関与することになります!!

つまーり!!

電気分解に関与する物質量比(モル数比)は…

$Ag : Cu : O_2 = 1 : \frac{1}{2} : \frac{1}{4}$　×4

　　　　　　　$= 4 : 2 : 1$　となりまーす!!

つまり,「流れた電気量が何(C)か??」は求めなくてOK!!

Theme 15 化学 電気分解に関する計算問題

解答でござる

(1) Ⓐ $2H_2O \longrightarrow O_2\uparrow + 4H^+ + 4e^-$ ← AgNO₃ aqの液性は酸性です!!(p.225参照!!)
  Ⓑ $Ag^+ + e^- \longrightarrow Ag$
  Ⓒ $2Cl^- \longrightarrow Cl_2\uparrow + 2e^-$ ← 陽極はCなので問題なし!! 一般に陽極はPt, C, Auであれば大丈夫!! ちなみに，陰極にはこれという制限はない(と考えてOK)!!
  Ⓓ $2H_2O + 2e^- \longrightarrow H_2\uparrow + 2OH^-$ ← NaCl aqの液性は中性です!!(p.226参照!!)
  Ⓔ $Cu \longrightarrow Cu^{2+} + 2e^-$
  Ⓕ $Cu^{2+} + 2e^- \longrightarrow Cu$ ← 陽極がCuです!! よって陽極のCuがイオン化して溶け出す!!

(2) (1)よりⒶ以外で気体が発生する電極はⒸとⒹです。

Ⓐで…
$$\frac{1}{2}H_2O \longrightarrow \frac{1}{4}O_2 + H^+ + e^- \quad \cdots ①$$
← (1)のⒶのイオン反応式÷4

Ⓒで…
$$Cl^- \longrightarrow \frac{1}{2}Cl_2 + e^- \quad \cdots ②$$
← (1)のⒸのイオン反応式÷2

Ⓓで…
$$H_2O + e^- \longrightarrow \frac{1}{2}H_2 + OH^- \quad \cdots ③$$
← (1)のⒹのイオン反応式÷2

①②③より発生する気体の物質量比(モル数比)は,
$$O_2 : Cl_2 : H_2 = \frac{1}{4} : \frac{1}{2} : \frac{1}{2}$$
← ①②③の係数に注目!!
$$= 1 : 2 : 2$$
← 4倍しました!!

気体の物質量比＝標準状態での気体の体積比であることと，発生したO₂が672mLであったことから… 発生したCl₂とH₂の標準状態における体積はともに，
← 標準状態でなくても同温・同圧ならばOK!!
← 数値は問題文参照!! 電極Ⓐから生じた気体はO₂です!!

$$672 \times 2 = 1344 \,(\text{mL})$$
$$\fallingdotseq 1300$$
$$= 1.3 \times 10^3 \,(\text{mL})$$
← $O_2 : Cl_2 : H_2 = 1:2:2$ ともにO₂の2倍!!
← 有効数字2ケタです!!

となる。

以上より,
Ⓒ $\underline{1.3 \times 10^3 \,(\text{mL})}$ …(答) ← Cl₂のことです!!
Ⓓ $\underline{1.3 \times 10^3 \,(\text{mL})}$ …(答) ← H₂のことです!!

(1)がダメな人は 計算問題60 を復習してね!!

e⁻の数をそろえる!!

(3) 電極の質量に変化がある電極は，
　　Ⓑ と Ⓔ と Ⓕ です。

　Ⓐ で…
$$\frac{1}{2}H_2O \longrightarrow \frac{1}{4}O_2 + H^+ + e^- \quad \cdots ①$$

　Ⓑ で…
$$Ag^+ + e^- \longrightarrow Ag \quad \cdots ④$$

　Ⓔ で…
$$\frac{1}{2}Cu \longrightarrow \frac{1}{2}Cu^{2+} + e^- \quad \cdots ⑤$$

　Ⓕ で…
$$\frac{1}{2}Cu^{2+} + e^- \longrightarrow \frac{1}{2}Cu \quad \cdots ⑥$$

　①④⑤⑥より電気分解に関与する O_2 と Ag と Cu の物質量比（モル数比）は，

$$O_2 : Ag : Cu = \frac{1}{4} : 1 : \frac{1}{2}$$
$$= 1 : 4 : 2 \cdots ㋐$$

電極Ⓐで発生した O_2 の物質量（モル数）は，

$$\frac{672}{22400} = 0.030\,(mol) \quad \cdots ㋑$$

となります。
　このとき，
Ⓑで析出する Ag の物質量（モル数）は ㋐ ㋑ から，

$$0.030 \times 4 = 0.12\,(mol)$$

よって，析出する Ag の質量は Ag = 108 より
$$108 \times 0.12 = 12.96 ≒ 13\,(g)$$

金属がかかわる電極です!!

e^- の数をそろえよう!!

(1)のⒶのイオン反応式 ÷ 4

このままでよし!!

(1)のⒺのイオン反応式 ÷ 2

(1)のⒻのイオン反応式 ÷ 2

⑤と⑥はともに Cu についてのお話です!!

①④⑤(⑥)の係数に注目せよ!!

4倍しました!!

標準状態における 1(mol) の気体が占める体積は
　22.4(L)
= 22.4×1000
= 22400(mL)

㋐より物質量比（モル数比）は，
　$O_2 : Ag = 1 : 4$
つまり，Ag は O_2 の4倍!!

㋑です!!

となります。

　Ⓔで溶液に溶け出すCuの物質量(モル数)は㋐㋺から，

$$0.030 \times 2 = 0.060 \text{(mol)}$$

　よって，溶液に溶け出すCuの質量はCu = 63.5より，

$$63.5 \times 0.060 = 3.81 ≒ 3.8 \text{(g)}$$

　このときⒻで析出するCuも同様に3.8(g)となる。

　以上より，

Ⓑ　**13(g)増加する**

Ⓔ　**3.8(g)減少する**

Ⓕ　**3.8(g)増加する**

㋐より物質量比(モル数比)は，
　$O_2 : Cu = 1 : 2$
つまり，CuはO₂の2倍!!

有効数字2ケタです!!

ⒺでのCuの消費量
　　＝
ⒻでのCuの析出量

増加するのか？
減少するのか？
しっかり答えるべし!!

Agが析出!!

電極のCuが溶け出す!!

Cuが析出!!

RUB OUT 5 　並列回路の電気分解

いきなり問題を!!

計算問題64　モロ難

硫酸銅(Ⅱ)水溶液の入った電解槽(ア)と硫酸ナトリウム水溶液の入った電解槽(イ)を右図のように並列に連結した。このとき，電極はすべてPtである。0.40(A)の電流を13分間，その後0.30(A)の電流を47分間，合計1時間電流を通して電気分解したとき，電解槽(イ)から生じた気体の体積は標準状態で67.2(mL)であった。これについて，次の各問いに答えよ。

ただし，原子量はH＝1.0，O＝16，Na＝23，S＝32，Cu＝63.5とし，ファラデー定数を$F＝96500$(C/mol)とする。

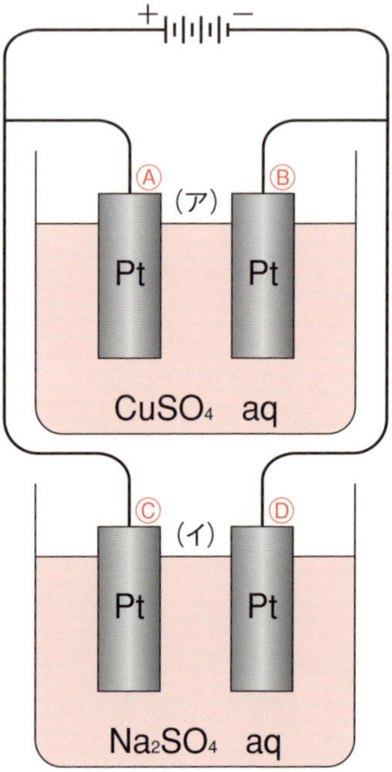

(1) 電池から流れ出た全電気量は何(C)か。
(2) 電解槽(イ)に流れた電気量は何(C)か。
(3) 電解槽(ア)から生じた気体の体積は標準状態で何(mL)であるか。
(4) 電極Ⓐ～Ⓓのうち電極の質量が変化する場合，電極の質量の変化を有効数字2ケタでそれぞれ求めよ。

ナイスな導入

解法のポイントはただひとつ…

$$全電気量 = \begin{pmatrix}電解槽(ア)に\\流れた電気量\end{pmatrix} + \begin{pmatrix}電解槽(イ)に\\流れた電気量\end{pmatrix}$$

電池から流れ出た電流は電解槽(ア)と電解槽(イ)に分かれるわけです!!

解答でござる

各電極で起こる反応をイオン反応式で表すと，

Ⓐ $2H_2O \longrightarrow O_2\uparrow + 4H^+ + 4e^-$ …①
Ⓑ $Cu^{2+} + 2e^- \longrightarrow Cu$ …②
Ⓒ $2H_2O \longrightarrow O_2\uparrow + 4H^+ + 4e^-$ …③
Ⓓ $2H_2O + 2e^- \longrightarrow H_2\uparrow + 2OH^-$ …④

電極に金属が析出するのはⒷのみです!!
これらのイオン反応式については計算問題60を復習せよ!!

(1) 電池から流れ出た全電気量 Q は，

$Q = 0.40 \times 13 \times 60 + 0.30 \times 47 \times 60$
　$= 312 + 846$
　$= \underline{1158}$(C) …(答)

0.40(A)で 13×60(秒)
0.30(A)で 47×60(秒)

(2) ③より，

$\dfrac{1}{2}H_2O \longrightarrow \dfrac{1}{4}O_2 + H^+ + e^-$ …③′

③ × $\dfrac{1}{4}$ です!!

④より，

$H_2O + e^- \longrightarrow \dfrac{1}{2}H_2 + OH^-$ …④′

④ × $\dfrac{1}{2}$ です!!

よって…

$\underline{1}$(mol)の電子 e^-(= $\underline{96500}$(C)の電気量)が流れると，

$F = 96500$(C/mol)

電解槽(イ) $\begin{cases} \text{Ⓒから}\dfrac{1}{4}\text{(mol)の}\mathbf{O_2} \\ \text{Ⓓから}\dfrac{1}{2}\text{(mol)の}\mathbf{H_2}\text{が発生する。} \end{cases}$

係数に注目してください!!

⇔ 電解槽(イ)から，

合計 $\dfrac{1}{4} + \dfrac{1}{2} = \dfrac{3}{4}$ (mol)の気体が発生する。

⇔ 電解槽(イ)から標準状態で

合計 $22400 \times \dfrac{3}{4} = \underline{16800}$(mL)の気体が発生する。

22.4(L) = 22400(mL)

以上より，電解槽(イ)に流れた電気量を $Q_2(\mathrm{C})$ とおくと，

$$96500(\mathrm{C}) : 16800(\mathrm{mL}) = Q_2(\mathrm{C}) : 67.2(\mathrm{mL})$$

$$16800 Q_2 = 96500 \times 67.2$$

$$Q_2 = \frac{96500 \times 67.2}{16800}$$

$$\therefore\ Q_2 = \underline{386}(\mathrm{C}) \quad \cdots(答)$$

（電解槽(イ) $\begin{pmatrix}流れた\\電気量(\mathrm{C})\end{pmatrix} : \begin{pmatrix}標準状態に\\おける発生\\した気体の\\体積(\mathrm{mL})\end{pmatrix}$）

問題文参照!!
割り切れてラッキー♥
とは言うものの…
有効数字2ケタと考えるのであれば
$386 \fallingdotseq 390$
$= 3.9 \times 10^2$
とするべし!!
今回はどちらでも正解!!

(3) 電解槽(ア)に流れた電気量を $Q_1(\mathrm{C})$ とすると，

$$Q = Q_1 + Q_2$$

このとき(1)(2)から，

$$1158 = Q_1 + 386$$

$$\therefore\ Q_1 = \boldsymbol{772}(\mathrm{C}) \quad \cdots ⑤$$

ナイスな導入 参照!!
(1)より $Q = 1158(\mathrm{C})$
(2)より $Q_2 = 386(\mathrm{C})$

①より，

$$\frac{1}{2} \mathrm{H_2O} \longrightarrow \frac{1}{4} \mathrm{O_2} + \mathrm{H^+} + \mathrm{e^-} \quad \cdots ①'$$

①$\times \dfrac{1}{4}$ です!!

よって…

$1(\mathrm{mol})$ の電子 $\mathrm{e^-}(=\boldsymbol{96500}(\mathrm{C})$ の電気量$)$ が流れると電解槽(ア)Ⓐから $\dfrac{1}{4}(\mathrm{mol})$ の $\mathrm{O_2}$ が発生する。

$\Longleftrightarrow$ 電解槽(ア)から標準状態で

合計 $22400 \times \dfrac{1}{4} = \boldsymbol{5600}(\mathrm{mL})$ の気体が発生する。

①'の係数に注目してください!!

電解槽(ア)Ⓑからは，気体は発生しません!!

$22.4(\mathrm{L}) = 22400(\mathrm{mL})$

以上より，電解槽(ア)から発生する気体の標準状態における体積を $v(\mathrm{mL})$ とすると，⑤から，

$$96500(\mathrm{C}) : 5600(\mathrm{mL}) = 772(\mathrm{C}) : v(\mathrm{mL})$$

⑤です!!

（電解槽(イ) $\begin{pmatrix}流れた\\電気量(\mathrm{C})\end{pmatrix} : \begin{pmatrix}標準状態に\\おける発生\\した気体の\\体積(\mathrm{mL})\end{pmatrix}$）

Theme 15 化学 電気分解に関する計算問題 243

$$96500 \times v = 5600 \times 772$$
$$v = \underline{44.8}(\text{mL}) \quad \cdots (答)$$

特に指示はありませんが，有効数字2ケタと考えるならば
$$44.8 \fallingdotseq 45(\text{mL})$$
Cuが析出します!!

(4) 電極の質量が変化するのは⑬のみ。
②より，

$$\frac{1}{2}\text{Cu}^{2+} + \text{e}^- \longrightarrow \frac{1}{2}\text{Cu} \quad \cdots ②'$$

②×$\frac{1}{2}$ です!!

よって…

1(mol)の電子e^-(=**96500**(C))の電気量)が流れると電極⑬から $\frac{1}{2}$ (mol)の **Cu** が析出する。

結局のところ，比例式がポイントなんだね!!

$\Leftrightarrow$ 電極⑬から，$63.5 \times \frac{1}{2} = \dfrac{63.5}{2}$(g)の**Cu**が析出する。

以上より，電極⑬から析出した**Cu**の質量をx(g)とおくと，⑤から，

⑤です!!

$$96500(\text{C}) : \frac{63.5}{2}(\text{g}) = 772(\text{C}) : x(\text{g})$$
$$96500 \times x = \frac{63.5}{2} \times 772$$
$$x = \frac{\frac{63.5}{2} \times 772}{96500}$$
$$x = 0.254$$
$$\therefore \quad x \fallingdotseq 0.25(\text{g})$$

電極⑬
$\begin{pmatrix}流れた\\電気量(\text{C})\end{pmatrix} : \begin{pmatrix}析出した\\\text{Cuの質量}(\text{g})\end{pmatrix}$

割り切れました!!

有効数字2ケタです!!

よって，

⑬ **0.25**(g)増加する …(答)

残りの電極Ⓐ，Ⓒ，Ⓓで生じるものはすべて気体なので，電極の質量は変化しません!!

Theme 16 化学 気体の状態方程式を中心に…

RUB OUT 1 ボイル・シャルルの法則

$$\frac{PV}{T} = \frac{P'V'}{T'}$$

うんちくコーナー
$P \to$ Pressure（プレッシャー）(圧力)
$V \to$ Volume（ボリューム）(体積)
$T \to$ Temperature（テンパラチャー）(温度)

言いかえると… $\dfrac{PV}{T} =$ 一定　ってことです!!

このとき…
PとP' → 気体の圧力（単位はPa（パスカル））
VとV' → 気体の体積（単位はL（リットル））
TとT' → 絶対温度（単位はK（ケルビン））

気体の体積
＝
気体分子が自由に飛びまわる空間

覚えろ!!

絶対温度とは通常用いている温度 t(℃) に **273** を加えた値です。
つまり，$T(K) = t(℃) + 273$

うんちくコーナー

昔，シャルルって奴が温度を0℃から1℃ずつ下げていくと，気体の体積が $\dfrac{1}{273}$ ずつ減少していくことを発見してしもうた。

つまり，理屈上 -273(℃) で気体の体積は **0** ってことになります。体積がマイナスになるはずがないので，この-273℃が温度の最小値であることになります。そこで，この -273(℃)を $0(K)$（絶対温度0）と設定したわけです。

```
-273℃   -100℃   0℃    100℃
 ├───────┼──────┼──────┼──→
 0K      173K   273K   373K
```

単位に注意してくださいよ!!

> **計算問題65** キソ
>
> 次の各問いに答えよ。
> (1) 27℃,3.0×10⁵Paで20Lの気体は,127℃,2.0×10⁵Paでは何Lを占めるか。
> (2) −73℃,4.0×10³hPaで2.0×10²mLの気体は,27℃,3.0×10³hPaでは何mLを占めるか。

ナイスな導入

ボイル・シャルルの法則

$$\frac{PV}{T} = \frac{P'V'}{T'}$$

（単位に注意か…）

を活用するとき,両辺の単位を一致させなければなりません!!
そこで,単位をいろいろ押さえておきましょう。

圧力について…

ヘクトパスカル　　　　　　キロパスカル
$1hPa = 100Pa$　　　$1kPa = 1000Pa$

体積について…

キロリットル　　　　　　　　ミリリットル
$1kL = 1000L$　　　$1L = 1000mL$

温度について… （絶対温度です!!）

必ず K（ケルビン）を使用してください!!

解答でござる

(1) 求めるべき体積を $V(\text{L})$ として，ボイル・シャルルの法則から，

$$\frac{2.0 \times 10^5 (\text{Pa}) \times V(\text{L})}{400(\text{K})} = \frac{3.0 \times 10^5 (\text{Pa}) \times 20(\text{L})}{300(\text{K})}$$

より，

$$V = \frac{3.0 \times 10^5 \times 20 \times 400}{300 \times 2.0 \times 10^5}$$

∴ $V = \underline{\underline{40}}(\text{L})$ …(答)

左辺と右辺の単位がそろっていればOK!!

ボイル・シャルルの法則
$$\frac{PV}{T} = \frac{P'V'}{T'}$$

(2) 求めるべき体積を $V(\text{mL})$ として，ボイル・シャルルの法則から，

$$\frac{3.0 \times 10^3 (\text{hPa}) \times V(\text{mL})}{300(\text{K})} = \frac{4.0 \times 10^3 (\text{hPa}) \times 2.0 \times 10^2 (\text{mL})}{200(\text{K})}$$

より，

$$V = \frac{4.0 \times 10^3 \times 2.0 \times 10^2 \times 300}{200 \times 3.0 \times 10^3}$$

∴ $V = \underline{\underline{4.0 \times 10^2}}(\text{mL})$ …(答)

単位に注目!!

ボイル・シャルルの法則
$$\frac{PV}{T} = \frac{P'V'}{T'}$$

Theme 16 化学 気体の状態方程式を中心に… 247

RUB OUT ② 気体の状態方程式

気体の状態方程式

$$PV = nRT$$

またもや新しい記号が…

このとき
- P → 気体の圧力(単位は Pa) 指定されています!!
- V → 気体の体積(単位は L) 指定されています!!
- n → 気体の物質量(単位は mol) モル数のことですよ!!
- R → 気体定数 8.31×10^3(単位は Pa·L/(mol·K))
- T → 絶対温度(単位は K)

何でこんな単位になるか??は，**計算問題66** にて…

さらに…
- w → 気体の質量(単位は g)
- M → 気体の分子量(分子量には単位はない!!)

とすると…

$$n = \frac{w}{M}$$

物質量(モル数) = 質量 / 分子量

となります。

よって…

気体の状態方程式 バージョンⅡ

$$PV = \frac{w}{M}RT$$

例えば…
$16(g)$ の水素 H_2 の物質量(モル数)は，H_2 の分子量が 2 より，
物質量(モル数) $= \frac{16}{2} = 8 \,(mol)$
となりましたね。

まずは，Rのナゾを解明しましょう!!

計算問題66 ─ 標準

標準状態（0℃，$1.013×10^5$Pa）で，1molの気体が占める体積は22.4Lであることを利用して，気体定数Rの値を有効数字3ケタで求めよ。

ナイスな導入

気体の状態方程式

$$PV = nRT$$

より，

$$R = \frac{PV}{nT}$$

> $PV = nRT$ の両辺を nT で割って $\frac{PV}{nT} = R$

あとは，右辺に与えられた数値を代入すれば万事解決!!

解答でござる

気体の状態方程式より，
$$PV = nRT$$

よって，
$$R = \frac{PV}{nT}$$
$$= \frac{1.013 \times 10^5 \times 22.4}{1 \times 273}$$
$$≒ 0.0831 \times 10^5$$
$$= 0.0831 \times 100 \times 10^3$$
$$= \underline{8.31 \times 10^3 \, (Pa \cdot L/(mol \cdot K))} \quad \cdots （答）$$

$$\frac{1.013 \times 22.4}{273}$$
$= 0.0831179\cdots$
有効数字3ケタより，4ケタ目を四捨五入しました。

$10^5 = 10^2 \times 10^3$
$\quad = 100 \times 10^3$

単位について…
$$R = \frac{PV}{nT}$$
> 単位を代入する!!

$$= \frac{(Pa) \times (L)}{(mol) \times (K)}$$
$$= \frac{Pa \cdot L}{mol \cdot K}$$
$$= Pa \cdot L/(mol \cdot K)$$

注 Pa・L/mol・**K** とかくと **K** が分子なのか分母なのかわからなくなる!!

では，本格的に"**気体の状態方程式**"を使いこなしましょう。

計算問題67　キソ

次の各問いに答えよ。
ただし，気体定数は $R = 8.3 \times 10^3 (\text{Pa·L/(mol·K)})$ とする。

(1) ある気体を 5.0L の容器に入れて密封し，$227℃$ まで加熱したところ，圧力は $6.0 \times 10^3 \text{hPa}$ を示した。この気体の物質量は何 mol であるか。有効数字 2 ケタで求めよ。

(2) ある気体 40g を 20L の容器に入れて密封し，$127℃$ まで加熱したところ，圧力は $1.0 \times 10^4 \text{hPa}$ となった。このとき，この気体の分子量を整数値で求めよ。

ナイスな導入

(1), (2)ともに単位に注意してください。
圧力の単位 hPa を Pa に直す必要があります。

公式を当てはめるだけだよ

解答でござる

(1) 気体の状態方程式より，

$$PV = nRT$$ ←　**気体の状態方程式** です!!

よって，

$$n = \frac{PV}{RT}$$ ←　$n = \cdots$ の形に変形

$$= \frac{6.0 \times 10^5 \times 5.0}{8.3 \times 10^3 \times 500}$$

$\begin{cases} P = 6.0 \times 10^3 (\text{hPa}) \\ = 6.0 \times 10^5 (\text{Pa}) \\ V = 5.0 (\text{L}) \\ R = 8.3 \times 10^3 \\ (\text{Pa·L/(mol·K)}) \\ T = 227 + 273 = 500 (\text{K}) \end{cases}$

$$= \frac{6}{8.3}$$

$$= 0.72289\cdots\cdots$$

$$\fallingdotseq \underline{\mathbf{0.72}}(\text{mol}) \quad \cdots(\text{答})$$ ←　有効数字 2 ケタです!!

(2) 気体の状態方程式より,

$$PV = \frac{w}{M}RT$$

よって,

$$M = \frac{wRT}{PV}$$

$$= \frac{40 \times 8.3 \times 10^3 \times 400}{1.0 \times 10^6 \times 20}$$

$$= 6.64$$

$$≒ 7 \quad \cdots (答)$$

p.247参照!!
気体の状態方程式 バージョンⅡ

$PV = \frac{w}{M}RT$
$MPV = wRT$
$\therefore M = \frac{wRT}{PV}$

$\begin{cases} w = 40\,(\mathrm{g}) \\ P = 1.0 \times 10^4\,(\mathrm{hPa}) \\ = 1.0 \times 10^6\,(\mathrm{Pa}) \\ V = 20\,(\mathrm{L}) \\ T = 127 + 273 = 400\,(\mathrm{K}) \\ R = 8.3 \times 10^3 \\ (\mathrm{Pa \cdot L/(mol \cdot K)}) \end{cases}$

"整数値で求めよ"と指示があります!!

RUB OUT ③ 気体の密度と気体の状態方程式

準備コーナー

ある温度である気体5Lの質量をはかったところ10gであった。このとき，この気体の密度は何g/Lか？

解答　$10(\text{g}) \div 5(\text{L}) = \boxed{2(\text{g/L})}$　答でーす!!

質量を体積で割ればOK!!

計算問題68　標準

気体の密度d(g/L)を，分子量M，気体定数R(Pa·L/(mol·K))，圧力P(Pa)，絶対温度T(K)を用いて表せ。

ナイスな導入

気体の状態方程式 バージョンⅡ を思い出してください。

$$PV = \frac{w}{M}RT$$

でしたね。

p.247参照!!

ここで!!

今，ほしいモノは…

d(g/L)　すなわち　w(g)をV(L)で割った値

（気体の質量）（気体の体積）

つまーり!!

$$d = \frac{w}{V}$$

の値を求めればOK!!

そこで!!

気体の状態方程式 バージョンⅡ から，

$$PV = \frac{w}{M}RT$$

標的は V と w だぞ!!

$$MPV = wRT$$

両辺を M 倍!!

$$\frac{MP}{RT} = \frac{w}{V}$$

右辺の RT を左辺へ…
左辺の V を右辺へ…

よって!!

$d = \dfrac{w}{V}$ より…

$$\boxed{d = \frac{MP}{RT}}$$

答でーす!!

解答でござる

気体の質量を w (g) として気体の状態方程式から,

$$PV = \frac{w}{M}RT$$

よって,

$$\frac{w}{V} = \frac{MP}{RT}$$

このとき,

$$d = \frac{w}{V}$$

より,

$$d = \underline{\frac{MP}{RT}} \text{(g/L)} \quad \cdots \text{(答)}$$

気体の状態方程式
バージョンⅡ p.247参照!!

この変形については ナイスな導入 を参照せよ!!

d → 1L あたり何 g か?
V (L) で w (g) であるから

$\div V$

1 (L) あたりは $\dfrac{w}{V}$ (g) となる!!

苦手な人は…

$V : w = 1 : x$
$V \times x = w \times 1$
$\therefore \quad x = \dfrac{w}{V}$

と, 比で解いてもOK!!

ザ・まとめ

分子量が M である気体の密度 d (g/L) は, P (Pa), T (K) のもとで

$$d = \frac{MP}{RT}$$

暗記してもよいが 計算問題68 のように, 自分で導けた方がよい!!

では，このお話を活用して

計算問題69　標準

27℃，1.2×10^5Pa において，ある気体の密度が 2.2g/L であったとき，この気体の分子量を整数値で求めよ。ただし，気体定数は $R = 8.3 \times 10^3$ (Pa·L/(mol·K)) とする。

ナイスな導入

前問 計算問題68 で導いた式が活躍します。

$$d = \frac{MP}{RT}$$ START です!!

$dRT = MP$　両辺を RT 倍!!

∴ $M = \dfrac{dRT}{P}$　これに数値を代入すれば分子量 M は求まる!!

解答でござる

$d = \dfrac{MP}{RT}$ より，

$$M = \frac{dRT}{P}$$
$$= \frac{2.2 \times 8.3 \times 10^3 \times 300}{1.2 \times 10^5}$$
$$= 45.65$$
$$\fallingdotseq \underline{46} \quad \cdots\text{(答)}$$

式変形してから数値を代入しよう!!

$\begin{cases} d = 2.2\,(\text{g/L}) \\ R = 8.3 \times 10^3 \\ \quad (\text{Pa·L/(mol·K)}) \\ T = 27 + 273 = 300\,(\text{K}) \\ P = 1.2 \times 10^5\,(\text{Pa}) \end{cases}$

"整数値で求めよ"と指示が!!

Theme 17 【化学】 気体を混合したらどうなるの??

RUB OUT 1　全圧とは…??　分圧とは…??

問題を通して理解していただきましょう!!

計算問題70　[標準]

　2.0×10^5 Paの水素が入った容積3.0Lの容器Aと3.0×10^5 Paの窒素が入った容積1.0Lの容器Bを右図のように連結し，コックを開けて温度を一定に保ちながら混合気体とした。このとき，

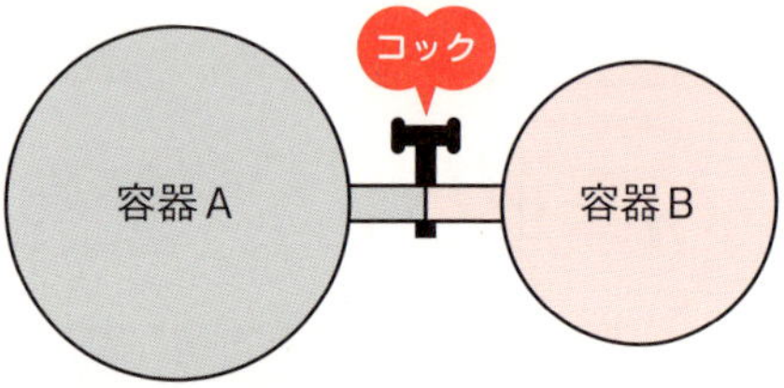

(1) 混合気体中の水素だけに注目した圧力P_{H_2}を求めよ。
(2) 混合気体中の窒素だけに注目した圧力P_{N_2}を求めよ。
(3) 混合気体全体に注目した圧力（混合気体の圧力）を求めよ。

ナイスな導入

本問を通して名称をいろいろ覚えていただきます。

(1) 水素だけに注目した圧力　➡　水素の**分圧**と申します。
(2) 窒素だけに注目した圧力　➡　窒素の**分圧**と申します。
(3) 混合気圧全体に注目した圧力　➡　（混合気体の）**全圧**と申します。

で!!　**全圧＝分圧の合計**　が成立します。

このお話を『**ドルトンの分圧の法則**』と申します。

> 解答でござる

(1) 一定に保たれた温度を $T\,(\mathrm{K})$,
混合気体中の水素の**分圧**を $P_{\mathrm{H}_2}\,(\mathrm{Pa})$ とする。
ボイル・シャルルの法則から,

$$\frac{2.0\times 10^5\times 3.0}{T}=\frac{P_{\mathrm{H}_2}\times 4.0}{T}$$

両辺を T 倍して,
$2.0\times 10^5\times 3.0 = P_{\mathrm{H}_2}\times 4.0$
∴ $P_{\mathrm{H}_2}=\underline{1.5\times 10^5}\,(\mathrm{Pa})$ …(答)

(2) (1)と同様に,
一定に保たれた温度を $T\,(\mathrm{K})$,
混合気体中の窒素の**分圧**を $P_{\mathrm{N}_2}\,(\mathrm{Pa})$ とする。
ボイル・シャルルの法則から,

$$\frac{3.0\times 10^5\times 1.0}{T}=\frac{P_{\mathrm{N}_2}\times 4.0}{T}$$

両辺を T 倍して,
$3.0\times 10^5\times 1.0 = P_{\mathrm{N}_2}\times 4.0$
$P_{\mathrm{N}_2}=0.75\times 10^5$
∴ $P_{\mathrm{N}_2}=\underline{7.5\times 10^4}\,(\mathrm{Pa})$ …(答)

(3) (1), (2)より求めるべき**全圧** $P\,(\mathrm{Pa})$ は,
$P = P_{\mathrm{H}_2}+P_{\mathrm{N}_2}$
$= 1.5\times 10^5 + 0.75\times 10^5$
$= 2.25\times 10^5$
$\fallingdotseq \underline{2.3\times 10^5}\,(\mathrm{Pa})$ …(答)

H₂ 3.0(L) 2.0×10⁵(Pa)

↓

H₂ 3.0(L) — H₂ 1.0(L)
$P_{\mathrm{H}_2}\,(\mathrm{Pa})$

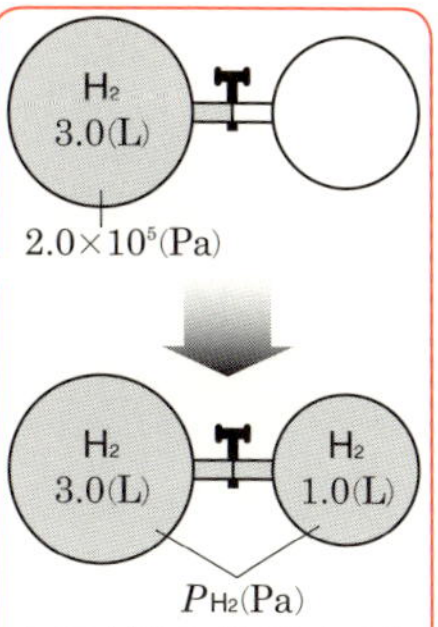

水素だけに注目すると 3.0(L)+1.0(L)=4.0(L)の範囲を動きまわることができる!! これが水素の体積です!!

N₂ 1.0(L) 3.0×10⁵(Pa)

↓

N₂ 3.0(L) — N₂ 1.0(L)
$P_{\mathrm{N}_2}\,(\mathrm{Pa})$

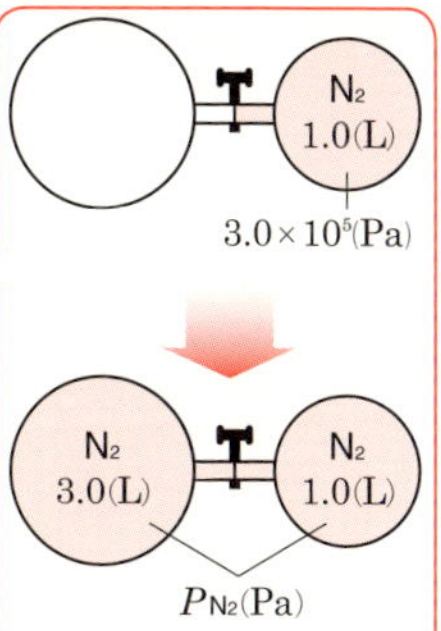

窒素に注目した体積は 3.0(L)+1.0(L)=4.0(L)

0.75×10^5
$=\dfrac{7.5}{10}\times 10^5$
$=7.5\times 10^4$

ドルトンの分圧の法則
全圧＝分圧の合計

とりあえず周囲の数値から有効数字2ケタにしておきました!!

RUB OUT 2 分圧と物質量（モル数）の関係を押さえろ!!

気体A, Bの物質量（モル数）を n_A, n_B(mol), 分圧を P_A, P_B(Pa), 全圧を P(Pa), 体積 V(L), 温度 T(K)としたとき, 気体の状態方程式から…

気体Aに注目して 👉 $P_A V = n_A RT$ …①

気体Bに注目して 👉 $P_B V = n_B RT$ …②

気体全体に注目して 👉 $PV = (\underset{\text{合計のモル数}}{n_A + n_B}) RT$ …③

このとき!!

$\dfrac{①}{③}$ から… $\dfrac{P_A V}{PV} = \dfrac{n_A RT}{(n_A + n_B) RT}$ …①／…③

$\dfrac{P_A}{P} = \dfrac{n_A}{n_A + n_B}$ 　約分しました!!

∴ $\boxed{P_A = \dfrac{n_A}{n_A + n_B} P}$ 　気体Aのモル分率

同様に $\dfrac{②}{③}$ から… $\boxed{P_B = \dfrac{n_B}{n_A + n_B} P}$ 　気体Bのモル分率

以上より…

> ある気体の分圧 ＝ その気体のモル分率 × 全圧

が成立します。　$\dfrac{\text{その気体のモル数}}{\text{全体のモル数}}$

では, 練習です!!

計算問題71　キソ

2molのメタン CH_4 と 3molのプロパン C_3H_8 を混合して全圧を 6.0×10^5(Pa)としたとき, メタンの分圧 P_{CH_4} とプロパンの分圧 $P_{C_3H_8}$ をそれぞれ求めよ。

解答でござる

$$P_{CH_4} = \frac{2}{2+3} \times 6.0 \times 10^5$$

$$= \frac{2}{5} \times 6.0 \times 10^5$$

$$= \underline{2.4 \times 10^5} \text{(Pa)} \quad \cdots \text{(答)}$$

← CH₄のモル分率×全圧

$\dfrac{\text{CH}_4\text{のモル数}}{\text{全体のモル数}} = \dfrac{2}{2+3}$

$$P_{C_3H_8} = \frac{3}{2+3} \times 6.0 \times 10^5$$

$$= \frac{3}{5} \times 6.0 \times 10^5$$

$$= \underline{3.6 \times 10^5} \text{(Pa)} \quad \cdots \text{(答)}$$

← C₃H₈のモル分率×全圧

$\dfrac{\text{C}_3\text{H}_8\text{のモル数}}{\text{全体のモル数}} = \dfrac{3}{2+3}$

次は，重要問題の登場です。

計算問題72　標準

1.0×10^5Paの一酸化炭素COが入った容積3.0Lの容器Aと，3.0×10^5Paの酸素O₂が入った容積2.0Lの容器Bを右図のように連結し，コックを開けて温度を一定に保ちながら混合気体とした。このとき，

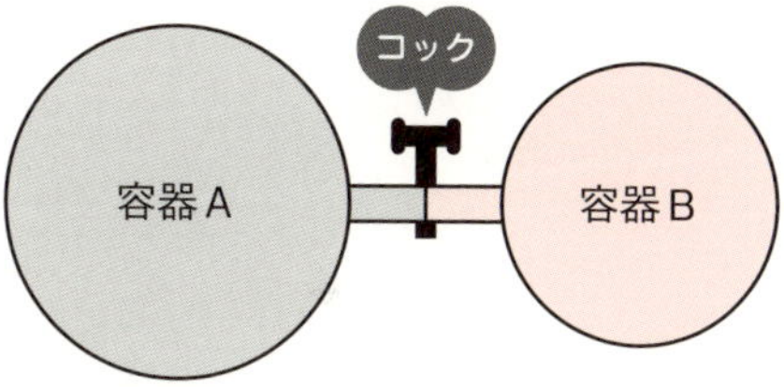

(1) 混合気体中の一酸化炭素の分圧P_{CO}と酸素の分圧P_{O_2}をそれぞれ求めよ。
(2) この混合気体を点火することにより完全燃焼させたあと，温度をもとへ戻したときの，容器内の圧力を求めよ。

ナイスな導入

ある気体の分圧とその気体の**物質量(モル数)**は**比例関係**にあります。

前周 計算問題71 はまさにこの話だった!!

これを活用すれば簡単に解けます。その秘密は解答にて～

解答でござる

(1) 一定に保った温度を $T(\mathrm{K})$，
混合気体中の一酸化炭素の分圧を $P_{\mathrm{CO}}(\mathrm{Pa})$ とする。
ボイル・シャルルの法則から，

$$\frac{1.0 \times 10^5 \times 3.0}{T} = \frac{P_{\mathrm{CO}} \times 5.0}{T}$$

$$1.0 \times 10^5 \times 3.0 = P_{\mathrm{CO}} \times 5.0$$

$$P_{\mathrm{CO}} = \frac{3}{5} \times 10^5$$

$$= 0.6 \times 10^5$$

$$= \underline{6.0 \times 10^4 (\mathrm{Pa})} \quad \cdots (\text{答})$$

同様に，酸素の分圧を $P_{\mathrm{O}_2}(\mathrm{Pa})$ として，

$$\frac{3.0 \times 10^5 \times 2.0}{T} = \frac{P_{\mathrm{O}_2} \times 5.0}{T}$$

$$3.0 \times 10^5 \times 2.0 = P_{\mathrm{O}_2} \times 5.0$$

$$P_{\mathrm{O}_2} = \frac{6}{5} \times 10^5$$

$$= \underline{1.2 \times 10^5 (\mathrm{Pa})} \quad \cdots (\text{答})$$

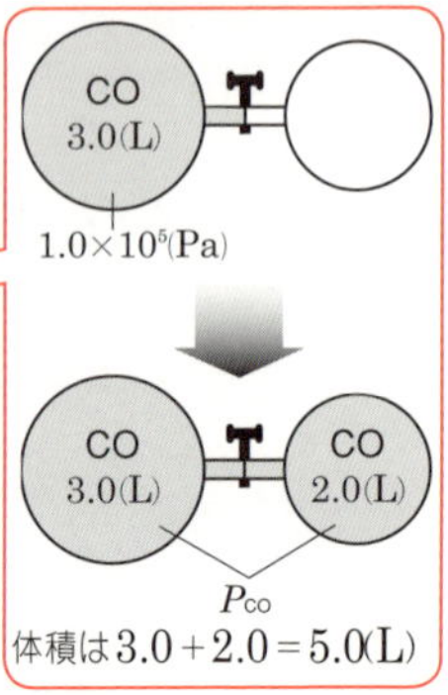

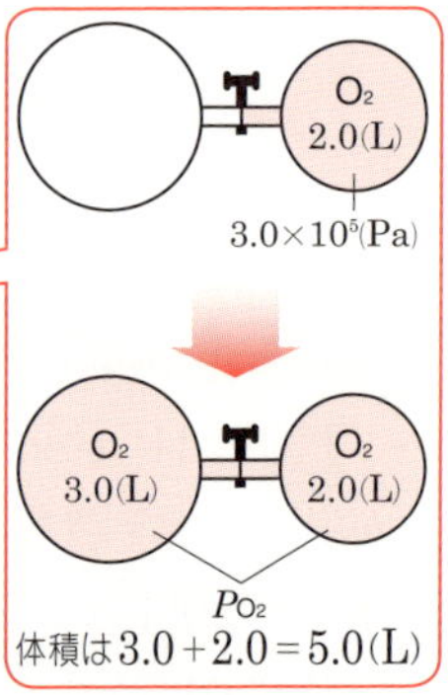

(2) 温度，体積ともに一定の状態で考えているので，

分圧比＝物質量（モル数）の比

の関係が成立する。

よって，燃焼前と燃焼後の量的関係を分圧で考える。

$$2\mathrm{CO} + \mathrm{O}_2 \longrightarrow 2\mathrm{CO}_2$$

	CO	O_2	CO_2
燃焼前	$0.6 \times 10^5 (\mathrm{Pa})$	$1.2 \times 10^5 (\mathrm{Pa})$	$0 (\mathrm{Pa})$
変化量	$-0.6 \times 10^5 (\mathrm{Pa})$	$-0.3 \times 10^5 (\mathrm{Pa})$	$+0.6 \times 10^5 (\mathrm{Pa})$
燃焼後	$0 (\mathrm{Pa})$	$0.9 \times 10^5 (\mathrm{Pa})$	$0.6 \times 10^5 (\mathrm{Pa})$

よって，燃焼後の圧力（全圧）は分圧の合計であるから，

$$0 + 0.9 \times 10^5 + 0.6 \times 10^5$$
$$= \underline{1.5 \times 10^5} \text{(Pa)} \quad \cdots \text{(答)}$$

- COの分圧
- O_2の分圧
- CO_2の分圧
- モル数に一切触れることなく求まってしまったのだ!!

分圧比＝物質量（モル数）の比
であるから，温度，体積が一定ならばモル数の役割を分圧が果たします。つまり，分圧のままで量的関係が調べられます!!

Theme 18 化学
蒸気圧の野郎が顔を出すとややこしくなる!!

RUB OUT 1 蒸気圧って何??

液体が液体のままでおとなしくしてくれればいいのに——っ!! そうです!! 液体ってヤツは一部が蒸発して気体(☞ **蒸気**)としてふるまうので,タチが悪い🐽

そして,その蒸気が気体としてもつ圧力の限界値が決まっています。これを**飽和蒸気圧**(単に**蒸気圧**とも呼ぶ)と申します。それは,蒸気が気体として存在できる量が決まっているからです。

で!! この飽和蒸気圧の値は,物質の種類によって異なり,温度によっても変化します。

計算問題73 ─ 標準

次の各条件において,水蒸気として存在する水による圧力を有効数字2ケタで求めよ。ただし水の飽和蒸気圧(蒸気圧)は,27℃で4.0×10^3 Pa,87℃で7.0×10^4 Pa,気体定数は$R = 8.3 \times 10^3$ (Pa·L/(mol·K))とする。

なお,液体に残っている水の体積は無視してよい。

(1) 0.010 molの水を容積3.0 Lの密閉容器に封入し,温度を27℃に保った。

(2) 0.010 molの水を容積3.0 Lの密閉容器に封入し,温度を87℃に保った。

ナイスな導入

まず,すべての水が水蒸気になったと仮定して圧力を求めなきゃいけません!!

💬 これが面倒なんですね…

で!! この値と**飽和蒸気圧**を比較します。

Theme 18 化学 蒸気圧の野郎が顔を出すとややこしくなる!! 261

解答でござる

(1) 0.010(mol)の水がすべて水蒸気に変化したと仮定した場合の圧力をPとおくと,

$$P \times 3.0 = 0.010 \times 8.3 \times 10^3 \times 300$$

$$\therefore \ P = 8.3 \times 10^3 \text{(Pa)}$$

この値を27℃での水の飽和蒸気圧と比較すると,

$$8.3 \times 10^3 > 4.0 \times 10^3$$

飽和蒸気圧の負け!!

つまり,$P > 27$℃での飽和蒸気圧

このとき,飽和蒸気圧が圧力の上限のはずであるから,求めるべき水蒸気の圧力は,

$$\underline{4.0 \times 10^3 \text{(Pa)}} \ \cdots \text{(答)}$$

(2) 0.010(mol)の水がすべて水蒸気に変化したと仮定した場合の圧力をPとおくと,

$$P \times 3.0 = 0.010 \times 8.3 \times 10^3 \times 360$$

$$P = 9.96 \times 10^3$$

$$\fallingdotseq 10 \times 10^3$$

$$= 1.0 \times 10^4 \text{(Pa)}$$

この値を87℃での水の飽和蒸気圧と比較すると,

$$1.0 \times 10^4 < 7.0 \times 10^4$$

飽和蒸気圧の勝ち!!

つまり,

$$P < 87℃での飽和蒸気圧$$

気体の状態方程式

$$PV = nRT$$

$27 + 273 = 300\text{(K)}$

つまり,圧力4.0×10^3(Pa)に対応するモル数だけ水蒸気になり,残りは液体の水の状態で残る。**飽和蒸気圧**を超えることは許されないのだ!!

水蒸気がたちこめてる!!
密閉容器
水

容器内はこれ以上水蒸気になれない満タンの状態!! つまり飽和状態なんです!!

湿度100%ってヤツですよ!!

気体の状態方程式

$$PV = nRT$$

$87 + 273 = 360\text{(K)}$
$10 \times 10^3 = 1.0 \times 10 \times 10^3 = 1.0 \times 10^4$
有効数字2ケタです!!

すなわち，すべての水が水蒸気(気体)になったことになる。

よって，求めるべき水蒸気の圧力は，
$$1.0 \times 10^4 \,(\mathrm{Pa}) \quad \cdots (答)$$

> すべて水蒸気に…
> 密閉容器

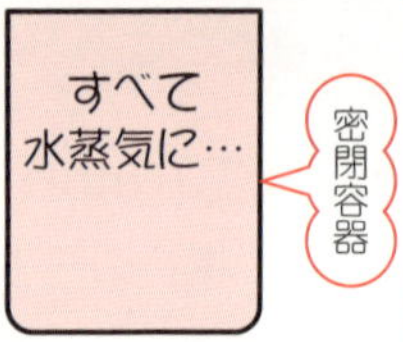

容器内はまだまだ水蒸気になれるのに，水不足により余裕のある(飽和していない)状態である!!

RUB OUT 2　水上置換法で気体を集めてしまうと…

水上置換法により集められた気体は水蒸気との混合気体となってしまう。水は大量に存在するので，この場合の水蒸気の圧力は当然**飽和蒸気圧**となります。

集められた気体／水

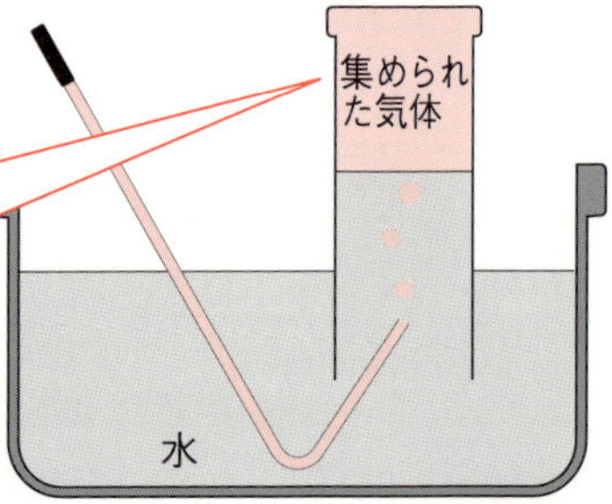

よって!!

集められた気体のみの圧力
＝混合気体の全圧 − 水の飽和蒸気圧

単純に"飽和水蒸気圧"とも呼びます!!

そこで!!

水上置換法で注意するべきことは…
メスシリンダーの内部と外部の水面を一致させなければなりません。そうすれば…

Theme 18 化学 蒸気圧の野郎が顔を出すとややこしくなる!! 263

- 外部の圧力
- メスシリンダー内部の圧力
- メスシリンダー

外圧＝内圧

の関係が保たれた証拠です。

もし，水面がずれてしまうと，ずれた分だけの水圧がかかってしまうので，計算が複雑になります🌀

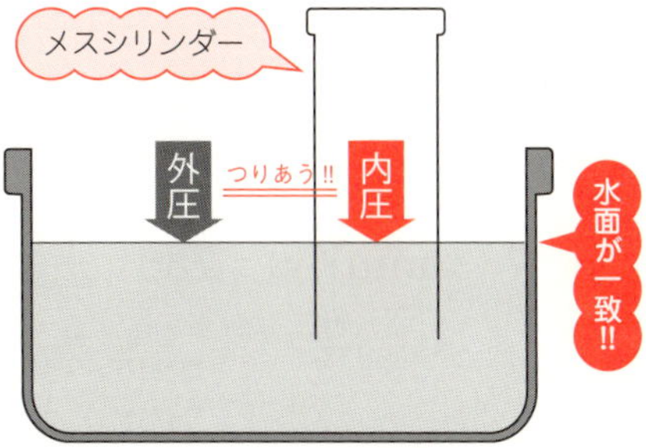

計算問題74 ─ 標準

27℃，大気圧760mmHgのもとで，発生した酸素を水上置換法で捕集したところ体積は600mLであった。27℃における飽和水蒸気圧を27.0mmHgとして，得られた酸素の物質量(モル数)を有効数字2ケタで求めよ。

ただし，気体定数は$R = 8.3 \times 10^3$(Pa·L/(mol·K))とし，760mmHg＝1.0×10^5Paとする。

ナイスな導入

大気圧とは"外部の圧力"という意味です。問題文にわざわざ書いてませんが，気体を集めた容器の内部と外部の水面は一致させていることをお忘れなく!!

あと…
(**mmHg**)(ミリメートルエイチジー)とは，圧力の単位のひとつです。(**Pa**)(パスカル)に換算してから計算してください。換算方法は問題文に書いてありますよ!!

解答でござる

大気圧＝酸素と水蒸気の混合気体の圧力 ← 水面が一致しているから!!
　　　＝酸素の分圧＋飽和水蒸気圧 ← 水はいっぱいあるので水蒸気の圧力はMAXに!!

よって!!

酸素の分圧＝大気圧－飽和水蒸気圧 ← これが最大のポイント!!

条件より，捕集された酸素のみの圧力(分圧)は，
$$\underline{760(\text{mmHg})} - \underline{27.0(\text{mmHg})} = 733(\text{mmHg})$$
　　　大気圧　　　飽和水蒸気圧

このとき…
$$733(\text{mmHg}) = 733 \times \frac{1.0 \times 10^5}{760} (\text{Pa})$$

$$= \frac{733}{760} \times 10^5 (\text{Pa})$$

求めるべき集められた酸素の物質量(モル数)を n (mol)とすると，

$$\frac{733}{760} \times 10^5 \times \frac{600}{1000} = n \times 8.3 \times 10^3 \times 300$$

$$n = \frac{733 \times 10^5 \times 600}{760 \times 1000 \times 8.3 \times 10^3 \times 300}$$

$$= \frac{733 \times 2}{760 \times 83}$$

$$= \frac{733}{380 \times 83}$$

$$= \frac{733}{31540}$$

$$\fallingdotseq \mathbf{0.023} (\text{mol}) \cdots (答)$$
$$(\mathbf{2.3 \times 10^{-2}})$$

760(mmHg) = 1.0×10^5(Pa)

よって!!

$1(\text{mmHg}) = \frac{1.0 \times 10^5}{760}$(Pa)

× 733

$733(\text{mmHg}) = 733 \times \frac{1.0 \times 10^5}{760}$(Pa)

気体の状態方程式
$PV = nRT$

$27 + 273 = 300(\text{K})$

$600(\text{mL}) = \frac{600}{1000}(\text{L})$

$$\frac{733 \times \cancel{100000} \times \overset{2}{\cancel{600}}}{760 \times \cancel{1000} \times 83 \times \cancel{100} \times \cancel{300}}$$

$$\frac{733 \times 2}{\underset{380}{\cancel{760}} \times 83}$$

有効数字2ケタ!!

$0.0232403\cdots\cdots$
$\fallingdotseq 0.023$

Theme 19 化学 蒸気圧と沸点の関係を押さえろ!!

> そんなに勉強してどうするの〜??
> サボッちゃえ!! サボッちゃえ!!

　液体の蒸気圧が大気圧（外圧）と等しくなり，液体の内部からも蒸発が起こります。この現象が**沸騰**で，このときの温度が**沸点**です。

☞　水の場合を例にしましょう。通常100℃で沸騰しますよねぇ??

　しかーし!! 高い山の頂上などでお湯を沸かすと，100℃未満で沸騰が始まります。それは周囲の気圧（大気圧）が低いので，沸騰しやすくなっているんですね✌ 平地にいるときほど温度を上げまくって，蒸気圧を上げまくる必要がなくなったわけです✌

　そのあたりも踏まえ…

計算問題75　ちょいムズ

　体積を自由に変えることができる容器内に，水，ベンゼン，窒素がそれぞれ1molずつ入っている。下のグラフは，水とベンゼンの飽和蒸気圧と温度の関係を表したものである。（**蒸気圧曲線**と呼びます!! 覚えておこう!!）これについて，次の各問いに答えよ。

(1) 温度を70℃に保ちながら容器内の圧力が1.2×10^5Paになるよう体積を調整した。このとき，水およびベンゼンはそれぞれどんな状態か。下記の選択肢から選べ。

　(イ) すべて気体である。
　(ロ) 大部分が気体で一部液体である。
　(ハ) 大部分が液体である。

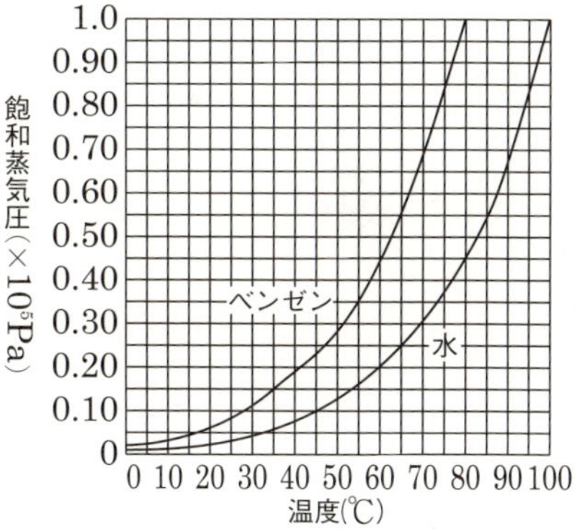

(2) 容器内の圧力が2.0×10^5Paのとき，容器内の物質すべてが気体の状態であるためには，温度を何℃以上に保てばよいか。整数値で答えよ。

ナイスな導入

窒素は常に気体の状態であるとお考えください!!
問題は水とベンゼンについてです。

そりゃそ〜だ!!

ポイント　すべて気体の状態であると仮定しよう!!

すべて気体の状態であると仮定して考え，水やベンゼンの分圧を求めます。この分圧の値が飽和蒸気圧を超えていれば気体と液体が共存していることになります。逆に飽和蒸気圧を超えていなければ仮定どおりすべて気体の状態で存在していることになります。

ベンゼンより水の飽和蒸気圧の方が低い!!
よって，水の方が液体になりやすい!! つまり，水の話を優先させましょう!!

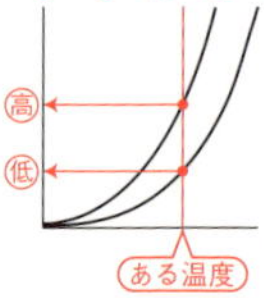

解答でござる

(1) まず水がすべて気体の状態であると仮定します。このとき，水(水蒸気)の分圧は，

$$1.2 \times 10^5 \times \frac{1}{3} = 0.40 \times 10^5 (Pa) \quad \cdots ①$$

一方，70℃における水の飽和蒸気圧はグラフより

$$0.30 \times 10^5 (Pa) \quad \cdots ②$$

と読み取れる。

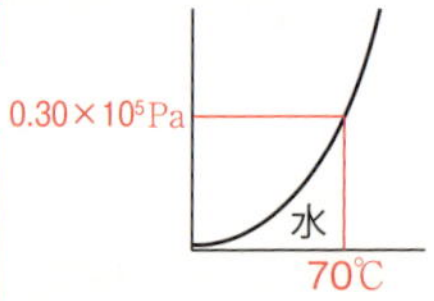

①と②を比較して，

$$0.40 \times 10^5 (Pa) > 0.30 \times 10^5 (Pa)$$

であるから，水は一部が凝縮して液体となり容器内の水の分圧は飽和蒸気圧の $0.30 \times 10^5 (Pa)$ となる。

次に，ベンゼンと窒素がすべて気体であると仮定する。
このとき，ベンゼンの分圧は，

$$(1.2 \times 10^5 - \underset{\text{水の分圧}}{0.30 \times 10^5}) \times \frac{1}{2} = 0.45 \times 10^5 (Pa) \quad \cdots ③$$

一方，70℃におけるベンゼンの飽和蒸気圧はグラフより，

$$0.70 \times 10^5 (Pa) \quad \cdots ④$$

と読み取れる。

この仮定がポイントです!!

水，ベンゼン，窒素すべて1molずつ存在しているので水の分圧は全圧の $\frac{1(\text{mol})}{3(\text{mol})}$ である!!

飽和蒸気圧を超えてしまった🎀
飽和蒸気圧を超えることはできないので一部が液体となります!!

ベンゼンと窒素が1molずつあるので，全圧から水の分圧を引いた残りの圧力を仲よく分かちあう♥

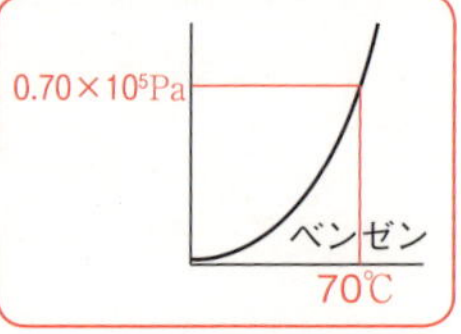

③と④を比較して，

$$0.70 \times 10^5 (\text{Pa}) > 0.45 \times 10^5 (\text{Pa})$$

であるから，ベンゼンはすべて気体の状態で存在する。

以上をまとめて，

水…(ロ)，ベンゼン…(イ)

> 飽和蒸気圧を超えていない!!
>
> 余裕ですべて気体です!!
>
> 水は気体と液体の共存状態!! ベンゼンはすべて気体!!
>
> 一番ヤバイ水が気体だったらすべて気体ということになるよ♥

(2) すべてが気体の状態であるためには，飽和蒸気圧が最も小さい水が気体であることが条件となる。水が気体の状態であると仮定すると，水（水蒸気）の分圧は，

$$2.0 \times 10^5 \times \frac{1}{3} = \frac{2}{3} \times 10^5$$

$$\fallingdotseq 0.67 \times 10^5 (\text{Pa})$$

この値が水の飽和蒸気圧と一致するときの温度は，グラフより90℃と読み取れる。

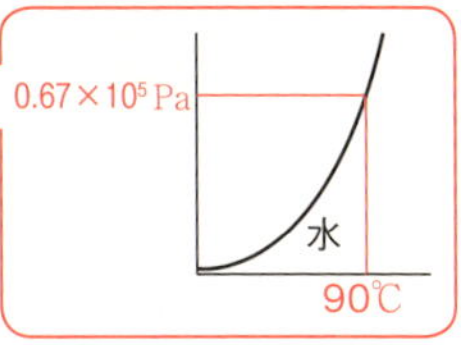

よって，温度を90℃以上に保てば，容器内の物質すべてが気体の状態として存在する。

90℃以上 …(答)

> 全モル数が3mol，水のモル数が1molです。よって，全圧の $\frac{1}{3}$ が水の分圧!!

プロフィール

極悪人Mr.T

この人間の言うことを聞いてはいけません!!

必ず，君の足を引っ張りますよ…

Theme 20 固体の溶解度の問題

コツさえつかめば簡単だよ

RUB OUT 1 溶解度の意味とは…

固体の溶解度

一般に，**溶媒100g**に**最大限溶解することができる溶質のg数**で表す。

例 ある温度で水100gに食塩が23gまで溶解することが可能であるならば　☞　溶解度23ということになる。

さらに，用語を覚えていただきたい…

飽和溶液

溶質が溶解度に達するまで溶解していて，これ以上溶質が溶けることができなくなった溶液を**飽和溶液**(ほうわ)と呼ぶ。

イメージは…**飽和溶液＝満タンの状態**

これ以上溶けないよ〜

それじゃあ，『固体の溶解度』のキソ固めから…

この『**水100gに対する**』という断り書きが省略されることもあるので要注意!!

計算問題76　キソ

水100gに対する塩化カリウム(KCl)の溶解度は，60℃で46である。このとき，次の各問いに答えよ。

(1) 60℃の水500gを飽和させるために必要な塩化カリウムの質量を求めよ。
(2) 60℃の塩化カリウム飽和水溶液500gに含まれている塩化カリウムの質量を求めよ。

Theme 20 固体の溶解度の問題

ナイスな導入

いずれも**飽和水溶液**のお話であるところがポイントです‼
（これ以上溶かすことができない満タンの状態‼）

つまーり‼

塩化カリウム　　　　　　　　　　溶解度といえば水は必ず100g

水の質量：KClの質量 = 100 : 46 …①

そこで‼

飽和しているときの**水**の質量＋**KCl**の質量　　　　$\frac{100 + 46}{\text{水} \quad \text{KCl}}$

飽和水溶液の質量：KClの質量 = 146 : 46 …②

も成立することになる‼

(1)では…①の関係を活用‼
(2)では…②の関係を活用‼

解答でござる

(1) 水500(g)を飽和させるのに必要な塩化カリウムの質量をx(g)とすると，条件から，

$500 : x = 100 : 46$ ← 水の質量：KClの質量

$100x = 500 \times 46$ ← ナイスな導入の①の式です‼

∴ $x = \underline{\mathbf{230}}$ (g) …(答)

$A : B = C : D$
$\Leftrightarrow B \times C = A \times D$

(2) 塩化カリウム飽和水溶液500(g)に含まれている塩化カリウムの質量をx(g)とすると，条件から，

$500 : x = 146 : 46$ ← 飽和水溶液の質量：KClの質量

$146x = 500 \times 46$ ← ナイスな導入の②の式です‼

$x = \dfrac{500 \times 46}{146}$

$= 157.53\cdots\cdots$

$A : B = C : D$
$\Leftrightarrow B \times C = A \times D$

$$\therefore \quad x \fallingdotseq \underline{160}\,(g) \quad \cdots(答)$$
$$(1.6 \times 10^2)$$

$\dfrac{500 \times 46}{146} = 157.53\cdots\cdots$
$\fallingdotseq 160$
周囲の数値から空気を読んで有効数字2ケタで…

RUB OUT 2 析出量を求めるべし!!

計算問題77 標準

水100gに対する硝酸カリウムの溶解度は，80℃で170，20℃で32である。このとき，次の各問いに答えよ。
(1) 80℃の硝酸カリウムの飽和水溶液300gを20℃まで冷却すると，何gの硝酸カリウムの結晶が析出するか。
(2) 80℃の硝酸カリウムの飽和水溶液を20℃まで冷却すると，30gの硝酸カリウムの結晶が析出した。80℃の飽和水溶液は何gであったか。

ナイスな導入

とりあえずボキャブラ・チェ〜ック!!

析出（せきしゅつ） → 溶質が溶媒に溶けていることができずに沈殿して出てくること。

結晶（けっしょう） → 析出した固体のことを何かと『結晶』と呼ぶので，問題を解く上であまり気にしないように!!

ではでは，本題に入っていきましょう!!
まずデータをまとめておきまーす。

温度＼質量	水の質量	硝酸カリウムの質量
80℃	100g	170g
20℃	100g	32g

析出する硝酸カリウムの質量
$170 - 32 = \mathbf{138g}$

飽和水溶液全体に注目してデータをまとめ直すと…

温度＼質量	飽和水溶液の質量	硝酸カリウムの質量
80℃	100+170 =270(g)	170g
20℃	100+32 =132(g)	32g

析出する硝酸カリウムの質量
170 − 32 = 138 g

よって!!

$$\begin{pmatrix} 80℃ での \\ 飽和水溶液の質量 \end{pmatrix} : \begin{pmatrix} 80℃ から 20℃ へ \\ 冷却したときの硝酸 \\ カリウムの析出量 \end{pmatrix} = 270 : 138$$

イメージコーナー

80℃ 飽和水溶液 270 g → 80℃から20℃へ冷却!! → 20℃ 硝酸カリウムの析出量は… 138 g

これを流用すれば万事解決♥

解答でござる

(1) 求めるべき硝酸カリウムの析出量を x(g) として,

$$300 : x = 270 : 138$$
$$270x = 300 \times 138$$
$$x = \frac{300 \times 138}{270} = 153.33\cdots\cdots$$

ナイスな導入 参照!!
80℃での　80℃から20℃へ
飽和水溶　：冷却したときの硝
液の質量　酸カリウムの析出

$A : B = C : D$
$\Leftrightarrow B \times C = A \times D$

(2) 求めるべき飽和水溶液の質量を x(g) として，

$$x : 30 = 270 : 138$$
$$138x = 30 \times 270$$
$$x = \frac{30 \times 270}{138}$$
$$x ≒ \underline{59}\,(g) \quad \cdots (答)$$

$x ≒ \underline{150}\,(g) \quad \cdots (答)$

$$\frac{300 \times 138}{270} = \frac{10 \times 138}{9}$$
$$= \frac{10 \times 46}{3}$$
$$= 153.33\cdots$$
$$≒ 150$$

周囲の数値から有効数字2ケタにしておきます!!

ナイスな導入 参照!!

(80℃での飽和水溶液の質量) : (80℃から20℃へ冷却したときの硝酸カリウムの析出量)

$A : B = C : D$
$\Leftrightarrow A \times D = B \times C$

$$\frac{30 \times 270}{138} = \frac{5 \times 270}{23}$$
$$≒ 58.695\cdots$$

周囲の数値から有効数字2ケタにしておきます!!

RUB OUT ③ 水和水を含む結晶の場合…

計算問題78 ちょいムズ

　硫酸銅(Ⅱ) $CuSO_4$ の水 100g に対する溶解度は 20℃ で 20，60℃ で 40 である。いま，60℃ の硫酸銅(Ⅱ)の飽和水溶液 300g を 20℃ まで冷却すると何 g の硫酸銅五水和物 $CuSO_4 \cdot 5H_2O$ の結晶が析出するか。ただし，原子量は $H = 1.0$，$O = 16$，$S = 32$，$Cu = 64$ とする。

ナイスな導入

(1)を例にして解説しよう!!

　本問のように水和物の結晶が析出するタイプの問題は，慣れないうちは困難である。そこで，解法の手順を覚え込んでしまうことをお勧めします♥

　ここで注意すべきことは，今まで学習した無水物の結晶が析出する場合と違って，水和物の結晶が析出する際，溶媒としてはたらいていた水を巻き込んで結晶を作り沈殿するため，水の量が一定に保たれず減少してしまう。そこで，今までのような簡単な解き方ができません!!

Theme 20 固体の溶解度の問題 273

手順その① 高温時での $CuSO_4$ の質量を求めておく!! (溶質)

本問の場合,60℃での飽和水溶液300g中の溶質 $CuSO_4$ の質量を求めておけばよい。

60℃での水100gに対する溶解度は **40** であるから,飽和水溶液300g中の $CuSO_4$ の質量を x (g) として

$$x : 300 = 40 : 140$$

CuSO₄ の質量 / 飽和水溶液の質量 / CuSO₄ の質量 / 飽和水溶液の質量

> 水100gに $CuSO_4$ 40gで飽和水溶液 100+40=**140**(g)とな〜る!!

> 60℃でのお話ですよ!!

$$140x = 300 \times 40$$

$$x = \frac{300 \times 40}{140}$$

$$= 85.714\cdots\cdots$$

$$\fallingdotseq \mathbf{85.7}\,(\mathrm{g})$$

> 本問も問題文中に2ケタの数値が目立つので,有効数字は**2ケタ**となる。よって,解答の途中で登場する数値は1ケタ多めの,**3ケタ**にしておく!!

> x は 手順その① で使用済み

手順その② 析出する $CuSO_4 \cdot 5H_2O$ を y (g) とし,冷却後(低温時)における状態に注目する。

析出する $CuSO_4 \cdot 5H_2O$ の質量を y (g) としましょう!!

このとき,$CuSO_4 = \mathbf{160}$,$5H_2O = \mathbf{90}$,つまり $CuSO_4 \cdot 5H_2O = \mathbf{250}$ より

(64+32+16×4)　(5×(1.0×2+16))　(160+90)

析出した $CuSO_4 \cdot 5H_2O$　y (g) のうち…

析出した $CuSO_4$ だけに注目した質量は　$y \times \dfrac{160}{250}$ (g)

> CuSO₄ 160 ｜ 5H₂O 90
> 250

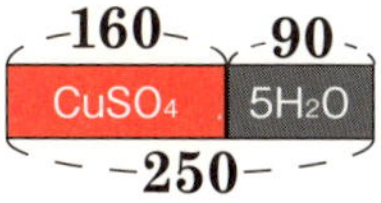

> よって!!

冷却後，つまり20℃において…

> 手順その2 で求めた高温時60℃でのCuSO₄の質量です!!

溶質CuSO₄の質量は… 👉 $85.7 - y \times \dfrac{160}{250}$ (g) …①

飽和水溶液の質量は… 👉 $300 - y$ (g) …②

> 高温時60℃での飽和水溶液の質量が300gで，冷却することによりy(g)の結晶が析出したわけだから，こうなる!!

> さらに…

20℃におけるCuSO₄の溶解度が20より，

　（👉 水100gを飽和させるCuSO₄の質量は20g．つまり飽和水溶液は120g）

溶質CuSO₄の質量：飽和水溶液の質量 $= 20 : 120$ …③

> $100 + 20$

> 以上より…

①，②，③から ①です!!　　②です!!

$$\left(85.7 - y \times \dfrac{160}{250}\right) : (300 - y) = 20 : 120$$

20℃での溶質　　20℃での飽和　　20℃での溶質　　20℃での飽和
CuSO₄の質量　　水溶液の質量　　CuSO₄の質量　　水溶液の質量

これを解いたらおしまいです♥

> わかりやすすぎて言葉が出ない……

解答でござる

$60℃$ における $CuSO_4$ の飽和水溶液 $300(g)$ 中の $CuSO_4$ の質量を $x(g)$ とすると,

$$x : 300 = 40 : (100 + 40)$$
$$x : 300 = 40 : 140$$
$$140x = 300 \times 40$$
$$x = \frac{300 \times 40}{140}$$
$$\therefore \quad x ≒ 85.7 (g)$$

> $60℃$ で…
> (溶質 $CuSO_4$ の質量) : (飽和水溶液の質量)

> ナイスな導入 でも述べたとおり, 本問は有効数字2ケタである。よって, 途中で登場する数値は1ケタ多い3ケタで!!

この飽和水溶液を $20℃$ に冷却したときに析出する $CuSO_4 \cdot 5H_2O$ の質量を $y(g)$ とする。

このとき, $CuSO_4 = 160$, $5H_2O = 90$ であるから, $20℃$ における $CuSO_4$ の質量は…

$$\boxed{85.7 - y \times \frac{160}{250}} \text{ (g)} \quad ①$$

> $CuSO_4$
> $= 64 + 32 + 16 \times 4$
> $= 160$
> $5H_2O$
> $= 5 \times (1.0 \times 2 + 16)$
> $= 5 \times 18$
> $= 90$

$20℃$ における飽和水溶液の質量は…

$$\boxed{300 - y} \text{ (g)} \quad ②$$

> 詳しくは ナイスな導入 を参照せよ!!

さらに, $20℃$ において,

溶質 $CuSO_4$ の質量 : 飽和水溶液の質量
$= 20 : (100 + 20)$
$= 20 : 120$

であるから,

$$\left(\boxed{85.7 - y \times \frac{160}{250}}^{①} \right) : \left(\boxed{300 - y}^{②} \right) = 20 : 120$$

$$\left(85.7 - y \times \frac{160}{250} \right) \times 120 = (300 - y) \times 20$$

> 両辺を20で割ろう!!

$$\left(85.7 - y \times \frac{16}{25}\right) \times 6 = 300 - y$$

$$85.7 \times 6 - \frac{96}{25}y = 300 - y$$

$$12855 - 96y = 7500 - 25y$$

$$-71y = -5355$$

$$y = \frac{5355}{71}$$

$$\therefore \quad y ≒ \underline{\mathbf{75}} \text{(g)} \quad \cdots \text{(答)}$$

$\dfrac{160}{250} = \dfrac{16}{25}$

両辺を25倍しました!!

$85.7 \times 6 \times 25$
$= 12855$

$\dfrac{5355}{71} = 75.422\cdots\cdots$
$≒ 75$
周囲の数値から有効数字2
ケタにしました!!

Theme 21 化学 気体の溶解度の問題 277

Theme 21 化学 気体の溶解度の問題

今度は気体かい!?

RUB OUT 1 ヘンリーの法則を理解せよ!!

その☝ 温度と気体の溶解度の関係

結論からズバリ言わせていただきます。

気体は溶けにくくなる

高温になるほど，気体の溶解度は小さくなる!!

これは，アタリマエでしょ!? ぬるいソーダ水なんか気が抜けてしまって飲めたもんじゃないよね。ちゃんと冷やしてない缶コーラ(ビールと言いたいところだが…)も，栓(せん)を抜くとプシューってコーラが飛び出してくるでしょ!! それは，**高温**での気体の溶解度が**小さくなってる**証拠です。

この例では CO_2

注 固体の場合は逆ですよ!! 固体の溶解度は高温の方が大きくなります。

Theme 20 参照!!

たしかに，砂糖なんかも高温の方が水によく溶けるなぁ…

その✌ 圧力と気体の溶解度の関係

この関係を示したお話には名前がついてまして…

ヘンリーの法則 と申しま――す。

では，この『ヘンリーの法則』について解説させていただきます。

何ぃ～っ!!ヘンリ～!?

ヘンリーの法則 Part I

温度が一定であるとき，一定量の液体に溶解する気体の**質量**(あるいは**物質量**)は，その気体の**分圧に比例**する。

モル数

その気体が接触する液面を押す力

イメージコーナー

P(Pa)で…
w(g)の気体が
溶ければ…

圧力2倍!!
$2P$(Pa)で…
$2w$(g)溶ける!!
2倍溶ける!!

圧力3倍!!
$3P$(Pa)で…
$3w$(g)溶ける!!
3倍溶ける!!

ヘンリーの法則 Part Ⅱ

温度が一定であるとき，一定量の液体に溶解する気体の**体積**はその気体の**分圧に関係なく一定である。**

マジっすか!?

これはよく考えれば理解できるお話です。
　まず思い出してもらいたいことがあります。それはp.244でおなじみの『ボイル・シャルルの法則』です。

思い出そう!!

ある気体が圧力$1.0×10^5$(Pa)で体積6.0(L)のとき，温度を一定に保って圧力を$3.0×10^5$(Pa)にすると，この気体の体積は何(L)となるか??

懐かしいなぁ…

解答

ボイル・シャルルの法則により，求める体積をV(L)として，

$$\underset{P}{3.0×10^5} × \underset{V}{V} = \underset{P'}{1.0×10^5} × \underset{V'}{6.0}$$

$$∴ V = 2.0 \text{(L)}$$

答でーす!!

p.244を参照!!
温度一定のとき，ボイル・シャルルの法則より，
$PV = P'V'$

　ここで押さえておくことは，**圧力を3倍にすると体積は$\frac{1}{3}$倍**になったということです。☞ 温度が一定のとき気体の**圧力と体積は反比例する!!**

Theme 21 化学 気体の溶解度の問題

そこで!!

イメージコーナー

$P(\text{Pa})$で…
$w(\text{g})$の気体が溶ける。
この体積を$V(\text{L})$とする。

圧力2倍!!
$2P(\text{Pa})$で…
$2w(\text{g})$の気体が溶ける。このとき体積は…
$\dfrac{1}{2}V \times 2 = V(\text{L})$

$w(\text{g})$あたりの体積は
圧力に反比例して$\dfrac{1}{2}V(\text{L})$に…

圧力3倍!!
$3P(\text{Pa})$で…
$3w(\text{g})$の気体が溶ける。このとき体積は…
$\dfrac{1}{3}V \times 3 = V(\text{L})$

$w(\text{g})$あたりの体積は
圧力に反比例して$\dfrac{1}{3}V(\text{L})$に…

$w(\text{g})$
$V(\text{L})$

$V(\text{L}) \begin{cases} w(\text{g}) \\ \dfrac{1}{2}V(\text{L}) \\ w(\text{g}) \\ \dfrac{1}{2}V(\text{L}) \end{cases}$

$V(\text{L}) \begin{cases} w(\text{g}) \\ \dfrac{1}{3}V(\text{L}) \\ w(\text{g}) \\ \dfrac{1}{3}V(\text{L}) \\ w(\text{g}) \\ \dfrac{1}{3}V(\text{L}) \end{cases}$

溶ける!! 一定量の液体

溶ける!! 一定量の液体

溶ける!! 一定量の液体

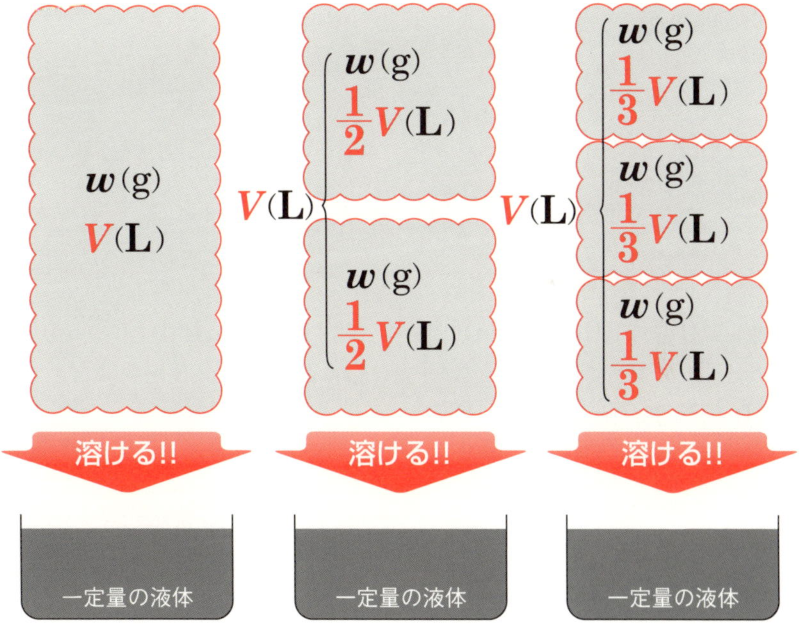

つまーり!!

ヘンリーの法則 のまとめです。
　温度が一定であるとき，一定量の液体に溶ける気体の**質量**（**あるいは物質量**）は，その気体の**分圧に比例**する。
　一方，一定量の液体に溶ける気体の**体積**は，その気体の**分圧に関係なく一定**である。

注　この『ヘンリーの法則』にあてはまる気体は，溶媒に**溶けにくい気体**，つまり**溶解度が小さい気体**のみである。したがって，溶媒に溶けまくる気体に対しては無効でっせ!!

☞ 『ヘンリーの法則』にあてはまらない気体の代表選手
　HCl（塩化水素）…塩化水素を水に溶かしたものが**塩酸**です。
　　塩酸をいくら振っても，塩化水素は泡になって出てきませんよ。
　　つまり，溶けやすい証拠!!
　NH_3（アンモニア）…アンモニアを水に溶かしたものが**アンモニア水**。
　　こいつもいったん溶けたら，なかなか出てきやしない

計算問題79　標準

　酸素は0℃，$1.0×10^5$ Paにおいて，水1Lに49mL溶ける。このとき，次の各問いに答えよ。ただし，原子量はO=16とし，気体定数は$R=8.31×10^3$ (Pa·L/(mol·K))とする。

(1) 0℃，$1.0×10^5$ Paの下で，水1Lに溶ける酸素の質量(g)を有効数字2ケタで求めよ。

(2) 0℃，$3.0×10^5$ Paの下で，水1Lに溶ける酸素の体積(mL)と質量(g)を有効数字2ケタで求めよ。

(3) 0℃，$2.0×10^5$ Paの下で，水3Lに溶ける酸素の体積(mL)と質量(g)を有効数字2ケタで求めよ。

Theme 21 化学 気体の溶解度の問題 281

ナイスな導入

(1)は，Theme 16 でおなじみの『気体の状態方程式』を活用すればOK!!

ただし，単位に注意してください。$49\text{mL} = \dfrac{49}{1000}\text{L}$，$0℃ = 273\text{K}$ですヨ!!

(2)(3)は，いよいよ『ヘンリーの法則』のお出ましです!!
まぁ，とりあえず，やってみましょう♥

解答でござる

(1) 求めるべき酸素の質量を$w(\text{g})$とすると，気体の状態方程式から，

$$1.0 \times 10^5 \times \dfrac{49}{1000} = \dfrac{w}{32} \times 8.31 \times 10^3 \times 273$$

$$w = \dfrac{1.0 \times 10^5 \times 49 \times 32}{1000 \times 8.31 \times 10^3 \times 273}$$

$$= \dfrac{49 \times 32}{8.31 \times 273 \times 10}$$

$$= 0.06911\cdots\cdots$$

$$\fallingdotseq \underline{\mathbf{0.069}\text{(g)}} \quad \cdots(答)$$

> p.247参照!!
> 気体の状態方程式
> $$PV = \dfrac{w}{M}RT$$
> $P = 1.0 \times 10^5 \text{(Pa)}$
> $V = \dfrac{49}{1000} \text{(L)}$
> $M = 16 \times 2 = 32$
> $R = 8.31 \times 10^3 \text{(Pa·L/(mol·K))}$
> $T = 273 \text{(K)}$

$\dfrac{1.0 \times 10^5 \times 49 \times 32}{1000 \times 8.31 \times 10^3 \times 273}$
$6.9 \times 10^{-2}\text{(g)}$
と答えてもよし!!

(2) ヘンリーの法則より，
溶ける酸素の体積は，

$$\underline{\mathbf{49}\text{(mL)}} \quad \cdots(答)$$

溶ける酸素の質量は，

$$0.0691 \times 3 = 0.2073$$

(1)で求めた値です。
有効数字2ケタより，
途中式は3ケタで!!

$$\fallingdotseq \underline{\mathbf{0.21}\text{(g)}} \quad \cdots(答)$$

体積は分圧によらず一定でしたね!!

質量は分圧に比例する!!
1.0×10^5Paから
3.0×10^5Paと圧力を3倍
にしたから，溶ける酸素の
質量も3倍となる!!

(3) 溶媒である水の体積が3倍になっていることに注意して，ヘンリーの法則から溶ける酸素の体積は，

$$49 \times 3 = 147$$

水が1Lでなく3Lである
ことに注意せよ!!

溶媒である水の量が3倍と
なったので溶ける量も3倍!!

$$≒ \underline{\underline{150}} \text{(mL)} \quad \cdots \text{(答)}$$

溶ける酸素の質量は，
$$0.0691 \times 2 \times 3 = 0.4146$$

(1)で求めた値です。
有効数字2ケタより
途中式は3ケタで!!

$$≒ \underline{\underline{0.41}} \text{(g)} \quad \cdots \text{(答)}$$

圧力が**2倍**となったから溶ける量も**2倍**!!

溶媒である水の量が**3倍**だから，さらに**3倍**!!

計算問題80 ｜ 標準

窒素は，0℃，1.0×10^5 Pa において水1Lに24 mL溶ける。これについて，次の各問いに答えよ。ただし，原子量は N=14 とし，気体定数は $R = 8.31 \times 10^3$ (Pa・L/(mol・K)) とする。

(1) 1.0×10^5 Pa の窒素が0℃の水1Lに溶け込む質量は何gか。有効数字2ケタで求めよ。

(2) 1.0×10^5 Pa の空気を0℃の水1Lに接触させておいたとき，溶け込む窒素の質量と体積をそれぞれ有効数字2ケタで求めよ。ただし，空気は酸素と窒素との体積比 1:4 の混合気体だとする。

(3) 4.0×10^5 Pa の空気を0℃の水1Lに接触させておいたとき，溶け込む窒素の質量と体積をそれぞれ有効数字2ケタで求めよ。ただし，空気は酸素と窒素との体積比 1:4 の混合気体だとする。

ナイスな導入

(2), (3)では窒素にかかる**分圧**を求める必要があります。

溶け込む気体の**質量**は，その**分圧に比例**します。しかし，**分圧によらず**，溶け込む気体の**体積は一定**ですよ。ヘンリーの法則です!!

解答でござる

(1) 求めるべき窒素の質量を w (g) とすると，気体の状態方程式から

$$1.0 \times 10^5 \times \frac{24}{1000} = \frac{w}{28} \times 8.31 \times 10^3 \times 273$$

p.247参照!!
気体の状態方程式

$$PV = \frac{w}{M} RT$$

$P = 1.0 \times 10^5$ (Pa)
$V = \dfrac{24}{1000}$ (L)
$M = 14 \times 2 = 28$
$R = 8.31 \times 10^3$ (Pa・L/(mol・K))
$T = 273$ (K)

Theme 21　化学　気体の溶解度の問題　283

$$w = \frac{1.0 \times 10^5 \times 24 \times 28}{1000 \times 8.31 \times 10^3 \times 273}$$

$$= \frac{24 \times 28}{8.31 \times 273 \times 10}$$

$$= 0.02962\cdots\cdots$$

$$\fallingdotseq \underline{\mathbf{0.030}}\,(\mathrm{g}) \quad \cdots(\text{答})$$

$\dfrac{1.0 \times 10^5 \times 24 \times 28}{1000 \times 8.31 \times 10^3 \times 273}$
　　　　10

$3.0 \times 10^{-2}\,(\mathrm{g})$ としても OK!!

(2)　ヘンリーの法則より溶け込む窒素の体積は，

$$\underline{\mathbf{24}}\,(\mathrm{mL}) \quad \cdots(\text{答})$$

空気の圧力＝全圧＝$1.0 \times 10^5\,(\mathrm{Pa})$
物質量比（モル数比）は，酸素：窒素＝1：4
以上より，窒素の分圧を P_{N_2} とすると，

$$P_{\mathrm{N}_2} = 1.0 \times 10^5 \times \frac{4}{4+1}$$

$$= 1.0 \times 10^5 \times \frac{4}{5}$$

$$= 0.80 \times 10^5\,(\mathrm{Pa})$$

溶け込む窒素の質量は，

$$0.0296 \times 0.80 = 0.02368$$

(1)で求めた値です。
有効数字2ケタより
途中式は3ケタで!!

$$\fallingdotseq \underline{\mathbf{0.024}}\,(\mathrm{g}) \quad \cdots(\text{答})$$

体積は分圧によらず一定ですよ。

気体では…
体積比＝モル数比
基本中の基本ですよ!!

p.258参照!!
分圧比＝モル数比
O_2：N_2＝1：4
よってN_2の分圧は
全圧の$\dfrac{4}{4+1}$となる!!

$0.80 \times 10^5\,\mathrm{Pa}$ より圧力は，$1.0 \times 10^5\,\mathrm{Pa}$のときの**0.80倍**である。よって，溶け込む窒素の質量も**0.80倍**となる!!

(3)　ヘンリーの法則より，溶け込む窒素の体積は，

$$\underline{\mathbf{24}}\,(\mathrm{mL}) \quad \cdots(\text{答})$$

空気の圧力＝全圧＝$4.0 \times 10^5\,(\mathrm{Pa})$
物質量比（モル数比）は，酸素：窒素＝1：4
以上より，窒素の分圧を P_{N_2} とすると，

$$P_{\mathrm{N}_2} = 4.0 \times 10^5 \times \frac{4}{4+1}$$

$$= 4.0 \times 10^5 \times \frac{4}{5}$$

$$= 3.2 \times 10^5\,(\mathrm{Pa})$$

体積は分圧によらず一定ですよ!!

まず分圧を!!

(2)と同様です!!
分圧比＝モル数比
O_2：N_2＝1：4
よってN_2の分圧は
全圧の$\dfrac{4}{4+1}$となる!!

溶け込む窒素の質量は，
$$0.0296 \times 3.2 = 0.09472$$
(1)で求めた値です。
有効数字2ケタより
途中式は3ケタで!!
$$\fallingdotseq \mathbf{0.095} \text{(g)} \quad \cdots \text{(答)}$$

3.2×10^5Paより圧力は1.0×10^5Paのときの**3.2倍**である。よって，溶け込む窒素の質量も**3.2倍**となる!!

RUB OUT 2　気体と水を両方入れて密封したらどうなるの??

計算問題81　ちょいムズ

8.0Lの密封容器に3.0Lの水と1.0molの二酸化炭素を入れ，温度を27℃に保ちしばらく放置した。1.0×10^5Paの圧力下において，二酸化炭素は，27℃の水1.0Lへ0.076mol溶解する。このとき，容器内の圧力を有効数字2ケタで求めよ。ただし，気体定数を$R = 8.3 \times 10^3 \text{(Pa·L/(mol·K))}$とし，水の蒸気圧は無視できるものとする。

ナイスな導入

イメージコーナー

気相（気体の部分）
体積…8.0(L) − 3.0(L)
　　　=5.0(L)
圧力…P(Pa)

水…3.0(L)

水に溶解せずに気相に存在するCO_2のモル数

水に溶解したCO_2のモル数

合計1.0mol

イメージは大切だにゃ〜っ

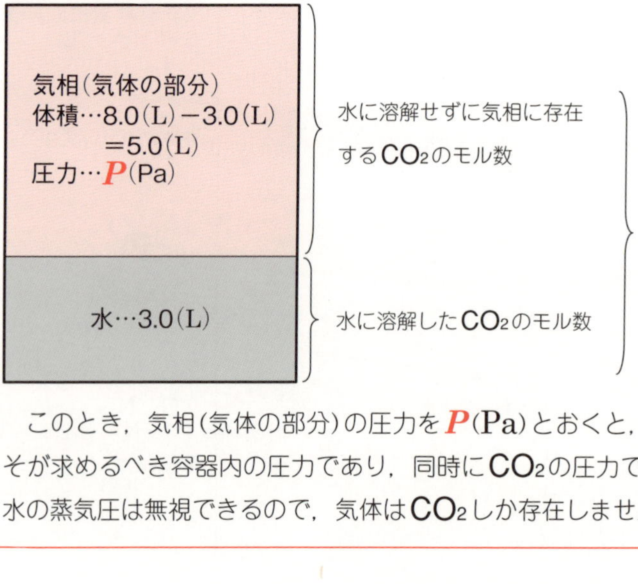

このとき，気相（気体の部分）の圧力をP(Pa)とおくと，このP(Pa)こそが求めるべき容器内の圧力であり，同時にCO_2の圧力である（本問では，水の蒸気圧は無視できるので，気体はCO_2しか存在しませんよ!!）。

> **解答でござる**

気相(気体の部分)の圧力を $P(\mathrm{Pa})$ とおくと,水に溶解せずに気相に存在する CO_2 のモル数 $n_1(\mathrm{mol})$ は,

$$n_1 = \frac{P \times 5.0}{8.3 \times 10^3 \times 300} \quad \cdots ①$$

ヘンリーの法則より,水に溶解した CO_2 のモル数 n_2 (mol) は,

$$n_2 = 0.076 \times \frac{P}{1.0 \times 10^5} \times 3.0$$

$$= \frac{0.076 \times 3.0 \times P}{1.0 \times 10^5} \quad \cdots ②$$

さらに,もともと容器に入れた CO_2 のモル数が1.0 (mol) より,

$$n_1 + n_2 = 1.0 \quad \cdots ③$$

①,②を③に代入して,

$$\frac{P \times 5.0}{8.3 \times 10^3 \times 300} + \frac{0.076 \times 3.0 \times P}{1.0 \times 10^5} = 1.0$$

$$\frac{5.0}{8.3 \times 3} \times \frac{P}{10^5} + \frac{0.076 \times 3.0 \times P}{10^5} = 1.0$$

$$\frac{0.201 \times P}{10^5} + \frac{0.228P}{10^5} = 1.0$$

$$\frac{0.429P}{10^5} = 1.0$$

$$P = \frac{1.0 \times 10^5}{0.429}$$

$$\therefore \quad P \fallingdotseq \underline{2.3 \times 10^5}\,(\mathrm{Pa}) \cdots (答)$$

気体の状態方程式
$PV = nRT$
変形!!
$n = \dfrac{PV}{RT}$

$27 + 273 = 300\,(\mathrm{K})$
水は3.0倍!!
圧力は $\dfrac{P}{1.0 \times 10^5}$ 倍!!

ナイスな導入 参照!!

この式を上手にまとめるべし!!

左辺の分母を 10^5 でそろえる!!

$\dfrac{5.0}{8.3 \times 3} = 0.20080\cdots$
$\fallingdotseq 0.201$

$\dfrac{1.0}{0.429} \times 10^5$
$= 2.3310\cdots\cdots \times 10^5$
$\fallingdotseq 2.3 \times 10^5$
有効数字2ケタです!!

なるほどね〜

> **ちょっと言わせて**
>
> 最終的に…
>
> **水に溶け込む CO_2 の分子数=水から飛び出す CO_2 の分子数**
>
> となり,見かけ上, CO_2 の水への溶解が停止したような状態になります。このとき, CO_2 は水の中に限界量溶けており,このような状態を**溶解平衡**と申します。

Theme 22 化学 凝固点降下と沸点上昇の計算問題

RUB OUT 1　凝固点降下度と沸点上昇度の計算方法

　純溶媒に不揮発性の溶質を溶かすと，この溶質が溶媒の凝固や沸騰の妨害をします。

つまーり!!

　溶液は純溶媒のときに比べて凝固しにくくなり，沸騰しにくくなります。よって，凝固点は下がり，沸点は上がります。

（より温度を下げないと凝固しない!!）　（より温度を上げないと沸騰しない!!）

そんでもって…

（邪魔者が多いほど…）

溶質となっている粒子数が多いほど凝固点は降下し，沸点は上昇します!!

（粒子数かぁ～っ）

　ここで，注意してほしいのは…

あくまでも **粒子数** が問題となっていることです。

　つまり，電解質である NaCl（塩化ナトリウム）は，Na^+ と Cl^- のように粒子数が2倍になります。

$$NaCl \longrightarrow Na^+ + Cl^-$$

（1粒のようで…）　（2粒です!!）

（なかなかやるねぇ…）

Theme 22 化学 凝固点降下と沸点上昇の計算問題 287

このあたりで本題に入ります!!

希薄溶液(うすい溶液)の場合しか使えません!! 濃い溶液ではダメ!!

凝固点降下度と沸点上昇度の計算

凝固点が何℃下がったか？
沸点が何℃上がったか？

この凝固点降下度もしくは沸点上昇度を Δt(℃)もしくは Δt(K),
さらに,溶質粒子の質量モル濃度を m(mol/kg)
とすると…

$$\Delta t = km$$

kは比例定数です。Δtは,mに比例します!!

☞ 粒子数(邪魔者)が増えれば,凝固点は下がり,沸点も上がる!!
　　＝ mが大きくなればΔtも大きくなる!!

注　Δtが凝固点降下度のときkを**モル凝固点降下**と呼び,
　　Δtが沸点上昇度のときkを**モル沸点上昇**と呼ぶ。
　　定数ならば○○定数みたいな名前がふさわしいのですが,ヘンな名前だね…

mが**質量モル濃度**ってところがポイントですよ!! 質量モル濃度についてはp.41を参照せよ!!

では,実際にやってみましょう!!

計算問題82 — 標準

次の各問いに答えよ。

(1) 水200gに分子量180のある非電解質を27g溶かしたとき,この水溶液の凝固点と沸点を小数第二位まで求めよ。ただし,水のモル凝固点降下は1.86 K·kg/mol,水のモル沸点上昇は0.52 K·kg/molとする。

(2) 水500gに$CaCl_2$ 0.030molを溶かしたとき,この水溶液の凝固点と沸点を小数第二位まで求めよ。ただし,水のモル凝固点降下は1.86 K·kg/mol,水のモル沸点上昇は0.52 K·kg/molとする。また,$CaCl_2$の電離度は1とする。

ナイスな導入

モル凝固点降下とモル沸点上昇とは比例定数 k のことである。ヘンな名称ですが…

となれば，質量モル濃度 m (mol/kg) がしっかり計算できれば万事解決!!

質量モル濃度　p.41参照!!

溶媒(本問では水) 1kg (= 1000g) あたりに溶けている溶質の物質量 (モル数)

あと，(2)の $CaCl_2$ (塩化カルシウム) が電解質であることに注意!!

$$CaCl_2 \longrightarrow Ca^{2+} + 2Cl^-$$

1粒が3粒に!!
つまり粒子数は **3倍** となる!!

解答でござる

(1) 溶けているある非電解質のモル数は，

$$\frac{27}{180} = \frac{3}{20} \text{ (mol)}$$

分子量は180で27gであるから
質量／分子量
モル数 $= \dfrac{27}{180}$ (mol)

これが水200gに溶けているから，溶質粒子の質量モル濃度 m (mol/kg) は，

$$m = \frac{3}{20} \times \frac{1000}{200} = 0.75 \text{ (mol/kg)}$$

分数の方が計算しやすい!!

水 **200g** の話題を水 1kg = **1000g** の話題に変えたいので，$\times \dfrac{1000}{200}$ とする!!

よって，凝固点降下度 Δt_1 は，

$$\Delta t_1 = 1.86 \times 0.75$$
$$= 1.395$$
$$= 1.40 \text{ (K)}$$

$\Delta t = km$
この場合の k はモル凝固点降下で，
$k = 1.86$ (K·kg/mol)
単位は(℃)でもOK!!
小数第二位までです!!

つまり，この水溶液の凝固点は，

$$-1.40 \text{ (℃)} \quad \cdots \text{(答)}$$

純水の凝固点0℃から1.395(K)下がる!!
∴ 0−1.395 = −1.395(℃)

同様に沸点上昇度 Δt_2 は，
$$\Delta t_2 = 0.52 \times 0.75$$
$$= 0.39 (\text{K})$$

つまり，この水溶液の沸点は，
$$100 + 0.39 = \underline{\mathbf{100.39}} (\text{℃}) \quad \cdots (答)$$

	$\Delta t = km$ この場合の k はモル沸点上昇で， $k = 0.52 (\text{K·kg/mol})$
	単位は(℃)でもOK!!
	純水の沸点100℃から 0.39(K)上がる!!

(2) $CaCl_2$ は電解質で，
$$CaCl_2 \longrightarrow Ca^{2+} + 2Cl^-$$

となるから，溶質粒子のモル数は，
$$0.030 \times 3 = 0.090 (\text{mol})$$

これが，水500gに溶けているから，溶質粒子の質量モル濃度 $m (\text{mol/kg})$ は，
$$m = 0.090 \times \frac{1000}{500} = 0.18 (\text{mol/kg})$$

よって，凝固点降下度 Δt_1 は，
$$\Delta t_1 = 1.86 \times 0.18$$
$$= 0.3348$$
$$\fallingdotseq 0.33 (\text{K})$$

つまり，この水溶液の凝固点は，
$$\underline{\mathbf{-0.33}} (\text{℃}) \quad \cdots (答)$$

同様に，沸点上昇度 Δt_2 は，
$$\Delta t_2 = 0.52 \times 0.18$$
$$= 0.0936$$
$$\fallingdotseq 0.09 (\text{K})$$

つまり，この水溶液の沸点は，
$$100 + 0.09 = \underline{\mathbf{100.09}} (\text{℃}) \quad \cdots (答)$$

- 1粒から3粒へ… 粒子数は**3倍**となる!!
- 粒子数は **3倍**!!
- 水500gの話題を水1kg = 1000gの話題に変えたいので，$\times \dfrac{1000}{500}$ とする!! (質量モル濃度については p.41参照!!)
- $\Delta t = km$ この場合の k はモル凝固点降下で， $k = 1.86 (\text{K·kg/mol})$
- 小数第二位までより，小数第三位を四捨五入!!
- 純水の凝固点0℃から0.33(K)下がる!! ∴ $0 - 0.33 = -0.33 (\text{℃})$
- $\Delta t = km$ この場合の k はモル沸点上昇で， $k = 0.52 (\text{K·kg/mol})$
- 小数第二位までより，小数第三位を四捨五入!!
- 純水の沸点100℃から 0.09(K)上がる!!

RUB OUT 2 冷却曲線を攻略せよ!!

冷却曲線の読み方をマスターしてくれよ!!

純溶媒の冷却曲線
- 液体のみ存在
- 純溶媒の凝固点
- 過冷却
- 凍り始め
- 液体と固体が共存
- 凝固熱による発熱量と冷却による吸熱量がつりあい,温度が一定に保たれます!!
- 固体のみになってしまえば,あとは固体が冷却されていくだけです!!
- 固体のみ存在

溶液の冷却曲線
- 液体のみ存在
- 溶液の凝固点
- 過冷却
- 凍り始め
- 液体と固体が共存
- 右下がりの直線になります!! 理由は,溶媒だけが凝固して溶液の濃度が上昇するのでそれに応じて凝固点も下がります!!
- 固体のみ存在

凝固点降下度はここを読め!! Δt

横軸: 冷却時間
縦軸: 温度(℃)

測定装置です!!
- 水銀だめ
- ベックマン温度計(0.01Kの温度差まで測定できる)
- かき混ぜ器
- 空気(急激な冷却をやわらげるため)
- 寒剤
- 試料溶液

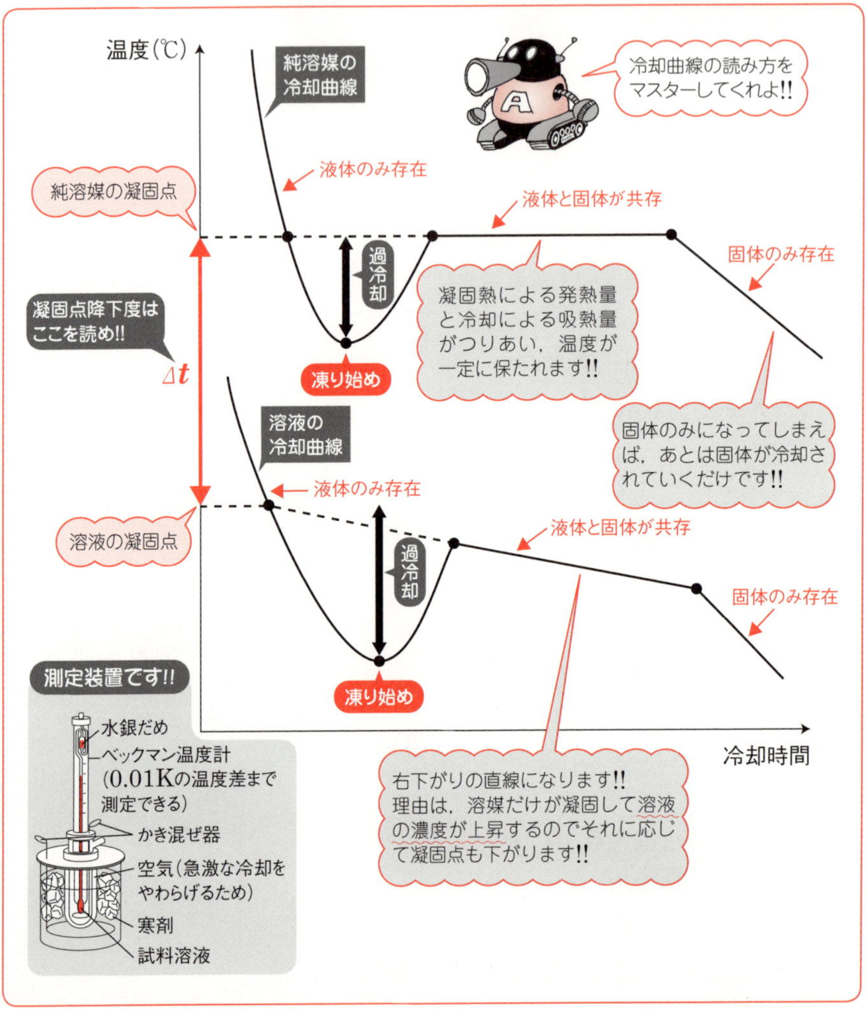

> 注 液体を冷却していくと,凝固点に達しても凝固は起こらず,さらに温度が下がって凝固が始まります。このように,凝固点以下であるのに液体のままで存在している状態を**過冷却**と呼びます。

Theme 22　化学　凝固点降下と沸点上昇の計算問題

計算問題83　標準

　右図の曲線Aは純水の冷却曲線,曲線Bは,水200gに11.2gの非電解質Xを溶かした水溶液の冷却曲線である。このとき,次の各問いに答えよ。

(1) 曲線Bから,凝固点を読み取れ。
(2) 物質Xの分子量を整数値で求めよ。ただし,水のモル凝固点降下は1.86K·kg/molとする。

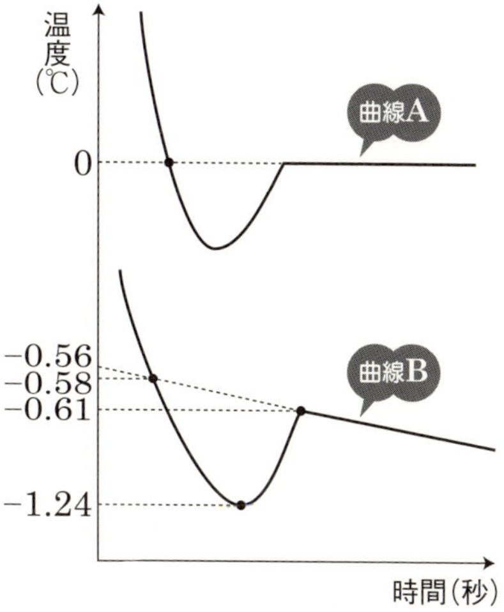

解答でござる

(1) -0.58(℃) …(答)

(2) グラフより凝固点降下度Δtは,
$$\Delta t = 0.58 (K) \quad \cdots ①$$
Xの分子量をMとすると,溶解したXの物質量(モル数)は…
$$\frac{11.2}{M} (mol)$$
である。
　よって,この水溶液の質量モル濃度m(mol/kg)は,
$$m = \frac{11.2}{M} \times \frac{1000}{200}$$
$$= \frac{56}{M} (mol/kg)$$

注目!!
0(℃)から−0.58(℃)に下がりました!!　温度差は0.58(K)です!!

質量モル濃度についてはp.41で復習してください!!

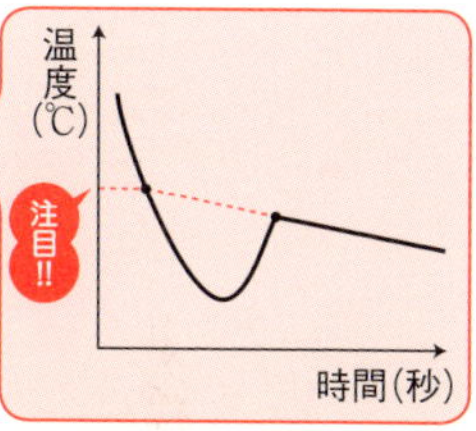

水200gの話題を水1kg＝1000gの話題に変えたいので,$\frac{1000}{200}$倍します!!

このとき，凝固点降下度 Δt は，

$$\Delta t = 1.86 \times m$$

$$= 1.86 \times \frac{56}{M} \quad \cdots ②$$

①と②の値は一致するから，

$$0.58 = 1.86 \times \frac{56}{M}$$

$$0.58 \times M = 1.86 \times 56$$

$$M = \frac{1.86 \times 56}{0.58}$$

$$= \frac{186 \times 56}{58}$$

$$= 179.586\cdots\cdots$$

$$≒ \underline{180} \quad \cdots (答)$$

$\Delta t = km$
公式ですよ!!

計算問題82 の応用タイプだね!!

分子と分母をともに100倍!!

"整数値で求めよ"と書いてあるよ!!

Theme 23 化学 浸透圧を計算しよう!!

半透膜とは…

例えば，小さい粒子は通すが大きい粒子は通さないというように，ある特定の粒子だけを通過させたり，通過させなかったりする膜を半透膜と呼びます。

例 セロハン，細胞膜，膀胱膜など

> おしっこが溜るとこだよ

そこで，セロハンを例にして…

浸透圧とは…

純水とショ糖溶液(砂糖水)をセロハン膜を介してU字管でつなぎます。

水分子の粒子は小さいのでセロハン膜を通過します。しかし，ショ糖粒子は大きいので通過できません。

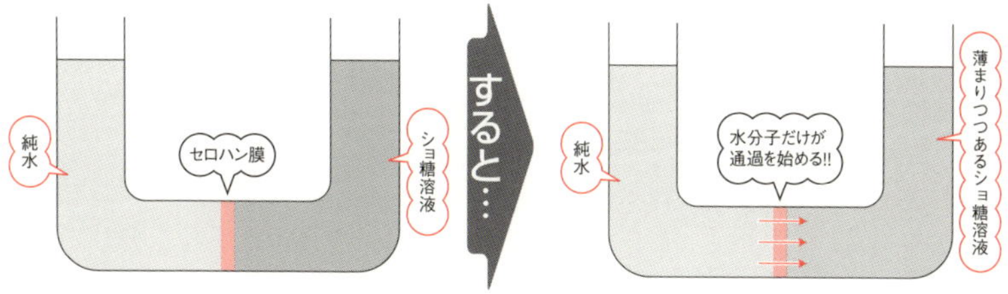

すると…

（図：純水｜セロハン膜｜ショ糖溶液 → 水分子だけが通過を始める!!／薄まりつつあるショ糖溶液）

え?? なぜ （純水←ショ糖溶液）でなく （純水→ショ糖溶液）なのか〜って??

> たしかに，疑問だ…

それは!!

濃度差を緩和する方向に

半透膜は水分子が通過する仕掛けになっているわけです。熱だってそうでしょ?? 熱いものと冷たいものをくっつけたら，両者の温度差がなくなり，熱いものは冷め，冷たいものはぬるくなります。

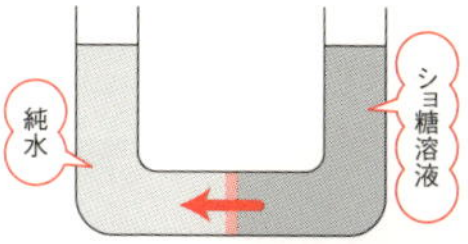

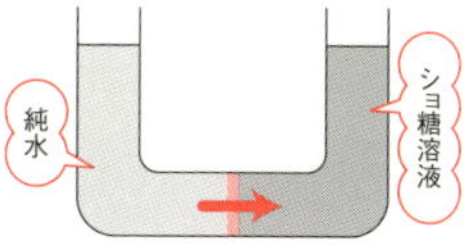

つまーり!!

- 水面が下がる!!
- 純水のまま
- 純水 → ショ糖溶液の方向に水分子が移動!! ショ糖溶液は薄まる
- 水面が上がる!!
- ショ糖溶液は薄まる

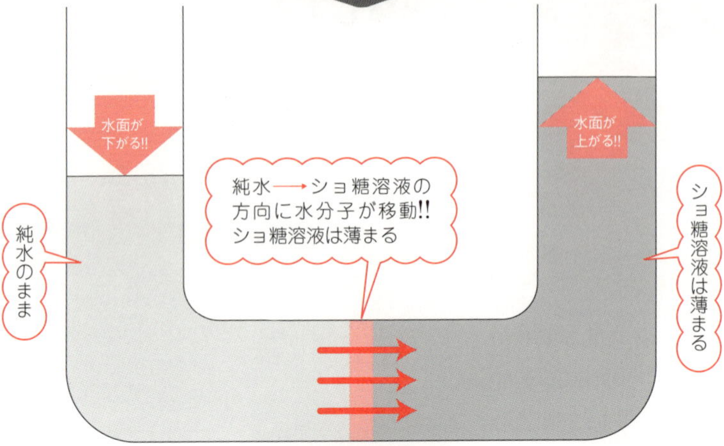

そして!!

この純水の水分子が，ショ糖溶液に移動する（**浸透する**）圧力のことを，**浸透圧（しんとうあつ）**と申します。

浸透する圧力か…

で!!

この**浸透圧**はどのように表現されるか??

- 水面差がある!!
- 圧力をかけて…
- 左右の水面の高さが等しくなるように**圧力**をかける

この水面の高さをそろえるために必要な圧力こそが**浸透圧**です。

なるほど… 浸透する圧力＝浸透をおさえるのに必要な圧力 ってことね♥

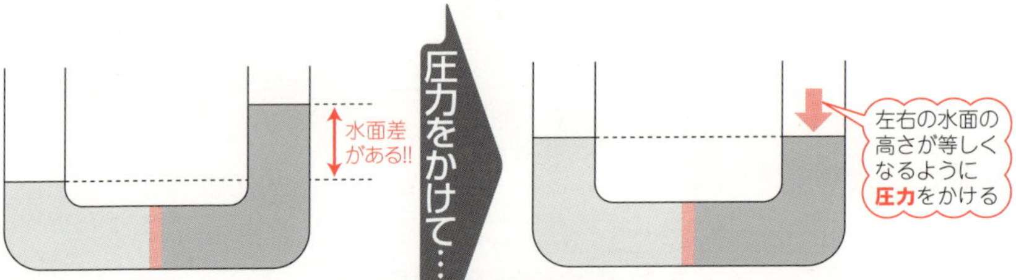

Theme 23 化学 浸透圧を計算しよう!!

そこで!! 浸透圧を具体的に求めることができる公式があります。

ファントホッフの法則

浸透圧の公式ですよ!!

$$\Pi V = nRT$$

Theme 16 でおなじみの気体の状態方程式 $PV=nRT$ に似ている…。つうか…同じ…。

- Π(パイ) → 浸透圧(単位はPa(パスカル))
- V → 溶液の体積(単位はL(リットル))
- n → 溶質粒子のモル数(単位はmol(モル))(物質量)
- R → 気体定数 $8.31 \times 10^3 \,(\mathrm{Pa \cdot L/(mol \cdot K)})$

えーっ!! 気体の話じゃないのに!?

- T → 絶対温度(単位はK(ケルビン)) $273 + t(℃)$

このとき…

モル濃度を $c\,(\mathrm{mol/L})$ とすると…

$$c = \frac{n}{V}$$

となる。

溶液 V(L)中に溶質粒子が n (mol)
全体を $\div V$
溶液1L中に溶質粒子が $\frac{n}{V}$ (mol)
この $\frac{n}{V}$ が,ズバリ,モル濃度 c です。

注 モル濃度については p.33 参照!!

とゆーわけで…

$$\Pi V = nRT \iff \Pi = \underbrace{\frac{n}{V}}_{c} RT$$

両辺を V で割りました!!

よって

$$\Pi = cRT$$

これも**ファントホッフの法則**です

- c → モル濃度(単位は mol/L)

では，さっそくやってみましょう!!

計算問題84 標準

次の各問いに答えよ。

(1) 3.0gのブドウ糖($C_6H_{12}O_6$)を水に溶かし，200mLとした水溶液の27℃における浸透圧(Pa)を有効数字2ケタで求めよ。ただし，原子量をH=1.0，C=12，O=16とする。気体定数は$R=8.31\times10^3$(Pa·L/(mol·K))とする。

(2) 0.010mol/Lの塩化マグネシウム水溶液の27℃における浸透圧(Pa)を有効数字2ケタで求めよ。ただし，気体定数を$R=8.31\times10^3$(Pa·L/(mol·K))とし，塩化マグネシウムの電離度を1とする。

ナイスな導入

ここで求める浸透圧とは，(1)，(2)の水溶液を半透膜をはさんで純水とつないだとき，純水側から水が浸透する圧力のことです。

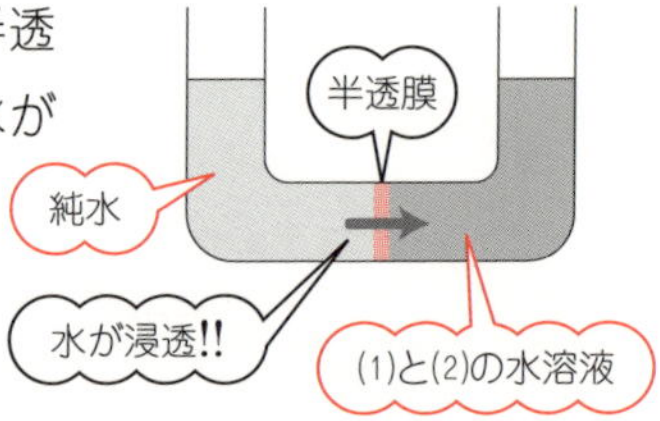

ファントホッフの法則を使えば楽勝です。

(1)では…

$$\Pi V = nRT$$ の方を活用!!

(2)は，モル濃度の話が出ているから

$$\Pi = cRT$$ の方を活用!!

$MgCl_2$ が電解質であることに注意!!

Theme 23　化学　浸透圧を計算しよう!!　297

解答でござる

(1)　$C_6H_{12}O_6 = 12 \times 6 + 1.0 \times 12 + 16 \times 6 = 180$

まず，ブドウ糖($C_6H_{12}O_6$)の分子量を求める。

溶質粒子であるブドウ糖のモル数は，

$$\frac{3.0}{180} \text{(mol)}$$

モル数 $= \dfrac{\text{質量}}{\text{分子量}}$

ファントホッフの法則から，求めるべき浸透圧をΠ(Pa)として，

$200\text{(mL)} = \dfrac{200}{1000}\text{(L)}$

$27(℃) = 273 + 27\text{(K)} = 300\text{(K)}$

$$\Pi \times \frac{200}{1000} = \frac{3.0}{180} \times 8.31 \times 10^3 \times 300$$

ファントホッフの法則
$\Pi V = nRT$

$\dfrac{3.0}{180} = \dfrac{1}{60}$

$$\Pi = \frac{1}{60} \times 8.31 \times 10^3 \times 300 \times \frac{1000}{200}$$

両辺を$\dfrac{1000}{200}$倍!!

$$= 207.75 \times 10^3$$

$\dfrac{8.31 \times 10^3 \times \overset{25}{\cancel{300}} \times \cancel{1000}}{\cancel{60} \times \cancel{200}}$
$= 207.75 \times 10^3$

$$\fallingdotseq 2.1 \times 10^5$$

よって，この水溶液の浸透圧は，

207.75×10^3
$\fallingdotseq 210 \times 10^3$
$= 2.1 \times 10^2 \times 10^3$
$= 2.1 \times 10^5$

$$\underline{2.1 \times 10^5 \text{(Pa)}} \cdots \text{(答)}$$

有効数字は2ケタですよ

(2)　$MgCl_2 \longrightarrow Mg^{2+} + 2Cl^-$

塩化マグネシウム($MgCl_2$)は**電解質**です。

塩化マグネシウム水溶液のモル濃度は0.010mol/Lより，溶質粒子のモル濃度$c\text{(mol/L)}$は，

$$c = 0.010 \times 3 = 0.030\text{(mol/L)}$$

$MgCl_2 \longrightarrow Mg^{2+} + 2Cl^-$
　1粒　　　　　3粒

となる。

よって，溶質粒子のモル濃度は**3倍**になります。

ファントホッフの法則から，求めるべき浸透圧をΠ(Pa)として，

ファントホッフの法則
$\Pi = cRT$

$$\Pi = 0.030 \times 8.31 \times 10^3 \times 300$$

$27(℃) = 273 + 27\text{(K)} = 300\text{(K)}$

$$= 74.79 \times 10^3$$

$$\fallingdotseq 7.5 \times 10^4$$

74.79×10^3
$\fallingdotseq 75 \times 10^3$
$= 7.5 \times 10 \times 10^3$
$= 7.5 \times 10^4$

よって，この水溶液の浸透圧は，

$$\underline{7.5 \times 10^4 \text{(Pa)}} \cdots \text{(答)}$$

有効数字は2ケタです!!

Theme 24 化学 反応速度と化学平衡の物語

RUB OUT 1 反応速度式とは…??

> a, b, c, d は係数ですよ!!

$$aA + bB \longrightarrow cC + dD$$

という反応において、AとBのモル濃度(mol/L)をそれぞれ[A]、[B]とおくと、AとBからCとDが生成する反応速度vは…

$$v = k[A]^a[B]^b$$

と表されます。

> 化学反応式の左辺に注目!!
> $aA + bB \rightarrow \cdots$ 係数の指数として登場!!
> **実際は**…
> $v = k[A]^\alpha[B]^\beta$
> のαとβは実験によって決定される値で、このように$\alpha = a$, $\beta = b$とならない場合もあることを押さえておこう!!
> しかしながら…
> 一般の入試レベルでは、$\alpha = a$, $\beta = b$としておくことが前提となる。

例えば…

$$2C_2H_6 + 7O_2 \longrightarrow 4CO_2 + 6H_2O$$

の場合、反応速度vは…

$$v = k[C_2H_6]^2[O_2]^7$$

となります。

> 問題文に何も断り書きがないときは
> $v = k[C_2H_6]^\alpha[O_2]^\beta$
> のαとβを左辺のC_2H_6とO_2の係数に一致させてOK!!

この関係式は**反応速度式**と呼ばれ、同時にkは反応の種類と温度によって決まる定数で**反応速度定数**と申します。

計算問題85 [標準]

$$CH_4 + 2O_2 \longrightarrow CO_2 + 2H_2O$$

上の反応において、3.0molのメタンCH_4と1.0molの酸素O_2を1.0Lの密閉容器に入れて、ある温度で反応させた瞬間の反応速度をv_1とする。一方、6.0molのメタンCH_4と3.0molの酸素O_2を1.0Lの密閉容器に入れて同じ温度で反応させた瞬間の反応速度がv_2とする。このとき、v_2をv_1で表せ。

解答でござる

この反応の反応速度定数を k とおくと，反応速度 v は，
$$v = k[\text{CH}_4][\text{O}_2]^2$$
で表されます。

$\text{CH}_4 + 2\text{O}_2 \longrightarrow \text{CO}_2 + 2\text{H}_2\text{O}$

1.0(L)の容器に3.0(mol)のCH₄
よって，$[\text{CH}_4]=3.0(\text{mol/L})$

1.0(L)の容器に1.0(mol)のO₂
よって $[\text{O}_2]=1.0(\text{mol/L})$

条件より，
$$v_1 = k \times 3.0 \times (1.0)^2$$
∴ $v_1 = 3k$ …①

1.0(L)の容器に6.0(mol)のCH₄
よって $[\text{CH}_4]=6.0(\text{mol/L})$

1.0(L)の容器に3.0(mol)のO₂
よって $[\text{O}_2]=3.0(\text{mol/L})$

さらに，
$$v_2 = k \times 6.0 \times (3.0)^2$$
∴ $v_2 = 54k$ …②

①と②を比較して，
$$\underline{v_2 = 18v_1} \quad \text{…(答)}$$

$\left. \begin{array}{l} v_1 = 3k \quad \text{…①} \\ v_2 = 54k \quad \text{…②} \end{array} \right\} \times 18$

注 反応速度の単位は，秒速の場合と分速の場合があります。

秒速のとき ☞ $\dfrac{\text{mol/L}}{\text{秒}} = \text{mol/(L·秒)}\ (=\text{mol/(L·s)})$

分速のとき ☞ $\dfrac{\text{mol/L}}{\text{分}} = \text{mol/(L·分)}\ (=\text{mol/(L·min)})$

RUB OUT 2　化学平衡と平衡定数

可逆反応と不可逆反応

正反応（⟶）と逆反応（⟵）のどちらの方向にも進む反応を**可逆反応**という。どちらか一方向にしか進まない反応を**不可逆反応**という。

可逆反応の例　正反応
$$\text{N}_2 + 3\text{H}_2 \rightleftarrows 2\text{NH}_3$$
逆反応

不可逆反応の例
$$\text{Ag}^+ + \text{Cl}^- \longrightarrow \text{AgCl}$$

AgClは白い沈殿。このように沈殿しちゃうと，元には戻れないよね!!

> **平衡状態とは…**
> 可逆反応において正反応の速度と逆反応の速度が等しくなり，見かけ上，反応が停止した状態を**平衡状態**と呼ぶ。
>
> 注　決して停止しているわけではない!!　正反応も逆反応も起こっていることを忘れてはいけない!!　ただ，正反応の速度と逆反応の速度が等しくなっただけである。例えば，電車で10人降りても10人乗ってきたら，混み具合に変化はないでしょ？

では，本題です!!
物質 A，B，C，D の間で次のような**可逆反応**が起こるとき…

$$aA + bB \xrightleftharpoons[\text{逆反応}]{\text{正反応}} cC + dD$$

ここで，a, b, c, d は係数だぞ!!

このとき，[A]，[B]，[C]，[D] は各々物質のモル濃度 (mol/L) とする。
◎正反応の反応速度定数を k_1 としたとき，正反応の反応速度 v_1 は…

$$v_1 = k_1[A]^a[B]^b \quad \cdots ①$$

◎逆反応の反応速度定数を k_2 としたとき，逆反応の反応速度 v_2 は…

$$v_2 = k_2[C]^c[D]^d \quad \cdots ②$$

と表される。

いま，この反応が**平衡状態**であるとすれば，正反応の反応速度 v_1 と逆反応の反応速度 v_2 が等しくなるから…

$$v_1 = v_2 \quad \cdots ③$$

③に①と②を代入して，

$$k_1[A]^a[B]^b = k_2[C]^c[D]^d$$

変形して，

$$\frac{k_1}{k_2} = \frac{[\mathbf{C}]^c[\mathbf{D}]^d}{[\mathbf{A}]^a[\mathbf{B}]^b}$$

k_1とk_2はそれぞれ定数であるから，$\frac{k_1}{k_2}$も定数となる。ここで，$\frac{k_1}{k_2} = K$ とおき直すと…

$$\boxed{K = \frac{[\mathbf{C}]^c[\mathbf{D}]^d}{[\mathbf{A}]^a[\mathbf{B}]^b}}$$

と表され，温度が一定であればKも一定値をとります。

▼とゆーわけで…

このお話を**質量作用の法則**と呼び，Kを**平衡定数**と申します。

計算問題86 — 標準

水素3.0molとヨウ素4.0molを5.0Lの密閉容器に入れ，ある温度に保ったところ，次の可逆反応が平衡状態となり，ヨウ化水素が4.0mol生じた。

$$H_2 + I_2 \rightleftarrows 2HI$$

このとき，この温度における平衡定数を求めよ。

解答でござる

	H_2	+	I_2 $\rightleftarrows$	$2HI$
反応前	3.0(mol)		4.0(mol)	0(mol)
変化量	−2.0(mol)		−2.0(mol)	+4.0(mol)
平衡時	1.0(mol)		2.0(mol)	4.0(mol)

係数に注目!!
$1H_2 + 1I_2 \rightleftarrows 2HI$
 1 : 1 : 2
HIが4.0(mol)生成するために必要なH_2とI_2のモル数は$\frac{1}{2} \times 4.0 = 2.0$(mol)

このとき平衡時のH_2，I_2，HIのモル濃度(mol/L)をそれぞれ，$[H_2]$，$[I_2]$，$[HI]$とすると，

$$[H_2] = \frac{1.0}{5.0} = 0.20 \,(\text{mol/L})$$ ← 5.0(L)中に **1.0**(mol)

$$[I_2] = \frac{2.0}{5.0} = 0.40 \,(\text{mol/L})$$ ← 5.0(L)中に **2.0**(mol)

$$[HI] = \frac{4.0}{5.0} = 0.80 \,(\text{mol/L})$$ ← 5.0(L)中に **4.0**(mol)

このとき，平衡定数をKとおくと， $\quad H_2 + I_2 \rightleftarrows 2HI$

$$K = \frac{[HI]^2}{[H_2][I_2]}$$

$$= \frac{(0.80)^2}{0.20 \times 0.40}$$

$$\frac{0.80 \times 0.80}{0.20 \times 0.40}$$ 分子と分母を100倍!!

$$= \frac{8 \times 8}{2 \times 4}$$

$$= \frac{8^2}{2 \times 4}$$

Kの単位について…
$$\frac{(\text{mol/L})^2}{(\text{mol/L}) \times (\text{mol/L})}$$

$$= \underline{8.0} \quad \cdots (答)$$

$$= \frac{(\text{mol/L})^2}{(\text{mol/L})^2}$$

周囲の数値からとりあえず有効数字2ケタで…

この場合はKの単位はなくなります!! 反応によっては単位が存在する場合もあるぞ!!

もう少し練習しましょう♥

計算問題87 ─ 標準

酢酸CH_3COOH 4.0molとエタノールC_2H_5OH 3.0molと水H_2O 2.0molを$V(L)$の密閉容器に入れ，ある温度に保ったところ，次の可逆反応が平衡状態となった。この温度における平衡定数を$K = 4.0$として，平衡時の酢酸エチル$CH_3COOC_2H_5$の物質量（モル数）を有効数字2ケタで求めよ。

$$CH_3COOH + C_2H_5OH \rightleftarrows CH_3COOC_2H_5 + H_2O$$

Theme 24 化学 反応速度と化学平衡の物語 303

> 解答でござる

平衡時の酢酸エチル $CH_3COOC_2H_5$ の物質量（モル数）を $x\,(\text{mol})$ とおくと…

	CH_3COOH	$+$	C_2H_5OH	$\rightleftharpoons$	$CH_3COOC_2H_5$	$+$	H_2O
（反応前）	4.0 (mol)		3.0 (mol)		0 (mol)		2.0 (mol)
（変化量）	$-x$ (mol)		$-x$ (mol)		$+x$ (mol)		$+x$ (mol)
（平衡時）	$4.0-x$ (mol)		$3.0-x$ (mol)		x (mol)		$2.0+x$ (mol)

> 係数に注目!!
> $1CH_3COOH + 1C_2H_5OH \rightleftharpoons 1CH_3COOC_2H_5 + 1H_2O$
> $CH_3COOC_2H_5$ と H_2O が $x\,(\text{mol})$ 生成した場合…
> CH_3COOH と C_2H_5OH は $x\,(\text{mol})$ 反応する!!

このとき，平衡時の CH_3COOH，C_2H_5OH，$CH_3COOC_2H_5$，H_2O のモル濃度 (mol/L) をそれぞれ $[CH_3COOH]$，$[C_2H_5OH]$，$[CH_3COOC_2H_5]$，$[H_2O]$ とすると，

$$[CH_3COOH] = \frac{4.0-x}{V}\ (\text{mol/L})$$

$$[C_2H_5OH] = \frac{3.0-x}{V}\ (\text{mol/L})$$

$$[CH_3COOC_2H_5] = \frac{x}{V}\ (\text{mol/L})$$

$$[H_2O] = \frac{2.0+x}{V}\ (\text{mol/L})$$

> 密閉容器の体積は $V\,(\text{L})$ ですよ!!

一方，平衡定数 $K = 4.0$ であるから，

$$\frac{[CH_3COOC_2H_5][H_2O]}{[CH_3COOH][C_2H_5OH]} = 4.0$$

$$\frac{\dfrac{x}{V} \times \dfrac{2.0+x}{V}}{\left(\dfrac{4.0-x}{V}\right) \times \left(\dfrac{3.0-x}{V}\right)} = 4.0$$

$$\frac{x(2+x)}{(4-x)(3-x)} = 4$$

$$x(2+x) = 4(4-x)(3-x)$$
$$2x + x^2 = 4(12 - 7x + x^2)$$

> $K = \dfrac{[CH_3COOC_2H_5][H_2O]}{[CH_3COOH][C_2H_5OH]}$

> 上の数値を代入しただけです!!

> 左辺の分子と分母を V^2 倍して簡単にしました!!
>
> $\dfrac{\dfrac{x}{V} \times \dfrac{2.0+x}{V} \times V^2}{\left(\dfrac{4.0+x}{V}\right) \times \left(\dfrac{3.0+x}{V}\right) \times V^2} = 4.0$
>
> $\dfrac{x(2+x)}{(4-x)(3-x)} = 4$

$$3x^2 - 30x + 48 = 0$$
$$x^2 - 10x + 16 = 0$$
$$(x-2)(x-8) = 0$$
$$x = 2, 8$$

ところが，$0 \leqq x \leqq 3.0$ のはずだから，
$$x = 2$$

よって，求めるべき平衡時の $CH_3COOC_2H_5$ の物質量は，

2.0(mol) …(答)

―― 両辺を3で割ったよ!!

―― 因数分解です!!
ヤバイ人は『坂田アキラの2次関数が面白いほどわかる本』を買いなさい!!

―― 平衡時の C_2H_5OH のモル数に注目してください!!
$3.0-x$(mol) でしたね!!
x が3.0を超えると，$3.0-x$ はマイナスになってしまう

―― 有効数字2ケタです!!

ダメ押しです!!

> **計算問題88** 標準
>
> 窒素 N_2 3.0mol と水素 H_2 7.0mol を10Lの密閉容器に入れ，ある温度に保ったところ，次の可逆反応が平衡状態となり，アンモニア NH_3 が2.0mol 生じた。この温度における平衡定数を有効数字2ケタで求めよ。
> $$N_2 + 3H_2 \rightleftarrows 2NH_3$$

ナイスな導入

本問の目的は，ズバリ平衡定数の**単位**です!! 平衡定数の単位のみに注目すると…

$$K = \frac{[NH_3]^2}{[N_2][H_2]^3}$$
$$= \frac{(mol/L)^2}{(mol/L) \times (mol/L)^3}$$
$$= \frac{(mol/L)^2}{(mol/L)^4}$$
$$= \frac{1}{(mol/L)^2}$$
$$= (mol/L)^{-2}$$

―― 今回は単位があるのかーっ!!

―― 単位だけの話をしてます!!

―― 約分しました!!

―― 一般に $\frac{1}{a^n} = a^{-n}$ です!!

Theme 24 化学 反応速度と化学平衡の物語

解答でござる

	N$_2$	+	3H$_2$	⇌	2NH$_3$
(反応前)	3.0(mol)		7.0(mol)		0(mol)
(変化量)	−1.0(mol)		−3.0(mol)		+2.0(mol)
(平衡時)	2.0(mol)		4.0(mol)		2.0(mol)

> 係数に注目!!
> 1N$_2$ + 3H$_2$ ⇌ 2NH$_3$
> 　1　:　3　:　2
> NH$_3$が2(mol)生じた!!
> **よって!!**
> 反応したN$_2$は…
> $\frac{1}{2} \times 2.0 = 1.0$(mol)
> 反応したH$_2$は…
> $\frac{3}{2} \times 2.0 = 3.0$(mol)

平衡時のモル濃度は…

$$[\text{N}_2] = \frac{2.0}{10} = 0.20 \,(\text{mol/L})$$

$$[\text{H}_2] = \frac{4.0}{10} = 0.40 \,(\text{mol/L})$$

$$[\text{NH}_3] = \frac{2.0}{10} = 0.20 \,(\text{mol/L})$$

> 密閉容器の体積は10(L)ですよ!!

以上より，この温度における平衡定数は，

$$K = \frac{[\text{NH}_3]^2}{[\text{N}_2][\text{H}_2]^3}$$

$$= \frac{(0.20)^2}{0.20 \times (0.40)^3}$$

$$= \frac{400}{128}$$

$$= 3.125$$

$$= \underline{3.1} \,(\text{mol/L})^{-2} \,\cdots(\text{答})$$

> 1N$_2$ + 3H$_2$ ⇌ 2NH$_3$
> **よって!!**
> $K = \frac{[\text{NH}_3]^2}{[\text{N}_2]^1[\text{H}_2]^3}$

> 分子と分母を10000倍しよう!!
> 単位については **ナイスな導入** 参照!!
> 有効数字2ケタです!!

Theme 25 化学 圧平衡定数の登場です!!

こいつウザイ!!

物質 A, B, C, D の間で次のような可逆反応が起こるとします。

$$aA + bB \rightleftarrows cC + dD$$

(ただし a, b, c, d は係数です。)

このとき，温度が一定であれば，
A, B, C, D のモル濃度(mol/L)を [A], [B], [C], [D] として…

$$K = \frac{[C]^c [D]^d}{[A]^a [B]^b} \quad \cdots (*)$$

平衡定数

は，一定値をとります。

これは，前テーマ 24 で学習した**質量作用の法則**でしたね。
ここで Theme 16 の**気体の状態方程式**を思い出していただきたい。

気体の状態方程式

$$PV = nRT$$

(P は圧力(Pa), V は体積(L), T は絶対温度(K), n はモル数(mol), R は気体定数)

変形してみよう!!

両辺を V で割る!!

$$P = \boxed{\frac{n}{V}} RT \quad \cdots ①$$

この $\dfrac{n}{V}$ に注目してください。n はモル数(mol), V は体積(L)であるから…

$$\boxed{\dfrac{n}{V}} \rightarrow \dfrac{モル数(\mathrm{mol})}{体積(\mathrm{L})} \rightarrow モル濃度\ (\mathrm{mol/L})$$

ということになりまーす。

そこで!!

$$c = \dfrac{n}{V}\ (\mathrm{mol/L})$$

とおくと，①は，

$$P = cRT \quad \cdots ②$$

となり，

②から， モル濃度 $\quad c = \dfrac{P}{RT} \quad \cdots ③$

と表されます。

で!!

先ほどの可逆反応式で…

Aの分圧を $P_\mathrm{A}(\mathrm{Pa})$，Bの分圧を $P_\mathrm{B}(\mathrm{Pa})$，Cの分圧を $P_\mathrm{C}(\mathrm{Pa})$，Dの分圧を $P_\mathrm{D}(\mathrm{Pa})$ とすると，③から…

$$[\mathrm{A}] = \dfrac{P_\mathrm{A}}{RT}\ (\mathrm{mol/L}) \qquad [\mathrm{B}] = \dfrac{P_\mathrm{B}}{RT}\ (\mathrm{mol/L})$$

$$[\mathrm{C}] = \dfrac{P_\mathrm{C}}{RT}\ (\mathrm{mol/L}) \qquad [\mathrm{D}] = \dfrac{P_\mathrm{D}}{RT}\ (\mathrm{mol/L})$$

となる。このとき，T は平衡時の温度(K)，R はもちろん気体定数!!

これらを(＊)に代入してみようぜ!!

何を企んでいる…??

$$K = \frac{\left(\dfrac{P_C}{RT}\right)^c \left(\dfrac{P_D}{RT}\right)^d}{\left(\dfrac{P_A}{RT}\right)^a \left(\dfrac{P_B}{RT}\right)^b}$$

> $K = \dfrac{[C]^c[D]^d}{[A]^a[B]^b} \cdots (*)$

$$= \dfrac{\dfrac{(P_C)^c}{(RT)^c} \times \dfrac{(P_D)^d}{(RT)^d}}{\dfrac{(P_A)^a}{(RT)^a} \times \dfrac{(P_B)^b}{(RT)^b}}$$

> $\left\{\dfrac{(P_C)^c}{(RT)^c} \times \dfrac{(P_D)^d}{(RT)^d}\right\} \div \left\{\dfrac{(P_A)^a}{(RT)^a} \times \dfrac{(P_B)^b}{(RT)^b}\right\}$
> $= \left\{\dfrac{(P_C)^c}{(RT)^c} \times \dfrac{(P_D)^d}{(RT)^d}\right\} \times \left\{\dfrac{(RT)^a}{(P_A)^a} \times \dfrac{(RT)^b}{(P_B)^b}\right\}$

$$= \dfrac{(RT)^a (RT)^b (P_C)^c (P_D)^d}{(RT)^c (RT)^d (P_A)^a (P_B)^b}$$

> 文字が多いけどよく見ればわかるよ♥

このとき!!

$$K = \dfrac{\boxed{(RT)^a (RT)^b} (P_C)^c (P_D)^d}{\boxed{(RT)^c (RT)^d} (P_A)^a (P_B)^b}$$

の $\dfrac{(RT)^a (RT)^b}{(RT)^c (RT)^d}$ を左辺に移すと…

$$K \cdot \dfrac{\boxed{(RT)^c (RT)^d}}{\boxed{(RT)^a (RT)^b}} = \dfrac{(P_C)^c (P_D)^d}{(P_A)^a (P_B)^b}$$

となります。

$$\dfrac{(P_C)^c (P_D)^d}{(P_A)^a (P_B)^b} = K \cdot \dfrac{(RT)^c (RT)^d}{(RT)^a (RT)^b} = \text{一定!!}$$

そーです!! 気体定数 R が一定であることは言うまでもなく，温度 T が一定であれば平衡定数 K も一定となる。よって，一定値 K，R，T で構成された右辺は一定となる。

つまーり!!

$$\dfrac{(P_C)^c (P_D)^d}{(P_A)^a (P_B)^b} = \text{一定!!} \quad \text{となります。}$$

この一定値を K_p とおき，**圧平衡定数**（あつへいこうていすう）といいます。

では，まとめておきましょう!!

可逆反応
$$aA + bB \rightleftarrows cC + dD$$
において，平衡時のA，B，C，Dの分圧をそれぞれP_A，P_B，P_C，P_Dとしたとき…

$$K_p = \frac{(P_C)^c (P_D)^d}{(P_A)^a (P_B)^b}$$

は温度が一定であれば一定値をとり，この一定値K_pを**圧平衡定数**と呼ぶ。

注　言うまでもなく，物質A，B，C，Dは**気体**でないといけませんよ!!　気体だから，分圧という発想になります…。

では，実際に計算してみましょう!!

計算問題89 ― 標準

NO_2とN_2O_4は次の可逆反応より平衡状態となる。
$$2NO_2 \rightleftarrows N_2O_4$$
ある温度において，体積一定のもとでNO_2を6.0kPa入れたところ，全圧が4.0kPaとなり平衡状態となった。これについて，次の各問いに答えよ。

(1) 平衡時のNO_2の分圧P_{NO_2}とN_2O_4の分圧$P_{N_2O_4}$を求めよ。
(2) 圧平衡定数K_pを求めよ。

> **ナイスな導入**

気体の状態方程式より,

$$PV = nRT \quad \therefore \quad P = \frac{nRT}{V}$$

つまーり!!

温度 T, 体積 V が一定であれば…
分圧 P はモル数 n に比例する。

よって!!

分圧はモル数のように扱える!!

> 計算問題72 でもおなじみのお話だ!!

> **解答でござる**

(1) N_2O_4 が生じて分圧が x(kPa)になると, NO_2 の分圧は, $2x$(kPa)減少する。

よって,
　平衡時の NO_2 の分圧 P_{NO_2} は,
　$P_{NO_2} = 6.0 - 2x$ (kPa)
　平衡時の N_2O_4 の分圧 $P_{N_2O_4}$ は,
　$P_{N_2O_4} = x$ (kPa)
ここで, 全圧が 4.0kPa より,
　$P_{NO_2} + P_{N_2O_4} = 4.0$
　$6.0 - 2x + x = 4.0$
　$\therefore \quad x = 2.0$ (kPa)
よって,
　$P_{NO_2} = 6.0 - 2x$
　　　　$= 6.0 - 2 \times 2.0$
　　　　$= \underline{\mathbf{2.0}}$ (kPa) …(答)

> $2NO_2 \rightleftarrows 1N_2O_4$
> 反応する NO_2 :
> 生成する N_2O_4
> $= 2 : 1 = 2x : x$

> もとの分圧6.0kPaから $2x$(kPa)減少する!!

> もとの分圧0kPaから x(kPa)増加する!!

> 条件より平衡時の全圧は 4.0kPaです!!

> **分圧** が **モル数** のように扱えるところがポイントよ♥

> $x = 2.0$(kPa)です!!

> あまり難しくないなぁ…

$P_{N_2O_4} = x$
$\qquad = 2.0 \text{(kPa)}$ …(答)

$x = 2.0 \text{(kPa)}$ です!!

(2) (1)より, この温度における圧平衡定数 K_p は,

$2NO_2 \rightleftarrows 1N_2O_4$
$K_p = \dfrac{(P_{N_2O_4})^1}{(P_{NO_2})^2}$

$K_p = \dfrac{P_{N_2O_4}}{(P_{NO_2})^2}$

$\qquad = \dfrac{2.0}{(2.0)^2}$

$\qquad = \dfrac{1}{2}$

$\qquad = 0.50 \text{(kPa)}^{-1}$ …(答)

(1)より
$P_{NO_2} = 2.0 \text{(kPa)}$
$P_{N_2O_4} = 2.0 \text{(kPa)}$
単位は…
$\dfrac{kPa}{(kPa)^2}$
$= \dfrac{1}{kPa}$
$= (kPa)^{-1}$

お次はどうでしょう!!

計算問題90　ちょいムズ

二酸化炭素と赤熱したコークス(C)から一酸化炭素が生成する反応は可逆反応であり, 次のように表される。

$$CO_2(気) + C(固) \rightleftarrows 2CO(気)$$

ある温度において, 体積一定のもとで赤熱したコークスに二酸化炭素を 5.0kPa 入れて反応させたところ, 全圧が 7.0kPa となり平衡状態となった。これについて, 次の各問いに答えよ。

平衡時にコークスは残っており, コークスの体積は無視できるものとする。

(1) 平衡時の二酸化炭素の分圧を求めよ。
(2) 圧平衡定数 K_p を求めよ。

ナイスな導入

平衡時にコークスは残っていた　☞　コークスの具体的な量は明らかではないが, 足りなくなる心配はない!!

コークスの体積は無視できる　☞　コークスは固体です。気体に比べると無視できるほどの体積です。

そーなんです。コークスは固体なんです!!
圧力(分圧)など存在しません。
つまり,本問では無視同然の悲しい存在

解答でござる

(1) CO_2の分圧がx(kPa)減少したとすると,
COの分圧は$2x$(kPa)増加する。
平衡時のCO_2の分圧をP_{CO_2},
平衡時のCOの分圧をP_{CO}とすると,

$$P_{CO_2} = 5.0 - x \text{ (kPa)}$$
$$P_{CO} = 2x \text{ (kPa)}$$

ここで,全圧が7.0(kPa)より,

$$P_{CO_2} + P_{CO} = 7.0$$
$$5.0 - x + 2x = 7.0$$
$$\therefore x = 2.0 \text{ (kPa)}$$

よって,

$$P_{CO_2} = 5.0 - 2.0$$
$$= \underline{3.0} \text{ (kPa)} \quad \cdots \text{(答)}$$

無視!!
$1CO_2 + C \rightleftarrows 2CO$
反応するCO_2:生成するCO
$= 1 : 2$
$= x : 2x$

ナイスな導入 を参照!!

温度・体積が一定であれば**分圧**と**モル数**は**比例関係**にある。よって,モル数のようなイメージで分圧が扱えます!!

$P_{CO_2} = 5.0 - x$
$= 5.0 - 2.0$
$= 3.0$

(2) (1)のとき,

$$P_{CO} = 2x$$
$$= 2 \times 2.0$$
$$= 4.0 \text{ (kPa)}$$

以上より,この温度における圧平衡定数K_pは,

$$K_p = \frac{(P_{CO})^2}{P_{CO_2}}$$
$$= \frac{(4.0)^2}{3.0}$$
$$= 5.333\cdots\cdots$$
$$= \underline{5.3} \text{ (kPa)} \quad \cdots \text{(答)}$$

COの分圧P_{CO}も求めておかなきゃ!!

$1CO_2(気) + C(固) \rightleftarrows 2CO(気)$

$$K_p = \frac{(P_{CO})^2}{(P_{CO_2})^1}$$

コークス(C)は固体なので無視してますよ!!

単位については…
$$\frac{(\text{kPa})^2}{\text{kPa}} = \text{kPa}$$
周囲の数値から有効数字2ケタで!!

Theme 26 化学 pHを本格的に計算しましょう!!

logの登場だよ♥
Check it!

対数の計算ができないと…

logのことです!!

数学ではなく**化学**で役に立つように公式をアレンジしてまとめておきました!!

その① $\log_{10}10^n = n$

例　$\log_{10}10^8 = 8$　　$\log_{10}10^{-3} = -3$　　$\log_{10}10 = \log_{10}10^1 = 1$

その② $\log_{10}AB = \log_{10}A + \log_{10}B$

例　$\log_{10}6 = \log_{10}(2 \times 3) = \log_{10}2 + \log_{10}3$
　　$\log_{10}200 = \log_{10}(2 \times 10^2) = \log_{10}2 + \log_{10}10^2 = \log_{10}2 + 2$

その③ $\log_{10}\dfrac{A}{B} = \log_{10}A - \log_{10}B$

例　$\log_{10}\dfrac{5}{2} = \log_{10}5 - \log_{10}2$
　　$\log_{10}\dfrac{1000}{3} = \log_{10}10^3 - \log_{10}3 = 3 - \log_{10}3$

その④ $\log_{10}A^n = n\log_{10}A$

例　$\log_{10}16 = \log_{10}2^4 = 4\log_{10}2$
　　$\log_{10}25 = \log_{10}5^2 = 2\log_{10}5$

そして，pHの実際の定義は…

ザ・定義

$$pH = -\log_{10}[H^+]$$

では，pHを求めていきましょう!!

計算問題91　キソ

$\log_{10}2 = 0.30$，$\log_{10}3 = 0.48$として，次の(1)～(4)のpHを小数第一位まで計算せよ。

(1)　0.020mol/L の塩酸 HCl
(2)　0.0030mol/L の硫酸 H_2SO_4
(3)　0.030mol/L の水酸化ナトリウム NaOH 水溶液
(4)　0.0020mol/L の水酸化カルシウム $Ca(OH)_2$ 水溶液

ナイスな導入

水素イオン指数（pH）について…

$$pH = -\log_{10}[H^+]$$

（[H^+]はH^+のモル濃度（水素イオン濃度）です。）

水のイオン積について…

（[OH^-]はもちろんOH^-のモル濃度!!）

$$[H^+][OH^-] = 1.0 \times 10^{-14} \, (mol/L)^2$$

注 $[H^+][OH^-] = 1.0 \times 10^{-14}$ が成立するのは25℃の場合ですよ。特別な断り書きがない問題では，勝手に25℃と思ってよし!!

この2式を活用すれば解決でっせ♥

Theme 26 化学 pHを本格的に計算しましょう!! 315

解答でござる

(1) $HCl \longrightarrow H^+ + Cl^-$ ← HClは強酸なのでほとんどすべてが電離してH^+とCl^-になります!!

水素イオンのモル濃度(水素イオン濃度)$[H^+]$は,

$[H^+] = 0.020 \, (\text{mol/L})$ ← HClの濃度に等しい!!

よって,

$$pH = -\log_{10}[H^+]$$ ← pHの定義の式です!!

$$= -\log_{10}(0.020)$$

$$= -\log_{10}\left(\frac{2}{100}\right)$$ ← $0.020 = \frac{2}{100}$

$$= -\log_{10}\left(\frac{2}{10^2}\right)$$

㊙その✋ $\log_{10}\dfrac{A}{B} = \log_{10}A - \log_{10}B$

$$= -(\log_{10}2 - \log_{10}10^2)$$

㊙その✋ $\log_{10}10^n = n$

$$= -(0.30 - 2)$$

$$= \underline{1.7} \quad \cdots (答)$$

(2) $H_2SO_4 \longrightarrow 2H^+ + SO_4^{2-}$ ← H_2SO_4も強酸です!! ただし,1molのH_2SO_4から2molのH^+が生じるところがポイント!!

水素イオンのモル濃度(水素イオン濃度)$[H^+]$は,

$[H^+] = 0.0030 \times 2$ ← H_2SO_4の濃度の**2倍**!!

$ = 0.0060 \, (\text{mol/L})$

よって,

$$pH = -\log_{10}[H^+]$$ ← pHの定義の式です!!

$$= -\log_{10}(0.0060)$$

$$= -\log_{10}\left(\frac{6}{1000}\right)$$ ← $0.0060 = \frac{6}{1000}$

$$= -\log_{10}\left(\frac{2 \times 3}{10^3}\right)$$ ← $\frac{6}{1000} = \frac{2 \times 3}{10^3}$

㊙その✋ $\log_{10}\dfrac{A}{B} = \log_{10}A - \log_{10}B$

$$= -\{\log_{10}(2 \times 3) - \log_{10}10^3\}$$

$$= -(\log_{10}2 + \log_{10}3 - 3)$$

㊙その✋ $\log_{10}AB = \log_{10}A + \log_{10}B$

$$= -(0.30 + 0.48 - 3)$$

㊙その✋ $\log_{10}10^n = n$

$$= 2.22$$

$$\fallingdotseq \underline{2.2} \quad \cdots (答)$$

(3) $\quad NaOH \longrightarrow Na^+ + OH^-$

水酸化物イオンのモル濃度 $[OH^-]$ は，
$$[OH^-] = 0.030 \,(mol/L) \quad \cdots ①$$

さらに，
$$[H^+][OH^-] = 1.0 \times 10^{-14} \,(mol/L)^2$$

より，
$$[H^+] = \frac{1.0 \times 10^{-14}}{[OH^-]} \quad \cdots ②$$

①を②に代入して，
$$[H^+] = \frac{1.0 \times 10^{-14}}{0.030}$$
$$= \frac{10^{-14}}{3 \times 10^{-2}}$$
$$= \frac{10^{-12}}{3} \,(mol/L)$$

よって，
$$pH = -\log_{10}[H^+]$$
$$= -\log_{10}\frac{10^{-12}}{3}$$
$$= -(\log_{10}10^{-12} - \log_{10}3)$$
$$= -(-12 - 0.48)$$
$$= 12.48$$
$$≒ \mathbf{12.5} \quad \cdots (答)$$

NaOHは強塩基!! ほとんどすべてが電離しNa^+とOH^-になります。

NaOHの濃度に等しい!!

特別な断り書きがないので勝手に使ってよし!!
実際は25℃のとき，限定!!

$0.030 = \dfrac{3}{100}$
$\qquad = \dfrac{3}{10^2}$
$\qquad = 3 \times 10^{-2}$

一般に…
$\boxed{\dfrac{1}{a^n} = a^{-n}}$

$-14-(-2) = -12$

一般に…
$\boxed{\dfrac{a^m}{a^n} = a^{m-n}}$

定義です。

㊙その☝
$\log_{10}\dfrac{A}{B} = \log_{10}A - \log_{10}B$

㊙その☝
$\log_{10}10^n = n$

小数第一位まで求めるんだから小数第二位を四捨五入!!
$12.48 ≒ 12.5$

Theme 26 化学 pHを本格的に計算しましょう!! 317

(4) $\mathrm{Ca(OH)_2} \longrightarrow \mathrm{Ca^{2+}} + 2\mathrm{OH^-}$ ← Ca(OH)₂は強塩基!! ほとんどすべてが電離する!!

水酸化物イオンのモル濃度 [OH⁻] は,

$$[\mathrm{OH^-}] = 0.0020 \times 2$$ ← Ca(OH)₂の濃度の**2倍**!!
$$= 0.0040 \,(\mathrm{mol/L}) \quad \cdots ①$$

さらに,

$$[\mathrm{H^+}][\mathrm{OH^-}] = 1.0 \times 10^{-14} \,(\mathrm{mol/L})^2$$

← 25℃であるという断り書きがないが,勝手に使ってよいことになっている!!

より,

$$[\mathrm{H^+}] = \frac{1.0 \times 10^{-14}}{[\mathrm{OH^-}]} \quad \cdots ②$$

①を②に代入して,

$$[\mathrm{H^+}] = \frac{1.0 \times 10^{-14}}{0.0040}$$
$$= \frac{10^{-14}}{4 \times 10^{-3}}$$
$$= \frac{10^{-11}}{4}$$

$$0.0040 = \frac{4}{1000} = \frac{4}{10^3} = 4 \times 10^{-3}$$

一般に…
$$\boxed{\frac{1}{a^n} = a^{-n}}$$
$-14 - (-3) = -11$

一般に…
$$\boxed{\frac{a^m}{a^n} = a^{m-n}}$$

よって,

$$\mathrm{pH} = -\log_{10}[\mathrm{H^+}]$$
$$= -\log_{10}\frac{10^{-11}}{4}$$
$$= -\log_{10}\frac{10^{-11}}{2^2}$$
$$= -(\log_{10}10^{-11} - \log_{10}2^2)$$
$$= -(-11 - 2\log_{10}2)$$
$$= -(-11 - 2 \times 0.30)$$
$$= \underline{11.6} \quad \cdots (答)$$

定義です!!

あせらずゆっくり計算しなよ!!

㊙その✋ $\log_{10}\dfrac{A}{B} = \log_{10}A - \log_{10}B$

㊙その✌ $\log_{10}10^n = n$

㊙その🖐 $\log_{10}A^n = n\log_{10}A$

Theme 27 化学 電離平衡と電離定数の物語

えーっ!!
電離のつもり…??

RUB OUT 1 弱酸の場合の電離平衡

弱酸の電離と電離定数

つうか…，限ると言ってよい

酢酸CH_3COOHやギ酸$HCOOH$などの**カルボン酸**の出題が主です。で，酢酸CH_3COOHを例にして語りましょう。

酢酸CH_3COOHの水溶液は次のような平衡状態にあります。

$$CH_3COOH \rightleftarrows CH_3COO^- + H^+$$

このときc(mol/L)のCH_3COOHの水溶液の電離度をαとします。

とゆーことは…

計算問題40 (p.136) 参照!!

c(mol/L)のCH_3COOHのうち，電離するのは$c\alpha$(mol/L)ってことです。

つまーり!!

$c\alpha$(mol/L)のCH_3COO^-と
$c\alpha$(mol/L)のH^+が
生じたことになりまーす。

$$1CH_3COOH \rightleftarrows 1CH_3COO^- + 1H^+$$

電離したCH_3COOHのモル数
＝生じたCH_3COO^-のモル数
＝生じたH^+のモル数

そこで!!

同じだ…

Theme 24 計算問題86 (p.301) と同じ要領で…

	CH_3COOH	$\rightleftarrows$	CH_3COO^-	$+$	H^+
(電離前)	c mol/L		0 mol/L		0 mol/L
(変化量)	$-c\alpha$ mol/L		$+c\alpha$ mol/L		$+c\alpha$ mol/L
(平衡時)	$c(1-\alpha)$ mol/L		$c\alpha$ mol/L		$c\alpha$ mol/L

$c - c\alpha = c(1-\alpha)$

よって!!

CH_3COOHのモル濃度 CH_3COO^-のモル濃度

$[CH_3COOH] = c(1-\alpha)$ (mol/L) $[CH_3COO^-] = c\alpha$ (mol/L)

$[H^+] = c\alpha$ (mol/L) ← H^+のモル濃度

このとき!!

Theme **24** のときと同様に**平衡定数**が存在します。今回は**電離**の平衡(電離平衡)のお話なので，**電離定数**という特別な名前がついています。この電離定数を K_a として…

（電離度αと勘違いしちゃダメよ♥）

$$K_a = \frac{[CH_3COO^-][H^+]}{[CH_3COOH]}$$

$$K_a = \frac{c\alpha \times c\alpha}{c(1-\alpha)}$$

上記より
$[CH_3COO^-] = [H^+] = c\alpha$
$[CH_3COOH] = c(1-\alpha)$

$$\boxed{K_a = \frac{c\alpha^2}{1-\alpha}} \quad \cdots ①$$

ここで!! かなり重要なことが!!

酢酸は弱酸なもんで，あんまり電離しません!!
つまーり!! **電離度αは非常に小さい!!**
とゆーことになります。

つまり!!

$\alpha \ll 1$ （αは1よりメチャクチャ小さい!!）　すなわち…　$1-\alpha ≒ 1 \cdots ②$ （$1-\alpha$はほぼ1に等しい）

そこで!!

②を①に活用して…

$$K_a = \frac{c\alpha^2}{1-\alpha} \cdots ①$$ ←上の①からのつづき!!

$$K_a ≒ \frac{c\alpha^2}{1}$$ ←②より $1-\alpha ≒ 1$ です!!

$$\therefore \boxed{K_a ≒ c\alpha^2} \quad \cdots ㋑$$

さらに変形して…

$$\frac{K_a}{c} \fallingdotseq \alpha^2$$

$$\therefore \quad \alpha \fallingdotseq \sqrt{\frac{K_a}{c}} \quad \cdots ㋺$$

で，さらに…

$$[H^+] = c\alpha$$

$$[H^+] \fallingdotseq c \times \sqrt{\frac{K_a}{c}} \quad \left(\alpha \fallingdotseq \sqrt{\frac{K_a}{c}} \cdots ㋺ より \right)$$

$$\therefore \quad [H^+] \fallingdotseq \sqrt{cK_a} \quad \cdots ㋩$$

$$\left(c \times \sqrt{\frac{K_a}{c}} = \sqrt{c^2} \times \sqrt{\frac{K_a}{c}} = \sqrt{cK_a} \right)$$

㋑＆㋺＆㋩の3つの式は，自力で求められるようにしてください。その計算過程自体が穴うめ問題とかで出題されることも多いですよ。

注 電離定数 K_a の単位は…

$$K_a = \frac{[CH_3COO^-][H^+]}{[CH_3COOH]}$$

（弱酸の電離定数です。前ページ参照!!）

$[CH_3COOH]$，$[H^+]$，$[CH_3COOH]$ はすべてモル濃度であるから，単位はすべて (mol/L) で…

$$K_a の単位 = \frac{(mol/L) \times (mol/L)}{(mol/L)} = \boxed{(mol/L)}$$

となります。

なるほど

Theme 27 化学 電離平衡と電離定数の物語

では，実践してみましょう!!

計算問題92 ちょいムズ

ある温度における酢酸の電離定数K_aは$K_a = 2.0 \times 10^{-5}$(mol/L)である。この温度における0.018mol/Lの酢酸水溶液について，次の各問いに答えよ。ただし，$\log_{10}2 = 0.30$，$\log_{10}3 = 0.48$とする。
(1) この酢酸水溶液の電離度αを求めよ。
(2) 水素イオン濃度(水素イオンのモル濃度)[H^+]を求めよ。
(3) 水素イオン指数pHを求めよ。

ナイスな導入

(1)では…

$$\alpha \fallingdotseq \sqrt{\frac{K_a}{c}}$$

…◎ を活用すればOK!! （導き方はp.319参照!!）

(2)では…

$$[H^+] = c\alpha \quad \text{または} \quad [H^+] \fallingdotseq \sqrt{cK_a} \quad \text{…⑦}$$

(11ですでにおなじみの式です!!／導き方は前ページ参照!!)

(3)では…

$$pH = -\log_{10}[H^+]$$

この式については26で学習したぜ!!

解答でござる

(1) 酢酸のモル濃度$c = 0.018$(mol/L)，
さらに電離定数$K_a = 2.0 \times 10^{-5}$(mol/L)より，

$$\alpha = \sqrt{\frac{K_a}{c}}$$

公式を活用すりゃあ楽勝だぜーっ!!

単位については前ページの注参照!!

ナイスな導入参照!! とりあえず導けるようにしておいてください!!

$= \sqrt{\dfrac{2.0 \times 10^{-5}}{0.018}}$ ← 数値を代入しただけです!!

$= \sqrt{\dfrac{2.0 \times 10^{-2}}{18}}$ ← ルート内の分子&分母を1000＝10^3倍しました!!
$\dfrac{2.0 \times 10^{-5} \times 10^3}{0.018 \ \ \times 10^3}$
$= \dfrac{2.0 \times 10^{-2}}{18}$

$= \sqrt{\dfrac{1.0 \times 10^{-2}}{9}}$

$\sqrt{\dfrac{1.0 \times 10^{-2}}{9}}$
$= \sqrt{\left(\dfrac{10^{-1}}{3}\right)^2}$
$= \dfrac{10^{-1}}{3}$

$= \dfrac{1}{3} \times 10^{-1}$

$= 0.33\cdots\cdots \times 10^{-1}$

$\fallingdotseq \mathbf{3.3 \times 10^{-2}}$ …(答) ← 周囲の数値を参考にして有効数字は2ケタで!! なお，電離度αに単位はありません!!

(0.033 としても OK!!)

(2) $[\mathsf{H}^+] = c\alpha$ ← Theme 11 で学習済みです!!
(1)のαです!!
小数に直す前の形にしておきました!!

$= 0.018 \times \dfrac{1}{3} \times 10^{-1}$

$0.018 = \dfrac{18}{1000}$
$= \dfrac{18}{10^3}$
$= 18 \times 10^{-3}$

$= 18 \times 10^{-3} \times \dfrac{1}{3} \times 10^{-1}$

$= \mathbf{6.0 \times 10^{-4}}$ (mol/L) …(答)

有効数字2ケタとしています!!

別解でござる

$[\mathsf{H}^+] = \sqrt{cK_a}$ ← ナイスな導入 参照!! とりあえず自分で導けるようにしておいてね♥

$= \sqrt{0.018 \times 2.0 \times 10^{-5}}$

$= \sqrt{18 \times 10^{-3} \times 2.0 \times 10^{-5}}$

$= \sqrt{36 \times 10^{-8}}$

$\sqrt{36 \times 10^{-8}}$
$= \sqrt{(6 \times 10^{-4})^2}$
$= 6 \times 10^{-4}$

$= \mathbf{6.0 \times 10^{-4}}$ (mol/L) …(答)

(3) $\mathrm{pH} = -\log_{10}[\mathrm{H}^+]$ ← pHの定義式です!!(p.314参照)

$= -\log_{10}(6.0 \times 10^{-4})$ ← (2)で求めた値ですよ!! $[\mathrm{H}^+] = 6.0 \times 10^{-4}$ (mol/L)です!!

$= -(\log_{10}6 + \log_{10}10^{-4})$

$= -(\log_{10}(2\times 3) - 4)$

$= -(\log_{10}2 + \log_{10}3 - 4)$

$= -(0.30 + 0.48 - 4)$

$= 3.22$

$\fallingdotseq \underline{\mathbf{3.2}}$ …(答)

その1: $\log_{10}AB = \log_{10}A + \log_{10}B$

その2: $\log_{10}10^n = n$ (p.313参照!!)

その3: $\log_{10}AB = \log_{10}A + \log_{10}B$

空気を読んで,有効数字は2ケタとしています!!

RUB OUT ❷ 弱塩基の場合の電離平衡

弱塩基の電離と電離定数

ぶっちゃけ,**アンモニア** NH_3 の出題ばっかりです。 ←大胆発言…

てなわけで,アンモニア NH_3 について語りましょう。

アンモニア NH_3 の水溶液(アンモニア水といいます)は溶媒である水 H_2O と共同作業で,次のような平衡状態となります。

$$NH_3 + H_2O \rightleftarrows NH_4^+ + OH^-$$

ここで注意していただきたいのは,H_2O は溶媒として大量にあるのでほぼ一定値をとっていると考えられることです。つまり H_2O は電離平衡に無関係ということになります!! ←無関係…

つまり,電離定数 K_b は… ←平衡定数の電離バージョン

$$K_b = \frac{[NH_4^+][OH^-]}{[NH_3]}$$

$K_b = \dfrac{[NH_4^+][OH^-]}{[NH_3][H_2O]}$ とはなりません!!

とゆーことになります。

このことさえ注意すれば弱酸のときのお話と変わりません!!
では，やってみましょうか!!

c (mol/L)のNH_3の水溶液の電離度をαとします。
すると…

c (mol/L)のNH_3のうち電離するのは$c\alpha$ (mol/L)となる。
よって，$c\alpha$ (mol/L)のNH_4^+と
$c\alpha$ (mol/L)のOH^-が
生じたことになります。

$1NH_3 + H_2O \rightleftharpoons 1NH_4^+ + 1OH^-$

電離にかかわったNH_3のモル数
＝生じたNH_4^+のモル数
＝生じたOH^-のモル数

まとめると…

	$NH_3 + H_2O$	$\rightleftharpoons$	NH_4^+	$+$	OH^-
(電離前)	c mol/L	無視です!!	0 mol/L		0 mol/L
(変化量)	$-c\alpha$ mol/L		$+c\alpha$ mol/L		$+c\alpha$ mol/L
(平衡時)	$c(1-\alpha)$ mol/L		$c\alpha$ mol/L		$c\alpha$ mol/L

$c - c\alpha = c(1-\alpha)$

よって!!

$[NH_3] = c(1-\alpha)$ (mol/L) … NH_3のモル濃度

$[NH_4^+] = c\alpha$ (mol/L) … NH_4^+のモル濃度

$[OH^-] = c\alpha$ (mol/L) … OH^-のモル濃度

弱酸のとき(p.318参照!!)とやっていることは変わらないね!!

このとき!!

電離定数 K_b は…

$$K_b = \frac{[NH_4^+][OH^-]}{[NH_3]}$$

$$K_b = \frac{c\alpha \times c\alpha}{c(1-\alpha)}$$

$$K_b = \frac{c\alpha^2}{1-\alpha}$$

上記より
$[NH_4^+] = c\alpha$
$[OH^-] = c\alpha$
$[NH_3] = c(1-\alpha)$

∴ $\boxed{K_b \fallingdotseq c\alpha^2}$ …⑦

アンモニアNH_3は弱塩基より，電離度αはかなり小さい!!

$\alpha \ll 1$ つまり $1-\alpha \fallingdotseq 1$
$K_b = \frac{c\alpha^2}{1-\alpha} \fallingdotseq \frac{c\alpha^2}{1} = c\alpha^2$

さらに変形して…

$$\frac{K_b}{c} ≒ α^2$$

$$∴ \quad α ≒ \sqrt{\frac{K_b}{c}} \quad …㋺$$

詳しくは p.320を…

弱酸のときと同じだぁ〜っ!!

そんでもって…

$$[OH^-] = cα$$

前ページ参照!!

$$[OH^-] ≒ c × \sqrt{\frac{K_b}{c}}$$

$α ≒ \sqrt{\frac{K_b}{c}} \quad …㋺$ より

$$∴ \quad [OH^-] ≒ \sqrt{cK_b} \quad …㋩$$

$c × \sqrt{\frac{K_b}{c}} = \sqrt{c^2} × \sqrt{\frac{K_b}{c}} = \sqrt{cK_b}$

注 電離定数 K_b の単位は K_a のときと同様に (mol/L) となります。

p.320参照!!

では実践してみましょう!!

計算問題93 モロ難

計算問題92 よりもほんの少し面倒です

ある温度におけるアンモニアの電離定数 K_b は $K_b = 4.0 × 10^{-5}$ (mol/L) である。この温度における 0.0090mol/L のアンモニア水について、次の各問いに答えよ。ただし、$\log_{10} 2 = 0.30$, $\log_{10} 3 = 0.48$ とする。

(1) このアンモニア水の電離度 $α$ を求めよ。
(2) 水酸化物イオン濃度(水酸化物イオンのモル濃度) $[OH^-]$ を求めよ。
(3) 水素イオン指数 pH を小数第一位まで求めよ。

ナイスな導入

おおまかな方針は 計算問題92 と同じですが、今回は…

水のイオン積

$$[H^+][OH^-] = 1.0 × 10^{-14} (mol/L)^2$$

が必要になります。

解答でござる

(1) アンモニア水のモル濃度 $c = 0.0090\,(\text{mol/L})$，さらに電離定数 $K_b = 4.0 \times 10^{-5}\,(\text{mol/L})$ より，

$$\alpha = \sqrt{\frac{K_b}{c}}$$

$$= \sqrt{\frac{4.0 \times 10^{-5}}{0.0090}}$$

$$= \sqrt{\frac{4}{9} \times 10^{-2}}$$

$$= \frac{2}{3} \times 10^{-1}$$

$$= 0.666\cdots \times 10^{-1}$$

$$= 0.67 \times 10^{-1}$$

$$= \mathbf{6.7 \times 10^{-2}} \quad \cdots(\text{答})$$

（0.067としてもOK!!）

- 単位については前ページの注参照!!
- 前ページ参照!! 自力で導けるようにしておいてください。
- 数値を代入しただけです!!
- ルート内の分子＆分母を $1000 = 10^3$ 倍しました!!
  $$\frac{4.0 \times 10^{-5} \times 10^3}{0.0090\ \ \times 10^3}$$
  $$= \frac{4 \times 10^{-2}}{9}$$
- $\sqrt{\dfrac{4}{9} \times 10^{-2}}$
  $= \sqrt{\left(\dfrac{2}{3} \times 10^{-1}\right)^2}$
  $= \dfrac{2}{3} \times 10^{-1}$
- 周囲の数値を参考にして有効数字は2ケタで!!

(2) $[\text{OH}^-] = c\alpha$

$$= 0.0090 \times \frac{2}{3} \times 10^{-1}$$

$$= 9.0 \times 10^{-3} \times \frac{2}{3} \times 10^{-1}$$

$$= \mathbf{6.0 \times 10^{-4}}\,(\text{mol/L}) \quad \cdots(\text{答}) \quad \cdots ①$$

- Theme 11 で学習済みです!!
- (1)の α です!! 小数に直す前の形にしてあります!!
- $0.0090 = \dfrac{9}{1000}$
  $= \dfrac{9}{10^3}$
  $= 9 \times 10^{-3}$

ちょこっと別解

$[\text{OH}^-] = \sqrt{cK_b}$

$$= \sqrt{0.0090 \times 4.0 \times 10^{-5}}$$

$$= \sqrt{9.0 \times 10^{-3} \times 4.0 \times 10^{-5}}$$

$$= \sqrt{36 \times 10^{-8}}$$

$$= \sqrt{(6.0 \times 10^{-4})^2}$$

$$= 6.0 \times 10^{-4}\,(\text{mol/L})$$

- $[\text{OH}^-]$ の求め方についてです!!
- 前ページ参照!! 自力で導けるようにしておきましょう!!
- $0.0090 = \dfrac{9}{1000}$
  $= \dfrac{9}{10^3}$
  $= 9 \times 10^{-3}$
- $36 \times 10^{-8} = (6 \times 10^{-4})^2$ です!!

Theme 27 化学 電離平衡と電離定数の物語 327

(3) 一方,

$$[H^+][OH^-]=1.0\times 10^{-14}\,(\mathrm{mol/L})^2\text{より},$$

$$[H^+]=\frac{1.0\times 10^{-14}}{[OH^-]} \quad \cdots ②$$

基本的な公式です!! 大丈夫??

①を②に代入して,

$$[H^+]=\frac{1.0\times 10^{-14}}{6.0\times 10^{-4}}$$

$$=\frac{1}{6}\times 10^{-10}$$

$$=0.166\cdots\cdots\times 10^{-10}$$

$$=0.17\times 10^{-10}$$

$$=1.7\times 10^{-11}\,(\mathrm{mol/L})$$

$\dfrac{1.0\times 10^{-14}}{6.0\times 10^{-4}}$

$=\dfrac{1}{6}\times 10^{-14-(-4)}$

$=\dfrac{1}{6}\times 10^{-10}$

一般に…

$$\dfrac{a^m}{a^n}=a^{m-n}$$

有効数字は2ケタで!!

0.17×10^{-10}
$=1.7\times 10^{-1}\times 10^{-10}$
$=1.7\times 10^{-11}$

よって,

$$\mathrm{pH}=-\log_{10}[H^+]$$

定義です!!

$$=-\log_{10}\left(\frac{1}{6}\times 10^{-10}\right)$$

$$=-\log_{10}\frac{10^{-10}}{6}$$

$$=-(\log_{10}10^{-10}-\log_{10}6)$$

$$=-\{-10-(\log_{10}2+\log_{10}3)\}$$

$$=10+\log_{10}2+\log_{10}3$$

$$=10+0.30+0.48$$

$$=10.78$$

$$=\underline{\underline{10.8}} \quad \cdots\text{(答)}$$

上で求めてあります!!
小数に直す前の形にしてあります!!

その✋
$\log_{10}\dfrac{A}{B}=\log_{10}A-\log_{10}B$

その✌
$\log_{10}AB=\log_{10}A+\log_{10}B$

"小数第一位まで求めよ"と問題文に指示がありますよ!!

Theme 28 化学 塩の加水分解に関する計算問題

> Theme 12 のp.169の 準備コーナー をさらに詳しく解説してます!!

塩を水に溶かすと酸性を示すか？ 塩基性を示すか？ では，代表的なものをいくつか紹介しましょう!!

例1 酢酸ナトリウム CH_3COONa を水に溶かすと

酢酸ナトリウム CH_3COONa は塩なので，ほとんど完全に電離!!

$$CH_3COONa \longrightarrow CH_3COO^- + Na^+$$

溶媒である水もわずかに電離し，平衡状態にある。

$$H_2O \rightleftarrows H^+ + OH^-$$

> 当然 H^+ と OH^- のモル数は等しい!!

とゆーことは…

この水溶液中に

$$CH_3COO^- と Na^+ と H^+ と OH^-$$

の**4つのイオン**が存在することになる!!

このとき!!

ポイント① Na^+ と OH^- は $NaOH$ が**強塩基**であるから，ほとんどくっつかずにバラバラの**イオンの状態のまんま**である。

> $NaOH$ の電離度 α はかなり大きく，ほぼ $\alpha = 1$ である

ポイント② ところが…

CH_3COO^- と H^+ は CH_3COOH が**弱酸**であるから，一部がくっついてしまい，**イオンとして残るもの**が減ってしまう!!

> CH_3COOH の電離度 α が小さい!!
> くっつく!!
> $CH_3COO^- + H^+ \rightleftarrows CH_3COOH$

Theme 28 化学 塩の加水分解に関する計算問題 329

つまーリ!!

酸性 H⁺の量 < OH⁻の量 **塩基性**

- CH₃COO⁻とほとんどくっついてしもうたぁ〜!!
- ほとんどがOH⁻のまんまで残っている!!

よって!!

この水溶液は塩基性を示す!!

で!!

このドラマを一般化します!!

弱酸と強塩基からなる塩を水に溶かす。
すると…➡ 加水分解して塩基性を示す。

$$CH_3COO^- + H^+ \rightleftarrows CH_3COOH$$
$$+)\quad\quad\quad\quad H_2O \rightleftarrows H^+ + OH^-$$
$$\overline{CH_3COO^- + H_2O \rightleftarrows CH_3COOH + OH^-}$$

両辺のH⁺が消える!!

ホラ!! 水H₂Oを加えることによって分解され**OH⁻**となってます。
だから、**加水分解**というんですよ!! 塩基性

さらに、もうひとつ…

例2 塩化アンモニウムNH₄Clを水に溶かすと…

塩化アンモニウムNH₄Clは塩なので、ほとんど完全に電離!!

$$NH_4Cl \longrightarrow NH_4^+ + Cl^-$$

溶媒である水もわずかに電離して平衡状態にある。

$$H_2O \rightleftarrows H^+ + OH^-$$

とゆーことは…

この水溶液中に

$$NH_4^+ とCl^- とH^+ とOH^-$$

の **4つのイオン** が存在することになる!!

このとき!!

ポイント☝ H^+ と Cl^- は HCl が **強酸** であるからほとんどくっつかずにバラバラの **イオンの状態のまんま** である。

> HCl の電離度 α はかなり大きく，ほぼ $\alpha = 1$ です。

ポイント✌ ところが…

NH_4^+ と OH^- は NH_3 が **弱塩基** であるから，一部がくっついてしまい，**イオンとして残るもの** は減ってしまう!!

> NH_3 の電離度は小さい!!
> くっつく!!
> $NH_4^+ + OH^- \rightleftarrows NH_3 + H_2O$

つまーり!!

酸性　　　　　塩基性
$$H^+ の量 > OH^- の量$$

> ほとんどが H^+ のまんまで残っている!!
> NH_4^+ とほとんどくっついてしまった!!

よって!!

この水溶液は 酸性 を示す。

で!!

このドラマを一般化すると…

強酸と弱塩基からなる塩を水に溶かす。
すると… 加水分解して酸性を示す。

$$NH_4^+ + OH^- \rightleftarrows NH_3 + H_2O$$
$$+)\quad H_2O \rightleftarrows H^+ + OH^-$$
$$\overline{NH_4^+ + H_2O \rightleftarrows NH_3 + H_2O + H^+}$$

両辺のOH^-が消える!!

(両辺のH_2Oも消して,
$$NH_4^+ \rightleftarrows NH_3 + H^+$$
とすることもあるが, 水H_2Oが変わっていることがわからなくなるのでH_2Oは残すことが多い!!
今回もまた水H_2Oを加えることにより分解しH^+が生じた。つまり**加水分解**である。)

酸性

最後のひとつです!!

例3 塩化ナトリウムNaClを水に溶かすと…

塩化ナトリウム$NaCl$は塩なので, ほとんど完全に電離する!!

$$NaCl \longrightarrow Na^+ + Cl^-$$

溶媒である水もわずかに電離し平衡状態にある。

$$H_2O \rightleftarrows H^+ + OH^-$$

とゆーことは…

この水溶液中に,

$$Na^+ と Cl^- と H^+ と OH^-$$

の**4つのイオン**が存在することになる!!

このとき!!

ポイント☝ Na^+とOH^-は$NaOH$が**強塩基**であるからほとんどくっつかず**イオンの状態のまんま**である。

ポイント✌ H^+とCl^-はHClが**強酸**であるからこれもまた**イオンの状態のまんま**である。

つまーり!!

酸性 H^+ の量 = OH^- の量 **塩基性**

ほとんどが H^+ のまま残る!!　　ほとんどが OH^- のまま残る!!

よって!!

この水溶液は**中性**を示す。

で!!

一般化すると…

強酸と強塩基からなる塩を水に溶かす。
すると… **加水分解せずに中性を示す。**

例1 (p.328) を計算問題にアレンジすると次のようになります!!

計算問題94 — モロ難

酢酸ナトリウム CH_3COONa を水に溶かすと，完全に CH_3COO^- と Na^+ に電離し，生じた CH_3COO^- の一部は水と反応して，次のような平衡状態となる。

$$CH_3COO^- + H_2O \rightleftarrows CH_3COOH + OH^-$$

この平衡状態の平衡定数を K_h とする。

さらに，酢酸の電離定数を K_a として，次の各問いに答えよ。

(1) 水のイオン積を K_w として K_h を K_a と K_w を用いて表せ。

(2) 酢酸の電離度が小さいことに注意して，0.80mol/L の酢酸ナトリウム水溶液の pH を有効数字 2 ケタで求めよ。ただし，酢酸の電離定数 K_a は，$K_a = 2.0 \times 10^{-5}$(mol/L)，水のイオン積 K_w は，$K_w = 1.0 \times 10^{-14}$(mol/L)^2 とする。必要であれば $\log_{10}2 = 0.30$ を用いてよい。

解答でござる 詳しく解説しまっせ♥

(1) 酢酸ナトリウム CH_3COONa を水に溶かすと,次のように完全に電離する。

$$CH_3COONa \longrightarrow CH_3COO^- + Na^+$$

生じた CH_3COO^- の一部が水と反応して(加水分解して)次のような平衡状態となる。

$$CH_3COO^- + H_2O \rightleftarrows CH_3COOH + OH^-$$

この平衡定数 K_h は,

$$K_h = \frac{[CH_3COOH][OH^-]}{[CH_3COO^-]} \quad \cdots ①$$

> p.329参照!!
> $CH_3COO^- + H^+ \rightleftarrows CH_3COOH$
> $\quad+)\ H_2O \rightleftarrows H^+ + OH^-$
> $\overline{CH_3COO^- + H_2O \rightleftarrows CH_3COOH + OH^-}$

> H_2O は大量にあります!! よって H_2O の量は**一定**であるとみなします。よって…
> $K_h = \frac{[CH_3COOH][OH^-]}{[CH_3COO^-][H_2O]}$
> としてはNGです!!
> $[H_2O]$ はつけないように!!
> p.323に似たケースがあったよ!!

一方, 酢酸の電離定数 K_a は,

$$K_a = \frac{[CH_3COO^-][H^+]}{[CH_3COOH]} \quad \cdots ②$$

> $CH_3COOH \rightleftarrows CH_3COO^- + H^+$

さらに水のイオン積 K_w は,

$$K_w = [H^+][OH^-] \quad \cdots ③$$

①×②より,

$$K_h \times K_a = \frac{[CH_3COOH][OH^-]}{[CH_3COO^-]} \times \frac{[CH_3COO^-][H^+]}{[CH_3COOH]}$$

$$\therefore\ K_h K_a = [H^+][OH^-] \quad \cdots ④$$

> ①と②をじーっとながめていれば気づくぜ〜っ!!

③と④は一致するから,

$$K_h K_a = K_w$$

> これぞ運命…

$$\therefore\ K_h = \frac{K_w}{K_a} \quad \cdots (答)$$

> 公式として覚えておいても役に立つぞ!!

(2) 酢酸ナトリウム水溶液のモル濃度を $c\,(\mathrm{mol/L})$ とし，CH_3COO^- が加水分解する割合を α として…

"加水分解度"と申します。まぁ，電離度と似たようなもんです!!

水は一定!!

$$CH_3COO^- + H_2O \rightleftarrows CH_3COOH + OH^-$$

(反応前)	c	(無視)	0	0
(変化量)	$-c\alpha$	(無視)	$+c\alpha$	$+c\alpha$
(平衡時)	$c(1-\alpha)$	(無視)	$c\alpha$	$c\alpha$ …⑤

係数に注目!!
$1CH_3COO^- + H_2O$
$\rightleftarrows 1CH_3COOH + 1OH^-$
反応量はすべて $c\alpha$ です。

このとき，①から，

$$K_h = \frac{[CH_3COOH][OH^-]}{[CH_3COO^-]}$$

$$= \frac{c\alpha \times c\alpha}{c(1-\alpha)}$$

$$= \frac{c\alpha^2}{1-\alpha}$$

$$\fallingdotseq \frac{c\alpha^2}{1}$$

$$= c\alpha^2$$

何度も言いますが…
H_2O は大量にあります!!
よって，H_2O の量は**一定**であるとみなします。

$$K_h = \frac{[CH_3COOH][OH^-]}{[CH_3COO^-][H_2O]}$$

としたらNGです!!

α はえらく小さい値です。つまり $\alpha \ll 1$ です!!

よって!!

$1-\alpha \fallingdotseq 1$ です!!

よって，

$$\alpha^2 = \frac{K_h}{c}$$

$$\therefore \quad \alpha = \sqrt{\frac{K_h}{c}} \quad \cdots ⑥$$

このとき，⑤より，

$$[OH^-] = c\alpha \quad \text{⑤です!!}$$

$$= c \times \sqrt{\frac{K_h}{c}} \quad (⑥より)$$

$$= \sqrt{cK_h}$$

$c \times \sqrt{\dfrac{K_h}{c}}$

$= \sqrt{c^2} \times \sqrt{\dfrac{K_h}{c}}$

$= \sqrt{cK_h}$

$$= \sqrt{c \times \frac{K_w}{K_a}}$$

$$= \sqrt{0.80 \times \frac{1.0 \times 10^{-14}}{2.0 \times 10^{-5}}}$$

$$= \sqrt{8.0 \times 10^{-1} \times \frac{10^{-9}}{2.0}}$$

$$= \sqrt{4.0 \times 10^{-10}}$$

$$= 2.0 \times 10^{-5} \, (\text{mol/L})$$

(1)より $K_h = \dfrac{K_w}{K_a}$ です!!

問題文で与えられた数値を代入しただけです!!

$\dfrac{1.0 \times 10^{-14}}{2.0 \times 10^{-5}} = \dfrac{1.0 \times 10^{-14-(-5)}}{2.0}$
$= \dfrac{10^{-9}}{2.0}$

$0.80 = \dfrac{8.0}{10} = 8.0 \times 10^{-1}$

$\sqrt{4.0 \times 10^{-10}}$
$= \sqrt{(2.0 \times 10^{-5})^2}$
$= 2.0 \times 10^{-5}$

このとき,③から,

$$[\text{H}^+][\text{OH}^-] = 1.0 \times 10^{-14}$$

$$[\text{H}^+] = \frac{1.0 \times 10^{-14}}{[\text{OH}^-]}$$

$$= \frac{1.0 \times 10^{-14}}{2.0 \times 10^{-5}}$$

$$= \frac{1}{2} \times 10^{-9}$$

$$= \frac{10^{-9}}{2} \, (\text{mol/L})$$

$\dfrac{1.0 \times 10^{-14}}{2.0 \times 10^{-5}}$
$= \dfrac{10^{-14-(-5)}}{2}$
$= \dfrac{1}{2} \times 10^{-9}$

よって,

$$\text{pH} = -\log_{10} \frac{10^{-9}}{2}$$

$$= -(\log_{10} 10^{-9} - \log_{10} 2)$$

$$= -(-9 - 0.30)$$

$$= \underline{9.3} \quad \cdots (\text{答})$$

定義です!!

その1
$\log_{10} \dfrac{A}{B} = \log_{10} A - \log_{10} B$

その2
$\log_{10} 10^n = n$

有効数字は2ケタです!!

同様に **例2** (p.329)も計算問題にアレンジしてみましょう。ただし，**例3** (p.331)は中性，つまりpH＝7.0と決まってしまっているので，計算問題のネタになりません。

> **計算問題95** モロ難
>
> 0.10 mol/Lの塩化アンモニウム水溶液のpHを有効数字2ケタで求めよ。ただし，NH_3の電離定数$K_b = 1.0 \times 10^{-5}$ (mol/L)，水のイオン積$K_w = [H^+][OH^-] = 1.0 \times 10^{-14}$ (mol/L)^{2}とする。

解答でござる 前問 **計算問題94** を参考にしてください!!

塩化アンモニウムNH_4Clを水に溶かすと，次のように完全に電離する。

$$NH_4Cl \longrightarrow NH_4^+ + Cl^-$$

生じたNH_4^+の一部は水と反応して（加水分解して）次のような平衡状態となる。

$$NH_4^+ + H_2O \rightleftarrows NH_3 + H_2O + H^+$$

この平衡定数K_hは，

$$K_h = \frac{[NH_3][H^+]}{[NH_4^+]} \quad \cdots ①$$

一方，アンモニアNH_3の電離定数K_bは，

$$K_b = \frac{[NH_4^+][OH^-]}{[NH_3]} \quad \cdots ②$$

さらに水のイオン積K_wは，

$$K_w = [H^+][OH^-] \quad \cdots ③$$

この式については p.331参照!!

両辺のH_2Oを消して $NH_4^+ \rightleftarrows NH_3 + H^+$ としてもOK!!
（参考書によっては $NH_4^+ + H_2O \rightleftarrows NH_3 + H_3O^+$ とかいてある場合もあり!!）

H_2Oは大量にあり，一定であるとみなされるので$[H_2O]$は無視!!

$NH_3 + H_2O \rightleftarrows NH_4^+ + OH^-$
H_2Oは大量にあるので…
$K_b = \frac{[NH_4^+][OH^-]}{[NH_3][H_2O]}$
としてはダメ!! p.323参照!!

①×②より，

$$K_h \times K_b = \frac{[NH_3][H^+]}{[NH_4^+]} \times \frac{[NH_4^+][OH^-]}{[NH_3]}$$

$$\therefore K_h K_b = [H^+][OH^-] \quad \cdots ④$$

計算問題94 と同じだぜ!! ①と②をよーく見れば気づくはず!!

キターッ!!

③と④は一致するから，

$$K_h K_b = K_w$$

$$\therefore \boxed{K_h = \frac{K_w}{K_b}} \quad \cdots ⑤$$

やはり運というべきか…

前問 計算問題94 (1)と同じです!! 公式として覚えておくと便利ですよ!!

ここで，

"加水分解度"と呼びます。考え方は電離度のときと同様です!!

塩化アンモニウム NH_4Cl のモル濃度を c (mol/L) とし，NH_4^+ が加水分解する割合を α として，

$$NH_4^+ + H_2O \rightleftarrows NH_3 + H_2O + H^+$$

(反応前) c	(無視)	0	(無視)	0
(変化量) $-c\alpha$	(無視)	$+c\alpha$	(無視)	$+c\alpha$
(平衡時) $c(1-\alpha)$	(無視)	$c\alpha$	(無視)	$c\alpha$

⑥

このとき，①から，

$$K_h = \frac{[NH_3][H^+]}{[NH_4^+]}$$

$$= \frac{c\alpha \times c\alpha}{c(1-\alpha)}$$

$$= \frac{c\alpha^2}{1-\alpha}$$

$$\fallingdotseq c\alpha^2$$

①です!!

α はえらく小さい値です!!

$\alpha \ll 1$ より $1-\alpha \fallingdotseq 1$ です!!

よって，

$$\alpha^2 \fallingdotseq \frac{K_h}{c}$$

$$\therefore \alpha \fallingdotseq \sqrt{\frac{K_h}{c}} \quad \cdots ⑦$$

計算問題94 と同じだ!!

このとき，⑥より，

$$[\mathsf{H}^+] = c\alpha$$

$$= c \times \sqrt{\frac{K_h}{c}} \quad (\text{⑦より})$$

$$= \sqrt{cK_h}$$

$$= \sqrt{c \times \frac{K_w}{K_b}} \quad (\text{⑤より})$$

$$= \sqrt{0.10 \times \frac{1.0 \times 10^{-14}}{1.0 \times 10^{-5}}}$$

$$= \sqrt{1.0 \times 10^{-1} \times 1.0 \times 10^{-9}}$$

$$= \sqrt{1.0 \times 10^{-10}}$$

$$= 1.0 \times 10^{-5} \,(\text{mol/L})$$

$$\therefore \quad \text{pH} = \underline{\underline{5.0}} \quad \cdots (\text{答})$$

⑥です!!

$\alpha = \sqrt{\dfrac{K_h}{c}} \quad \cdots ⑦$

$K_h = \dfrac{K_w}{K_b} \quad \cdots ⑤$

与えられた数値を代入しただけです!!

$0.10 = \dfrac{1.0}{10} = 1.0 \times 10^{-1}$

$\sqrt{1.0 \times 10^{-10}}$
$= \sqrt{(1.0 \times 10^{-5})^2}$
$= 1.0 \times 10^{-5}$

pH
$[\mathsf{H}^+] = 1.0 \times 10^{-⑤}$

参考までに…，次のような計算もあります。

$$\begin{cases} \text{pH} = -\log_{10}[\mathsf{H}^+] \\ \quad = -\log_{10}(1.0 \times 10^{-5}) \\ \quad = -\log_{10} 10^{-5} \\ \quad = -(-5) \\ \quad = \underline{\underline{5.0}} \quad \cdots (\text{答}) \end{cases}$$

定義です!!

$1.0 \times 10^{-5} = 10^{-5}$
いらない!!

その
$\log_{10} 10^n = n$

有効数字2ケタです!!

Theme 29 化学 緩衝溶液に関する計算問題

緩衝溶液とは…

"**弱酸＋弱酸の塩**"または"**弱塩基＋弱塩基の塩**"の溶液のことで，少量の酸や塩基を加えてもpHがほとんど変化しないこと，つまり**緩衝作用**をもつことが特徴です。

衝撃を緩める!!

ふむふむ

では，最もメジャーな実例を挙げて解説します。

酢酸CH_3COOH＋酢酸ナトリウムCH_3COONaの水溶液の場合

弱酸　　　　　　　弱酸の塩

◎酢酸CH_3COOHは…

$$CH_3COOH \rightleftarrows CH_3COO^- + H^+$$

の平衡状態にあるが，電離度が小さいため大部分が未電離のCH_3COOHである。

◎酢酸ナトリウムCH_3COONaは塩であるから…

$$CH_3COONa \rightarrow CH_3COO^- + Na^+$$

のように，ほとんどすべて電離している。

状況をまとめよう!!

$$CH_3COOH \rightleftarrows CH_3COO^- + H^+$$
多量　　　　　　少量　　　少量

$$CH_3COONa \rightarrow CH_3COO^- + Na^+$$
ほとんど無い　　　　多量　　　多量

トータルでCH_3COO^-は多量

ここまでの話題が計算問題で出題されるよ!!

> ここから先のお話は**緩衝溶液**と呼ばれる理由についての解説です!! 計算問題にはあんまり関係ありませんよ!!

そこで!!

少量のH⁺(酸)を加えたとすると…

加えた少量のH⁺はトータルで多量にあるCH₃COO⁻とくっついてしまう!! つまり…

$$H^+ + CH_3COO^- \longrightarrow CH_3COOH$$

（多量にある!!）

が起こり，H⁺はCH₃COOHに変身してしまうのでpHはほとんど変化しない。つまり**緩衝作用**をもちます!!

（衝撃を緩める!!）

少量のOH⁻(塩基)を加えたとしても…

加えた少量のOH⁻は多量に残っている未電離のCH₃COOHと中和反応をする!! つまり…

$$OH^- + CH_3COOH \longrightarrow CH_3COO^- + H_2O$$

（多量にある!!）　（中和すると水ができる）

が起こり，OH⁻はH₂Oに変身してしまうのでpHはほとんど変化しない。つまり**緩衝作用**をもちます!!

（衝撃を緩める!!）

コメント　$OH^- + CH_3COOH \longrightarrow CH_3COO^- + H_2O$ …(∗)

なんて書くと，難しい反応式に見えてしまうかもしれませんが，具体的な塩基NaOHで考え直してみましょう!!

(∗)の両辺に**Na⁺**を加えてみましょう。

$$NaOH + CH_3COOH \longrightarrow CH_3COONa + H_2O$$

ほら，おなじみの反応式になったでしょ？ つまり，(∗)は加える塩基を具体的に決めていない一般的な式なんです。

Theme 29 　化学　緩衝溶液に関する計算問題

緩衝溶液のpHを求めてみよう!!

計算問題96 ─ モロ難

0.060mol/Lの酢酸水溶液200mLに0.020mol/Lの酢酸ナトリウム水溶液300mLを混合した水溶液の水素イオン濃度(水素イオンのモル濃度)$[H^+]$を求めよ。ただし,酢酸の電離定数$K_a = 1.8 \times 10^{-5}$(mol/L)とする。

ナイスな導入

最初のCH_3COOHのモル濃度をc_a(mol/L)とおくと…

$$c_a = 0.060 \times \frac{200}{1000} \times \frac{1000}{500} = 0.024 \,(\text{mol/L})$$

- 1(L)中に0.060(mol)
- 200(mL)取り出す
- 200 + 300 = 500(mL)の話を 1(L) = 1000(mL)の話へ…

最初のCH_3COONaのモル濃度をc_s(mol/L)とおくと…

$$c_s = 0.020 \times \frac{300}{1000} \times \frac{1000}{500} = 0.012 \,(\text{mol/L})$$

- 1(L)中に0.020(mol)
- 300(mL)取り出す
- 200 + 300 = 500(mL)の話を 1(L) = 1000(mL)の話へ…

このとき!!

$$CH_3COOH \rightleftarrows CH_3COO^- + H^+$$

この反応において,CH_3COOHはほとんど電離しないので,CH_3COOHのモル濃度$[CH_3COOH]$は…

$$[CH_3COOH] = c_a \quad \cdots ①$$

と考えてよい。

最初のCH_3COOHの濃度のまんま!!

一方…

$$CH_3COONa \longrightarrow CH_3COO^- + Na^+$$

この反応において，CH_3COONa は完全に電離して，すべて CH_3COO^- に変化したと考えてよいから…

> 最初の CH_3COONa の濃度に等しい!!

$$[CH_3COO^-] = c_s \quad \cdots ②$$

さらに，CH_3COOH の電離平衡の話から…

> $CH_3COOH \rightleftarrows CH_3COO^- + H^+$

$$K_a = \frac{[CH_3COO^-]^{②}[H^+]}{[CH_3COOH]_{①}} \quad \cdots ③$$

①，②を③に代入して，

$$K_a = \frac{c_s^{②} \times [H^+]}{c_a{}_{①}}$$

> 覚えておくとお得!!

$$\therefore \ [H^+] = \frac{c_a}{c_s} K_a$$

これに数値を代入したらOKでーす!!

解答でござる

最初の CH_3COOH のモル濃度を c_a (mol/L) として，

$$c_a = 0.060 \times \frac{200}{1000} \times \frac{1000}{500}$$
$$= 0.024 \, (\text{mol/L})$$

> 200 (mL) 取り出す!!
> 200 + 300 = 500 (mL) のお話を 1(L) = 1000 (mL) のお話へ拡大!!

最初の CH_3COONa のモル濃度を c_s (mol/L) として，

$$c_s = 0.020 \times \frac{300}{1000} \times \frac{1000}{500}$$
$$= 0.012 \, (\text{mol/L})$$

> 300 (mL) 取り出す!!
> 200 + 300 = 500 (mL) のお話を 1(L) = 1000 (mL) のお話へ拡大!!

求めるべき水素イオン濃度は，

$$[\mathrm{H}^+] = \frac{c_\mathrm{a}}{c_\mathrm{s}} K_\mathrm{a}$$

$$= \frac{0.024}{0.012} \times 1.8 \times 10^{-5}$$

$$= 2 \times 1.8 \times 10^{-5}$$

$$= \mathbf{3.6 \times 10^{-5}} (\mathrm{mol/L}) \quad \cdots (答)$$

> ナイスな導入 参照!!
> 公式のようなもんです!!

> 数値を代入しただけです!!

類題をもう一発!!

計算問題97　モロ難

0.20mol/Lのアンモニア100mLに，0.40mol/Lの塩化アンモニウム水溶液100mLを混合した水溶液のpHを求めよ。ただし，アンモニアの電離定数$K_\mathrm{b} = 2.0 \times 10^{-5}$(mol/L)，水のイオン積$K_\mathrm{w} = 1.0 \times 10^{-14}$(mol/L)^{2}とする。

解答でござる

最初の$\mathrm{NH_3}$のモル濃度をc_b(mol/L)として，

$$c_\mathrm{b} = 0.20 \times \frac{100}{1000} \times \frac{1000}{200} = 0.10 \,(\mathrm{mol/L})$$

最初の$\mathrm{NH_4Cl}$のモル濃度をc_s(mol/L)として，

$$c_\mathrm{s} = 0.40 \times \frac{100}{1000} \times \frac{1000}{200} = 0.20 \,(\mathrm{mol/L})$$

このとき，

$$\mathrm{NH_3 + H_2O \rightleftarrows NH_4^+ + OH^-}$$

の平衡状態から，

> 100(mL)取り出す!!

> 100 + 100 = 200(mL)のお話を1(L) = 1000(mL)のお話へ拡大!!

> 100(mL)取り出す!!

> 100 + 100 = 200(mL)のお話を1(L) = 1000(mL)のお話へ拡大!!

> 続きが気になります〜！

$$K_b = \frac{[NH_4^+][OH^-]}{[NH_3]} \quad \cdots ①$$

ここで，

$$[NH_3] = c_b \quad \cdots ②$$

$$[NH_4^+] = c_s \quad \cdots ③$$

であるから，

②，③を①に代入して，

$$K_b = \frac{c_s \times [OH^-]}{c_b}$$

$$\boxed{[OH^-] = \frac{c_b}{c_s} K_b}$$

計算問題96で出てきた式の[H$^+$]が[OH$^-$]に（右辺のcについている添え字aがbに）変わっただけです!! 公式として覚えておいても役立ちますよ!!

$$= \frac{0.10}{0.20} \times 2.0 \times 10^{-5}$$

$$= \frac{1}{2} \times 2.0 \times 10^{-5}$$

$$= 1.0 \times 10^{-5} \text{(mol/L)} \quad \cdots ④$$

このとき，水のイオン積から，

$$[H^+] = \frac{1.0 \times 10^{-14}}{[OH^-]}$$

$$= \frac{1.0 \times 10^{-14}}{1.0 \times 10^{-5}} \quad （④より）$$

$$= 10^{-9}$$

よって，求めるべきこの水溶液のpHは，

$$pH = -\log_{10}[H^+]$$

$$= -\log_{10} 10^{-9}$$

$$= -(-9)$$

$$= \underline{9.0} \quad \cdots （答）$$

H$_2$Oは大量にあるので一定とみなし無視します!!（p.323参照!!）

NH$_3$+H$_2$O ⇄ NH$_4^+$+OH$^-$
の電離はほとんど起きていないと考えてよいから…
NH$_3$のモル濃度は最初のNH$_3$のモル濃度c_bに等しい。
∴ [NH$_3$] = c_b

NH$_4$Cl → NH$_4^+$+Cl$^-$
の電離は完全に起きているから…
NH$_4^+$のモル濃度は最初のNH$_4$Clのモル濃度に等しい。
∴ [NH$_4^+$] = c_s

流れをしっかり押さえてください!!

$K_w = [H^+][OH^-]$
$= 1.0 \times 10^{-14} \text{(mol/L)}^2$

$$\frac{1.0 \times 10^{-14}}{1.0 \times 10^{-5}}$$

$$= \frac{10^{-14}}{10^{-5}}$$

$$= 10^{-14-(-5)}$$

$$= 10^{-14+5}$$

$$= 10^{-9}$$

定義です!!

その①
$\log_{10} 10^n = n$

Theme 30 化学 沈殿するか？ しないのか？ を判定せよ!!

溶解度積とは…

難溶性の(溶けにくい)塩 AB が次のような平衡状態にあるとき

$$AB \text{(固体)} \rightleftarrows A^+ + B^-$$

A^+ のモル濃度 $[A^+]$ と B^- のモル濃度 $[B^-]$ の積 $[A^+][B^-]$ は，温度が一定であれば一定値をとる。この一定値を **溶解度積** と呼びます。

つまり，溶解度積を K_{sp} とすると…

$$\boxed{K_{sp} = [A^+][B^-]}$$

とゆーことになる。

注 今までどおり，平衡定数を K とおくと…

$$K = \frac{[A^+][B^-]}{[AB]} \quad \cdots ①$$

このとき，AB は固体なもんで，$[AB]$ ＝一定と考えてよい。

①で，右辺の分母の $[AB]$ を左辺に移すと…

$$K\underline{[AB]} = [A^+][B^-] \quad \cdots ②$$
　　　一定

となる。

②で，$K[AB]$ ＝一定です。これが **溶解度積 K_{sp}** である!!

沈殿するか？ 沈殿しないのか？

上記のお話のつづきです。

A^+ を含む溶液と B^- を含む溶液を混合する!!

このとき!!

そんなことがわかるのかい??

A^+ のモル濃度と B^- のモル濃度の積を I_p とする。

$I_p > K_{sp}$ のとき ➡ **沈殿が生じる!!**
（溶解度積）

そして，溶液中は $[A^+][B^-] = K_{sp}$ となる。

$I_p < K_{sp}$ のとき ➡ **沈殿が生じない!!**
（溶解度積）

では，問題へまいります。

計算問題98 ― 標準

塩化銀 $AgCl$ は，ある温度で水に 1.4×10^{-5} mol/L だけ溶けることができる。このとき，次の各問いに答えよ。

(1) 塩化銀 $AgCl$ の溶解度積 K_{sp} を求めよ。

(2) 1.0×10^{-4} mol/L の塩化ナトリウム $NaCl$ 水溶液 3.0L と 2.0×10^{-4} mol/L の硝酸銀 $AgNO_3$ 水溶液 2.0L を混合したとき，塩化銀の沈殿は生じるか。

ナイスな導入

(1) $AgCl(固) \rightleftarrows Ag^+ + Cl^-$

$AgCl$ が 1.4×10^{-5} mol/L だけ水に溶ける。

➡ Ag^+ と Cl^- が 1.4×10^{-5} mol/L ずつ生じる。

➡ $[Ag^+] = [Cl^-] = 1.4 \times 10^{-5}$ (mol/L)

よって，溶解度積 K_{sp} は，

$$K_{sp} = [Ag^+][Cl^-]$$
$$= 1.4 \times 10^{-5} \times 1.4 \times 10^{-5}$$
$$= 1.96 \times 10^{-10}$$
$$\fallingdotseq 2.0 \times 10^{-10} \text{(mol/L)}^2 \quad \text{答でーす!!}$$

単位もかけ算で…
$(mol/L) \times (mol/L)$
$= (mol/L)^2$

（AgCl はほとんど沈殿するけど，少しは溶けるんですよ!!）

(2) NaCl水溶液 1.0×10^{-4} mol/L が 3.0L より，この中に含まれている Cl^- のモル数は…

$$1.0 \times 10^{-4} \times 3.0 = 3.0 \times 10^{-4} \text{ (mol)}$$

これが水溶液 5.0L 中に存在するので，Cl^- のモル濃度は，

（合計 3.0L + 2.0L = 5.0L）

$$\frac{3.0 \times 10^{-4}}{5.0} = 0.60 \times 10^{-4}$$

$$= 6.0 \times 10^{-5} \text{ (mol/L)} \cdots ①$$

（1.0L 中のモル数が知りたいから，5.0L で割る）

一方，$AgNO_3$ 水溶液 2.0×10^{-4} mol/L が 2.0L より，この中に含まれている Ag^+ のモル数は…

$$2.0 \times 10^{-4} \times 2.0 = 4.0 \times 10^{-4} \text{ (mol)}$$

これが水溶液 5.0L 中に存在するので，Ag^+ のモル濃度は，

（合計 3.0L + 2.0L = 5.0L）

$$\frac{4.0 \times 10^{-4}}{5.0} = 0.8 \times 10^{-4}$$

$$= 8.0 \times 10^{-5} \text{ (mol/L)} \cdots ②$$

（モル濃度 = 1.0L 中のモル数）

よって!!

①，②より，Cl^- のモル濃度と Ag^+ のモル濃度の積 I_p は，

$$I_p = 6.0 \times 10^{-5} \times 8.0 \times 10^{-5}$$
$$= 48 \times 10^{-10}$$
$$= 4.8 \times 10^{-9} \text{ (mol/L)}^2$$

とゆーわけで…

$$4.8 \times 10^{-9} > 2.0 \times 10^{-10}$$

（(1)で求めた溶解度積です!!）

つまり，

$$I_p > K_{sp}$$

つまーり!!

沈殿は生じる!! 答でーす!!

解答でござる

(1) $\underline{2.0 \times 10^{-10} \ (\text{mol/L})^2}$ (2) 沈殿は生じる。

Theme 31 化学 結晶格子における計算問題

RUB OUT 1 金属結晶の単位格子は3種類!!

結晶中において,構成粒子のつくる配列を**結晶格子**と申します。そして,その結晶格子において,最小のくり返し単位になっている配列構造を**単位格子**と呼びます。

で!! 金属結晶に話題を限定すると,結晶格子のタイプには,『**体心立方格子**』『**面心立方格子**』『**六方最密構造(六方最密格子)**』の代表的な3種類がある。

その✌ 体心立方格子　　その✌ 面心立方格子　　その✌ 六方最密構造

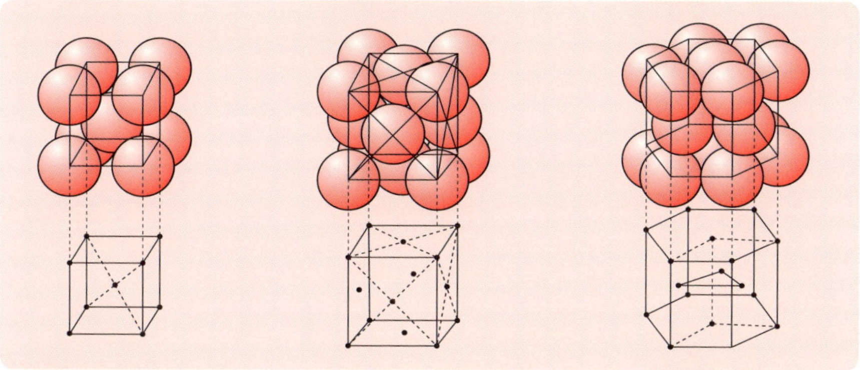

例 Na, K, Fe, Ba, Crなど

例 Al, Cu, Ag, Au, Pt など　高価な金属!!

例 Be, Mg, Zn, Coなど

計算問題99 ── 標準

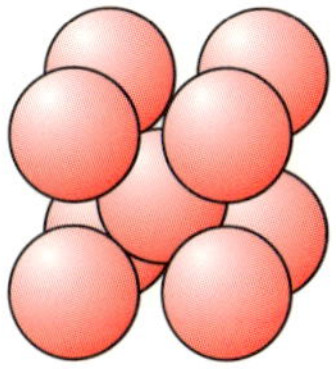

ある金属の結晶を調べたところ,右のような結晶構造をとっていた。結晶格子中の隣接する金属原子は密着しているとして,次の各問いに答えよ。

(1) この結晶格子の名称を答えよ。
(2) 1個の原子に接する原子の個数を求めよ。
(3) 単位格子中に含まれる原子の個数を求めよ。
(4) 単位格子の1辺の長さを $a(\text{cm})$ としたとき,原子の半径 $r(\text{cm})$ を求めよ。

(5) この金属原子の原子量を M としたとき，この金属結晶の密度 d (g/cm³) を求めよ。ただし，アボガドロ定数は N_A とする。

(6) 単位格子の体積に対する原子の体積の占める割合を有効数字 2 ケタの百分率で答えよ。ただし，$\sqrt{3}=1.73$，$\pi=3.14$ とする。

解答でござる

(1) **体心立方格子** …(答)

(2) **8**(個) …(答)

← 体ですよ!! 対にしないように!!
よくある誤り!!
1つの原子に8つの原子が隣接している!!

☞ このように1個の原子が他の何個の原子に接しているか？という個数を**配位数**と呼びます。

(3) **2**(個) …(答)

右図からも明らかなように，
$\dfrac{1}{8}$(個)$\times 8+1$(個)$=2$(個)

立方体の8つの頂点に $\dfrac{1}{8}$ 個ずつ　ドまん中に1(個)

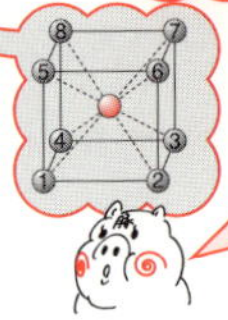

注 見えない向こう側に $\dfrac{1}{8}$ 個がもう1つ!!

(4) $r=\dfrac{\sqrt{3}}{4}a$ (cm) …(答)

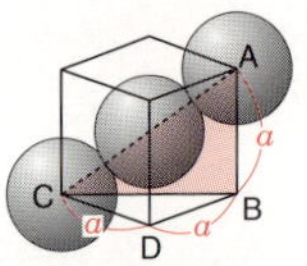

上の図で△BCDは
BD＝CD＝aの直角二等辺三角形である!!

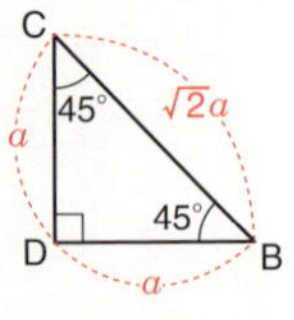

ご存じ!!
CD：DB：BC＝$1:1:\sqrt{2}$
∴ BC＝$a\times\sqrt{2}=\sqrt{2}a$

さらに左図の△ABCは，∠ABC＝90°の直角三角形である!!

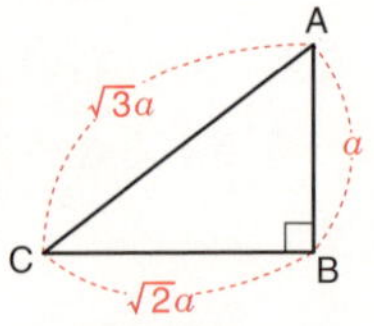

三平方の定理より
$AC^2=AB^2+BC^2$
$AC^2=a^2+(\sqrt{2}a)^2$
$AC^2=3a^2$
∴ $AC=\sqrt{3a^2}=\sqrt{3}a$

このとき!!

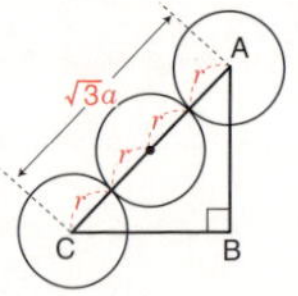

上図からも明らかなように
$4r=\sqrt{3}a$
∴ $r=\dfrac{\sqrt{3}}{4}a$

(5) 体心立方格子の体積…$a^3 (\text{cm}^3)$ …①

体心立方格子内の原子数…2個

原子1個あたりの質量…$\dfrac{M}{N_A}$ (g)

体心立方格子の質量…$\dfrac{M}{N_A} \times 2$

$= \dfrac{2M}{N_A}$ (g) …②

①,②より $a^3 (\text{cm}^3)$ で $\dfrac{2M}{N_A}$ (g) より,

求めるべき体心立方格子の密度は,

$d = \dfrac{2M}{N_A} \div a^3$

$= \dfrac{2M}{N_A} \times \dfrac{1}{a^3}$

$= \underline{\dfrac{2M}{a^3 N_A}}$ (g/cm^3) …(答)

(6) $\dfrac{\dfrac{4}{3}\pi r^3 \times 2}{a^3} \times 100$

$= \dfrac{\dfrac{4}{3}\pi \left(\dfrac{\sqrt{3}}{4}a\right)^3 \times 2}{a^3} \times 100$

$= \dfrac{4}{3}\pi \times \dfrac{3\sqrt{3}}{64} \times 2 \times 100$

$= \dfrac{25\sqrt{3}\,\pi}{2}$

$= \dfrac{25 \times 1.73 \times 3.14}{2}$

$= 67.9025$

$\fallingdotseq \underline{\mathbf{68}}\,(\%)$ …(答)

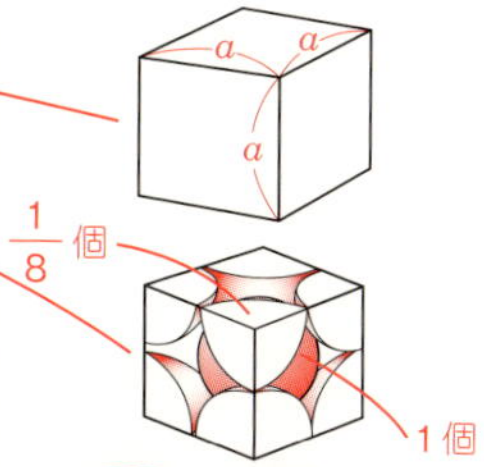

頂点 **中心**

$\dfrac{1}{8} \times 8 + 1 = 2$

(前ページ参照!!)

アボガドロ定数

N_A (個) あたり M (g) より
1 (個) あたり $\dfrac{M}{N_A}$ (g) となる!!

原子 **2** 個分の質量です!!
隙間には何もない!!
例えば, $3 (\text{cm}^3)$ で $6 (\text{g})$ だったら,
密度は $6 \div 3 = 2 (\text{g/cm}^3)$
密度＝質量÷体積

球の体積の公式

イメージコーナー

$\dfrac{\text{球} \times 2}{a^3} \times 100$

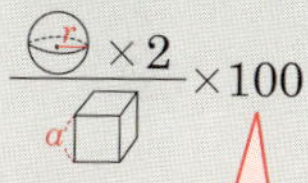

%にするために100倍!!

$r = \dfrac{\sqrt{3}}{4}a$

a^3 は約分!!

$\sqrt{3} = 1.73,\ \pi = 3.14$

充塡率と申します。
決まった値なので覚えておくとトクするかもよ♥

計算問題100 [標準]

ある金属の結晶を調べたところ、右のような結晶構造をとっていた。結晶格子中の隣接する金属原子は密着しているとして、次の各問いに答えよ。

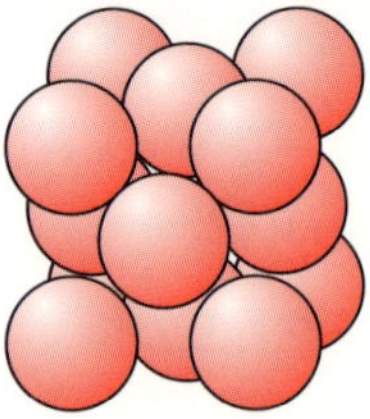

(1) この結晶格子の名称を答えよ。
(2) 1個の原子に接する原子の個数を求めよ。
(3) 単位格子中に含まれる原子の個数を求めよ。
(4) 単位格子の1辺の長さをa(cm)としたとき、原子の半径r(cm)を求めよ。
(5) この金属原子の原子量をMとしたとき、この金属結晶の密度d(g/cm^3)を求めよ。ただし、アボガドロ定数はN_Aとする。
(6) 単位格子の体積に対する原子の体積に占める割合を有効数字2ケタの百分率で答えよ。ただし、$\sqrt{2}=1.41$、$\pi=3.14$とする。

解答でござる

(1) **面心立方格子** …(答)
(2) **12**(個) …(答)
(3) **4**(個) …(答)

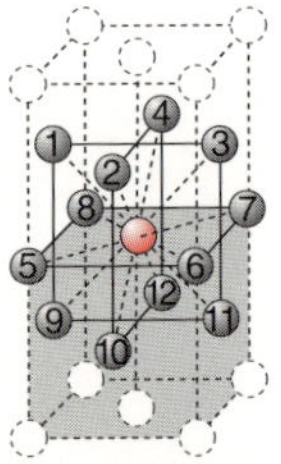

確かに1個の原子に12個の原子が接している!!

右図からも明らかなように、
$\dfrac{1}{8}$(個)$\times 8 + \dfrac{1}{2}$(個)$\times 6 = 4$(個)

立方体の8つの頂点に1つずつ　立方体の6つの面に1つずつ

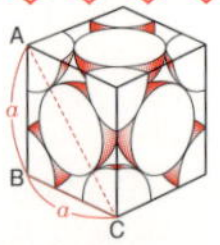

注 立方体の中心には原子はない!!

Theme 31　化学　結晶格子における計算問題

(4)　$r = \dfrac{\sqrt{2}}{4} a$ (cm)　…(答)

右の図で△ABCは AB = BC = a の直角二等辺三角形である!!

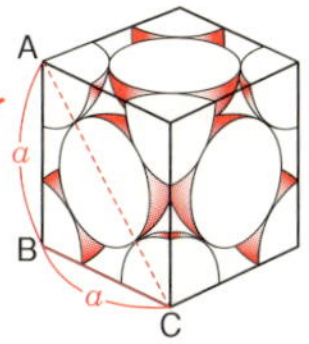

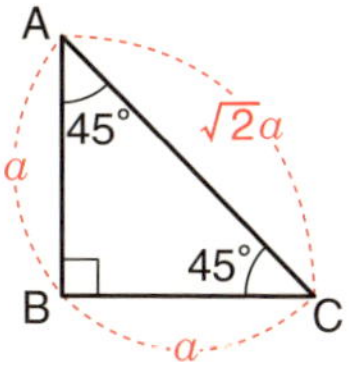

AB : BC : AC = 1 : 1 : $\sqrt{2}$
∴ CA = $a \times \sqrt{2} = \sqrt{2} a$

このとき!!

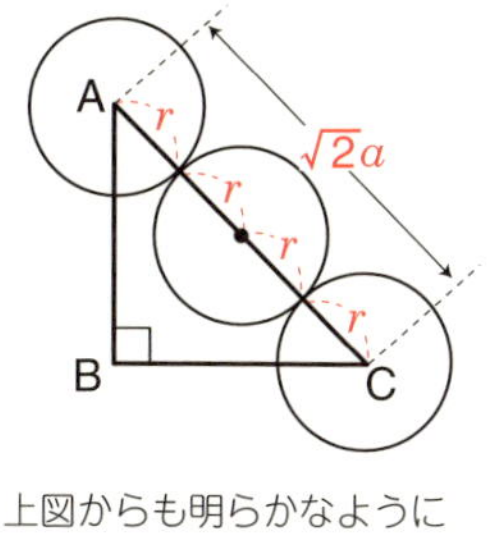

上図からも明らかなように
$4r = \sqrt{2} a$
∴ $r = \dfrac{\sqrt{2}}{4} a$

(5)　面心立方格子の体積…a^3 (cm³) …①

面心立方格子内の原子数…4個

原子1個あたりの質量…$\dfrac{M}{N_A}$ (g)

面心立方格子の質量…$\dfrac{M}{N_A} \times 4$

　　　　　　　　$= \dfrac{4M}{N_A}$ (g) …②

①, ②より a^3 (cm³) で $\dfrac{4M}{N_A}$ (g) より,

求めるべき面心立方格子の密度は,

$d = \dfrac{4M}{N_A} \div a^3$

　$= \dfrac{4M}{N_A} \times \dfrac{1}{a^3}$

　$= \dfrac{4M}{a^3 N_A}$ (g/cm³) …(答)

$\dfrac{1}{8}$ 個

頂点　面　$\dfrac{1}{2}$ 個

$\dfrac{1}{8} \times 8 + \dfrac{1}{2} \times 6 = 4$

N_A (個) あたり M (g) より 1 (個) あたり $\dfrac{M}{N_A}$ (g) となる!!

原子4個分の質量です!!

密度＝質量÷体積

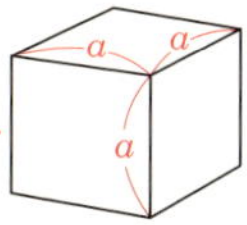

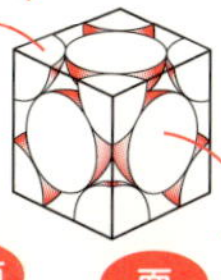

(6)
$$\frac{\frac{4}{3}\pi r^3 \times 4}{a^3} \times 100$$

$$= \frac{\frac{4}{3}\pi \left(\frac{\sqrt{2}}{4}a\right)^3 \times 4}{a^3} \times 100$$

$$= \frac{4}{3}\pi \times \frac{2\sqrt{2}}{64} \times 4 \times 100$$

$$= \frac{50\sqrt{2}\,\pi}{3}$$

$$= \frac{50 \times 1.41 \times 3.14}{3}$$

$$= 73.79$$

$$\fallingdotseq \underline{74}\,(\%) \quad \cdots(答)$$

球の体積の公式

イメージコーナー

$$\frac{\bigcirc \times 4}{a} \times 100$$

％にするために100倍‼

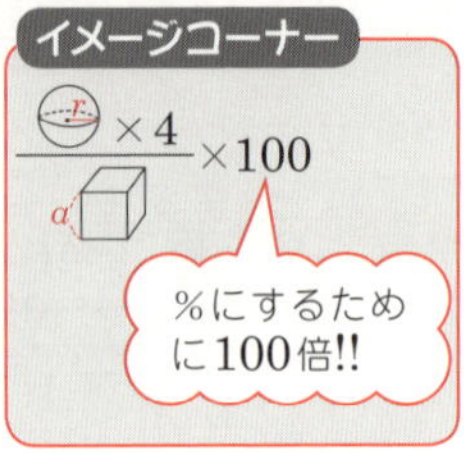

$$r = \frac{\sqrt{2}}{4}a$$

a^3で約分‼

$\sqrt{2} = 1.41,\ \pi = 3.14$

充填率と申します‼

じつは，六方最密構造の充填率も74(％)になります。やや複雑なお話になるので，とりあえず結果だけを…

ザ・まとめ

充填率について…

体心立方格子 ➡ **68**％   　面心立方格子 ➡ **74**％
　　　　　　　　　　　　　六方最密構造

体心　6 8　　面心　六方　7 4
体は6倍　　面はろくでなし‼

注　面心立方格子と六方最密構造の原子のつまり具合は同じ‼
　　てなわけで，面心立方格子は立方最密構造とも呼ばれています。

RUB OUT 2 金属結晶以外の単位格子が出てきたら…

計算問題101 ― 標準

塩化ナトリウムの結晶は右図のような一辺が 5.64×10^{-8} cm の立方体の単位格子からできている。アボガドロ定数を 6.02×10^{23}、原子量を $Na = 23$、$Cl = 35.5$ として、次の各問いに答えよ。

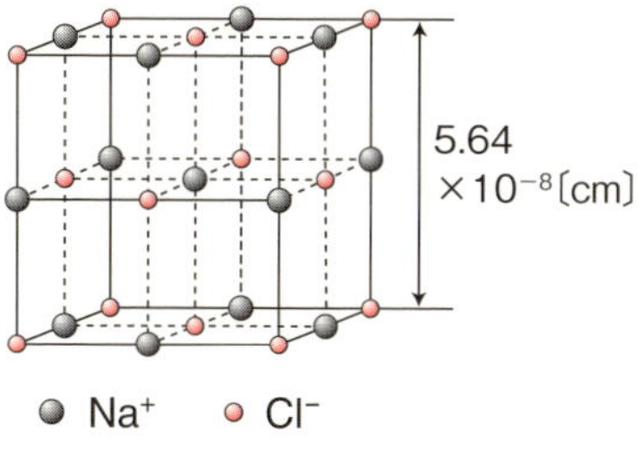

(1) 右図の単位格子中に Na^+ と Cl^- はそれぞれ何個ずつ含まれているか。

(2) この結晶の密度 d (g/cm³) を求めよ。

ナイスな導入

金属結晶のときみたいに、体心立方格子とか面心立方格子のような名称はありませんが、金属結晶のときと同じような考え方ができます。

原子の個数の数え方のポイントは…

辺の上にあるとき!! → $\frac{1}{4}$ 個

頂点の上にあるとき!! → $\frac{1}{8}$ 個

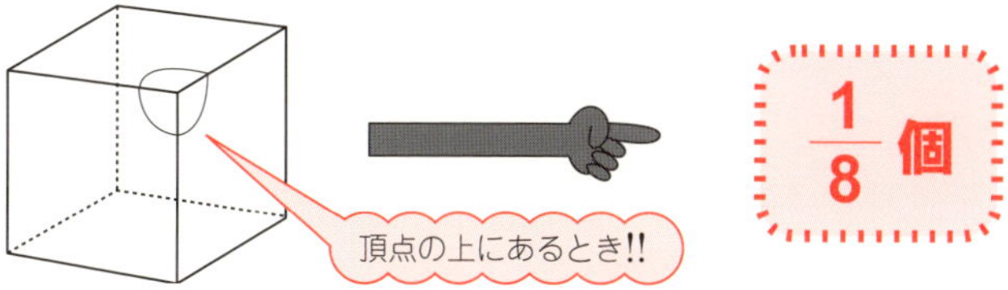

面の上にあるとき!! → $\dfrac{1}{2}$個

内部にまるごと1個!!

内部にあるとき!! → 1個

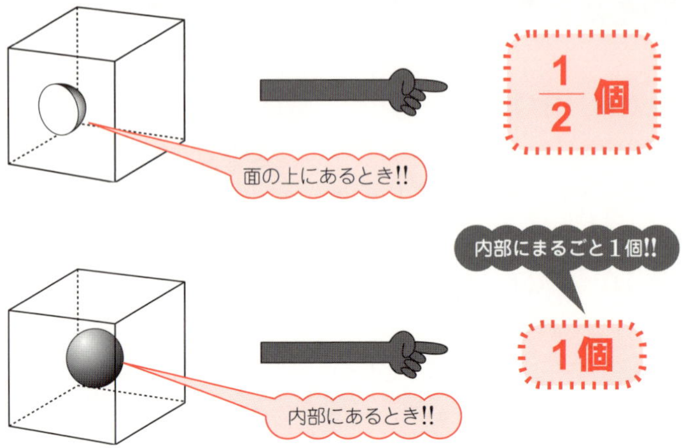

解答でござる

(1) Na⁺(●)は，12本の辺に1個ずつ，中心に1個存在しているから…

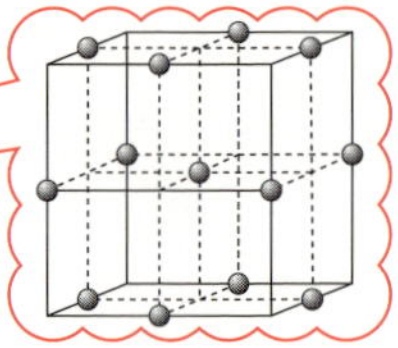

$$\dfrac{1}{4} \times 12 + 1 = 4 \text{(個)}$$

Cl⁻(●)は，8つの頂点に1個ずつ，6つの面に1個ずつ存在しているから…

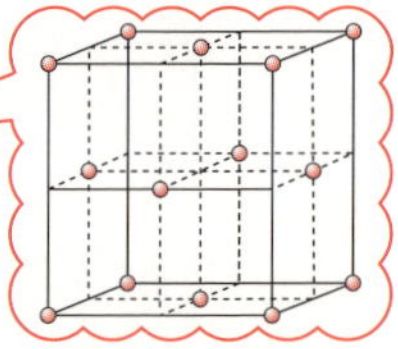

$$\dfrac{1}{8} \times 8 + \dfrac{1}{2} \times 6 = 4 \text{(個)}$$

以上をまとめて…

Na⁺…4(個)　Cl⁻…4(個) …(答)

(2) NaCl = 23 + 35.5 = 58.5 ← 式量です!!

6.02×10^{23}(個)の NaCl の質量は 58.5(g) ← 1(mol)の質量が58.5(g)

よって!!

Theme 31 化学 結晶格子における計算問題 357

1(個)のNaClの質量は，$\dfrac{58.5}{6.02\times 10^{23}}$ (g)

よって!!

4(個)のNaClの質量は…

$$4\times \dfrac{58.5}{6.02\times 10^{23}} \text{ (g)}$$

つまり，単位格子の質量は…

$$4\times \dfrac{58.5}{6.02\times 10^{23}} \text{ (g)}$$

このとき!!

単位格子の体積は，

$$(5.64\times 10^{-8})^3$$
$$= 179.406144\times 10^{-24}$$
$$\fallingdotseq 179\times 10^{-24} \text{ (cm}^3)$$

であるから，
この結晶の密度 d (g/cm³) は…

$$d = \dfrac{4\times \dfrac{58.5}{6.02\times 10^{23}}}{179\times 10^{-24}}$$

$$= \dfrac{4\times 58.5}{179\times 10^{-24}\times 6.02\times 10^{23}}$$

$$= \dfrac{234}{1077.58\times 10^{-1}}$$

$$= \dfrac{2340}{1077.58}$$

$$\fallingdotseq \dfrac{2340}{1080}$$

$$= 2.166\cdots\cdots$$

$$\fallingdotseq \underline{\mathbf{2.2}} \text{ (g/cm}^3) \quad \cdots\text{(答)}$$

計算問題99 と 計算問題100 は文字式でしたが，今回は数値なので面倒です

(1)より単位格子中にNa⁺が4(個)，Cl⁻が4(個)

つまり…

NaClは4(個)あります!!

立方体の体積
$(5.64)^3$が面倒
$(10^{-8})^3 = 10^{-24}$
解答の有効数字は2ケタより，途中の数値は1ケタ多い3ケタで求めておく!!
質量(g)を体積(cm³)で割ると密度(g/cm³)が求まります!!

$$\dfrac{4\times \dfrac{58.5}{6.02\times 10^{23}}}{179\times 10^{-24}}$$

$$= \dfrac{4\times \dfrac{58.5}{6.02\times 10^{23}}\times 6.02\times 10^{23}}{179\times 10^{-24}\times 6.02\times 10^{23}}$$

$$= \dfrac{4\times 58.5}{179\times 10^{-24}\times 6.02\times 10^{23}}$$

$10^{23}\times 10^{-24} = 10^{23-24} = 10^{-1}$

$$\dfrac{234\times 10}{1077.58\times 10^{-1}\times 10}$$

$10^{-1}\times 10 = \dfrac{1}{10}\times 10 = 1$

解答の有効数字は2ケタより，途中の数値は1ケタ多めの3ケタで求めておく!!
$1077.58 \fallingdotseq \underline{1080}$
　　　　　3ケタ

有効数字は2ケタです!!

計算問題102 ちょいムズ

右図はある単体の結晶格子である。これについて，次の各問いに答えよ。

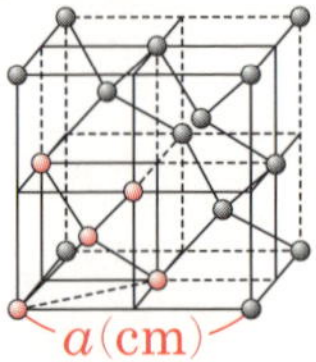

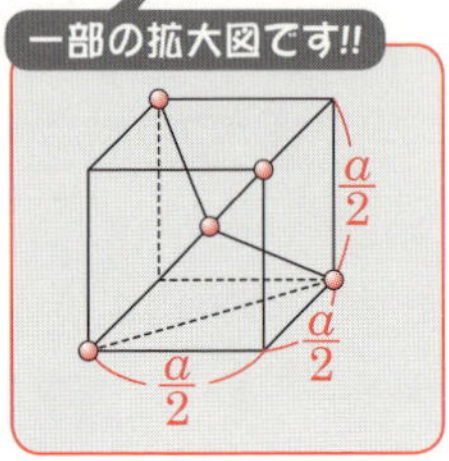

(1) この1辺 a (cm) の単位格子内に含まれる原子の個数を求めよ。

(2) この物質の密度を $d = 3.5$ (g/cm^3)，単位格子の1辺の長さを $a = 3.6 \times 10^{-8}$ (cm)，アボガドロ定数を $N_A = 6.02 \times 10^{23}$ (/mol) としたとき，この元素の原子量を有効数字2ケタで求めよ。

(3) 原子の中心間の距離 l (cm) を有効数字2ケタで求めよ。必要であれば次の値を用いよ。$\sqrt{2} = 1.41$，$\sqrt{3} = 1.73$

解答でござる

(1) 単位格子内の原子の個数は，

$$4 + \frac{1}{2} \times 6 + \frac{1}{8} \times 8 = \underline{8} \text{ (個)} \quad \cdots \text{(答)}$$

(2) 単位格子の質量は…

$d \times a^3$ ←密度×体積=重さ

$= 3.5 \times (3.6 \times 10^{-8})^3$

$= 3.5 \times (3.6)^3 \times 10^{-24}$

$\fallingdotseq 3.5 \times 46.7 \times 10^{-24}$

$= 163.45 \times 10^{-24}$

$\fallingdotseq 163 \times 10^{-24}$ (g)

(1)より，原子8個分の質量が，

163×10^{-24}

$= 1.63 \times 10^{-22}$ (g)

ということになる。

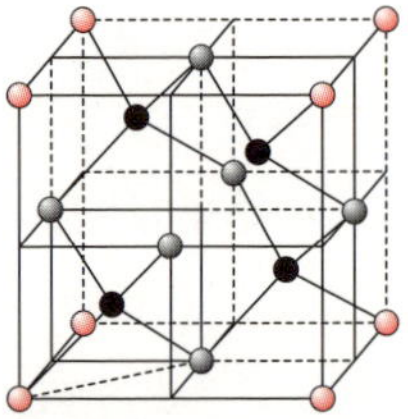

内部に●…4(個)

面上に●…$\frac{1}{2} \times 6 = 3$(個)

頂点に●…$\frac{1}{8} \times 8 = 1$(個)

$(3.6)^3 = 46.656$
$\fallingdotseq 46.7$

原子8個分の重さ

163×10^{-24}
$= 1.63 \times 10^2 \times 10^{-24}$
$= 1.63 \times 10^{2-24}$
$= 1.63 \times 10^{-22}$

よって，原子1個分の質量は，

$$\frac{1.63 \times 10^{-22}}{8} \text{ (g)}$$ ← 原子1個分です!!

原子量は $N_A = 6.02 \times 10^{23}$ 個分の質量に一致するから，

$$\frac{1.63 \times 10^{-22}}{8} \times 6.02 \times 10^{23}$$ ← 6.02×10^{23} 個分の重さ

$10^{-22} \times 10^{23} = 10^{-22+23} = 10^1$

$$= \frac{1.63 \times 6.02 \times 10}{8}$$

$$= 12.26 \cdots\cdots$$

$$\fallingdotseq 12 \text{ (g)}$$ ← 有効数字2ケタです!!

よって，この元素の原子量は **12** …(答) ← 炭素Cだったのか…

(3) 右図で△ABCにおいて，

$$AB = \sqrt{2} \times \frac{a}{2}$$

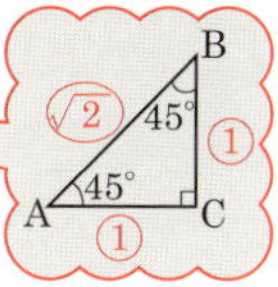

$$= \frac{\sqrt{2}}{2}a$$

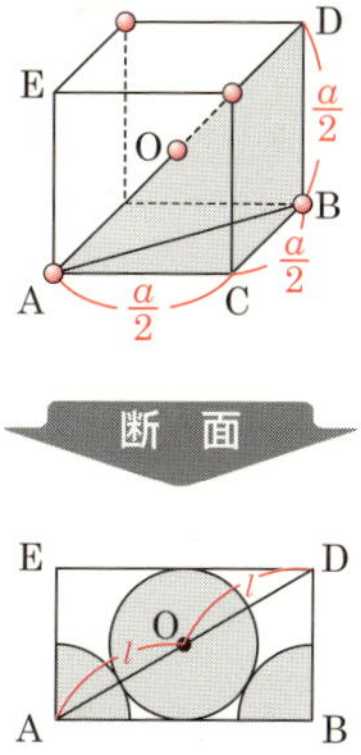

△ABDにおいて三平方の定理から，

$$AD^2 = AB^2 + DB^2$$

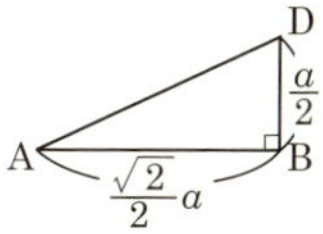

$$= \left(\frac{\sqrt{2}}{2}a\right)^2 + \left(\frac{a}{2}\right)^2$$

$$= \frac{2}{4}a^2 + \frac{1}{4}a^2$$

$$= \frac{3}{4}a^2$$

$$\therefore AD = \sqrt{\frac{3}{4}a^2} = \frac{\sqrt{3}}{2}a \quad \cdots ①$$

また，原子の中心間の距離 l は，

$$l = \frac{1}{2}AD \qquad \cdots ②$$

実際は原子どうしが接している!!

①を②に代入して，

$$l = \frac{1}{2} \times \frac{\sqrt{3}}{2}a$$

$$= \frac{\sqrt{3}}{4}a$$

$$\fallingdotseq \frac{1.73}{4} \times 3.6 \times 10^{-8}$$

$$= 1.557 \times 10^{-8}$$

$$\fallingdotseq \underline{\mathbf{1.6 \times 10^{-8}}}\text{(cm)} \quad \cdots \text{(答)}$$

$l = \frac{1}{2}\underline{AD}$ …②
$AD = \frac{\sqrt{3}}{2}a$ …①

$\sqrt{3} = 1.73$ です!!

有効数字2ケタです!!

計算問題102 は**ダイヤモンドの結晶**のお話でした。
有名なタイプなのでしっかりマスターしてください!!

♪ 明日への夢
明日への希望
あなたに託してゆきたい♪

Theme 32 化学 有機化合物に関する計算問題

RUB OUT 1 組成式（実験式）と分子式の決定

ポイントは 5 とまったく同様です!! ただ，ちょっとした実験器具と薬品が登場します。では，具体的な問題を通して解説してまいりましょう。

計算問題103 ─ 標準

有機化合物Aの組成式（実験式）は$C_xH_yO_z$で表される。この化合物Aを下の図のような装置内に試料として8.00mg入れ，完全燃焼させたところ，吸収管Iと吸収管IIの質量はそれぞれ4.80mg，11.7mg増加した。原子量をH＝1.0，C＝12，O＝16として，次の各問いに答えよ。

（図：酸素 → 白金皿（試料）→ 酸化銅(II) → 吸収管I（塩化カルシウムが入っています）→ 吸収管II（ソーダ石灰が入っています））

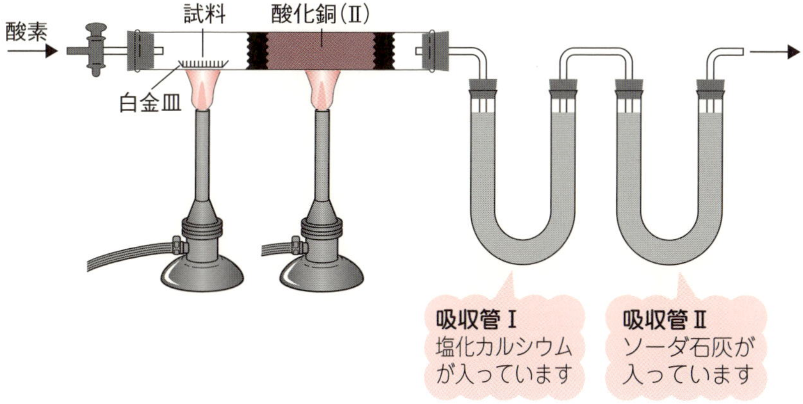

(1) 試料8.00mg中に存在する水素原子の質量を有効数字2ケタで求めよ。
(2) 試料8.00mg中に存在する炭素原子の質量を有効数字2ケタで求めよ。
(3) 有機化合物Aの組成式（実験式）を決定せよ。
(4) 有機化合物Aの分子量が180であったとき，有機化合物Aの分子式を決定せよ。

ポイントをまとめておきます。

ポイント　薬品の役目

吸収管Ⅰ（**塩化カルシウム**）　→　完全燃焼により生じた H_2O を吸収

吸収管Ⅱ（**ソーダ石灰**）　→　完全燃焼により生じた CO_2 を吸収

ポイント　CとHに注目した質量

① 有機化合物A中のCの質量＝完全燃焼で得られた CO_2 の中のCの質量
② 有機化合物A中のHの質量＝完全燃焼で得られた H_2O の中のHの質量

例えば…

　　　有機化合物　　　　　　二酸化炭素　　水
　　　$C_2H_6O + 3O_2 \longrightarrow 2CO_2 + 3H_2O$
　　　　　　　　　　　一致!!
　　　　　　　　一致!!

のように，CとHに関しては外部から入り込む心配なし!!

解答でござる

(1) 吸収された H_2O は $4.80 (mg)$ であり，この中に含まれているHの質量は，試料 $8.00 (mg)$ 中のHの質量に一致する。

$$4.80 \times \frac{2.0}{18} = 0.53333\cdots$$

$$\fallingdotseq \underline{\mathbf{0.53}} (mg) \quad \cdots (答)$$

← 吸収管Ⅰの塩化カルシウムは H_2O を吸収する!!

$H_2O = 1.0 \times 2 + 16 = 18$
このうち $H_2 = 1.0 \times 2 = 2.0$
つまり，H_2O 中の H_2 の割合は
$\dfrac{H_2}{H_2O} = \boxed{\dfrac{2.0}{18}}$ です!!

← 有効数字2ケタです。

(2) 吸収された CO_2 は $11.7 (mg)$ であり，この中に含まれているCの質量は試料 $8.00 (mg)$ 中のCの質量に一致する。

$$11.7 \times \frac{12}{44} = 3.1909\cdots$$

$$\fallingdotseq \underline{\mathbf{3.2}} (mg) \quad \cdots (答)$$

← 吸収管Ⅱのソーダ石灰は CO_2 を吸収する!!

$CO_2 = 12 + 16 \times 2 = 44$
このうち $C = 12$
つまり，CO_2 中のCの割合は
$\dfrac{C}{CO_2} = \boxed{\dfrac{12}{44}}$ となります!!

(3) 試料 8.00(mg)中の O の質量は(1), (2)の結果より,
$$8.00 - 0.53 - 3.19 = 4.28$$
$$≒ 4.3(\text{mg})$$

以上より,組成式が $C_xH_yO_z$ と表される有機化合物 A において,

$$x : y : z = \frac{3.2}{12} : \frac{0.53}{1.0} : \frac{4.3}{16}$$
$$≒ 0.27 : 0.53 : 0.27$$
$$≒ 1 : 2 : 1$$

よって,有機化合物 A の組成式は,
CH_2O …(答)

(4) $CH_2O = 12 + 1.0 × 2 + 16 = 30$
$180 ÷ 30 = 6$ より,
求めるべき有機化合物 A の分子式は,
$(CH_2O)_6 =$ **$C_6H_{12}O_6$** …(答)

〈全体から H の質量と C の質量を引いたら O の質量が求まります!!〉

〈(2)で 3.2(mg)と求まりましたが,周囲の数値が小数第二位まで求まっているので,空気を読んで詳しめに 3.19 としておきました!!〉

〈原子量で割れば原子数の比が求まる。**5** 参照!!〉

$0.53 ÷ 0.27 = 1.962…$
$≒ 2$

$C_1H_2O_1$
↑　↑　↑
x　y　z

〈式量です。
分子量÷式量
$(\underset{30}{CH_2O})_6 = 180$
決定!!〉

RUB OUT 2　不飽和結合への付加反応

計算問題 104 ─ 標準

プロパン C_3H_8 とプロピレン C_3H_6 の混合気体が標準状態で 112L ある。この混合気体に水素を付加させたところ,標準状態で 44.8L の水素を要した。混合気体中のプロパンの物質量(モル数)を求めよ。

ナイスな導入

プロパン C_3H_8 ($CH_3CH_2CH_3$) は不飽和結合(二重結合や三重結合)をもたないので水素は付加しません!!　プロピレン C_3H_6 ($CH_3CH=CH_2$) は二重結合を 1 つもつので…

$$CH_3CH=CH_2 + H_2 \longrightarrow CH_3CH_2CH_3$$

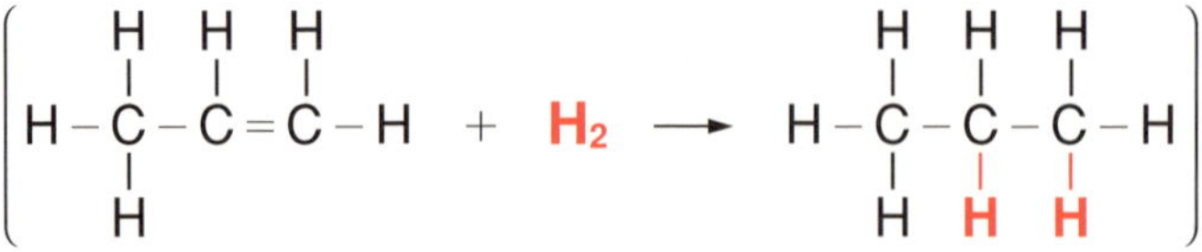

$$\left(\begin{array}{c} HHH \\ ||| \\ H-C-C=C-H \\ || \\ HH \end{array} + H_2 \longrightarrow \begin{array}{c} HHH \\ ||| \\ H-C-C-C-H \\ ||| \\ HHH \end{array} \right)$$

係数に注目して…

$$\left(\begin{array}{c} \text{プロピレン}C_3H_6 \\ \text{の物質量(モル数)} \end{array} \right) : \left(\begin{array}{c} \text{付加する}H_2 \\ \text{の物質量(モル数)} \end{array} \right) = 1 : 1$$

つまり…

$$\left(\begin{array}{c} \text{プロピレン}C_3H_6 \\ \text{の物質量(モル数)} \end{array} \right) = \left(\begin{array}{c} \text{付加する}H_2 \\ \text{の物質量(モル数)} \end{array} \right)$$

となります!!

解答でござる

C_3H_8 と C_3H_6 の混合気体の総モル数は，
$$112 \div 22.4 = 5.0 \text{(mol)} \quad \cdots ①$$
付加した H_2 のモル数は，
$$44.8 \div 22.4 = 2.0 \text{(mol)} \quad \cdots ②$$
"C_3H_6 のモル数＝付加する H_2 のモル数" であるから
②より，C_3H_6 のモル数は $2.0 \text{(mol)} \quad \cdots ③$
①，③より，C_3H_8 のモル数は，
$$5.0 - 2.0 = \underline{3.0 \text{(mol)}} \quad \cdots \text{(答)}$$

標準状態における1molの気体が占める体積は，気体の種類によらず22.4 (L)です。

C_3H_8 のモル数
C_3H_6 のモル数 } 計5.0(mol) …①
＝
2.0(mol) …③

意外に簡単だなー

Theme 33 化学 高分子化合物に関する計算問題

RUB OUT 1 重合度を計算しよう!!

計算問題105 キソ

エチレンが付加重合してポリエチレンが生じる反応は次の化学反応式で表される。

エチレン　　　　　　　　　ポリエチレン
$$n\text{CH}_2=\text{CH}_2 \longrightarrow -(\text{CH}_2-\text{CH}_2)_n-$$

ポリエチレンの分子量が56000であるとき，このポリエチレンの重合度を有効数字2ケタで計算せよ。ただし，原子量はH＝1.0，C＝12とする。

ナイスな導入

エチレンがいっぱいいっぱい連結して，ポリエチレンが生じるお話です。このいっぱい連結することを**重合**と呼び，重合により生じた巨大な分子を**重合体**（**ポリマー**），この重合体を作る材料となる分子を**単量体**（**モノマー**）と申します。

本問では，単量体 ☞ エチレン，重合体 ☞ ポリエチレンということになります。

重合度とは…??

単量体　　　　　　　　　重合体
$$n\text{CH}_2=\text{CH}_2 \longrightarrow -(\text{CH}_2-\text{CH}_2)_n-$$

この反応における n こそが，重合度です!!

よって…

$$\text{重合度}\, n = \frac{\text{重合体の分子量}}{\text{単量体の分子量}}$$

エチレンの分子量は，　　　←──────── 単量体の分子量
$$C_2H_4 = 12 \times 2 + 1.0 \times 4 = 28$$ ←──── $CH_2=CH_2$ の分子式です!!
ポリエチレンの分子量は 56000 より，重合度 n は，
$$n = \frac{56000}{28}$$ ←──────────── 重合体の分子量

←──── $\dfrac{重合体の分子量}{単量体の分子量}$

$$= 2000$$
$$= \underline{2.0 \times 10^3} \quad \cdots （答）$$ ←──── 有効数字2ケタです!!

計算問題105 において重合度 n を求めるのは楽チンでしたが，お次は…??

計算問題106 ─ 標準

テレフタル酸とエチレングリコールが縮合重合（縮重合）して，ポリエチレンテレフタラートが生じる反応は，次の化学反応式で表される。

$$n\,HO-\underset{\underset{O}{\|}}{C}-\!\!\!\bigcirc\!\!\!-\underset{\underset{O}{\|}}{C}-OH + n\,HO-(CH_2)_2-OH$$

$$\longrightarrow HO\!\!\left[\underset{\underset{O}{\|}}{C}-\!\!\!\bigcirc\!\!\!-\underset{\underset{O}{\|}}{C}-O-(CH_2)_2-O\right]_n\!\!H + m\,H_2O$$

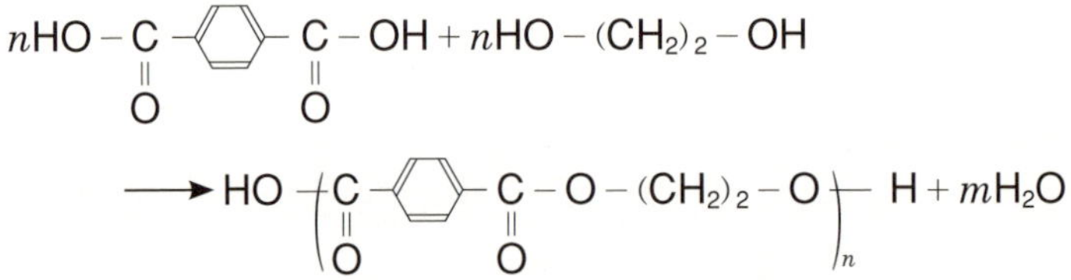

ポリエチレンテレフタラートの分子量が 2.0×10^4 であったとして，次の各問いに答えよ。ただし，原子量は $H=1.0$, $C=12$, $O=16$ とする。

(1) このポリエチレンテレフタラートの重合度 n を整数値で求めよ。
(2) 上の化学反応式の H_2O の係数 m を n で表せ。
(3) このポリエチレンテレフタラートの1分子中に含まれるエステル結合の個数を整数値で求めよ。

Theme 33　化学　高分子化合物に関する計算問題

ナイスな導入

テレフタル酸2分子＆エチレングリコール2分子の合計4分子で解説します。

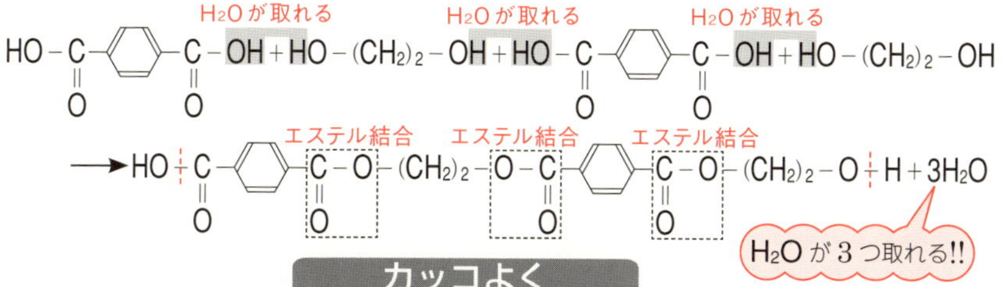

$$HO-\underset{O}{C}-C_6H_4-\underset{O}{C}-OH + HO-(CH_2)_2-OH + HO-\underset{O}{C}-C_6H_4-\underset{O}{C}-OH + HO-(CH_2)_2-OH$$

（H_2O が取れる／H_2O が取れる／H_2O が取れる）

$$\rightarrow HO-\underset{O}{C}-C_6H_4-\underset{O}{C}-O-(CH_2)_2-O-\underset{O}{C}-C_6H_4-\underset{O}{C}-O-(CH_2)_2-O-H + 3H_2O$$

（エステル結合×3）　H_2O が3つ取れる!!

カッコよく書き直すと…

$$HO-[\underset{O}{C}-C_6H_4-\underset{O}{C}-O-(CH_2)_2-O]_2-H + 3H_2O$$

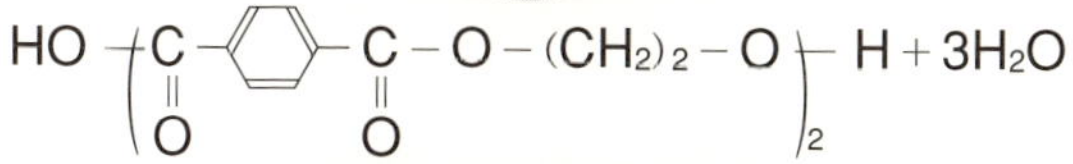

話をまとめると…

テレフタル酸2分子とエチレングリコール2分子の合計4分子が重合すると，3分子の H_2O が取れて3つのエステル結合ができる。これはまさに，小学校で学習した植木算です!!　4つの分子が重合する際，連結部は $4-1=3$ 個となります。この連結部で H_2O が取れて，エステル結合を作ります。

1つ少なくなる!!

注　このように，H_2O のような簡単な分子が取れて，分子どうしが連結する重合を縮合重合（縮重合）と申します。

一般化すると…

合計の分子数は $2n$

$$n\,HO-\underset{O}{C}-C_6H_4-\underset{O}{C}-OH + n\,HO-(CH_2)_2-OH$$

$$\rightarrow HO-[\underset{O}{C}-C_6H_4-\underset{O}{C}-O-(CH_2)_2-O]_n-H + (2n-1)H_2O$$

単量体の合計の分子数 $2n$ より1分子少なくなる!!

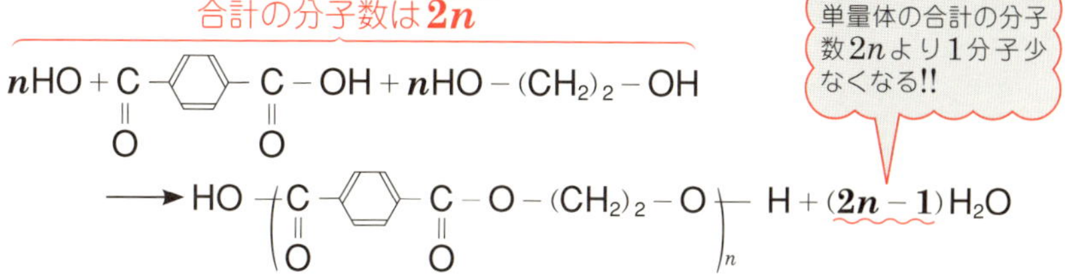

☞　1つのエステル結合につき1分子の H_2O が取れるから，エステル結合の個数は $2n-1$（個）

(1)
$$-\underset{O}{\underset{\|}{C}}-C_6H_4-\underset{O}{\underset{\|}{C}}-O-(CH_2)_2-O-$$

$$=-\underset{O}{\underset{\|}{C}}-C_6H_4-\underset{O}{\underset{\|}{C}}-O-C_2H_4-O-$$

$$=C_{10}H_8O_4$$

$$=12\times10+1.0\times8+16\times4$$

$$=192$$

このとき，ポリエチレンテレフタラートの分子量は

$$192n+18 ≒ 192n$$

と表されるから，

条件より，

$$192n=2.0\times10^4$$

$$192n=20000$$

$$n=104.166\cdots\cdots$$

$$n≒104$$

以上より，重合度は **104** …(答)

(2) 縮合重合により取れる H_2O の分子数は単量体の合計の分子数 $(n+n)=2n$ より1個少なくなるから，

$$m=\underline{2n-1}\quad\cdots(答)$$

(3) (2)よりエステル結合の個数も $2n-1$ で表される。よって，求めるべきエステル結合の個数は，

$$2n-1=2\times104-1$$
$$=\underline{\mathbf{207}}\,(個)\quad\cdots(答)$$

まとめてしまいました!!

今回は重合の際 H_2O が取れるから **計算問題105** みたいに簡単にはいかないよ!!

$H_2O=18$

$$\underline{HO}-(\underline{C_{10}H_8O_4})_n-\underline{H}$$
$$\quad\quad\quad\;\;192$$

$192n$ に比べて18はないに等しいくらい小さい数です!! よって無視!!

$2.0\times10^4=20000$ です!!

"整数値で求めよ"と指示があります!!

詳しくは ナイスな導入 を見よ!!

詳しくは ナイスな導入 で!!

(1)より $n=104$ です!!

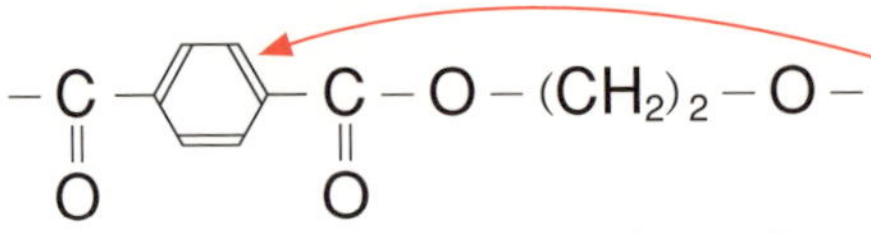

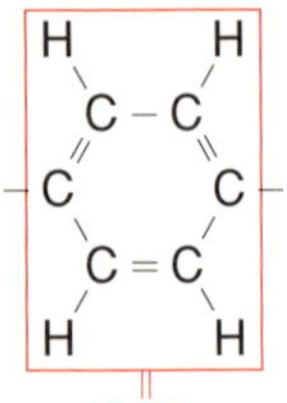

RUB OUT ❷ 糖類に関する計算問題

まず登場人物をまとめておきます。

単糖類

グルコース（ブドウ糖），フルクトース（果糖），ガラクトースの3種類が有名で，分子式は $C_6H_{12}O_6$ で表されます。すべて**還元性**を示します。

二糖類

スクロース（ショ糖），マルトース（麦芽糖），ラクトース（乳糖）の3種類が有名で，分子式は $C_{12}H_{22}O_{11}$ で表されます。**スクロース以外**はすべて**還元性**を示します。

多糖類

デンプンとセルロースが有名です。
分子式は $(C_6H_{10}O_5)_n$ で表されます。

計算問題107 標準

デンプン810gを完全に加水分解したとき，得られるグルコースの質量を求めよ。ただし，原子量は $H=1.0$, $C=12$, $O=16$ とする。

ナイスな導入

こんなもん，適当にやればできます!!

$$(C_6H_{10}O_5)_n + nH_2O \xrightarrow{\text{加水分解}} nC_6H_{12}O_6$$

162   180

よって!!

$C_6H_{10}O_5 = 12 \times 6 + 1.0 \times 10 + 16 \times 5 = 162$

$C_6H_{12}O_6 = 12 \times 6 + 1.0 \times 12 + 16 \times 6 = 180$

$$\begin{pmatrix}\text{加水分解される前の} \\ \textbf{デンプンの質量}\end{pmatrix} : \begin{pmatrix}\text{加水分解された後の} \\ \textbf{グルコースの質量}\end{pmatrix} = 162n : 180n$$
$$= \mathbf{162 : 180}$$
$$(= 9 : 10)$$

結局は比の問題です!! 難しく考えないように!!

ここまで簡単にできます!!

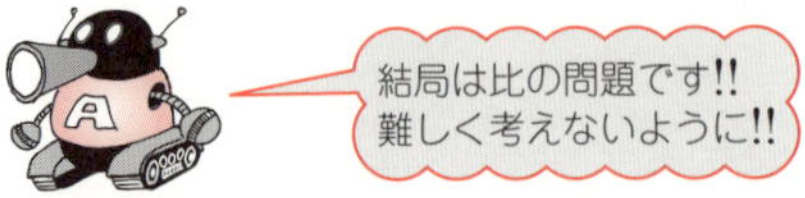

解答でござる

デンプンの加水分解によって得られたグルコースの質量を x(g) とすると,

$$810 : x = 162 : 180$$
$$162x = 810 \times 180$$
$$x = \underline{\mathbf{900}} \text{(g)} \quad \cdots \text{(答)}$$

$(\underbrace{C_6H_{10}O_5}_{162})_n$

$C_6H_{12}O_6 = 180$

9.0×10^2(g) としてもOK!!
今回は周囲の数値から考えてどちらでもよい!!

計算問題108　標準

270gのグルコースを十分なフェーリング液と反応させると, 得られる酸化銅(Ⅰ)の沈殿の質量を有効数字2ケタで求めよ。ただし, 原子量は, H = 1.0, C = 12, O = 16, Cu = 63.5 とする。

ナイスな導入

1分子の単糖類(本問ではグルコース)は1個の還元性を示すアルデヒド基をもつ。このアルデヒド基の還元作用により Cu_2O の赤色沈殿が生じるわけです。

よって!!

単糖類 1 mol がフェーリング液と反応すると Cu_2O 1 mol が沈殿する!!

解答でござる

$$C_6H_{12}O_6 = 12 \times 6 + 1.0 \times 12 + 16 \times 6 = 180$$

より，270 (g) のグルコースの物質量 (モル数) は，

$$270 \div 180 = 1.5 \text{ (mol)}$$

← 分子量で割ればモル数が求まる!!

よって，フェーリング液との反応により得られる Cu_2O の物質量 (モル数) も 1.5 (mol) となる。

グルコースのモル数 = Cu_2O のモル数

$$Cu_2O = 63.5 \times 2 + 16 = 143$$

であるから，Cu_2O の沈殿の質量は，

$$143 \times 1.5 = 214.5$$

簡単だな…

$$\fallingdotseq \underline{210 \text{ (g)}} \quad \cdots \text{(答)}$$

← 有効数字 2 ケタです!!

RUB OUT 3 油脂にまつわる計算問題

油脂とは…

高級脂肪酸 R−COOH とグリセリン $C_3H_5(OH)_3$ のエステルを **油脂** といいます。

$$\begin{array}{c}
R_1-COOH \\
R_2-COOH \\
R_3-COOH
\end{array}
\quad + \quad
\begin{array}{c}
HO-CH_2 \\
HO-CH \\
HO-CH_2
\end{array}
\quad \xrightarrow{\text{エステル化}} \quad
\begin{array}{c}
R_1-COO-CH_2 \\
R_2-COO-CH \\
R_3-COO-CH_2
\end{array}
\quad + \quad 3H_2O$$

3 分子の高級脂肪酸 　グリセリン　 油脂

3 分子の水が取れる!!

高級脂肪酸 R−COOH について…

C_nH_{2n+1}COOH　☞　R 内の炭素原子間に二重結合なし!!

C_nH_{2n-1}COOH　☞　R 内の炭素原子間に **1** 個の二重結合をもつ。

C_nH_{2n-3}COOH　☞　R 内の炭素原子間に **2** 個の二重結合をもつ。

> **注** 油脂の話題のときのカルボン酸は脂肪酸と呼ばれます。その中で特に C の数が多い脂肪酸を高級脂肪酸と申します。

ここで一発，計算問題を!!

計算問題109 　標準

リノール酸 $C_{17}H_{31}COOH$ のグリセリンエステルだけからなる油脂がある。この油脂 $100g$ に付加するヨウ素 I_2 の質量を有効数字2ケタで求めよ。ただし，原子量は $H=1.0$，$C=12$，$O=16$，$I=127$ とする。

ナイスな導入

まずは，この油脂の分子量を求めなければならない!!

$$C_{17}H_{31}COOH \quad\quad HO-CH_2 \quad\quad C_{17}H_{31}COO-CH_2$$
$$C_{17}H_{31}COOH + HO-CH \xrightarrow{エステル化} C_{17}H_{31}COO-CH + 3H_2O$$
$$C_{17}H_{31}COOH \quad\quad HO-CH_2 \quad\quad C_{17}H_{31}COO-CH_2$$

3分子の　　　　グリセリン　　　　　　油脂
リノール酸

分子量は…
$(C_{17}H_{31}COO)_3C_3H_5$
$= (12 \times 17 + 1.0 \times 31 + 12 + 16 \times 2) \times 3 + 12 \times 3 + 1.0 \times 5$
$= \boxed{878}$

これ，分子量です!!

で!!　リノール酸 $C_{17}H_{31}COOH$ は $C_nH_{2n-3}COOH$ のタイプであるから，炭素原子間に **2個** の二重結合をもつ!!　　（$17 \times 2 - 3$　前ページ参照!!）

つまーり!!

Theme 33　化学　高分子化合物に関する計算問題

```
 二重結合2個   油脂
          C₁₇H₃₁COOCH₂
              |
 二重結合2個               2×3
          C₁₇H₃₁COOCH   の中に二重結合は 6個 ある！
              |
 二重結合2個
          C₁₇H₃₁COOCH₂
```

このとき!!

この二重結合1個につき，1分子の I_2（ヨウ素）が付加します。

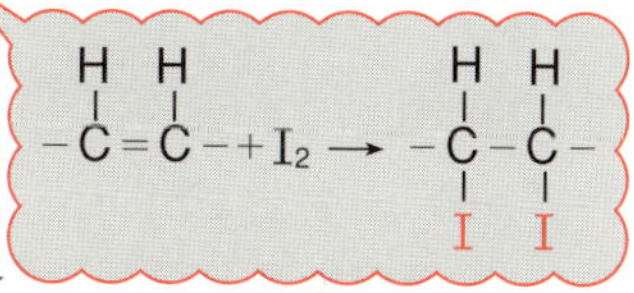

$$-\overset{H}{\underset{}{C}}=\overset{H}{\underset{}{C}}- + I_2 \rightarrow -\overset{H}{\underset{I}{C}}-\overset{H}{\underset{I}{C}}-$$

よって!!

　　　　　　　　　　　分子量

この油脂 **1mol**，つまり **878** g につき，ヨウ素（I_2）は **6mol** 付加します。

つまり，$I_2 = 127 \times 2 = 254$ より，$254 \times 6 = $ **1524**（g）のヨウ素（I_2）が付加することになりまーす。

以上から…

100g の油脂に付加するヨウ素（I_2）の質量を ***x***（g）とすると…

$$878 : 1524 = 100 : x$$

油脂1mol＝878gに対して　　　油脂100gに対してx(g)
1524gのヨウ素が付加する　　　のヨウ素が付加する

これを解いて万事解決!!

数字が大きいけどくじけちゃ負けよ♥

解答でござる

この油脂の示性式は次のように表される。

$(C_{17}H_{31}COO)_3C_3H_5$

よって，この油脂の分子量は **878**

リノール酸 $C_{17}H_{31}COOH$ は，炭素原子間に2個の二重結合をもつ。

よって，この油脂の炭素原子間には，6個の二重結合が存在することになる。

1個の二重結合に1分子のヨウ素(I_2)が付加するから，1mol，つまり，878gのこの油脂に付加するヨウ素(I_2)のモル数は6mol．つまり，

$I_2 = 127 \times 2 = 254$ より，$254 \times 6 = $ **1524** (g)

である。

ここで，この油脂100gに付加するヨウ素(I_2)の質量を x(g)とすると，

$$878 : 1524 = 100 : x$$
$$878x = 1524 \times 100$$
$$x = \frac{152400}{878}$$
$$x = 173.57\cdots\cdots$$
$$\therefore\ x ≒ \mathbf{170}$$

よって，求めるべきヨウ素の質量は，

$$\underline{170 (g)} \quad \cdots(答)$$

油脂…

$C_{17}H_{31}COOCH_2$
$|$
$C_{17}H_{31}COOCH$
$|$
$C_{17}H_{31}COOCH_2$

途中計算は ナイスな導入 を参照せよ。

$C_{17}H_{2\times17-3}COOH$ です!!
$C_nH_{2n-3}COOH$ のタイプ
$C_{17}H_{31}COOH$

この中の炭素原子間に二重結合が2個

$2 \times 3 = 6$

分子量は878です!!

$\begin{pmatrix}油脂\\の質量\end{pmatrix} : \begin{pmatrix}付加する\\I_2の質量\end{pmatrix}$

一般に…
$A : B = C : D$
$\Updownarrow$
$A \times D = B \times C$

有効数字2ケタで!!

ホラできた♥

計算問題110 [標準]

ある油脂600gを完全にけん化するのに必要な水酸化ナトリウムは80gであった。この油脂の平均分子量を整数値で求めよ。ただし，原子量はH＝1.0，O＝16，Na＝23とする。

ナイスな導入

アルカリ（NaOHなど）による加水分解を**けん化**と申します。

$$\begin{array}{c}\text{R-COO-CH}_2\\ \text{R-COO-CH}\\ \text{R-COO-CH}_2\end{array} + 3\text{NaOH} \xrightarrow{けん化} 3\text{R-COONa} + \begin{array}{c}\text{CH}_2\text{-OH}\\ \text{CH-OH}\\ \text{CH}_2\text{-OH}\end{array}$$

（油脂）　　　　　　　　　　　　　　　　　　　　　（グリセリン）

係数に注目して…

よって…

(反応する油脂のモル数) : (反応するNaOHのモル数) ＝ 1 : 3

解答でござる

この油脂の平均分子量をMとする。

この油脂$1\,\text{mol}$，つまり$M(\text{g})$をけん化するのに必要なNaOHは$3\,\text{mol}$，つまり$40 \times 3 = \mathbf{120}\,(\text{g})$である。

この油脂$600\,(\text{g})$をけん化するのに必要なNaOHは$80\,\text{g}$であったことから，

$$M : 120 = 600 : 80$$
$$80M = 120 \times 600$$
$$M = \frac{120 \times 600}{80}$$
$$\therefore\ M = \underline{\mathbf{900}}$$

通常いろいろな油脂が混ざり合っているので，平均分子量という表現になります!!

NaOH
＝23＋16＋1.0
＝40

（反応する油脂の質量(g)）:（反応するNaOHの質量(g)）

$A:B=C:D$
$\Leftrightarrow A \times D = B \times C$

整数値です!!

RUB OUT 4　イオン交換樹脂の役目は単純です!!

イオン交換樹脂にまつわる計算問題は楽勝です!!　一見**難しそうに見える**だけです。ポイントをしっかり押さえるべし!!

計算問題111　標準

(1) ある濃度の塩化ナトリウム水溶液 10mL を陽イオン交換樹脂に通し，さらに水洗いして集めた。これを 0.20mol/L の水酸化ナトリウム水溶液で中和滴定したところ，36mL を要した。もとの塩化ナトリウム水溶液のモル濃度を求めよ。

(2) ある濃度の塩化カルシウム水溶液 20mL を陽イオン交換樹脂に通し，さらに水洗いして集めた。これを 0.10mol/L の水酸化ナトリウム水溶液で中和滴定したところ，48mL を要した。もとの塩化カルシウム水溶液のモル濃度を求めよ。

(3) ある濃度の硫酸ナトリウム水溶液 20mL を陰イオン交換樹脂に通し，さらに水洗いして集めた。これを 0.10mol/L の塩酸で滴定したところ，28mL を要した。もとの硫酸ナトリウム水溶液のモル濃度を求めよ。

ナイスな導入

イオン交換樹脂には**陽イオン交換樹脂**と**陰イオン交換樹脂**の2種類があります。

陽イオン交換樹脂 ☞	陽イオンを $\textbf{H}^+$ に変える!!
陰イオン交換樹脂 ☞	陰イオンを $\textbf{OH}^-$ に変える!!

陽イオン交換樹脂の例です!!

ここがポイント!!　　Na^+ がすべて H^+ に変身!!

$$[-CH_2-CH(C_6H_4-SO_3H)-]_n + n\text{Na}^+ \longrightarrow [-CH_2-CH(C_6H_4-SO_3Na)-]_n + n\text{H}^+$$

どうでもいい!!　　どうでもいい!!

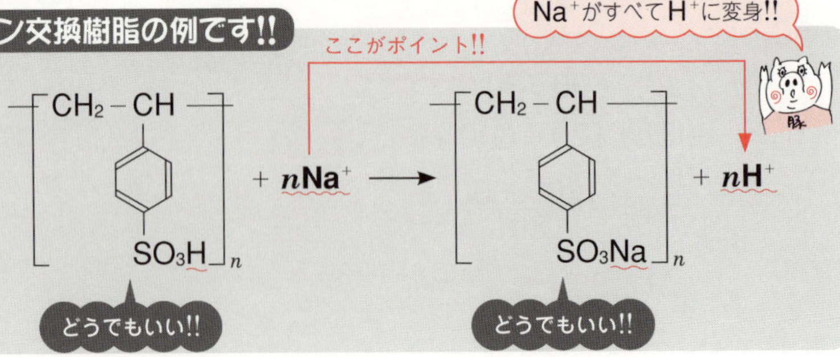

Theme 33　化学　高分子化合物に関する計算問題　377

陰イオン交換樹脂の例です!!

ここがポイント!!

$$\left[\begin{array}{c}CH_2-CH\\ |\\ \\ CH_2\\ |\\ CH_3-N^+-CH_3\\ |\\ CH_3-OH^-\end{array}\right]_n + nCl^- \longrightarrow \left[\begin{array}{c}CH_2-CH\\ |\\ \\ CH_2\\ |\\ CH_3-N^+-CH_3\\ |\\ CH_3-Cl^-\end{array}\right]_n + nOH^-$$

どうでもいい!!　　　　　　　　　　どうでもいい!!

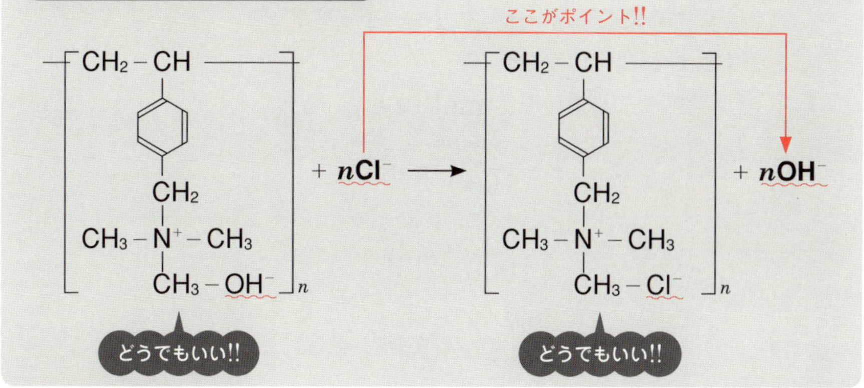

解答でござる

(1)　$NaCl \longrightarrow Na^+ + Cl^-$ ← NaClは完全に電離します!!

これを陽イオン交換樹脂に通したことにより，すべてのNa$^+$はH$^+$に変化している。 ← ここがポイント!!

NaCl水溶液のモル濃度をx(mol/L)とすると，　← 10(mL)取り出す!!

　　NaClのモル数… $x \times \dfrac{10}{1000}$ (mol)

　　Na$^+$のモル数… $x \times \dfrac{10}{1000}$ (mol) ←　1NaCl ⟶ 1Na$^+$ + Cl$^-$
　　　　　　　　　　　　　　　　　　　　　　　　1　：　1

等しい

　　H$^+$のモル数… $x \times \dfrac{10}{1000}$ (mol) …① ← Na$^+$がH$^+$に変身!!

一方，

　　NaOHのモル数… $0.20 \times \dfrac{36}{1000}$ (mol) ← 0.20(mol/L)のNaOH水溶液から36(mL)取り出す!!

　　OH$^-$のモル数… $0.20 \times \dfrac{36}{1000}$ (mol) …② ← 1NaOH ⟶ Na$^+$ + 1OH$^-$
　　　　　　　　　　　　　　　　　　　　　　　　　　　　1　：　1

H$^+$のモル数＝OH$^-$のモル数

完全に中和したことから，①，②より，

$$x \times \dfrac{10}{1000} = 0.20 \times \dfrac{36}{1000}$$

$$\therefore \quad x = \underline{\mathbf{0.72}} \text{(mol/L)} \quad \cdots \text{(答)}$$

意外に単純な話…

(2) $CaCl_2 \longrightarrow Ca^{2+} + 2Cl^-$ ← $CaCl_2$ は完全に電離する!!

これを陽イオン交換樹脂に通したことによりすべての Ca^{2+} は $2H^+$ に変化している。← ここがポイント!!

$CaCl_2$ 水溶液のモル濃度を x(mol/L) とすると,

$CaCl_2$ のモル数… $x \times \dfrac{20}{1000}$ (mol) ← 20(mL)取り出す!!

Ca^{2+} のモル数… $x \times \dfrac{20}{1000}$ (mol) ← $1CaCl_2 \longrightarrow 1Ca^{2+}+2Cl^-$
　　　　　　　　　　　　　　　　　　　　　　1 : 1

H^+ のモル数… $x \times \dfrac{20}{1000} \times \mathbf{2}$ (mol) …① ← Ca^{2+} が $2H^+$ に変身!!

一方,

NaOH のモル数… $0.10 \times \dfrac{48}{1000}$ (mol) ← 0.10(mol/L) の NaOH 水溶液から 48(mL) 取り出す!!

OH^- のモル数… $0.10 \times \dfrac{48}{1000}$ (mol) …② ← $1NaOH \longrightarrow Na^+ + 1OH^-$
　　　　　　　　　　　　　　　　　　　　　　　1 : 1

完全に中和したことから,①,②より, ← H^+ のモル数 = OH^- のモル数

$$x \times \dfrac{20}{1000} \times 2 = 0.10 \times \dfrac{48}{1000}$$

$$\therefore\ x = \underline{\mathbf{0.12}}\,(mol/L) \quad \cdots(答)$$

(3) $Na_2SO_4 \longrightarrow 2Na^+ + SO_4^{2-}$ ← Na_2SO_4 は完全に電離する!!

これを陰イオン交換樹脂に通すことによりすべての SO_4^{2-} は $2OH^-$ に変化している。← ここがポイント!!

Na_2SO_4 水溶液のモル濃度を x(mol/L) とすると,

Na_2SO_4 のモル数… $x \times \dfrac{20}{1000}$ (mol) ← 20(mL)取り出す!!

SO_4^{2-} のモル数… $x \times \dfrac{20}{1000}$ (mol) ← $1Na_2SO_4 \longrightarrow 2Na^+ + 1SO_4^{2-}$
　　　　　　　　　　　　　　　　　　　　　　　1 : 1

OH^- のモル数… $x \times \dfrac{20}{1000} \times \mathbf{2}$ (mol) …① ← SO_4^{2-} が $2OH^-$ に変身!!

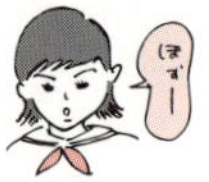

一方，

HClのモル数… $0.10 \times \dfrac{28}{1000}$ (mol) ← 0.10(mol/L)の塩酸から28(mL)取り出す!!

H⁺のモル数… $0.10 \times \dfrac{28}{1000}$ (mol) …②

1HCl ⟶ 1H⁺ + Cl⁻
　1　：　1

完全に中和したことから，①，②より，

$x \times \dfrac{20}{1000} \times 2 = 0.10 \times \dfrac{28}{1000}$ ← H⁺のモル数＝OH⁻のモル数

∴ $x = \underline{0.070}$(mol/L) …(答) ← とりあえず有効数字2ケタで!!

RUB OUT 5　アミノ酸の計算問題と言えば…

アミノ酸

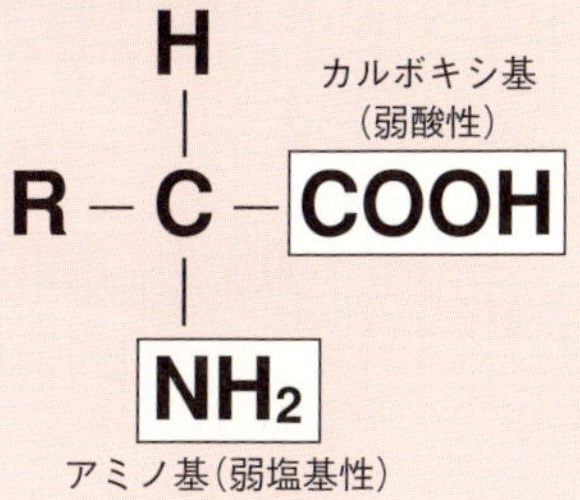

$$R - \underset{\underset{NH_2}{|}}{\overset{\overset{H}{|}}{C}} - COOH$$

カルボキシ基（弱酸性）
アミノ基（弱塩基性）

このように同じC原子にアミノ基（−NH₂）とカルボキシ基（−COOH）が結合したアミノ酸を特にα-**アミノ酸**と呼ぶよ。で!! Rのところには，いろいろなパーツが入りまーす!!

計算問題112　モロ難

α-アミノ酸のひとつであるグリシンの構造式を右に示す。グリシンは次の①，②のように二段階に電離し，電離平衡が成立する。このとき，①，②の電離定数をそれぞれ $K_1 = 4.0 \times 10^{-3}$ (mol/L)，$K_2 = 2.5 \times 10^{-10}$ (mol/L)とする。

$$H - \underset{\underset{NH_2}{|}}{\overset{\overset{H}{|}}{C}} - COOH$$
($H_2N - CH_2 - COOH$)

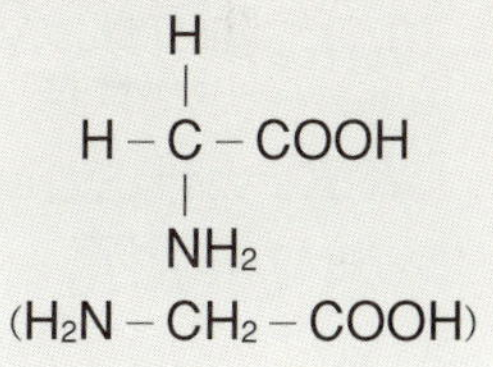

$H_3N^+ - CH_2 - COOH \rightleftarrows H_3N^+ - CH_2 - COO^- + H^+$　…①
　陽イオン　　　　　　　　　双性イオン

$H_3N^+ - CH_2 - COO^- \rightleftarrows H_2N - CH_2 - COO^- + H^+$　…②
　双性イオン　　　　　　　　陰イオン

このとき，陽イオン $H_3N^+ - CH_2 - COOH$ と 陰イオン $H_2N - CH_2 - COO^-$ のモル濃度が等しくなるときのpHを求めよ。

> **注** 双性イオンとは，正(H_3N^+-)と負($-COO^-$)の両方の電荷をもつイオンのことである。

ナイスな導入

陽イオンである$H_3N^+-CH_2-COOH$と陰イオンである$H_2N-CH_2-COO^-$が共存し，しかも両者の濃度が等しくなるとき，完全に水溶液全体の**電荷が0**となる。**このときのpH**を**等電点**と呼ぶ!!

等電点ねぇ…

解答でござる

㋑で…

$$K_1 = \frac{[H_3N^+-CH_2-COO^-][H^+]}{\underbrace{[H_3N^+-CH_2-COOH]}_{Ⓐ}} \quad \cdots ①$$

㋺で…

$$K_2 = \frac{\overbrace{[H_2N-CH_2-COO^-]}^{Ⓑ}[H^+]}{[H_3N^+-CH_2-COO^-]} \quad \cdots ②$$

さらに条件より，

$$\underbrace{[H_3N^+-CH_2-COOH]}_{Ⓐ} = \underbrace{[H_2N-CH_2-COO^-]}_{Ⓑ} \quad \cdots ③$$

①×②より，

$$K_1K_2 = \frac{[H_3N^+-CH_2-COO^-][H^+]}{[H_3N^+-CH_2-COOH]} \times \frac{[H_2N-CH_2-COO^-][H^+]}{[H_3N^+-CH_2-COO^-]}$$

$K_1K_2 = [H^+]^2$ （③より）

∴ $[H^+] = \sqrt{K_1K_2}$ …④

与えられている数値を④に代入して，

$[H^+] = \sqrt{4.0 \times 10^{-3} \times 2.5 \times 10^{-10}}$
$= \sqrt{10 \times 10^{-13}}$
$= \sqrt{1.0 \times 10^{-12}}$
$= \sqrt{(1.0 \times 10^{-6})^2}$
$= 1.0 \times 10^{-6}$ (mol/L)

∴ pH = **6.0** …(答)

---

①の分子と②の分母に$[H_3N^+-CH_2-COO^-]$が登場します。
さらに…
①の分母にⒶ，
②の分子にⒷがあります。
Ⓐ＝Ⓑであるから…
よって!!

①×②を行うといっぱい約分できます!!

陽イオンと陰イオンのモル濃度が等しい!!

③よりⒶとⒷも約分により抹殺!!
芸術だ…

K_1とK_2のところに数値を代入しただけです!!

$1.0 \times 10^1 \times 10^{-13}$
$= 1.0 \times 10^{1-13}$
$= 1.0 \times 10^{-12}$

$[H^+] = 1.0 \times 10^{-6}$

pH

問題一覧表

　この本に掲載した問題を再掲載しました。
　この本に掲載した問題は，「**1題解いたら，10題解くのと同じくらい**」中身のつまった良問ですから，この一覧表を利用して，たとえ一度目に解いたときには正解したとしても，あとでもう一度**復習して**みてください。復習することによって，それまで気づかなかった新たな発見がきっとあるはずです。

計算問題1 キソのキソ　p.12

次の各原子の原子番号，質量数，陽子の数，電子の数，中性子の数をそれぞれ求めよ。

(1) $^{19}_{9}\text{F}$　(2) $^{27}_{13}\text{Al}$　(3) $^{32}_{16}\text{S}$　(4) $^{40}_{18}\text{Ar}$

計算問題2 キソ　p.15

ホウ素には，^{10}Bと^{11}Bの同位体が存在する。それぞれの存在率を，^{10}Bが20％，^{11}Bが80％であると仮定したとき，ホウ素の原子量を求めよ。ただし，同位体の相対質量はその質量数と等しいと考えてよい。

計算問題3 標準　p.19

天然に存在する塩素Clには，^{35}Cl（相対質量35）と^{37}Cl（相対質量37）の2種類が存在し，その原子量は35.5である。これについて，次の各問いに答えよ。

(1) ^{35}Clと^{37}Clの存在率は，それぞれ何％か。
(2) 塩素分子Cl_2には，質量の異なる分子が何種類存在するか。

計算問題4 キソのキソ　p.21

次の各分子の分子量を小数第一位まで求めよ。ただし，原子量は，$\text{H}=1.00$，$\text{C}=12.0$，$\text{O}=16.0$，$\text{F}=19.0$，$\text{S}=32.1$，$\text{Cl}=35.5$とする。

(1) HF　(2) O_3　(3) SO_2
(4) CCl_4　(5) HClO_3　(6) H_2SO_4

計算問題5　キソのキソ　p.22

次の化学式で表される物質またはイオンの式量を小数第一位まで求めよ。ただし，原子量は，H＝1.00，C＝12.0，N＝14.0，O＝16.0，Na＝23.0，Mg＝24.3，S＝32.1，Cl＝35.5，Cu＝63.6，Ag＝107.9とする。

(1) $MgCl_2$　　(2) $AgNO_3$　　(3) $CuSO_4$
(4) Na^+　　(5) HCO_3^-　　(6) NH_4^+

計算問題6　キソのキソ　p.25

次の化学式で表される物質のモル質量を求めよ。ただし，原子量は，H＝1.00，C＝12.0，N＝14.0，O＝16.0，Na＝23.0，Al＝27.0，S＝32.0，Cl＝35.5，Ca＝40.0とする。

(1) Al　　(2) O_2　　(3) NaOH
(4) $CaCO_3$　　(5) SO_4^{2-}　　(6) NH_4Cl

計算問題7　キソ　p.26

二酸化窒素NO_2について，次の各問いに答えよ。ただし，原子量は，N＝14.0，O＝16.0とし，アボガドロ定数は，6.02×10^{23}（/mol）とする。

(1) NO_2のモル質量を整数値で求めよ。
(2) NO_2 5molあたりの質量を整数値で求めよ。
(3) 920gのNO_2の物質量は何molか。整数値で求めよ。
(4) 920gのNO_2の分子数は何個か。有効数字3ケタで答えよ。
(5) 920gのNO_2に含まれるO原子の個数は何個か。有効数字3ケタで答えよ。

計算問題8　キソ　p.30

次の各問いに答えよ。ただし，原子量はH = 1.0, C = 12, O = 16, S = 32とする。

(1) 標準状態で6.0gの水素が占める体積を求めよ。
(2) 標準状態で89.6Lの体積を占める二酸化炭素の質量を求めよ。
(3) 標準状態で33.6Lの体積を占める硫化水素の分子数を求めよ。ただし，アボガドロ定数は6.02×10^{23}(/mol)とする。

計算問題9　キソのキソ　p.32

次の各問いに答えよ。
(1) 40gの塩化ナトリウムを160gの水に溶かした水溶液の質量パーセント濃度を求めよ。
(2) 3%の水酸化ナトリウム水溶液が200gある。この水溶液中の水酸化ナトリウムの質量を求めよ。

計算問題10　キソ　p.34

次の各問いに答えよ。
(1) 1molの塩化ナトリウムを水に溶かして5Lとしたとき，この塩化ナトリウム水溶液のモル濃度を求めよ。
(2) 5molの水酸化バリウムを水に溶かして20Lとしたとき，この水酸化バリウム水溶液のモル濃度を求めよ。
(3) 0.03molの硫酸銅を水に溶かして200mLとしたとき，この硫酸銅水溶液のモル濃度を求めよ。

計算問題11　キソ　p.35

次の各溶液のモル濃度を求めよ。ただし，原子量は，H = 1.0, N = 14, O = 16, Na = 23, S = 32とする。

(1) 水酸化ナトリウムNaOH 80gを水に溶かして5.0Lとした水酸化ナトリウム水溶液
(2) 硝酸HNO_3 252gを水に溶かして8.0Lとした希硝酸
(3) 硫酸H_2SO_4 9.8gを水に溶かして400mLとした希硫酸

計算問題 12　標準　p.37

次の各問いに答えよ。ただし，原子量は，H = 1.0，O = 16，S = 32，Cl = 35.5とする。

(1) 濃度（質量パーセント濃度）16%の希塩酸の密度は1.08g/mLである。この希塩酸のモル濃度を有効数字2ケタで求めよ。

(2) 濃度（質量パーセント濃度）98%の濃硫酸の密度は1.83g/cm^{3}である。この濃硫酸のモル濃度を有効数字2ケタで求めよ。

計算問題 13　キソ　p.41

次の各問いに答えよ。

(1) 3.0 molの水酸化ナトリウムを4.0 kgの水にすべて溶かしたとき，この水酸化ナトリウム水溶液の質量モル濃度を求めよ。

(2) 0.20 molの食塩を250 gの水にすべて溶かしたとき，この食塩水の質量モル濃度を求めよ。

(3) 49 gの硫酸を5.0 kgの水にすべて溶かしてできる希硫酸の質量モル濃度を求めよ。ただし，原子量はH = 1.0，O = 16，S = 32とする。

(4) 0.34 gのアンモニアを200 gの水にすべて溶かしてできるアンモニア水の質量モル濃度を求めよ。ただし，原子量はH = 1.0，N = 14とする。

計算問題 14　標準　p.45

質量パーセント濃度が30%の水酸化ナトリウム水溶液の密度は1.2g/mLである。これについて，次の各問いに答えよ。ただし，原子量はH = 1.0，O = 16，Na = 23とする。

(1) この水酸化ナトリウム水溶液のモル濃度を有効数字2ケタで求めよ。

(2) この水酸化ナトリウム水溶液の質量モル濃度を有効数字2ケタで求めよ。

計算問題15 　標準　　　　　　　　　　　　　p.47

質量パーセント濃度が96％の濃硫酸の密度は1.84g/mLである。このとき，次の各問いに答えよ。ただし，原子量は，H＝1.0，O＝16，S＝32とする。
(1) この濃硫酸のモル濃度を整数値で求めよ。
(2) この濃硫酸の質量モル濃度を整数値で求めよ。

計算問題16 　標準　　　　　　　　　　　　　p.50

次の各問いに答えよ。ただし，原子量はH＝1.0，O＝16，S＝32，Cu＝64とする。
(1) 硫酸銅(Ⅱ)五水和物 $CuSO_4・5H_2O$ 50gを200gの水に溶かしたとき，この硫酸銅(Ⅱ)水溶液の質量パーセント濃度を整数値で求めよ。
(2) 硫酸銅(Ⅱ)五水和物 $CuSO_4・5H_2O$ 100gを水に溶かして16Lとしたとき，この硫酸銅(Ⅱ)水溶液のモル濃度を求めよ。
(3) 硫酸銅(Ⅱ)五水和物 $CuSO_4・5H_2O$ 75gを用いて3.0mol/Lの硫酸銅(Ⅱ)水溶液をつくったとき，この水溶液の体積は何mLか。

計算問題17 　ちょいムズ　　　　　　　　　　　p.53

硫酸銅(Ⅱ)五水和物の結晶($CuSO_4・5H_2O$)10gを水に溶かして200mLとした水溶液がある。この水溶液の密度を1.2g/cm³として，次の各問いに答えよ。ただし，原子量は，H＝1.0，O＝16，S＝32，Cu＝64とする。
(1) 質量パーセント濃度を，有効数字2ケタで求めよ。
(2) モル濃度を，有効数字2ケタで求めよ。
(3) 質量モル濃度を，有効数字2ケタで求めよ。

計算問題18 　ちょいムズ　　　　　　　　　　　p.56

硫酸銅(Ⅱ)五水和物の結晶($CuSO_4・5H_2O$)25gを水100gに溶かすと，密度が1.2g/mLの溶液が得られた。これについて，次の各問いに答えよ。ただし，原子量は，H＝1.0，O＝16，S＝32，Cu＝64とする。
(1) 質量パーセント濃度を，有効数字2ケタで求めよ。
(2) 質量モル濃度を，有効数字2ケタで求めよ。
(3) モル濃度を，有効数字2ケタで求めよ。

計算問題19　キソ　p.58

ある金属元素Mの原子量は27で，その540gは酸素480gと化合して，酸化物となる。この酸化物の組成式は次のどれか。ただし，原子量は，$O=16$とする。

(ア) MO　　(イ) MO_2　　(ウ) M_2O
(エ) MO_3　　(オ) M_2O_3　　(カ) M_3O_2

計算問題20　標準　p.60

ある金属Mの酸化物0.99gを還元すると，0.88gの金属が得られた。この酸化物の組成式は次のどれか。ただし，原子量は，$M=64$，$O=16$とする。

(ア) MO　　(イ) M_2O　　(ウ) MO_2
(エ) MO_3　　(オ) M_2O_3　　(カ) M_3O_2

計算問題21　標準　p.61

ある金属Mの2種類の酸化物AとBについて，酸化物Aの組成式はMOで，元素Mの質量百分率は77.8%，一方，酸化物Bでは元素Mの質量百分率は72.4%であった。このとき，次の各問いに答えよ。ただし，原子量は$O=16$とする。

(1) Mの原子量を整数値で求めよ。
(2) 酸化物Bの組成式を求めよ。

計算問題22　標準　p.67

次の化学反応式の係数を決め，化学反応式を完成せよ。

(1) $C_3H_6 + O_2 \longrightarrow CO_2 + H_2O$
(2) $NH_3 + O_2 \longrightarrow NO + H_2O$
(3) $Cu + H_2SO_4 \longrightarrow CuSO_4 + SO_2 + H_2O$
(4) $KMnO_4 + SO_2 + H_2O \longrightarrow MnSO_4 + K_2SO_4 + H_2SO_4$

計算問題23   標準 p.72

次のイオン反応式の係数を決め、イオン反応式を完成せよ。
(1) $Fe + Cu^{2+} \longrightarrow Fe^{3+} + Cu$
(2) $Al + H^+ \longrightarrow Al^{3+} + H_2$

計算問題24 キソ p.78

次の化学反応式について次の各問いに答えよ。ただし、原子量は、$H=1.0$, $N=14$とする。

$$N_2 + 3H_2 \longrightarrow 2NH_3$$

(1) 5molの窒素が反応したとき、生成したアンモニアの物質量を求めよ。
(2) 8molのアンモニアを生成するためには、何molの水素が必要か。
(3) 15molの水素が反応したとき、生成したアンモニアの標準状態における体積を求めよ。
(4) 6Lの窒素が反応したとき、同温・同圧で生成したアンモニアの体積を求めよ。
(5) 50Lのアンモニアを生成するためには、同温・同圧で何Lの水素が必要か。
(6) 18gの水素が反応したとき、生成したアンモニアの質量を求めよ。
(7) 85gのアンモニアを生成するためには、標準状態で何Lの窒素が必要か。
(8) 280gの窒素が反応したとき、生成したアンモニアの分子の個数を求めよ。ただし、アボガドロ定数は6.0×10^{23} (/mol)とする。

計算問題25 標準 p.83

アルミニウムに希塩酸を加えると，水素が発生して溶ける。2.7gのアルミニウムを完全に溶かしたときについて，次の各問いに答えよ。ただし，原子量は $H=1.0$, $O=16$, $Al=27$, $Cl=35.5$ とする。

(1) この反応の化学反応式をかけ。
(2) この反応で発生した水素の体積は標準状態で何Lか。有効数字2ケタで求めよ。
(3) この反応で生成する塩化アルミニウムは何gか。有効数字2ケタで求めよ。

計算問題26 標準 p.86

亜鉛に希硫酸を加えると，水素が発生して溶ける。39gの亜鉛を10%の希硫酸490gに溶かしたとき発生する水素は標準状態で何Lであるか。ただし，原子量は $H=1.0$, $O=16$, $S=32$, $Zn=65$ とする。

計算問題27 標準 p.89

標準状態で224Lの体積を占めるメタン CH_4 とエチレン C_2H_4 の混合気体がある。この混合気体に酸素を加えて完全燃焼させた。この反応において，消費した酸素は768gであった。

これについて，次の各問いに答えよ。ただし，原子量は $H=1.0$, $C=12$, $O=16$ とする。

(1) メタン CH_4 が完全燃焼したときの化学反応式をかけ。
(2) エチレン C_2H_4 が完全燃焼したときの化学反応式をかけ。
(3) 最初の混合気体中にあったメタン CH_4 とエチレン C_2H_4 の総物質量(モル数の合計)を，整数値で求めよ。
(4) 消費した酸素の物質量（モル数）を整数値で求めよ。
(5) 最初の混合気体中にあったメタン CH_4 の質量は何gか。整数値で求めよ。
(6) 燃焼によって生じた二酸化炭素の体積は，標準状態で何Lか。整数値で求めよ。
(7) 燃焼によって生じた水の質量は何gか。整数値で求めよ。

計算問題28 標準 p.92

プロパンC_3H_8，水素H_2，窒素N_2からなる混合気体が90mLある。この混合気体に酸素を120mL加えて完全に燃焼させたあと，乾燥させて水分を完全に除去すると，気体の体積の合計は90mLとなった。さらに，十分な水酸化ナトリウム水溶液に通したあと，残った気体を乾燥させ，体積を測ると30mLであった。数値はすべて，同温・同圧で測ったとして，最初の混合気体中のプロパンC_3H_8，水素H_2，窒素N_2の体積をそれぞれ求めよ。

計算問題29 基礎 p.97

次のプロパンC_3H_8の燃焼における熱化学方程式をもとにして，次の問いに答えよ。ただし，原子量はH＝1.0，C＝12とする。

$$C_3H_8 + 5O_2 = 3CO_2 + 4H_2O + 2220kJ$$

(1) 1molのプロパンC_3H_8を完全燃焼させたときの発熱量を求めよ。
(2) 5molのプロパンC_3H_8を完全燃焼させたときの発熱量を求めよ。
(3) 88gのプロパンC_3H_8を完全燃焼させたときの発熱量を求めよ。
(4) 標準状態で67.2LのプロパンC_3H_8を完全燃焼させたときの発熱量を求めよ。

計算問題30 標準 p.103

次の各事項を熱化学方程式で表せ。

(1) メタノールCH_3OHの燃焼熱は714kJ/molである。
(2) 気体の水H_2Oの生成熱は242kJ/molである。
(3) 硫酸H_2SO_4の溶解熱は95kJ/molである。
(4) 希硝酸HNO_3と水酸化カルシウム$Ca(OH)_2$水溶液の中和熱は56kJ/molである。
(5) 液体の水H_2Oの分解熱は－286kJ/molである。
(6) 黒鉛Cが気体になるときの昇華熱は719kJ/molである。

計算問題31　標準　p.106

次の熱化学方程式①，②を利用してC（黒鉛）の燃焼熱を求めよ。

$$\begin{cases} C(黒鉛) + \frac{1}{2}O_2(気) = CO(気) + 111\text{kJ} & \cdots ① \\ CO(気) + \frac{1}{2}O_2(気) = CO_2(気) + 283\text{kJ} & \cdots ② \end{cases}$$

計算問題32　標準　p.109

次の熱化学方程式を利用して，メタンCH_4の生成熱を求めよ。

$$C(黒鉛) + O_2(気) = CO_2(気) + 394\text{kJ} \quad \cdots ①$$
$$H_2(気) + \frac{1}{2}O_2(気) = H_2O(液) + 286\text{kJ} \quad \cdots ②$$
$$CH_4(気) + 2O_2(気) = CO_2(気) + 2H_2O(液) + 890\text{kJ} \quad \cdots ③$$

計算問題33　キソ　p.112

あるナゾの物質30gに1500Jの熱量を加えると，温度が5K上昇した。このナゾの物質の比熱を求めよ。

計算問題34　標準　p.112

200gの水溶液中で0.20molのHClと0.30molの$Ca(OH)_2$を中和させたところ，この水溶液の温度が13.3K上昇した。この水溶液の比熱を4.19J/(g·K)として，HClと$Ca(OH)_2$の中和熱を有効数字2ケタで計算せよ。

計算問題35 標準　　　　　　　　　　　　　　　p.115

4.0gの水酸化ナトリウムの結晶を200gの水に溶かし，この水溶液をかき混ぜながら温度を測定したところ以下のグラフが得られた。この水溶液の比熱を4.2J/(g·K)として，次の各問いに答えよ。ただし，原子量は，H＝1.0，O＝16，Na＝23とする。

（グラフ：温度（℃）　28.6，27.3，23.2　時間（分））

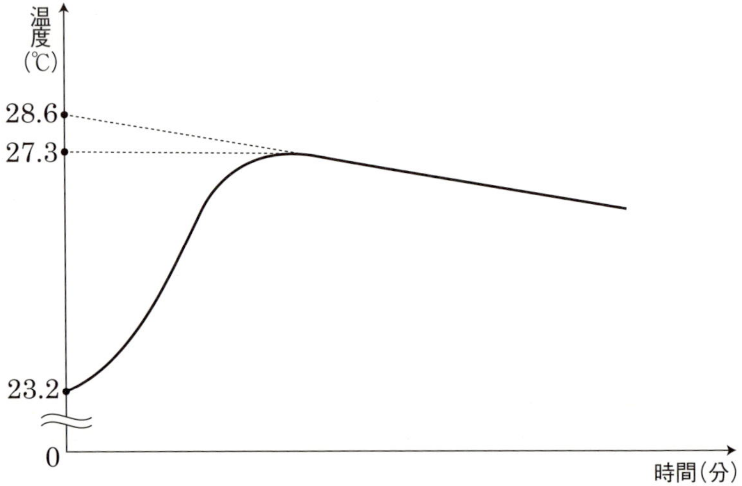

(1) この実験における発熱量は何kJか。有効数字2ケタで求めよ。
(2) この実験において理論上算出される水酸化ナトリウムの溶解熱を求めよ。

計算問題36 標準　　　　　　　　　　　　　　　p.119

メタンとエタンの混合気体が標準状態で1120Lあり，酸素を十分に加えて完全燃焼させたところ，67950kJの熱が発生した。メタンの燃焼熱を890kJ/mol，エタンの燃焼熱を1560kJ/molとして，初めの混合気体中のメタンとエタンの物質量を整数値で求めよ。

計算問題37 標準 p.123

以下の結合エネルギーを利用して，塩化水素 HCl の生成熱を求めよ。

H－H：436kJ/mol　　　Cl－Cl：243kJ/mol
H－Cl：432kJ/mol

計算問題38 ちょいムズ p.127

プロパン C_3H_8 の生成熱は 106kJ/mol，結合エネルギーについては，H－H が 432kJ/mol，C－H が 410kJ/mol，C－C が 368kJ/mol である。このとき，黒鉛の昇華熱を整数値で求めよ。

計算問題39 標準 p.130

以下の結合エネルギーを利用して，塩化水素 HCl の生成熱を求めよ。

H－H：436kJ/mol　　　Cl－Cl：243kJ/mol
H－Cl：432kJ/mol

計算問題40 キソ p.136

次の各問いに答えよ。

(1) 0.020mol/L の酢酸 CH_3COOH 水溶液の水素イオン濃度 (水素イオン H^+ のモル濃度) が 1.0×10^{-4} mol/L であるとき，酢酸の電離度を求めよ。

(2) 0.020mol/L の酢酸 CH_3COOH 水溶液の電離度が 0.016 であるとき，水素イオン濃度 (水素イオン H^+ のモル濃度) を求めよ。

(3) 0.30mol/L のアンモニア NH_3 水溶液の電離度が 5.0×10^{-3} であるとき，水酸化物イオン OH^- のモル濃度を求めよ。

計算問題41 キソ　　　　　　　　　　　　　　　p.142

次の水溶液のpHを求めよ。ただし，水のイオン積 $K_W = 1.0 \times 10^{-14}$ とする。

(1) 0.00010mol/Lの希塩酸
(2) 0.00050mol/Lの希硫酸
(3) 0.010mol/Lの酢酸水溶液(酢酸の電離度は0.010とする)
(4) 0.0010mol/Lの水酸化ナトリウム水溶液
(5) 0.010mol/Lアンモニア水(アンモニアの電離度は0.010とする)

計算問題42 キソ　　　　　　　　　　　　　　　p.144

次の水溶液のpHを整数値で求めよ。

(1) pH=3の塩酸を水で100倍に希釈した水溶液
(2) pH=2の塩酸を水で10000倍に希釈した水溶液
(3) pH=10の水酸化ナトリウム水溶液を水で10倍に希釈した水溶液
(4) pH=13の水酸化バリウム水溶液を水で1000倍に希釈した水溶液
(5) pH=3の硫酸(硫酸水溶液)を水で 10^8 倍に希釈した水溶液
(6) pH=12の水酸化カリウム水溶液を水で 10^8 倍に希釈した水溶液

計算問題43 キソ　　　　　　　　　　　　　　　p.152

次の各問いに答えよ。

(1) 0.10mol/Lの塩酸60mLを中和するのに，0.030mol/Lの水酸化カルシウム水溶液は何mL必要か。
(2) 濃度未知の水酸化アルミニウム水溶液400mLを中和するのに，0.030mol/Lの硫酸が100mL必要であった。この水酸化アルミニウム水溶液のモル濃度を求めよ。

計算問題44　標準　p.159

濃度が未知の希塩酸20mLをホールピペットを用いて正確にはかりとり，メスフラスコに入れ，蒸留水を加えて100mLとし，試料溶液をつくった。この試料溶液から10mLをホールピペットを用いて正確にはかりとり，コニカルビーカーに入れ，さらに指示薬としてフェノールフタレインを加えた。次にこれをビュレットに入れた0.010mol/Lの水酸化ナトリウム水溶液で滴定したところ，滴下量28.3mLで溶液の無色から赤色への変色があった。

このとき，次の各問いに答えよ。
(1) 試料溶液の塩酸のモル濃度を有効数字2ケタで求めよ。
(2) もとの希塩酸のモル濃度を有効数字2ケタで求めよ。

計算問題45　ちょいムズ　p.163

標準状態で20Lの空気を0.010mol/Lの水酸化バリウム$Ba(OH)_2$水溶液100mLに吹き込み，生じた沈殿をろ過したあと，残った溶液にフェノールフタレインを加えて0.050mol/Lの塩酸で滴定したところ，25.6mL必要であった。このとき，空気中に含まれる二酸化炭素CO_2の体積百分率を有効数字2ケタで求めよ。

計算問題46　ちょいムズ　p.166

塩化アンモニウムNH_4Clに水酸化カルシウム$Ca(OH)_2$を加えて加熱すると次の反応によりアンモニアNH_3が得られる。

$$2NH_4Cl + Ca(OH)_2 \longrightarrow 2NH_3 + CaCl_2 + 2H_2O$$

ある量の塩化アンモニウムと水酸化カルシウムの混合物を加熱して得られたアンモニアを0.050mol/Lの希硫酸100mLに完全に吸収させてから，0.10mol/Lの水酸化ナトリウム水溶液で滴定したところ，中和させるのに20mLを要した。このとき，反応したはずの水酸化カルシウム$Ca(OH)_2$の質量を有効数字2ケタで求めよ。ただし，原子量は$H = 1.0$，$O = 16$，$Ca = 40$とする。

計算問題47　標準　p.173

2.12gの炭酸ナトリウムNa_2CO_3を水に溶かし，0.10mol/Lの塩酸で滴定した。このとき，次の各問いに答えよ。ただし，原子量は，H = 1.0，C = 12，O = 16，Na = 23とする。

(1) フェノールフタレインの変色点まで中和するのに，0.10mol/Lの塩酸は何mL要するか。

(2) メチルオレンジの変色点まで中和するのに，0.10mol/Lの塩酸は何mL要するか。

計算問題48　モロ難　p.175

水酸化ナトリウム$NaOH$と炭酸ナトリウムNa_2CO_3の混合物を水に溶かして200mLとした。この水溶液から50mLをはかりとり，フェノールフタレイン溶液を数滴加えて0.10mol/Lの塩酸HClで滴定すると，40mL加えたところで溶液の色が急変した。ここでメチルオレンジ溶液を数滴加えて，同じ塩酸で滴定を続けたところ，さらに15mL加えたところで溶液の色が急変した。この混合物中に含まれる水酸化ナトリウムと炭酸ナトリウムの質量をそれぞれ有効数字2ケタで求めよ。ただし，原子量は，H = 1.0，C = 12，O = 16，Na = 23とする。

計算問題49　キソ　p.180

次のイオン，単体，化合物の下線の原子の酸化数を求めよ。

(1) $\underline{O}_3$　(2) $\underline{Mg}^{2+}$　(3) $H\underline{N}O_3$　(4) $\underline{S}O_4^{2-}$　(5) $\underline{Cu}_2O$

(6) $P\underline{O}_4^{3-}$　(7) $Ca\underline{C}_2$　(8) $H\underline{Cl}O_3$　(9) $\underline{N}H_4^+$　(10) $H_2\underline{O}_2$

計算問題50　キソ　p.182

次の(1)～(6)の変化において，下線の原子は，酸化されたか，還元されたかを答えよ。

(1) $\underline{Cu} \longrightarrow \underline{Cu}SO_4$　(2) $\underline{Cl}_2 \longrightarrow H\underline{Cl}$

(3) $\underline{S}O_2 \longrightarrow H_2\underline{S}$　(4) $\underline{Mn}O_2 \longrightarrow \underline{Mn}O_4^-$

(5) $\underline{Sn}Cl_2 \longrightarrow \underline{Sn}Cl_4$　(6) $\underline{Cr}_2O_7^{2-} \longrightarrow \underline{Cr}O_4^{2-}$

計算問題51　キソ　p.185

次の反応で酸化剤として作用している物質と，還元剤として作用している物質を答えよ。

$$K_2Cr_2O_7 + 4H_2SO_4 + 3(COOH)_2 \longrightarrow Cr_2(SO_4)_3 + 7H_2O + 6CO_2 + K_2SO_4$$

計算問題52　標準　p.189

次の(1)～(4)が酸化剤または還元剤としてはたらくときの半反応式をかけ。
(1) 酸化マンガン(IV)
(2) 二クロム酸カリウム(二クロム酸イオン)
(3) 硫化水素
(4) 二酸化硫黄

計算問題53　標準　p.192

次の各問いに答えよ。
(1) 2molの二クロム酸カリウム $K_2Cr_2O_7$ に対して何molの硫化水素 H_2S が反応するか。
(2) 6molの過マンガン酸カリウム $KMnO_4$ に対して何molの過酸化水素 H_2O_2 が反応するか。

計算問題54　ちょいムズ　p.196

濃度が未知のシュウ酸 $(COOH)_2$ 水溶液15.0mLに硫酸酸性にした0.030mol/Lの過マンガン酸カリウム $KMnO_4$ 水溶液を滴下したところ，18.6mL加えたところで無色の水溶液が赤紫色に変化した。このとき，シュウ酸水溶液のモル濃度を有効数字2ケタで求めよ。

計算問題55 モロ難　　　　　　　　　　　p.201

㋐濃度未知の過酸化水素水10.0mLに十分な量のヨウ化カリウム水溶液を加えたら㋑ヨウ素が生じた。この水溶液にデンプン水溶液を指示薬として加え0.050mol/Lのチオ硫酸ナトリウム水溶液で滴定したところ，12.4mL加えたところで溶液の青紫色が消失した。このとき，次の各問いに答えよ。
(1) 下線部㋑で生じたヨウ素の物質量(モル数)を有効数字2ケタで求めよ。
(2) 下線部㋐の過酸化水素水のモル濃度を有効数字2ケタで求めよ。

計算問題56 標準　　　　　　　　　　　p.208

下図はボルタ電池の構造を示している。これについて，次の各問いに答えよ。
(1) 正極の金属を元素記号で答えよ。
(2) 標準状態で112mLの気体が発生したとすれば，理論上，亜鉛板と銅板の質量は何g変化するか。有効数字2ケタで求めよ。ただし，原子量は，$Zn=66$, $Cu=64$とする。

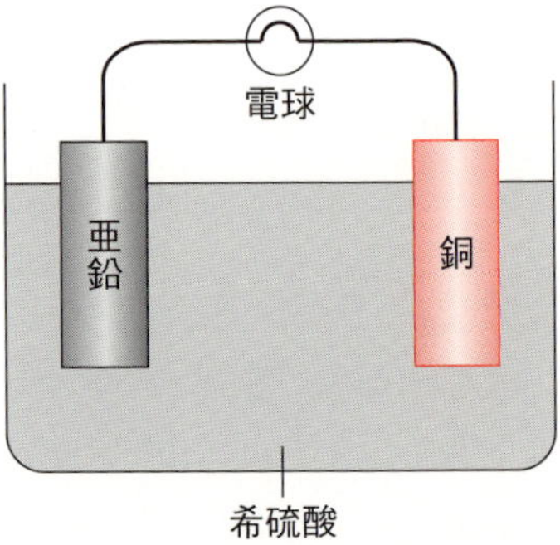

計算問題57 標準　　　　　　　　　　　p.212

下図はダニエル電池の構造を示している。これについて，次の各問いに答えよ。
(1) 負極での変化をイオン反応式で表せ。
(2) 正極での変化をイオン反応式で表せ。
(3) 負極での質量の変化が0.033gだとすると，正極での質量は何g変化するかを有効数字2ケタで求めよ。ただし，原子量は$Zn=66$, $Cu=64$とする。

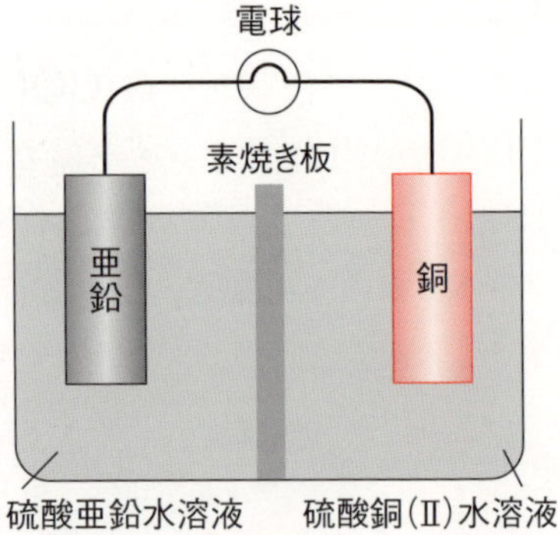

計算問題58　ちょいムズ　p.215

鉛蓄電池である一定時間の放電により負極の質量が0.030g増加した。これについて，次の各問いに答えよ。ただし原子量はH＝1.0，O＝16，S＝32，Pb＝207とする。

(1) 放電により正極の質量は何g変化するか。有効数字2ケタで求めよ。
(2) 放電により何molの電子が流れたことになるか。有効数字2ケタで求めよ。
(3) 放電により発生する水は何gか。有効数字2ケタで求めよ。
(4) 放電により消費される硫酸は何gか。有効数字2ケタで求めよ。

計算問題59　標準　p.220

燃料電池を用いて，0.10molの電子の分だけの電気量を得たいとき，必要となる水素と酸素の標準状態における体積を有効数字2ケタで求めよ。

計算問題60 標準

次の(1)〜(6)の電気分解において，陽極，陰極で起こる変化をイオン反応式で表せ。

(1) CuCl₂ aq 電極：Pt, Pt

(2) NaOH aq 電極：Pt, Pt

(3) Ca(NO₃)₂ aq 電極：Pt, Pt

(4) H₂SO₄ aq 電極：Pt（陽極）, Cu（陰極）

(5) CuSO₄ aq 電極：Cu（陽極）, Pt（陰極）

(6) AgNO₃ aq 電極：Ag, Ag

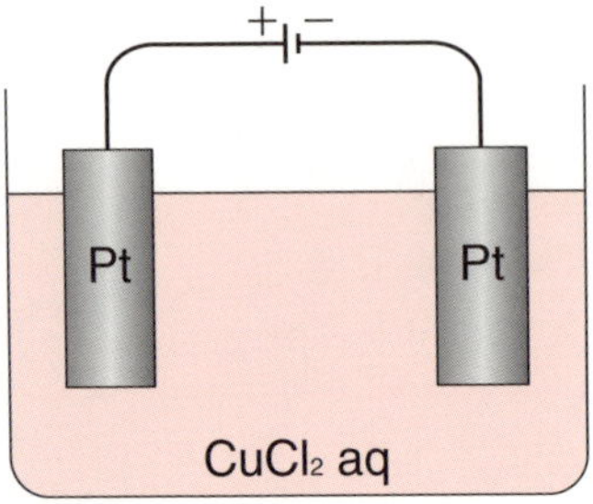

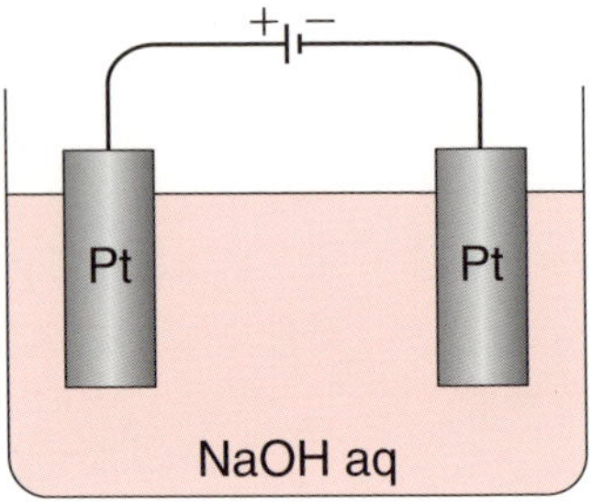

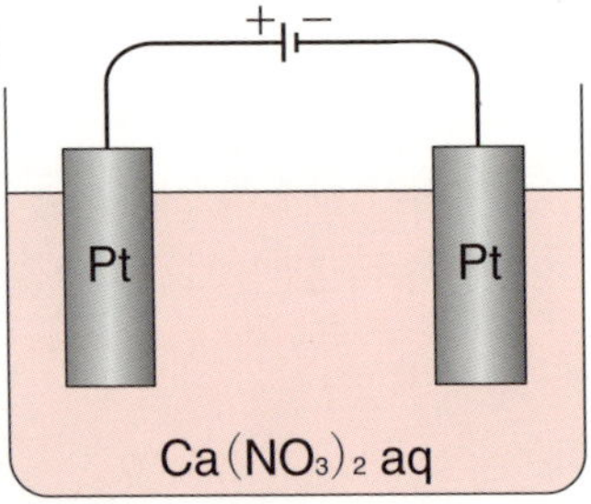

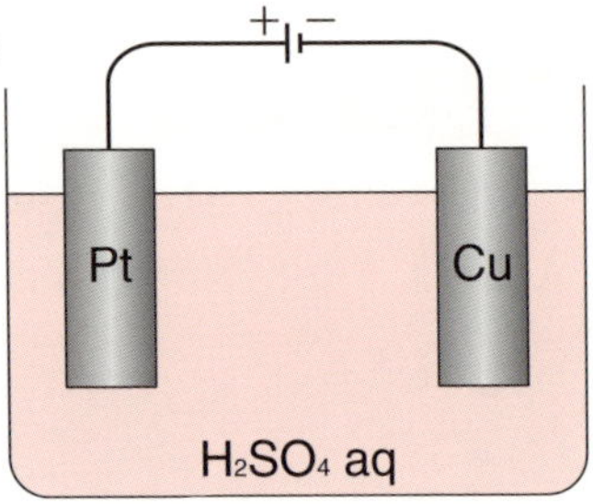

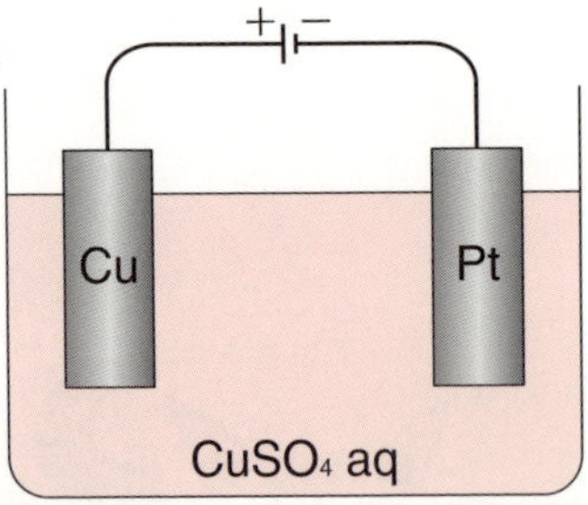

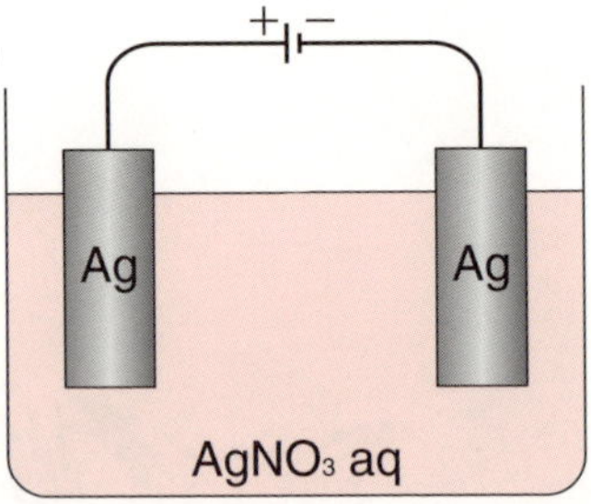

計算問題61　標準　p.230

　0.050mol/Lの硫酸銅(Ⅱ)水溶液3.0Lを，両極の電極にPtを用いて，0.20Aで5790秒間電気分解を行った。これについて，次の各問いに答えよ。ただし，原子量はCu = 63.5とし，ファラデー定数を$F = 96500$(C/mol)とする。また，溶質の質量が変わっても，水溶液の体積は変化しないものとする。

(1) 両極での変化をイオン反応式で表せ。
(2) 電気分解中に流れた電子は何molか。
(3) 両極での質量の変化を有効数字2ケタでそれぞれ計算せよ。
(4) 電気分解後の硫酸銅(Ⅱ)水溶液のモル濃度を有効数字2ケタで求めよ。

計算問題62　標準　p.233

　0.20mol/Lの硝酸銀水溶液500mLを陽極にAg，陰極にPtを用いて，0.30Aで7720秒間電気分解を行った。これについて，次の各問いに答えよ。ただし，原子量はAg = 108とし，ファラデー定数を$F = 96500$(C/mol)とする。

(1) 両極での変化をイオン反応式で表せ。
(2) 電気分解中に流れた電子は何molか。
(3) 両極での質量の変化を有効数字2ケタでそれぞれ求めよ。
(4) 電気分解後の硝酸銀水溶液のモル濃度を求めよ。ただし，溶液の体積は変化しなかったと考えてよい。

計算問題63　ちょいムズ　　　　　　　　　　　　　　　p.235

電極配置：
- 電極Ⓐ Pt ／ 電極Ⓑ Pt：AgNO₃ aq
- 電極Ⓒ C ／ 電極Ⓓ Fe：NaCl aq
- 電極Ⓔ Cu ／ 電極Ⓕ Pt：CuSO₄ aq

（電源の＋側がⒶ、−側がⒻに接続）

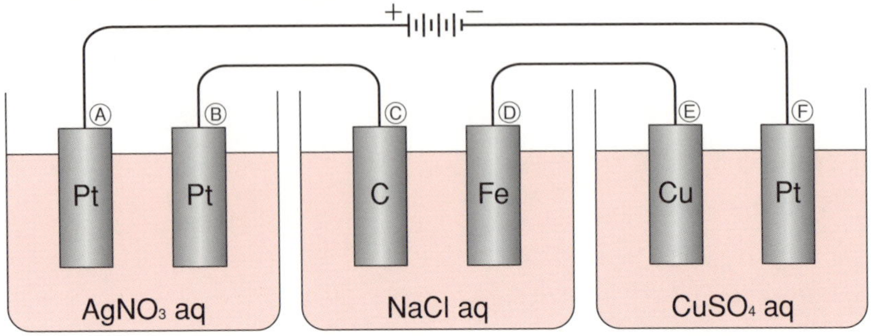

　上図のような回路を組んで電気分解したところ，電極Ⓐから気体が標準状態で672mL発生した。原子量を $Cu=63.5$，$Ag=108$ として，次の各問いに答えよ。

(1) 電極Ⓐ～Ⓕでの変化をそれぞれイオン反応式で表せ。
(2) 電極Ⓐ以外の気体が発生する電極について，発生する気体の標準状態における体積を有効数字2ケタでそれぞれ求めよ。
(3) 電極Ⓐ～Ⓕのうち，電極の質量が変化するものがある場合，その電極の質量の変化を有効数字2ケタでそれぞれ求めよ。

Friends

計算問題64　モロ難　p.240

硫酸銅(Ⅱ)水溶液の入った電解槽(ア)と硫酸ナトリウム水溶液の入った電解槽(イ)を右図のように並列に連結した。このとき，電極はすべてPtである。0.40(A)の電流を13分間，その後0.30(A)の電流を47分間，合計1時間電流を通して電気分解したとき，電解槽(イ)から生じた気体の体積は標準状態で67.2(mL)であった。これについて，次の各問いに答えよ。

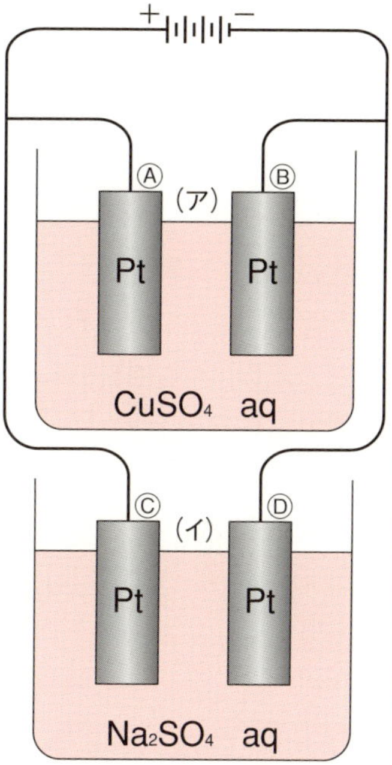

ただし，原子量はH＝1.0，O＝16，Na＝23，S＝32，Cu＝63.5とし，ファラデー定数を$F＝96500$(C/mol)とする。

(1) 電池から流れ出た全電気量は何(C)か。
(2) 電解槽(イ)に流れた電気量は何(C)か。
(3) 電解槽(ア)から生じた気体の体積は標準状態で何(mL)であるか。
(4) 電極Ⓐ～Ⓓのうち電極の質量が変化する場合，電極の質量の変化を有効数字2ケタでそれぞれ求めよ。

計算問題65　キソ　p.245

次の各問いに答えよ。

(1) 27℃，$3.0×10^5$Paで20Lの気体は，127℃，$2.0×10^5$Paでは何Lを占めるか。
(2) －73℃，$4.0×10^3$hPaで$2.0×10^2$mLの気体は，27℃，$3.0×10^3$hPaでは何mLを占めるか。

計算問題66 　標準　　　　　　　　　　　　　p.248

標準状態（0℃，1.013×10^5 Pa）で，1 mol の気体が占める体積は 22.4 L であることを利用して，気体定数 R の値を有効数字 3 ケタで求めよ。

計算問題67 　キソ　　　　　　　　　　　　　p.249

次の各問いに答えよ。
ただし，気体定数は $R = 8.3 \times 10^3 \, (\text{Pa·L/(mol·K)})$ とする。

(1) ある気体を 5.0 L の容器に入れて密封し，227℃ まで加熱したところ，圧力は 6.0×10^3 hPa を示した。この気体の物質量は何 mol であるか。有効数字 2 ケタで求めよ。

(2) ある気体 40 g を 20 L の容器に入れて密封し，127℃ まで加熱したところ，圧力は 1.0×10^4 hPa となった。このとき，この気体の分子量を整数値で求めよ。

計算問題68 　標準　　　　　　　　　　　　　p.251

気体の密度 d (g/L) を，分子量 M，気体定数 R (Pa·L/(mol·K))，圧力 P (Pa)，絶対温度 T (K) を用いて表せ。

計算問題69 　標準　　　　　　　　　　　　　p.253

27℃，1.2×10^5 Pa において，ある気体の密度が 2.2 g/L であったとき，この気体の分子量を整数値で求めよ。ただし，気体定数は $R = 8.3 \times 10^3 \, (\text{Pa·L/(mol·K)})$ とする。

計算問題70　標準　p.254

$2.0×10^5$Paの水素が入った容積3.0Lの容器Aと$3.0×10^5$Paの窒素が入った容積1.0Lの容器Bを右図のように連結し，コックを開けて温度を一定に保ちながら混合気体とした。このとき，

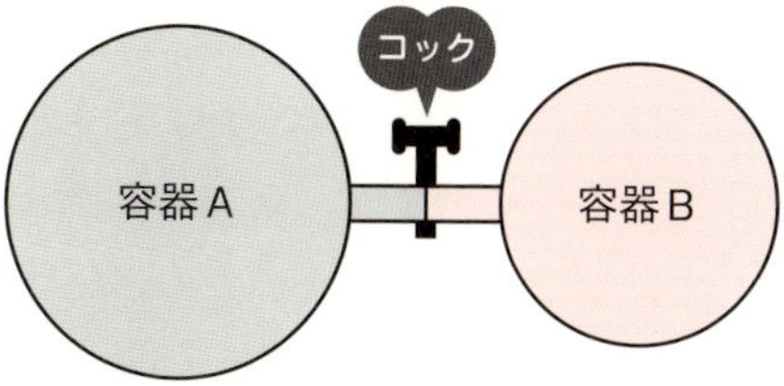

(1) 混合気体中の水素だけに注目した圧力P_{H_2}を求めよ。
(2) 混合気体中の窒素だけに注目した圧力P_{N_2}を求めよ。
(3) 混合気体全体に注目した圧力(混合気体の圧力)を求めよ。

計算問題71　キソ　p.256

2molのメタンCH_4と3molのプロパンC_3H_8を混合して全圧を$6.0×10^5$(Pa)としたとき，メタンの分圧P_{CH_4}とプロパンの分圧$P_{C_3H_8}$をそれぞれ求めよ。

計算問題72　標準　p.257

$1.0×10^5$Paの一酸化炭素COが入った容積3.0Lの容器Aと，$3.0×10^5$Paの酸素O_2が入った容積2.0Lの容器Bを右図のように連結し，コックを開けて温度を一定に保ちながら混合気体とした。このとき，

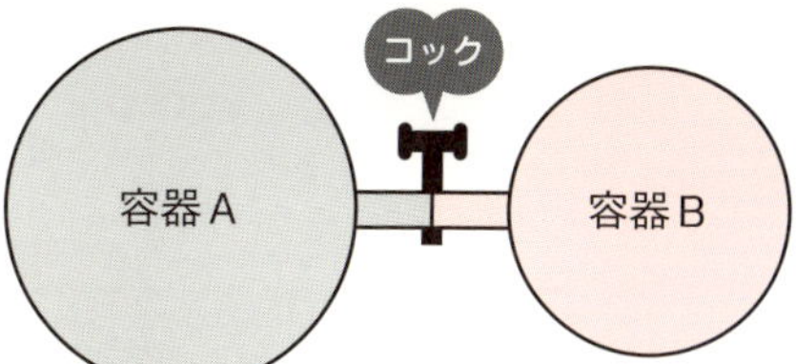

(1) 混合気体中の一酸化炭素の分圧P_{CO}と酸素の分圧P_{O_2}をそれぞれ求めよ。
(2) この混合気体を点火することにより完全燃焼させたあと，温度をもとへ戻したときの，容器内の圧力を求めよ。

計算問題73 標準 p.260

次の各条件において，水蒸気として存在する水による圧力を有効数字2ケタで求めよ。ただし水の飽和蒸気圧（蒸気圧）は，27℃で4.0×10^3Pa，87℃で7.0×10^4Pa，気体定数は$R = 8.3 \times 10^3$(Pa·L/(mol·K))とする。
なお，液体に残っている水の体積は無視してよい。

(1) 0.010molの水を容積3.0Lの密閉容器に封入し，温度を27℃に保った。

(2) 0.010molの水を容積3.0Lの密閉容器に封入し，温度を87℃に保った。

計算問題74 標準 p.263

27℃，大気圧760mmHgのもとで，発生した酸素を水上置換法で捕集したところ体積は600mLであった。27℃における飽和水蒸気圧を27.0mmHgとして，得られた酸素の物質量（モル数）を有効数字2ケタで求めよ。

ただし，気体定数は$R = 8.3 \times 10^3$(Pa·L/(mol·K))とし，760mmHg $= 1.0 \times 10^5$Paとする。

計算問題75　ちょいムズ　p.265

体積を自由に変えることができる容器内に，水，ベンゼン，窒素がそれぞれ$1\,\text{mol}$ずつ入っている。下のグラフは，水とベンゼンの飽和蒸気圧と温度の関係を表したものである。これについて，次の各問いに答えよ。

(1) 温度を$70℃$に保ちながら容器内の圧力が$1.2\times10^5\,\text{Pa}$になるよう体積を調整した。このとき，水およびベンゼンはそれぞれどんな状態か。下記の選択肢から選べ。
　(イ)　すべて気体である。
　(ロ)　大部分が気体で一部液体である。
　(ハ)　大部分が液体である。

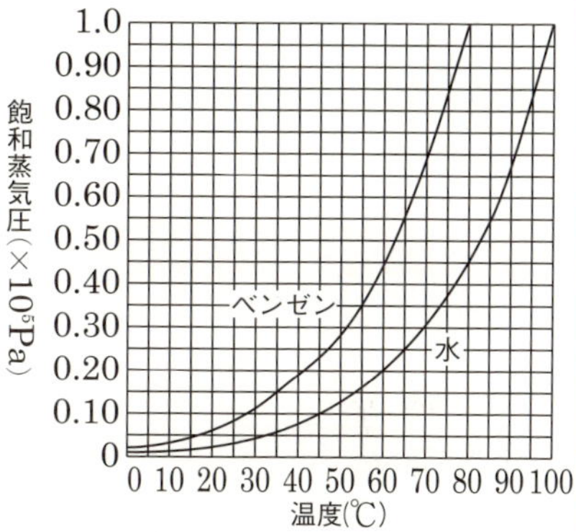

(2) 容器内の圧力が$2.0\times10^5\,\text{Pa}$のとき，容器内の物質すべてが気体の状態であるためには，温度を何℃以上に保てばよいか。整数値で答えよ。

計算問題76　キソ　p.268

水$100\,\text{g}$に対する塩化カリウム(KCl)の溶解度は，$60℃$で46である。このとき，次の各問いに答えよ。

(1) $60℃$の水$500\,\text{g}$を飽和させるために必要な塩化カリウムの質量を求めよ。

(2) $60℃$の塩化カリウム飽和水溶液$500\,\text{g}$に含まれている塩化カリウムの質量を求めよ。

計算問題77　標準　p.270

水100gに対する硝酸カリウムの溶解度は，80℃で170，20℃で32である。このとき，次の各問いに答えよ。

(1) 80℃の硝酸カリウムの飽和水溶液300gを20℃まで冷却すると，何gの硝酸カリウムの結晶が析出するか。
(2) 80℃の硝酸カリウムの飽和水溶液を20℃まで冷却すると，30gの硝酸カリウムの結晶が析出した。80℃の飽和水溶液は何gであったか。

計算問題78　ちょいムズ　p.272

硫酸銅(Ⅱ)$CuSO_4$の水100gに対する溶解度は20℃で20，60℃で40である。いま，60℃の硫酸銅(Ⅱ)の飽和水溶液300gを20℃まで冷却すると何gの硫酸銅五水和物$CuSO_4 \cdot 5H_2O$の結晶が析出するか。ただし，原子量は$H=1.0$，$O=16$，$S=32$，$Cu=64$とする。

計算問題79　標準　p.280

酸素は0℃，1.0×10^5Paにおいて，水1Lに49mL溶ける。このとき，次の各問いに答えよ。ただし，原子量は$O=16$とし，気体定数は$R=8.31\times10^3$(Pa·L/(mol·K))とする。

(1) 0℃，1.0×10^5Paの下で，水1Lに溶ける酸素の質量(g)を有効数字2ケタで求めよ。
(2) 0℃，3.0×10^5Paの下で，水1Lに溶ける酸素の体積(mL)と質量(g)を有効数字2ケタで求めよ。
(3) 0℃，2.0×10^5Paの下で，水3Lに溶ける酸素の体積(mL)と質量(g)を有効数字2ケタで求めよ。

計算問題80 標準　　p.282

窒素は，0℃，1.0×10^5 Pa において水 1L に 24 mL 溶ける。これについて，次の各問いに答えよ。ただし，原子量は N=14 とし，気体定数は $R=8.31\times10^3$ (Pa·L/(mol·K))とする。

(1) 1.0×10^5 Pa の窒素が 0℃ の水 1L に溶け込む質量は何 g か。有効数字 2 ケタで求めよ。

(2) 1.0×10^5 Pa の空気を 0℃ の水 1L に接触させておいたとき，溶け込む窒素の質量と体積をそれぞれ有効数字 2 ケタで求めよ。ただし，空気は酸素と窒素との体積比 1 : 4 の混合気体だとする。

(3) 4.0×10^5 Pa の空気を 0℃ の水 1L に接触させておいたとき，溶け込む窒素の質量と体積をそれぞれ有効数字 2 ケタで求めよ。ただし，空気は酸素と窒素との体積比 1 : 4 の混合気体だとする。

計算問題81 ちょいムズ　　p.284

8.0L の密閉容器に 3.0L の水と 1.0mol の二酸化炭素を入れ，温度を 27℃ に保ちしばらく放置した。1.0×10^5 Pa の圧力下において，二酸化炭素は，27℃ の水 1.0L へ 0.076mol 溶解する。このとき，容器内の圧力を有効数字 2 ケタで求めよ。ただし，気体定数を $R=8.3\times10^3$ (Pa·L/(mol·K))とし，水の蒸気圧は無視できるものとする。

計算問題82 標準　　p.287

次の各問いに答えよ。

(1) 水 200g に分子量 180 のある非電解質を 27g 溶かしたとき，この水溶液の凝固点と沸点を小数第二位まで求めよ。ただし，水のモル凝固点降下は 1.86 K·kg/mol，水のモル沸点上昇は 0.52 K·kg/mol とする。

(2) 水 500g に $CaCl_2$ 0.030mol を溶かしたとき，この水溶液の凝固点と沸点を小数第二位まで求めよ。ただし，水のモル凝固点降下は 1.86 K·kg/mol，水のモル沸点上昇は 0.52 K·kg/mol とする。また，$CaCl_2$ の電離度は 1 とする。

計算問題83 標準 p.291

右図の曲線Aは純水の冷却曲線, 曲線Bは, 水200gに11.2gの非電解質Xを溶かした水溶液の冷却曲線である。このとき, 次の各問いに答えよ。

(1) 曲線Bから, 凝固点を読み取れ。
(2) 物質Xの分子量を整数値で求めよ。ただし, 水のモル凝固点降下は1.86 K·kg/molとする。

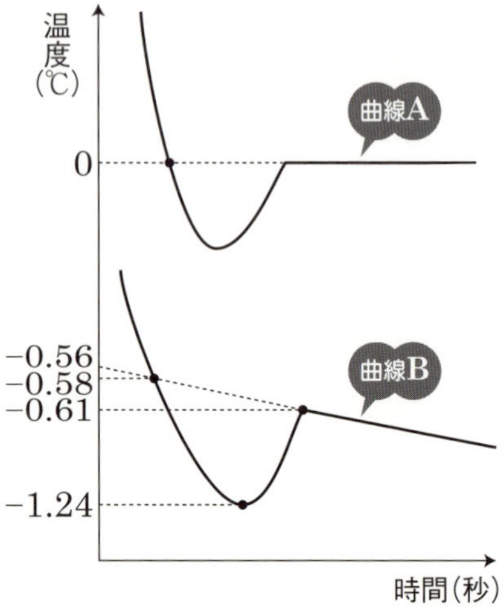

計算問題84 標準 p.296

次の各問いに答えよ。

(1) 3.0gのブドウ糖($C_6H_{12}O_6$)を水に溶かし, 200mLとした水溶液の27℃における浸透圧(Pa)を有効数字2ケタで求めよ。ただし, 原子量をH=1.0, C=12, O=16とする。気体定数は$R=8.31\times10^3$(Pa·L/(mol·K))とする。

(2) 0.010mol/Lの塩化マグネシウム水溶液の27℃における浸透圧(Pa)を有効数字2ケタで求めよ。ただし, 気体定数を$R=8.31\times10^3$(Pa·L/(mol·K))とし, 塩化マグネシウムの電離度を1とする。

計算問題85 標準 p.298

$$CH_4 + 2O_2 \longrightarrow CO_2 + 2H_2O$$

上の反応において, 3.0molのメタンCH_4と1.0molの酸素O_2を1.0Lの密閉容器に入れて, ある温度で反応させた瞬間の反応速度をv_1とする。一方, 6.0molのメタンCH_4と3.0molの酸素O_2を1.0Lの密閉容器に入れて同じ温度で反応させた瞬間の反応速度をv_2とする。このとき, v_2をv_1で表せ。

計算問題86 標準 p.301

水素 3.0 mol とヨウ素 4.0 mol を 5.0 L の密閉容器に入れ，ある温度に保ったところ，次の可逆反応が平衡状態となり，ヨウ化水素が 4.0 mol 生じた。

$$H_2 + I_2 \rightleftarrows 2HI$$

このとき，この温度における平衡定数を求めよ。

計算問題87 標準 p.302

酢酸 CH_3COOH 4.0 mol とエタノール C_2H_5OH 3.0 mol と水 H_2O 2.0 mol を $V(L)$ の密閉容器に入れ，ある温度に保ったところ，次の可逆反応が平衡状態となった。この温度における平衡定数を $K = 4.0$ として，平衡時の酢酸エチル $CH_3COOC_2H_5$ の物質量 (モル数) を有効数字 2 ケタで求めよ。

$$CH_3COOH + C_2H_5OH \rightleftarrows CH_3COOC_2H_5 + H_2O$$

計算問題88 標準 p.304

窒素 N_2 3.0 mol と水素 H_2 7.0 mol を 10 L の密閉容器に入れ，ある温度に保ったところ，次の可逆反応が平衡状態となり，アンモニア NH_3 が 2.0 mol 生じた。この温度における平衡定数を有効数字 2 ケタで求めよ。

$$N_2 + 3H_2 \rightleftarrows 2NH_3$$

計算問題89 標準 p.309

NO_2 と N_2O_4 は次の可逆反応より平衡状態となる。

$$2NO_2 \rightleftarrows N_2O_4$$

ある温度において，体積一定のもとで NO_2 を 6.0 kPa 入れたところ，全圧が 4.0 kPa となり平衡状態となった。これについて，次の各問いに答えよ。

(1) 平衡時の NO_2 の分圧 P_{NO_2} と N_2O_4 の分圧 $P_{N_2O_4}$ を求めよ。
(2) 圧平衡定数 K_p を求めよ。

計算問題90　ちょいムズ　p.311

二酸化炭素と赤熱したコークス(C)から一酸化炭素が生成する反応は可逆反応であり，次のように表される。

$$CO_2(気) + C(固) \rightleftarrows 2CO(気)$$

ある温度において，体積一定のもとで赤熱したコークスに二酸化炭素を5.0kPa入れて反応させたところ，全圧が7.0kPaとなり平衡状態となった。これについて，次の各問いに答えよ。

平衡時にコークスは残っており，コークスの体積は無視できるものとする。

(1) 平衡時の二酸化炭素の分圧を求めよ。
(2) 圧平衡定数K_pを求めよ。

計算問題91　キソ　p.314

$\log_{10}2 = 0.30$，$\log_{10}3 = 0.48$として，次の(1)〜(4)のpHを小数第一位まで計算せよ。

(1) 0.020mol/Lの塩酸HCl
(2) 0.0030mol/Lの硫酸H_2SO_4
(3) 0.030mol/Lの水酸化ナトリウム$NaOH$水溶液
(4) 0.0020mol/Lの水酸化カルシウム$Ca(OH)_2$水溶液

計算問題92　ちょいムズ　p.321

ある温度における酢酸の電離定数K_aは$K_a = 2.0 \times 10^{-5}(\text{mol/L})$である。この温度における$0.018\text{mol/L}$の酢酸水溶液について，次の各問いに答えよ。ただし，$\log_{10}2 = 0.30$，$\log_{10}3 = 0.48$とする。

(1) この酢酸水溶液の電離度αを求めよ。
(2) 水素イオン濃度(水素イオンのモル濃度)$[H^+]$を求めよ。
(3) 水素イオン指数pHを求めよ。

計算問題93 モロ難　p.325

ある温度におけるアンモニアの電離定数 K_b は $K_b = 4.0 \times 10^{-5}$ (mol/L) である。この温度における 0.0090 mol/L のアンモニア水について，次の各問いに答えよ。ただし，$\log_{10} 2 = 0.30$，$\log_{10} 3 = 0.48$ とする。

(1) このアンモニア水の電離度 α を求めよ。
(2) 水酸化物イオン濃度（水酸化物イオンのモル濃度）[OH^-] を求めよ。
(3) 水素イオン指数 pH を小数第一位まで求めよ。

計算問題94 モロ難　p.332

酢酸ナトリウム CH_3COONa を水に溶かすと，完全に CH_3COO^- と Na^+ に電離し，生じた CH_3COO^- の一部は水と反応して，次のような平衡状態となる。

$$CH_3COO^- + H_2O \rightleftarrows CH_3COOH + OH^-$$

この平衡状態の平衡定数を K_h とする。
さらに，酢酸の電離定数を K_a として，次の各問いに答えよ。

(1) 水のイオン積を K_w として K_h を K_a と K_w を用いて表せ。
(2) 酢酸の電離度が小さいことに注意して，0.80 mol/L の酢酸ナトリウム水溶液の pH を有効数字 2 ケタで求めよ。ただし，酢酸の電離定数 K_a は，$K_a = 2.0 \times 10^{-5}$ (mol/L)，水のイオン積 K_w は，$K_w = 1.0 \times 10^{-14}$ (mol/L)^2 とする。必要であれば $\log_{10} 2 = 0.30$ を用いてよい。

計算問題95 モロ難　p.336

0.10 mol/L の塩化アンモニウム水溶液の pH を有効数字 2 ケタで求めよ。ただし，NH_3 の電離定数 $K_b = 1.0 \times 10^{-5}$ (mol/L)，水のイオン積 $K_w = [H^+][OH^-] = 1.0 \times 10^{-14}$ (mol/L)^2 とする。

計算問題96　モロ難　p.341

0.060mol/Lの酢酸水溶液200mLに0.020mol/Lの酢酸ナトリウム水溶液300mLを混合した水溶液の水素イオン濃度(水素イオンのモル濃度)$[H^+]$を求めよ。ただし、酢酸の電離定数$K_a = 1.8 \times 10^{-5}$(mol/L)とする。

計算問題97　モロ難　p.343

0.20mol/Lのアンモニア100mLに、0.40mol/Lの塩化アンモニウム水溶液100mLを混合した水溶液のpHを求めよ。ただし、アンモニアの電離定数$K_b = 2.0 \times 10^{-5}$(mol/L)、水のイオン積$K_w = 1.0 \times 10^{-14}$(mol/L)^{2}とする。

計算問題98　標準　p.346

塩化銀AgClは、ある温度で水に1.4×10^{-5}mol/Lだけ溶けることができる。このとき、次の各問いに答えよ。

(1) 塩化銀AgClの溶解度積K_{sp}を求めよ。
(2) 1.0×10^{-4}mol/Lの塩化ナトリウムNaCl水溶液3.0Lと2.0×10^{-4}mol/Lの硝酸銀AgNO₃水溶液2.0Lを混合したとき、塩化銀の沈殿は生じるか。

計算問題99 標準　　　　　　　　　　　　　　　　　　　　p.349

　ある金属の結晶を調べたところ，右のような結晶構造をとっていた。結晶格子中の隣接する金属原子は密着しているとして，次の各問いに答えよ。
(1)　この結晶格子の名称を答えよ。
(2)　1個の原子に接する原子の個数を求めよ。
(3)　単位格子中に含まれる原子の個数を求めよ。
(4)　単位格子の1辺の長さをa(cm)としたとき，原子の半径r(cm)を求めよ。
(5)　この金属原子の原子量をMとしたとき，この金属結晶の密度d(g/cm^3)を求めよ。ただし，アボガドロ定数はN_Aとする。
(6)　単位格子の体積に対する原子の体積の占める割合を有効数字2ケタの百分率で答えよ。ただし，$\sqrt{3}=1.73$，$\pi=3.14$とする。

計算問題100 標準　　　　　　　　　　　　　　　　　　　　p.352

　ある金属の結晶を調べたところ，右のような結晶構造をとっていた。結晶格子中の隣接する金属原子は密着しているとして，次の各問いに答えよ。
(1)　この結晶格子の名称を答えよ。
(2)　1個の原子に接する原子の個数を求めよ。
(3)　単位格子中に含まれる原子の個数を求めよ。
(4)　単位格子の1辺の長さをa(cm)としたとき，原子の半径r(cm)を求めよ。
(5)　この金属原子の原子量をMとしたとき，この金属結晶の密度d(g/cm^3)を求めよ。ただし，アボガドロ定数はN_Aとする。
(6)　単位格子の体積に対する原子の体積に占める割合を有効数字2ケタの百分率で答えよ。ただし，$\sqrt{2}=1.41$，$\pi=3.14$とする。

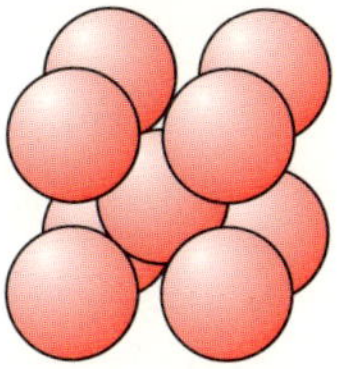

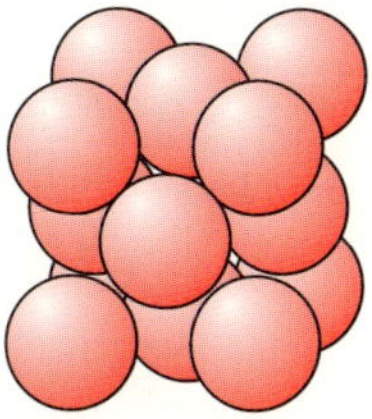

計算問題101 　標準　　　　　　　　　　　　　　　　p.355

塩化ナトリウムの結晶は右図のような一辺が5.64×10^{-8} cmの立方体の単位格子からできている。アボガドロ定数を6.02×10^{23}, 原子量をNa＝23, Cl＝35.5として, 次の各問いに答えよ。

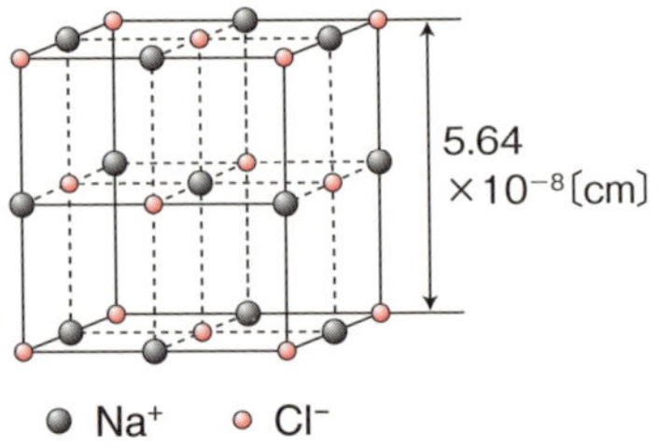

(1) 右図の単位格子中にNa^+とCl^-はそれぞれ何個ずつ含まれているか。

(2) この結晶の密度d(g/cm³)を求めよ。

計算問題102 　ちょいムズ　　　　　　　　　　　　　p.358

右図はある単体の結晶格子である。これについて, 次の各問いに答えよ。

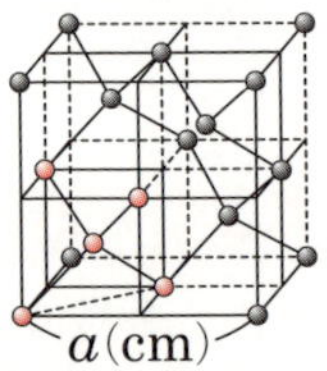

(1) この1辺a(cm)の単位格子内に含まれる原子の個数を求めよ。

(2) この物質の密度を$d = 3.5$(g/cm³), 単位格子の1辺の長さを$a = 3.6 \times 10^{-8}$(cm), アボガドロ定数を$N_A = 6.02 \times 10^{23}$(/mol)としたとき, この元素の原子量を有効数字2ケタで求めよ。

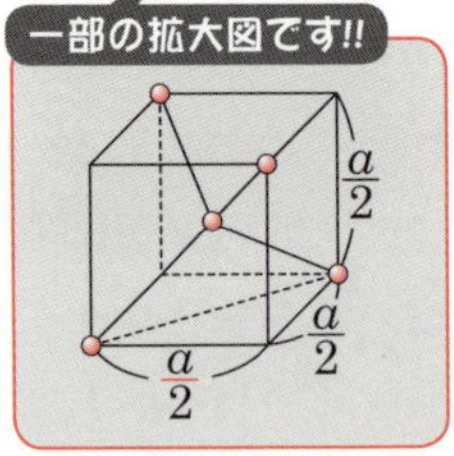

(3) 原子の中心間の距離l (cm)を有効数字2ケタで求めよ。必要であれば次の値を用いよ。$\sqrt{2} = 1.41$, $\sqrt{3} = 1.73$

計算問題103 ─ 標準　　　　　　　　　　　　　　　　　　p.361

有機化合物Aの組成式(実験式)は$C_xH_yO_z$で表される。この化合物Aを下の図のような装置内に試料として8.00mg入れ，完全燃焼させたところ，吸収管Ⅰと吸収管Ⅱの質量はそれぞれ4.80mg，11.7mg増加した。原子量をH＝1.0，C＝12，O＝16として，次の各問いに答えよ。

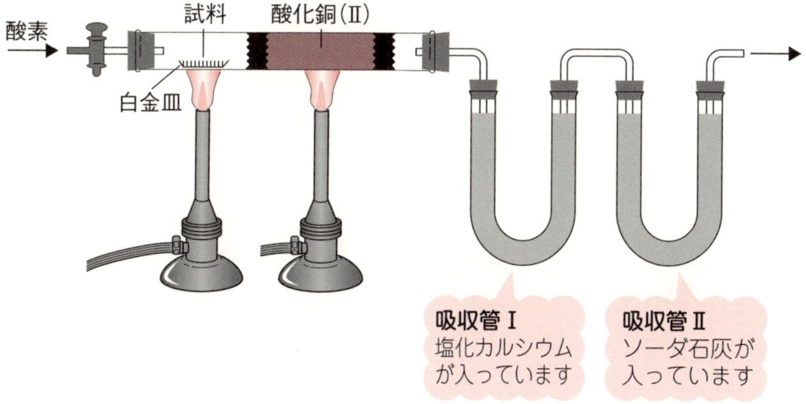

図中のラベル：酸素／試料／酸化銅(Ⅱ)／白金皿／吸収管Ⅰ 塩化カルシウムが入っています／吸収管Ⅱ ソーダ石灰が入っています

(1) 試料8.00mg中に存在する水素原子の質量を有効数字2ケタで求めよ。
(2) 試料8.00mg中に存在する炭素原子の質量を有効数字2ケタで求めよ。
(3) 有機化合物Aの組成式(実験式)を決定せよ。
(4) 有機化合物Aの分子量が180であったとき，有機化合物Aの分子式を決定せよ。

計算問題104 ─ 標準　　　　　　　　　　　　　　　　　　p.363

プロパンC_3H_8とプロピレンC_3H_6の混合気体が標準状態で112Lある。この混合気体に水素を付加させたところ，標準状態で44.8Lの水素を要した。混合気体中のプロパンの物質量(モル数)を求めよ。

計算問題 105 　キソ　　　　　　　　　　　　　　　　　　　p.365

エチレンが付加重合してポリエチレンが生じる反応は次の化学反応式で表される。

$$n\text{CH}_2=\text{CH}_2 \longrightarrow +\!(\text{CH}_2-\text{CH}_2)\!+_n$$

（エチレン　　　　　　　　ポリエチレン）

ポリエチレンの分子量が56000であるとき，このポリエチレンの重合度を有効数字2ケタで計算せよ。ただし，原子量は$H=1.0$，$C=12$とする。

計算問題 106 　標準　　　　　　　　　　　　　　　　　　　p.366

テレフタル酸とエチレングリコールが縮合重合(縮重合)して，ポリエチレンテレフタラートが生じる反応は，次の化学反応式で表される。

$$n\text{HO}-\underset{\text{O}}{\text{C}}-\bigcirc-\underset{\text{O}}{\text{C}}-\text{OH} + n\text{HO}-(\text{CH}_2)_2-\text{OH}$$

$$\longrightarrow \text{HO}+\!\underset{\text{O}}{\text{C}}-\bigcirc-\underset{\text{O}}{\text{C}}-\text{O}-(\text{CH}_2)_2-\text{O}\!+_n \text{H} + m\text{H}_2\text{O}$$

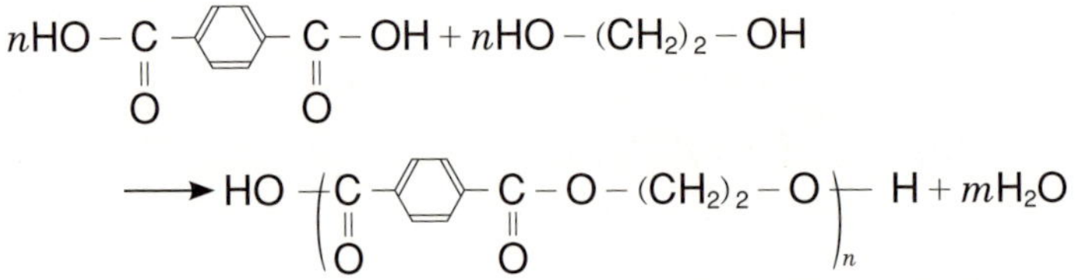

ポリエチレンテレフタラートの分子量が2.0×10^4であったとして，次の各問いに答えよ。ただし，原子量は$H=1.0$，$C=12$，$O=16$とする。

(1) このポリエチレンテレフタラートの重合度nを整数値で求めよ。
(2) 上の化学反応式のH_2Oの係数mをnで表せ。
(3) このポリエチレンテレフタラートの1分子中に含まれるエステル結合の個数を整数値で求めよ。

計算問題 107 　標準　　　　　　　　　　　　　　　　　　　p.369

デンプン810gを完全に加水分解したとき，得られるグルコースの質量を求めよ。ただし，原子量は$H=1.0$，$C=12$，$O=16$とする。

計算問題108 ｜ 標準　　　　　　　　　　　　　　　p.370

270gのグルコースを十分なフェーリング液と反応させると，得られる酸化銅（Ⅰ）の沈殿の質量を有効数字2ケタで求めよ。ただし，原子量は，$H=1.0$, $C=12$, $O=16$, $Cu=63.5$とする。

計算問題109 ｜ 標準　　　　　　　　　　　　　　　p.372

リノール酸$C_{17}H_{31}COOH$のグリセリンエステルだけからなる油脂がある。この油脂100gに付加するヨウ素I_2の質量を有効数字2ケタで求めよ。ただし，原子量は$H=1.0$, $C=12$, $O=16$, $I=127$とする。

計算問題110 ｜ 標準　　　　　　　　　　　　　　　p.375

ある油脂600gを完全にけん化するのに必要な水酸化ナトリウムは80gであった。この油脂の平均分子量を整数値で求めよ。ただし，原子量は$H=1.0$, $O=16$, $Na=23$とする。

計算問題111 ｜ 標準　　　　　　　　　　　　　　　p.376

(1) ある濃度の塩化ナトリウム水溶液10mLを陽イオン交換樹脂に通し，さらに水洗いして集めた。これを0.20mol/Lの水酸化ナトリウム水溶液で中和滴定したところ，36mLを要した。もとの塩化ナトリウム水溶液のモル濃度を求めよ。

(2) ある濃度の塩化カルシウム水溶液20mLを陽イオン交換樹脂に通し，さらに水洗いして集めた。これを0.10mol/Lの水酸化ナトリウム水溶液で中和滴定したところ，48mLを要した。もとの塩化カルシウム水溶液のモル濃度を求めよ。

(3) ある濃度の硫酸ナトリウム水溶液20mLを陰イオン交換樹脂に通し，さらに水洗いして集めた。これを0.10mol/Lの塩酸で滴定したところ，28mLを要した。もとの硫酸ナトリウム水溶液のモル濃度を求めよ。

計算問題112　モロ難　p.379

α-アミノ酸のひとつであるグリシンの構造式を右に示す。グリシンは次のの①，⑩のように二段階に電離し，電離平衡が成立する。このとき，①，⑩の電離定数をそれぞれ $K_1 = 4.0 \times 10^{-3}$ (mol/L)，$K_2 = 2.5 \times 10^{-10}$ (mol/L)とする。

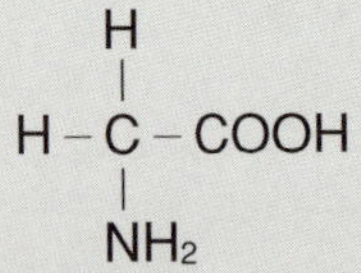

$$\begin{array}{c} H \\ | \\ H-C-COOH \\ | \\ NH_2 \end{array}$$
(H_2N-CH_2-COOH)

$$H_3N^+-CH_2-COOH \rightleftarrows \underset{双性イオン}{H_3N^+-CH_2-COO^-} + H^+ \quad \cdots ①$$
(陽イオン)

$$\underset{双性イオン}{H_3N^+-CH_2-COO^-} \rightleftarrows \underset{陰イオン}{H_2N-CH_2-COO^-} + H^+ \quad \cdots ⑩$$

このとき，$\underset{陽イオン}{H_3N^+-CH_2-COOH}$ と $\underset{陰イオン}{H_2N-CH_2-COO^-}$ のモル濃度が等しくなるときのpHを求めよ。

注 双性イオンとは，正(H_3N^+-)と負($-COO^-$)の両方の電荷をもつイオンのことである。

WANTED!

最近見かけない
ヤツばかりだな〜

懐かしのキャラクター！

ナイスガイ

ニューヒーロー

銃男

豚山デラックス

豚山拓哉

世代交代ってやつですね〜

元素記号表でござる

凡例:
- 原子番号 → 1
- 元素記号 → H
- 原子量 → 1.0
- 元素名 → 水素

- ■:気体
- ■:液体
- 他は固体
- ---- 内は金属元素
- 他は非金属元素

族→ 周期↓	1	2	3	4	5	6	7	8	9
1	1 H 1.0 水素								
2	3 Li 6.9 リチウム	4 Be 9.0 ベリリウム							
3	11 Na 23.0 ナトリウム	12 Mg 24.3 マグネシウム							
4	19 K 39.1 カリウム	20 Ca 40.1 カルシウム	21 Sc 45.0 スカンジウム	22 Ti 47.9 チタン	23 V 50.9 バナジウム	24 Cr 52.0 クロム	25 Mn 54.9 マンガン	26 Fe 55.8 鉄	27 Co 58.9 コバルト
5	37 Rb 85.5 ルビジウム	38 Sr 87.6 ストロンチウム	39 Y 88.9 イットリウム	40 Zr 91.2 ジルコニウム	41 Nb 92.9 ニオブ	42 Mo 95.9 モリブデン	43 Tc 〔99〕 テクネチウム	44 Ru 101.1 ルテニウム	45 Rh 102.9 ロジウム
6	55 Cs 132.9 セシウム	56 Ba 137.3 バリウム	57-71 ランタノイド	72 Hf 178.5 ハフニウム	73 Ta 180.9 タンタル	74 W 183.8 タングステン	75 Re 186.2 レニウム	76 Os 190.2 オスミウム	77 Ir 192.2 イリジウム
7	87 Fr 〔223〕 フランシウム	88 Ra 〔226〕 ラジウム	89-103 アクチノイド	104 Rf 〔267〕 ラザホージウム	105 Db 〔268〕 ドブニウム	106 Sg 〔271〕 シーボーギウム	107 Bh 〔272〕 ボーリウム	108 Hs 〔277〕 ハッシウム	109 Mt 〔276〕 マイトネリウム

1族:アルカリ金属　2族:アルカリ土類金属

← 典型元素 →　← 遷移元素 →

			13	14	15	16	17	18
								2 He 4.0 ヘリウム
			5 B 10.8 ホウ素	6 C 12.0 炭素	7 N 14.0 窒素	8 O 16.0 酸素	9 F 19.0 フッ素	10 Ne 20.2 ネオン
10	11	12	13 Al 27.0 アルミニウム	14 Si 28.1 ケイ素	15 P 31.0 リン	16 S 32.1 硫黄	17 Cl 35.5 塩素	18 Ar 39.9 アルゴン
28 Ni 58.7 ニッケル	29 Cu 63.5 銅	30 Zn 65.4 亜鉛	31 Ga 69.7 ガリウム	32 Ge 72.6 ゲルマニウム	33 As 74.9 ヒ素	34 Se 79.0 セレン	35 Br 79.9 臭素	36 Kr 83.8 クリプトン
46 Pd 106.4 パラジウム	47 Ag 107.9 銀	48 Cd 112.4 カドミウム	49 In 114.8 インジウム	50 Sn 118.7 スズ	51 Sb 121.8 アンチモン	52 Te 127.6 テルル	53 I 126.9 ヨウ素	54 Xe 131.3 キセノン
78 Pt 195.1 白金	79 Au 197.0 金	80 Hg 200.6 水銀	81 Tl 204.4 タリウム	82 Pb 207.2 鉛	83 Bi 209.0 ビスマス	84 Po 〔210〕 ポロニウム	85 At 〔210〕 アスタチン	86 Rn 〔222〕 ラドン
110 Ds 〔281〕 ダームスタチウム	111 Rg 〔280〕 レントゲニウム	112 Cn 〔285〕 コペルニシウム	113 Nh 〔284〕 ニホニウム	114 Fl 〔289〕 フレロビウム	115 Mc 〔288〕 モスコビウム	116 Lv 〔293〕 リバモリウム	117 Ts 〔294〕 テネシン	118 Og 〔294〕 オガネソン

ハロゲン　希ガス

典型元素

〔著者紹介〕

坂田　アキラ（さかた　あきら）

N予備校講師。

1996年に流星のごとく予備校業界に現れて以来、ギャグを交えた巧みな話術と、芸術的な板書で繰り広げられる"革命的講義"が話題を呼び、抜群の動員力を誇る。

現在は数学の指導が中心だが、化学や物理、現代文を担当した経験もあり、どの科目を教えさせても受講生から「わかりやすい」という評判の人気講座となる。

著書は、『改訂版　坂田アキラの　医療看護系入試数学Ⅰ・Aが面白いほどわかる本』『改訂版　坂田アキラの　数列が面白いほどわかる本』などの数学参考書のほか、理科の参考書として『改訂版　大学入試　坂田アキラの　化学基礎の解法が面白いほどわかる本』『完全版　大学入試　坂田アキラの　物理基礎・物理の解法が面白いほどわかる本』（以上、KADOKAWA）など多数あり、その圧倒的なわかりやすさから、「受験参考書界のレジェンド」と評されることもある。

大学入試　坂田アキラの　化学基礎・化学
［計算問題］が面白いほどとける本　　　（検印省略）

2014年3月22日　第1刷発行
2025年4月5日　第10刷発行

著　者　坂田　アキラ（さかた　あきら）
発行者　山下　直久

発　行　株式会社KADOKAWA
　　　　〒102-8177　東京都千代田区富士見2-13-3
　　　　電話 0570-002-301（ナビダイヤル）

●お問い合わせ
https://www.kadokawa.co.jp/（「お問い合わせ」へお進みください）
※内容によっては、お答えできない場合があります。
※サポートは日本国内のみとさせていただきます。
※Japanese text only

定価はカバーに表示してあります。

DTP／ニッタプリントサービス　印刷・製本／加藤文明社

©2014 Akira Sakata, Printed in Japan.
ISBN978-4-04-600239-6　C7043

本書の無断複製（コピー、スキャン、デジタル化等）並びに無断複製物の譲渡及び配信は、著作権法上での例外を除き禁じられています。また、本書を代行業者などの第三者に依頼して複製する行為は、たとえ個人や家庭内での利用であっても一切認められておりません。